层状超晶格
RE-Mg-Ni 系储氢合金

李一鸣　刘晶晶　著

北　京

冶金工业出版社

2023

内 容 提 要

本书简要介绍了镍氢电池工作原理和储氢合金，归纳和阐述了层状超晶格 RE-Mg-Ni 系合金及其氢化物的晶体结构特征、不同合金相的吸放氢行为和电化学储氢性能特征、元素替代对合金改性的作用及影响规律、合金的电化学失效行为特征等。

本书可供从事镍氢电池及储氢合金研发工作的相关研究人员和技术人员阅读，也可供高等院校功能材料类专业师生参考。

图书在版编目(CIP)数据

层状超晶格 RE-Mg-Ni 系储氢合金/李一鸣，刘晶晶著 . —北京：冶金工业出版社，2023.4

ISBN 978-7-5024-9520-6

Ⅰ.①层… Ⅱ.①李… ②刘… Ⅲ.①储氢合金—研究 Ⅳ.①TG139

中国国家版本馆 CIP 数据核字(2023)第 094133 号

层状超晶格 RE-Mg-Ni 系储氢合金

出版发行	冶金工业出版社	**电　话**	(010)64027926
地　址	北京市东城区嵩祝院北巷 39 号	**邮　编**	100009
网　址	www.mip1953.com	**电子信箱**	service@ mip1953.com

责任编辑　杜婷婷　马媛馨　美术编辑　燕展疆　版式设计　郑小利
责任校对　石　静　责任印制　禹　蕊
三河市双峰印刷装订有限公司印刷
2023 年 4 月第 1 版，2023 年 4 月第 1 次印刷
710mm×1000mm　1/16；16.75 印张；324 千字；257 页
定价 86.00 元

投稿电话　(010)64027932　投稿信箱　tougao@cnmip.com.cn
营销中心电话　(010)64044283
冶金工业出版社天猫旗舰店　yjgycbs.tmall.com
(本书如有印装质量问题，本社营销中心负责退换)

前　　言

　　能源是保证社会经济和发展的基础动力。2020 年，我国明确提出了碳达峰、碳中和目标，持续推进能源战略调整，不断加强清洁能源的开发和升级。镍氢电池是 20 世纪 80 年代开发的二次电池，具有比能量高、安全稳定、环境友好等优点，广泛应用于电动工具和电动车辆等设备。镍氢电池的性能和成本在很大程度上由其负极合金决定，因此对负极合金的优化一直是镍氢电池开发的核心工作。最初用于镍氢电池负极材料的是 AB_5 型和 AB_2 型储氢合金，这两类合金至今仍被广泛应用于镍氢电池。随着电动车辆等高功率设备对镍氢电池能量密度要求的日益升高，同其他二次电池（例如锂离子电池）相比，镍氢电池的优势不足。尽管如此，镍氢电池在安全性、耐久性和性价比上仍有其不容忽视的优势。

　　20 世纪 90 年代末期，日本研究者首先发现具有层状结构的超晶格 RE-Mg-Ni（$3 \leqslant B/A \leqslant 4$）系合金表现出了显著高于 AB_5 型合金的放电容量，随后该系列合金得到了持续关注和研究。一些新型的层状超晶格结构合金相陆续在 RE-Mg-Ni 体系中被发现，不同合金相的晶体结构及其氢化物的晶体结构被探明，一系列单相及复相组织的气态和电化学储氢性能特征被澄清。研究者探索利用不同制备和热处理工艺对合金的显微组织进行优化，系统阐明了 A/B 元素替代对合金性能的影响规律及其作用机理。得益于这些基础研究工作的支撑，层状超晶格 RE-Mg-Ni 系合金已经实现产业化应用，同时对该系合金的优化研究仍在继续开展。

　　本书总结和讨论了国内外近 20 年来关于层状超晶格 RE-Mg-Ni 系合金的研究工作，在借鉴文献资料报道的同时，也结合了作者近 10 年来的一些研究成果。本书共分 5 章，第 1 章简要介绍了镍氢电池工作原理、镍氢电池负极合金主要类型、性能特征及其评价方法；第 2 章总结了几种层状超晶格结构及其氢化物的晶体结构特征，以及部分组织结构表征方法；第 3 章归纳了不同层状超晶格结构合金的气固及电化学储氢性能特征；第 4 章总结并讨论了元素替代对合金显微组织和储氢性能的作用及机理；第 5 章介绍了合金充放电循环过程中的失效机制，分析了不同层状结构的失效行为特征，总结了显微组织和元素替代对合金电化学循环稳定性的作用。

本书具体编写分工为：第 1 章、第 3 章和第 4 章由刘晶晶编写，第 2 章和第 5 章由李一鸣编写。

在本书的编写和相关研究工作过程中，得到了内蒙古科技大学任慧平教授、张羊换教授，燕山大学韩树民教授的大力支持和帮助，在此表示衷心感谢。同时感谢朱伟硕士、陈翔宇硕士和徐杰硕士在资料检索、文献整理及格式修订等方面的工作。感谢内蒙古科技大学白云鄂博共伴生矿资源高效综合利用省部共建协同创新中心对本书编写的资助，感谢国家自然科学基金（51371094、51801176、51961032）、中国博士后科学基金（2022M722683）、内蒙古自然科学基金（2014MS0526、2018MS05040）、内蒙古自治区科技重大专项（2021ZD0029）对作者相关科研工作的资助。

由于作者水平所限，书中不妥之处，敬请读者予以批评指正。

作　者

2023 年 1 月

目 录

1　镍/金属氢化物电池和储氢合金

1.1　镍/金属氢化物（Ni/MH）电池的组成

镍/金属氢化物（Ni/MH）电池是一种利用物质的化学反应所释放出来的能量直接转化为电能的装置，主要由四个部分组成，即正负极、电解质、隔膜及外壳[1]。电极是电池的核心组成部分，一般由活性物质和导电骨架组成，活性物质是能够通过化学变化释放出电能的物质，导电骨架主要起传导电子和支撑活性物质的作用。在圆柱形电池中，正负极用隔膜纸分开卷绕在一起，然后密封在钢壳中。在方形电池中，正负极由隔膜纸分开后叠成层状密封在钢壳中[2]。

Ni/MH 电池的正极主要是镍电极，其充电态活性物质为 NiOOH，有两种晶型结构，即 β-NiOOH 和 γ-NiOOH；放电态活性物质是 Ni(OH)$_2$ 也有两种晶型结构，即 α-Ni(OH)$_2$ 和 β-Ni(OH)$_2$，属于六方晶系。1966 年，Bode 等提出它们之间的转化关系如图 1-1 所示[3]。

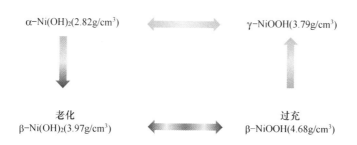

图 1-1　镍电极活性物质各晶型之间的转化关系[3]

Ni/MH 电池的负极一般为以储氢合金为主的储氢材料。金属元素依据其与氢的反应性质，可以分为两种，即放热型金属和吸热型金属。放热型金属容易与氢形成稳定的氢化物，反应过程中释放出热量，如 Ti、Zr、Mg 和 V 等；吸热型金属难以与氢形成稳定氢化物，但是氢容易在其中移动，如 Ni、Fe、Mn、Al、Co 和 Cu 等。储氢合金是由这两种金属按照一定配比组合而成的，一般表

示为 A_xB_y，A 为放热型金属，对储氢量影响较大，B 为吸热型金属，主要影响金属氢化物的生成热和氢分解压。目前已实现商业化应用和正在研究开发中的储氢合金电极主要有 AB_5 型稀土系合金、AB_2 型 Laves 相合金、AB 型钛基合金、A_2B 型镁基合金、钒基固溶体合金以及近期发展起来的层状超晶格储氢合金等。

Ni/MH 电池的正极与负极之间通过隔膜隔开，隔膜的作用是防止正、负极间直接接触在电池内部形成短路，其品质的优劣对电池的放电容量、自放电和循环寿命等都具有较大影响，因此，隔膜必须是离子的良导体和电子的绝缘体。目前，在 Ni/MH 电池中使用的隔膜主要有尼龙纤维、聚丙烯纤维和尼龙聚丙烯纤维隔膜三种，Ni/MH 电池对隔膜性能的要求较高，具体有以下几点[4,5]：良好的化学及电化学稳定性、良好的电解液吸收能力、良好的电解液保持能力、较好的离子传输能力、较低的面电阻、足够好的机械强度、一定的面密度和耐磨性、厚度要符合要求、良好的绝缘性、适宜的孔径与孔率、较好的透气性、组织成分均匀、平整、厚薄一致、无机械杂质等。

电解液作为 Ni/MH 电池的重要组成部分，它的组成、浓度、用量多少以及所含杂质的种类和数量等都将对电池的性能产生至关重要的影响，显著影响电池的容量、内阻、循环寿命、内压等性能[6]。研究发现，Ni/MH 电池内添加的碱液量对电池性能有很大影响[7]。在充电过程中，镍正极产生的气体必须通过一定途径传输到负极进行复合，电解液量的多少直接影响电池内部气体复合反应的速率。电解液过多，封口气室空间变小，电池在充放电过程中内压上升，易引起电池的爬碱、漏液、甚至失效；电解液过少，电极不能完全浸渍到电解液，影响电极的离子传导，电化学反应不完全或电极的某些部位不能发生电化学反应，降低电池的放电容量。此外，电解液过多或过少都还会对电池的循环寿命产生不良影响。当电解液过多时，除了使电极和隔膜湿润外，多余的电解液还附着在电极和隔膜的表面，甚至充溢在电池中心的空间，使得充电中后期正极产生的氧气在通过隔膜到达负极的过程中受阻而不能被及时复合，氧气在负极上的还原速度小于在正极的生成速度；电解液过少时，正负极和隔膜上分配得到的电解液相对贫瘠，不能满足电极反应时的离子传导，导致电极极化增大，降低充放电效率，使电池内阻升高。通常电解液使用约 6mol/L 的 KOH 溶液（或 NaOH 部分代替 KOH），而不是 NaOH，主要原因在于 KOH 的电导率比 NaOH 高。此外，在 KOH 溶液中加入少量 LiOH 可以提高电池的放电容量，降低镍正极活性物质的氧化电位，提高析氧过电位，从而提高充电效率，这主要是由于 Li^+ 在充放电循环过程中附着在活性物质颗粒周围，防止颗粒增大，使其保持高度分散状态。但加入不宜过多，否则会影响电池的电活化进程[8]。

1.2 储 氢 合 金

对于镍氢电池来说，以储氢合金为主的储氢材料一直是其发展的关键因素，科研人员围绕储氢合金做了大量的研究工作。前面提到，储氢合金一般可以表示为 A_xB_y，A 为放热型金属，主要影响储氢量；B 为吸热型金属，负责调节生成热与氢分解压。目前已实现商业化应用和正在研究和开发中的储氢合金主要有 AB_5 型稀土系合金[9-13]、Ti-基和 Zr-基 AB_2 型 Laves 相合金[14-17]、Ti-V 基多组分合金[18-25]、Mg 基合金[26-35] 以及稀土-镁-镍（RE-Mg-Ni）基（$AB_{3~4}$ 型）层状超晶格结构合金[36-43] 等。随着 A 元素化学计量比的增加，一般情况下合金吸氢量有增加的趋势，但是合金吸放氢速率减慢，反应温度升高，合金的循环稳定性下降。下面针对不同类型合金的晶体结构和电化学性能特点分别加以讨论。

1.2.1 AB_5 型稀土系储氢合金

AB_5 型稀土系储氢合金是应用最为广泛的一类 Ni/MH 电池负极材料活性物质，其中商品化 AB_5 型储氢合金已经作为 Ni/MH 电池负极材料在中国、日本实现了大规模产业化[44,45]。AB_5 型合金 A 的组成元素主要包括 La、Ce、Pr、Nd 等，为 AB_5 型合金的主要吸氢部分；B 元素主要包括 Ni、Co、Mn、Al、Fe 和 Sn 等，具有调节合金吸/放氢平衡压的作用。AB_5 型储氢合金的典型代表是 $LaNi_5$，它具有 $CaCu_5$ 型六面体结构（空间群：$P6/mmm$）。

$LaNi_5$ 合金最多可以吸收 6 个氢原子，形成 $LaNi_5H_6$，对应的电化学储氢容量为 $372mA \cdot h/g$[46]。吸氢时，氢原子进入 $LaNi_5$ 合金晶格间隙中。如图 1-2 所示，氢原子占据的晶格间隙位置有两种，第一种是 T 位置，是由 2 个 La 原子与 2 个 Ni 构成的四面体间隙（A_2B_2）；第二种是 O 位置，是由 2 个 La 原子和 4 个 Ni 原子构建的八面体间隙（A_2B_4）。

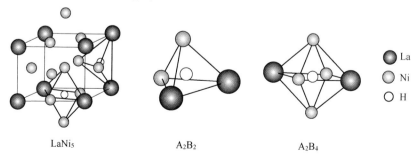

LaNi₅   A₂B₂   A₂B₄

● La   ○ Ni   ○ H

图 1-2 $LaNi_5$ 合金晶体结构和储氢间隙位置[46]

　　LaNi$_5$合金的储氢特性被发现于 20 世纪 60 年代后期，并在 70 年代初期 Justi 和 Ewe 首次尝试使用电化学的方法使 LaNi$_5$ 合金可逆吸/放氢，从此开始了储氢合金应用于 Ni/MH 电池的研究[47]。但是早期研究中的 AB$_5$ 型合金的循环稳定性很差，与实际应用要求相差甚远。直到 1984 年，人们发现通过 Co 部分替代 Ni，可以显著提高 LaNi$_5$ 合金的循环稳定[48,49]，这个发现为镍氢二次电池的市场化打开了大门。从此，人们对 AB$_5$ 型储氢合金进行了大量研究，旨在提高其综合电化学性能，并于 1987 年实现了成分为 MmNi$_{3.55}$Mn$_{0.75}$Co$_{0.4}$Al$_{0.3}$ 的 AB$_5$ 型合金的商业化生产[50]。虽然 AB$_5$ 型合金较早实现了工业化，但是仍然存在着很多不足之处。例如，AB$_5$ 型合金在其吸放氢过程中体积变化率较大，产生大量应力。一方面，应力引起粉化和晶体结构破坏；另一方面，粉化产生的新鲜表面使合金对毒性气体的敏感程度以及作为电极材料时强碱性电解液的氧化腐蚀作用增强，最终导致其储氢容量的下降。此外，由于 AB$_5$ 型合金通常含有昂贵的 Co 元素，故其成本较高，而且 AB$_5$ 型合金的容量和低温性能等也需要进一步改善。

　　为了改善 AB$_5$ 型合金的综合储氢性能，各国学者进行了大量的研究。Matsuda 等研究了 Si、Al、Fe、Sn、Cu 和 Fe 等元素的作用，结果表明，Al、Si 和 Sn 元素有助于抑制合金晶体结构在第一次吸氢后即产生位移、变形，而不含以上元素的 LaNi$_5$、LaNi$_{4.5}$Cu$_{0.5}$ 和 LaNi$_{4.5}$Fe$_{0.5}$ 合金在第一次吸氢后均发生了畸变[51-54]。Liu 等人发现 Al 元素由于较大的原子半径，有助于抑制金属原子在吸放氢过程中产生的迁移，从而降低合金内部混乱程度，提高晶体结构稳定性，LaNi$_{4.5}$Al$_{0.5}$ 合金经过 1000 次吸放氢循环后，容量保持率高达 98.2%[55]。然而，Al 进入合金以后会使合金表面钝化，阻碍电荷传输，不利于合金的倍率性能和低温性能[56]；此外，研究发现，Mn 元素可以提高合金热力学稳定性和储氢容量[50,57,58]；A 中的 Ce、Nd 和 Pr 等元素部分取代 A 中 La 元素，在合金表面形成致密的氧化物，可以抑制合金的进一步氧化腐蚀[59]。此外，为了降低 AB$_5$ 型合金的成本，日本与我国的研究人员相继开发出以廉价的富铈（Mm）和富镧（Ml）合金替代 La 的 Mm(NiCoMnAl)$_5$[60] 和 Ml(NiCoMnAl)$_5$[61] 等合金，这些合金不但成本低廉，而且具有良好的综合电化学性能，成了商业化 Ni/MH 电池使用最多的负极材料。

　　除元素取代外，人们发现热处理、快淬等方法可以通过增加合金内部均匀性来提高 AB$_5$ 型合金的容量和循环寿命[62-67]。Ma 等[64]发现 MlNi$_{3.8}$Co$_{0.3}$Mn$_{0.3}$Al$_{0.4}$Fe$_{0.2}$ 合金在 1273K 下退火 7h 后，合金容量由退火前的 292mA·h/g 升高到 309mA/h·g，循环稳定性为退火前合金的两倍。Yao 等[66]报道快淬处理提高了 LaNi$_{4.5}$Co$_{0.25}$Al$_{0.25}$ 合金的最大放电容量、循环稳定性以及荷电保持率。除此之外，表面处理也是改善 AB$_5$ 型合金电化学性能的有效方法，包括酸处理、碱处理、表面镀覆等[13,68-73]。

1.2.2 AB$_2$ 型 Laves 相储氢合金

Laves 相为拓扑密堆相，具有紧密堆积结构，其中，A 原子和 B 原子的半径比接近 1.225。AB$_2$ 型 Laves 相合金包括三种结构类型，即六角形 C14（MgZn$_2$，$P6_3/mmc$）、立方体 C15（MgCu$_2$，$Fd\bar{3}m$）和六角形 C36（MgNi$_2$，$P6_3/mmc$）[74]。其中，C14 和 C15 型合金都是较好的储氢材料，其结构如图 1-3 所示。AB$_2$ 型 Laves 相合金由于 A 元素比例较高，理论储氢量远高于 AB$_5$ 型稀土系合金，也因此作为 Ni/MH 电池负极材料进行了广泛研究。

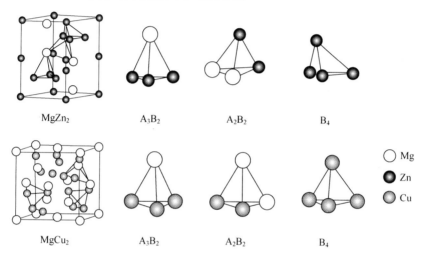

图 1-3　AB$_2$ 型合金晶体结构和储氢间隙位置[46]

研究表明，与 AB$_5$ 型稀土系合金相似，AB$_2$ 型 Laves 相合金的储氢也属于晶格储氢，即氢原子主要占据晶格间隙。无论是 MgZn$_2$ 还是 MgCu$_2$ 结构，H 原子都占据其四面体间隙，根据靠近的 A 原子和 B 原子的种类及数量，可以将这些四面体间隙划分为 A$_2$B$_2$、AB$_3$ 和 B$_4$ 位置，如图 1-3 所示[75,76]。理论上，1 个 AB$_2$ 型合金晶体结构中含有上述 3 种四面体的数量分别为 12、4、1，当这些位置全部存储 H 时，AB$_2$ 合金转变为金属氢化物 AB$_2$H$_{17}$[77]。

AB$_2$ 型 Laves 相合金的典型代表是 Ti 系和 Zr 系合金[14-17]，其中 A 常见的元素有 Ti、Zr、Mg 和一些稀土元素，B 主要有 V、Mn、Cr、Fe、Co、Al、Cu 等元素[18,20,26,30,78-83]。研究表明，Mg、Ti、Zr、Nb 等元素有利于提高合金的容量[80,81]；V、Mn、Cr 等元素可以调整金属氢化物的稳定性[30,83]；Al、Mn、Co、Fe、Ni 等元素可以增强合金的催化活性[20,30,82]；而 Mo、Cr、W 等元素有利于增强合金的导电性[26,78]。除了调节合金的元素组成外，表面处理[33,84,85]、热处理[28,86,87]、快速冷却[27,88] 等也是 AB$_2$ 型合金常见的改性方法。表面处理主要是通过改善合金的表面状态加速合金表面的电荷传输或提高其催化活性[33,84,85]；退火处理是将合金锭放入高温炉中，在惰性气体保护下将合金加热到一定温度，随后长时间保温，目的是使合金均质化，从而减小合金内部的应力，该方法对改善合金的吸氢量和循环寿命尤为有效[28,86,87]；快速冷凝法是通过使合金熔体在很短的时间内迅速冷却，来抑制合金的偏析，并使合金组织均匀、晶粒细化，从而改善合金的储氢性能[27,88]；此外，为了降低成本，研究者在合金组成上进一步优化，设计无 V 合金[89-91]。

目前，AB_2 型 Laves 相合金电极的容量在 $370 \sim 450 mA \cdot h/g$ 之间，虽然明显地高于 AB_5 型储氢合金电极的容量，但是与 AB_5 型合金电极相比，AB_2 型 Laves 相合金的活化性能和倍率放电性能较差，用作高功率 Ni/MH 电池电极材料，依然需要更高的能量密度、更快的活化，更好的倍率放电性能以及更低的成本[14]。

1.2.3 AB 型储氢合金

AB 型储氢合金以 TiFe 合金为代表，最初由美国布鲁克海文国立研究所的 Reilly 和 Wiswall[92] 最先应用于气固储氢。TiFe 合金具有 CsCl 型结构（空间群 $Pm3m$），晶格常数为 $2.9763 Å$[93]❶。TiFe 与氢反应可形成正交体系 $TiFeH_{1.04}$ 和立方体系 $TiFeH_{1.95}$[94-97]，如图 1-4 所示[95]。由于以上两种氢化物的存在，其 P-C-T 曲线呈现两个平台，对应以上两种氢化物，如图 1-5 所示[97,98]。

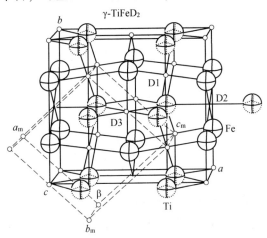

图 1-4　γ-$TiFeD_{1.94}$ 的正交结构(粗线表示的单位晶胞)与

单斜晶胞(轴为 a_m、b_m、c_m)的比较[95]

(后者用虚线表示，氘原子 D1 和 D3 的八面体配位(Ti_4Fe_2)和 D2 的八面体配位(Ti_2Fe_4)用键表示)

---

❶ 1Å = 0.1nm，全书余同。

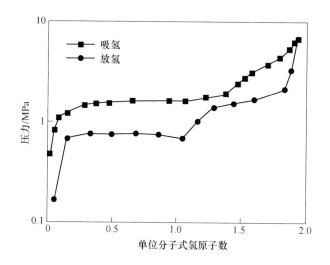

图 1-5　TiFe 在 40℃时的 *P-C-T* 曲线[97,98]

钛基合金具有许多适于应用的优点，例如，TiFe 合金储氢量较大，原料来源广泛，价格低廉；且该类合金活化后具有良好的吸放氢动力学性能和温和的工作温度等[99,100]。但在其吸放氢过程中，由于会生成十分稳定的 TiH_2 和 $TiFe_2$（在 10MPa 以下不能氢化），导致容量衰减，降低其循环稳定性。此外，TiFe 合金活化困难，且对杂质气体（如 O_2 和 H_2O）的敏感性较高，限制了其工业化应用进程[101]。人们采用元素合金化[102]、表面处理[103]和机械合金化[104]等多种策略对该类合金综合电化学性能进行优化，尤其通过形成点缺陷、二次相和增加氢扩散通道来改善其活化性能。

1.2.4　钒基固溶体型储氢合金

钒的晶体结构为体心立方（BCC）结构，空间群为 *Im3m*，如图 1-6（a）所示。在吸氢过程中氢原子占据其四面体间隙，随着吸氢量的增加，依次形成 V_2H、VH、VH_2，其晶体结构如图 1-6（b）~（d）所示，其中 VH_2 氢含量（质量分数）可达 3.8%，转化为电化学容量高达 1018mA·h/g。在 300K、450K 和 750K 条件下，钒氢化物的脱氢途径分别为 VH_2（γ）→ V_2H（β）→ VH（α）→ V[105,106]。但是，VH_2 在循环吸放氢过程中通常分解为 VH，而非 V，所以合金的可逆储氢量只有一半（约 1.9%），且随着循环其储氢容量显著下降。而且，它在碱液中由于缺乏电催化活性，可逆电化学容量很低，所以较长时间未能作为电极材料使用。直到 1995 年，Tsukahara 等在钒基固溶体型储氢合金电极方面取得了突破性进展，他们研制的 $V_3TiNi_{0.56}$ 合金具有良好的电催化活性[25]。$V_3TiNi_{0.56}$ 合金由两相组成，分别是钒基固溶体主相和 TiNi 型第二相。钒基固溶体主相具有较高的电化学容量，TiNi 型第二相以三维网络状的形式存在于主相的晶界处，为钒基固溶体主相的吸放氢提供催化活性，同时 TiNi 相本身也具有一定的电化学容量，此外，TiNi 型第二相还能够起到防护钒基固溶体被碱液侵蚀的作用。后续研究表明，加入其他 B 元素形成 V-Ti-Fe[107]、V-Ti-Ni[108] 和 V-Ti-Cr[109] 基合金也可以改善其循环性能，Pan 等设计了一系列过计量比的 $Ti_{0.8}Zr_{0.2}(V_{0.533}Mn_{0.107}Cr_{0.16}Ni_{0.2})_x$（$x = 2 \sim 6$）合金，合金中同时含有 C14 型 Laves 相（$MgZn_2$ 型结构）和钒基固溶体相，其中钒基固溶体相是主要的吸氢相，而 C14 型 Laves 相不但具有吸氢作用，而且在电化学反应中也可以起到催化作用，使得合金具有较好的电化学性能，尤其是较高的放电容量[24,110]。除此之外，退火处理也可以通过使合金内部组成元素均匀化来显著提高该类合金的综合储氢性能。例如 $Ti_{0.8}Zr_{0.2}(V_{0.533}Mn_{0.107}Cr_{0.16}Ni_{0.2})_4$ 合金经 1273K 退火 8h 后，放电容量达到了 412mA·h/g，相比于铸态合金提高约 13%，同时循环稳定性和高倍率性能也得到了改善[111]。

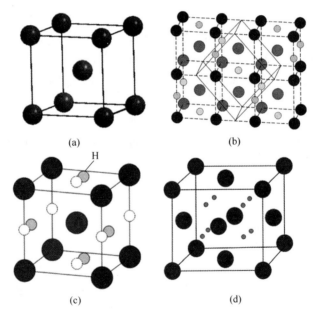

图 1-6 V(a)、V_2H(b)、VH(c) 和 VH_2(d) 的晶体结构[105,106]

1.2.5 Mg 基储氢合金

镁基合金由于理论储氢量高、资源丰富和成本低廉等优点被认为是很有前景的一类储氢材料。Mg 与氢反应形成 MgH_2[112]，对应的储氢容量（质量分数）为 7.6%，电化学容量高达 2200mA·h/g；即便是 Mg_2Ni 合金，吸氢后形

成 $Mg_2NiH_{4.93}$，对应的电化学容量也高达 1080mA·h/g。然而，MgH_2 过于稳定（$\Delta H = 75kJ/mol\ H_2$），脱氢温度高（约 573K），吸放氢可逆性低，而且在碱性溶液中的氧化腐蚀速度快，目前很难大规模实际应用。为了改善 Mg 基合金的储氢性能，人们进行了大量的研究工作，并取得了一些重大的进展。其中，非晶化和纳米化是改善 Mg 基合金储氢性能的有效方法，该方法利用纳米/非晶态结构促进氢原子的扩散过程和电荷转移反应，获得较高的电化学容量。例如，Lei 等人通过球磨法制备了非晶化 $Mg_{50}Ni_{50}$ 合金，其电化学容量为 500mA·h/g[113]。此外，研究表明元素合金化也是提高 Mg 系合金储氢性能的有效手段，例如，Mg 与 Sc、Ti、V 和 Cr 等元素进行合金化后形成的 $Mg_{80}Sc_{20}$、$Mg_{80}Ti_{20}$、$Mg_{80}V_{20}$ 以及 Mg_8Cr_{20} 合金都具有较好的快速放氢性能[114,115]；进一步研究表明，Mg_2Ni 合金经由 Ti、Al、Co、Ce、Y、Cr、Ca 等替代 Mg 元素、Co、W、Cu、Pd 替代 Ni 元素后，作为镍氢电池负极活性物质浸入 KOH 电解液后可以在合金表面生成氧化层，抑制 Mg 元素的氧化，从而增强合金的抗腐蚀性能[114,115]。此外，表面处理、复合合金化等也是该类合金常用的改性方法。例如，Kim 等通过 Mg 基合金表面包覆一层全氟磺酸膜使其放电容量提高了 400%[116]；Chiu 等通过在 420℃时向 MgH_2 中添加 5%（质量分数）纳米尺寸 Fe 或 Co 显著改善了 MgH_2 的解吸动力学性能，同时 MgH_2-Fe 和 MgH_2-Co 复合材料具有良好的循环稳定性[117]。

1.2.6　稀土-镁-镍（RE-Mg-Ni）基层状超晶格储氢合金

　　$AB_{3\sim4}$ 型（A 代表稀土元素和 Mg，B 代表过渡金属元素）RE-Mg-Ni 基合金是 21 世纪初发展起来的一类具有层状超晶格结构的储氢合金，该类合金源于二元 RE-Ni 基合金，是由 Mg 部分取代二元 RE-Ni 基合金中的 RE 而得到。由于 $[A_2B_4]$ 亚单元中 A-A 原子距离小于 $[AB_5]$ 亚单元中的 A-A 距离（例如，$[LaNi_5]$ 亚单元中的 La-La 距离为 3.9Å，而 $[La_2Ni_4]$ 亚单元中的 La-La 距离仅为 3.2Å[40]），原子半径较小的 Mg 通常只进入 $[A_2B_4]$ 亚单元中[42]，因此也称为超晶格（superlattice）结构。在二元合金的基础上加入 Mg 元素，不但可以降低合金吸氢后氢化物的稳定性，增强合金吸/放氢可逆性，同时也有助于降低合金在吸/放氢循环过程中的非晶化程度，稳定合金的堆垛结构[36,40]。与 RE-Ni 基合金结构相同，RE-Mg-Ni 基合金中的层状超晶格合金相也是由 $[A_2B_4]$ 和 $[AB_5]$ 亚单元按照不同比例沿 c 轴方向堆垛而成，根据 $[A_2B_4]$ 和 $[AB_5]$ 比例的不同，常见的层状超晶格结构合金相有 AB_3 相（1:1）、A_2B_7 相（1:2）、A_5B_{19} 相（1:3）以及后期发现的 AB_4 相（1:4）和 A_7B_{23} 相（2:3）。以上每种类型的合金相根据 $[A_2B_4]$ 亚单元格种类的不同，又可分为六方结构（2H，

hexagonal，$P6_3/mmc$）和三方结构（3R，rhombohedral，$R\bar{3}m$），前者对应的
［A_2B_4］单元为 $MgCu_2$ 型结构，而后者对应的 ［A_2B_4］ 单元为 $MgZn_2$ 型结
构[118]，而 ［AB_5］ 亚单元的结构均为 $CaCu_5$ 型，如图1-7所示[77]。AB_3 型相对
应的两种结构分别为 $CeNi_3$（2H） 和 $PuNi_3$（3R），A_2B_7 相对应的两种结构分别为
Ce_2Ni_7（2H） 和 Gd_2Co_7（3R），A_5B_{19} 相对应的两种结构分别为 Pr_5Co_{19}（2H） 和
Ce_5Co_{19}（3R），后期发现的 AB_4 相和 A_7B_{23} 相均为 3R 型结构。从图1-7中还可以
看出，2H 型合金相的一个晶胞中存在两个由 ［A_2B_4］ 和 ［AB_5］ 亚单元以一定
比例堆垛而成的模块，而 3R 型合金相的一个晶胞中存在三个由 ［A_2B_4］ 和
［AB_5］ 亚单元以一定比例堆垛而成的模块。

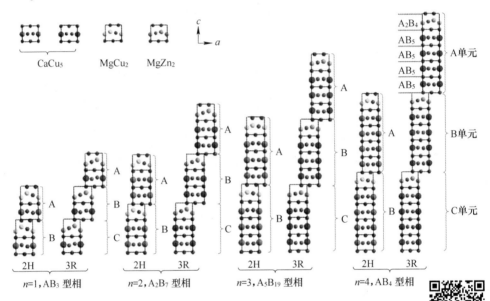

图 1-7　RE-Mg-Ni 系层状超晶格合金的堆垛结构示意图[77]

彩图

　　RE-Mg-Ni 基储氢合金的研究始于 20 世纪末，1997 年，Kadir 等人通过分粉
末分步烧结法成功地制备了一系列 $REMg_2Ni_9$（RE = La，Ce，Pr，Nd，Sm，Gd）
合金，并发现相对于二元 RE-Ni 合金，Mg 的引入有利于堆垛结构的形成[119]。
随后，人们陆续对 RE-Mg-Ni 基储氢合金进行探索，2000 年，Kohno 等人报道了
化学组成为 $La_{0.7}Mg_{0.3}Ni_{2.7}Co_{0.5}$ 的合金，其放电容量高达 410mA·h/g，高于商
业化 AB_5 型合金近 30%[43]。自此，La-Mg-Ni 基储氢合金作为下一代新型 Ni/MH
电池负极材料引起了广泛关注。随着研究的深入，人们发现循环稳定性差是该类
合金亟待解决的关键问题。

为了改善 La-Mg-Ni 基储氢合金的综合电化学性能，尤其是循环稳定性，人们尝试了不同的方法，包括组分优化[36,120-138]、热处理[39,118,139-141]、表面处理[142-145]、复合合金化[38,146-148]等，特别是关于合金组成元素影响的研究相对较多。La-Mg-Ni 基合金组分的优化主要集中在稀土元素部分取代 La、过渡金属元素部分取代 Ni、调整 B/A 比例及 La/Mg 比例等对合金电化学性能的影响方面，并取得了一系列可贵的研究成果。元素的详细作用以及作用机理将在后面的章节中进行详细讨论。退火处理也是改善 La-Mg-Ni 基合金储氢性能的重要方法，首先，退火处理可以使该类合金的相组成更加均匀，趋于单一化，且退火处理有助于调整合金的晶粒尺寸，以上两个因素均对提高该类合金的吸放氢循环稳定性作用显著；另外，退火处理还可降低该类合金的吸/放氢平台压，使其 *P-C-T* 曲线的平台更加平坦，提高其储氢容量[39,118,139-141]。表面修饰则可以提高合金颗粒表面的催化活性，加速反应的进行，对电极过程的动力学性能改善明显[142-145]；复合合金化也是改善 La-Mg-Ni 基合金电化学性能的有效方法之一，是出于单一合金不能满足电化学性能改善要求的情况下所提出的特殊方法[38,146-148]。

La-Mg-Ni 基合金发展迅速，而且已经作为高容量、高荷电保持率电极材料实际应用于 Sanyo 公司[41,120]，被认为是最有前景的 Ni/MH 电池负极材料之一。近期随着碳达峰和碳中和政策的提出，人们也在探索该类合金在气固储氢中的应用。

1.3 金属氢化物气固储氢原理

1.3.1 金属氢化物气固储氢原理

在一定条件下金属与氢气反应生成金属氢化物，当改变条件时，金属氢化物可以重新分解，释放氢气，从而实现可逆吸放氢。如图 1-8 所示，储氢合金吸氢的整个过程可分为以下四个部分：

（1）储氢初期，气态氢气以氢分子的形式与储氢合金接触并吸附于储氢合金表面；

（2）由氢分子裂解产生的氢原子化学吸附在储氢合金表面，并向合金内部扩散；

（3）氢原子渗透进入晶格，并占据由储氢合金较大原子半径产生的晶格间隙，形成固溶体相（α 相）；

（4）合金表面氢吸附浓度不断升高，氢原子向晶格内部扩散，金属固溶体相与氢原子发生键合反应，生成金属氢化物相（β 相）。

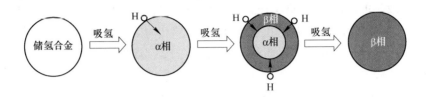

图 1-8　储氢合金吸氢过程相转变示意图

放氢过程与吸氢过程相反。吸放氢总反应式可以表达为：

$$M + \frac{x}{2}H_2 \Longleftrightarrow MH_x + \Delta H \tag{1-1}$$

式中，M 为储氢合金。

金属氢化物的吸放氢通常是可逆的，储氢合金在吸氢过程中释放热量；金属氢化物在放氢过程中吸收热量。反应进行的方向可以通过调节温度和压力来进行控制。

1.3.2　金属氢化物的气固储氢性能评价指标

金属氢化物的气固储氢性能可以由如图 1-9 所示的 P-C-T 曲线反映出来，P-C-T 曲线对应的合金储氢过程主要分为以下 3 个阶段。

（1）在氢压较低的 OA 阶段，形成固溶体相（α 相）。当氢气与金属接触时，由于范德华力会吸附在金属表面，随后氢分子会解离成氢原子，在金属中沿着晶界和晶体缺陷扩散，占据储氢合金原子之间的晶格间隙并形成固溶体相（α 相）。

（2）在压力较高的 AB 阶段，随着固溶体相中氢原子浓度不断增加并达到饱和，过量的氢与金属固溶体（α 相）发生反应，生成金属氢化物相（β 相），此时氢压保持不变，吸氢量增加。同时这一过程由于氢化物的生成，会伴随放热。

（3）最后当金属完全形成金属氢化物（β 相）后，如果继续提高外部氢气压力，少量氢原子会进入金属氢化物的间隙位置，与金属氢化物发生固溶，直至饱和。

P-C-T 曲线是评估储氢合金吸放氢行为的有力工具，从 P-C-T 曲线上可以得到包括最大储氢量、吸放氢平台压、滞后、斜度因子等多个储氢性能评价参数。

（1）最大储氢量：通常以氢原子与储氢合金的质量分数（%）来表示合金的储氢量大小，由于合金在 P-C-T 曲线平台处大量吸放氢，因此合金最大储氢量的取值范围通常设置在吸放氢平台后的较高压力处，如图 1-9 所示。

（2）平台压：金属固溶相（α 相）在 A 点开始不断转化为金属氢化物相（β 相），并在 AB 阶段保持共存（见图 1-9），此时反应体系的自由度为 1，即理想状态下只有储氢容量发生变化，而压力是不变的，该阶段所对应的吸氢和放氢压力为储氢合金的吸放氢平台压。

（3）滞后：在实际情况下，合金的吸放氢 *P-C-T* 曲线并不完全重合，滞后（*Hys*）代表了吸氢和放氢平台压的差异，同时也反映了合金为克服吸氢和放氢过程中的形变所消耗的能量以及合金颗粒随着循环发生粉碎所消耗的能量。滞后通常由式（1-2）计算[149-151]：

$$Hys = \ln(P_a/P_d) \qquad (1-2)$$

式中，P_a 和 P_d 分别为吸氢和放氢时的平台压。

（4）斜度因子：*P-C-T* 曲线的平台斜率可以反映合金内部的无序程度，通常利用斜度因子（*SF*）评价吸放氢平台的倾斜程度，并且 *SF* 值的增加可以说明在反复吸放氢过程中，合金内部缺陷增加，导致合金内部无序度增加。斜度因子通常被定义为[152,153]：

$$SF = \ln(P_{75\%}/P_{25\%}) \qquad (1-3)$$

式中，$P_{75\%}$ 和 $P_{25\%}$ 分别为合金 *P-C-T* 曲线上吸氢或放氢75%与25%所对应的平衡压力。

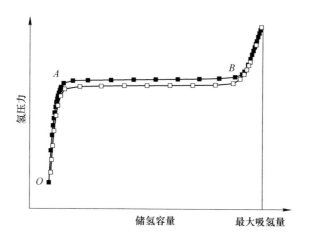

图 1-9　*P-C-T* 曲线示意图

随着吸放氢循环的反复进行，由于储氢性能的下降，*P-C-T* 曲线也会发生变化，通常表现为平台的缩短，即合金储氢容量的下降，以及平台斜度的增加甚至发生平台分裂[55,154]。

1.3.3　热力学性能

根据不同温度的 *P-C-T* 曲线［见图1-10（a）］，可以计算储氢合金的热力学参数。随着环境温度的升高，储氢合金吸放氢过程中发生相变平台压力也逐渐升高。将不同温度与 *P-C-T* 曲线上对应的不同温度下的吸放氢平台压通过 Van't Hoff 方程进行拟合便可求得储氢合金吸放氢反应的焓变和熵变[155]：

$$\ln P_{H_2} = \frac{\Delta H}{RT} - \frac{\Delta S}{R} \tag{1-4}$$

式中　T——吸放氢温度，K；

　　　P_{H_2}——对应温度下 P-C-T 曲线的平台压，MPa；

　　　R——理想气体常数，J/(mol·K)；

　　　ΔH——反应焓变，kJ/mol；

　　　ΔS——反应熵变，J/(mol·K)。

图 1-10（b）为图 1-10（a）对应的 Van't Hoff 图，横坐标为 $1/T$，纵坐标为 $\ln P_{H_2}$，则拟合直线的斜率为 $\Delta H/R$，截距为 $-\Delta S/R$。由此可以得到合金吸放氢反应的 ΔH 和 ΔS，其中 ΔH 反映金属氢化物热力学稳定性，其绝对值越大，说明形成的金属氢化物越稳定，反之则越不稳定，容易分解放氢。ΔS 的绝对值一般为固态氢与气态氢的熵值之差，表明形成了有序的金属氢化物。

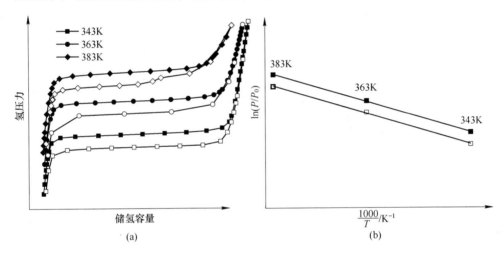

图 1-10　典型金属氢化物的 P-C-T 曲线（a）及其对应的 Van't Hoff 图（b）
（实心为吸氢，空心为放氢）

1.3.4　动力学性能

　　储氢合金的动力学性能表现为合金吸放氢反应的快慢，即储氢合金与氢的反应速度。储氢合金的动力学性能除了受合金本身组成和性质的影响外，还受环境氢压、环境温度、颗粒大小等因素的影响。通常，瞬时压力越大、环境温度越高、颗粒越小，合金的吸放氢速率越快[156]。但是，以上因素之间也会相互影响，例如在合金吸氢过程中，温度升高导致合金吸氢平台压升高，造成环境压力与平台压力之间的差异变小，压力驱动力降低，合金的吸氢速度反而减慢[55]。图 1-11 为不同 Co 含量的 AB_5 型合金的放氢曲线，以最大放氢容量的 90% 所对应的时间（$t_{0.9}$）作为参考进行比较，从图中可以看出，随着 Co 含量的升高，$t_{0.9}$ 降低，说明合金吸氢速率变快。

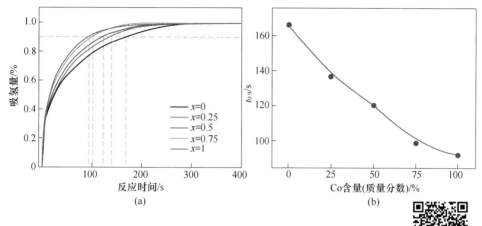

图 1-11　$LaNi_{5-x}Co_x$ 的吸氢动力学曲线（a）与 $t_{0.9}$ 变化曲线（b）

彩图

1.4　金属氢化物电化学储氢原理

1.4.1　金属氢化物的电化学反应过程

储氢合金的电化学储氢性能主要是作为镍/金属氢化物（Ni/MH）电池负极材料体现出来。Ni/MH 电池通常是以氢氧化镍（$Ni(OH)_2$）作为正极材料，以储氢合金作为负极材料，以氢氧化钾（KOH）为主的碱性水溶液作为电解液的电池体系。Ni/MH 电池在充/放电过程中发生的化学反应非常简单，即氢在储氢合金负极和氢氧化镍正极之间通过电解液的运动，如图 1-12 所示[110]，该类反应机理被称为"摇椅"机理。充电时水解产生的氢原子扩散到储氢合金本体中，形成金属氢化物，实现负极氢原子的储存；放电时储氢合金金属氢化物分解，放出的氢原子又在合金表面氧化成水分子，溶入电解液中。在整个充/放电反应中，储氢合金不仅是电化学反应的催化剂，而且是氢原子的储氢介质。

Ni/MH 电池充放电过程中发生的电化学反应如下：充电过程中，在电池负极发生储氢合金与水的反应，形成金属氢化物和氢氧根离子，同时消耗电子，见式（1-5）中的充电过程；而在电池正极发生氢氧化镍与氢氧根的反应，氢氧化镍被氧化为羟基氧化镍（NiOOH），同时生成水，释放电子，见式（1-6）中的充电过程。放电过程发生的反应为充电过程的逆反应：在电池负极，金属氢化物中的氢与氢氧根反应，金属氢化物转变为储氢合金，同时生成水，释放电子，见式（1-5）中的放电过程；而在电池正极，NiOOH 与水反应，同时得到电子，被还

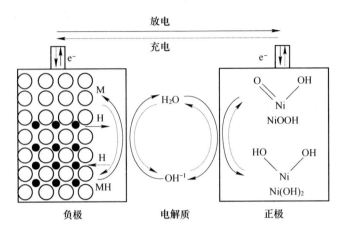

图 1-12　Ni/MH 电池充/放电反应机理图[110]

原为 Ni(OH)$_2$，见式（1-6）中的放电过程。从整体反应来看，Ni/MH 电池的充电反应的实质是氢原子由正极转移到负极，而放电过程则是氢原子由负极转移到正极，见式（1-7）。其充/放电反应均为固相反应，没有金属的溶液或电解液的消耗，可以实现电池的密封与免维护。

$$负极：M + xH_2O + xe^- \underset{放电过程}{\overset{充电过程}{\rightleftharpoons}} MH_x + xOH^- \tag{1-5}$$

$$正极：Ni(OH)_2 + OH^- \underset{放电过程}{\overset{充电过程}{\rightleftharpoons}} NiOOH + H_2O + e^- \tag{1-6}$$

$$总反应：xNi(OH)_2 + M \underset{放电过程}{\overset{充电过程}{\rightleftharpoons}} xNiOOH + MH_x \tag{1-7}$$

当电池处于过充电状态时，由正极析出的氧气可以通过隔膜到达负极，在氢化物表面发生还原反应而被消耗（消氧反应）；当电池处于过放电状态，正极产生的氢气可以透过隔膜到达负极，在合金表面氧化成水而被消耗（消氢反应）。以上消氢和消氧作用都有助于避免电池内部压力升高而发生漏液等故障，而在这过程中作为负极活性物质的储氢合金起到了关键作用。因此，在密封 Ni/MH 电池的设计中，一般负极的活性物质的总容量至少高于正极活性物质总容量的 20%。

当电池过充或过放电时，正负极发生的反应可表示为：

$$过充时，正极：\qquad 4xOH^- \longrightarrow 2xH_2O + xO_2 + 4xe^- \tag{1-8}$$

$$负极：2xH_2O + xO_2 + 4xe^- \longrightarrow 4xOH^- \tag{1-9}$$

$$过放时，正极：\qquad 2xH_2O + 2xe^- \longrightarrow xH_2 + 2xOH^- \tag{1-10}$$

$$负极：\qquad xH_2 + 2xOH^- \longrightarrow 2xH_2O + 2xe^- \tag{1-11}$$

进一步将储氢合金在电池体系中的电极反应进行详解，即金属氢化物的形成和分解过程是包括电荷转移和物质传递的一系列化学反应。以充电过程中氢化物的形成为例，在氢化物形成过程（充电过程）中，反应物（H_2O）首先由电解液通过扩散转移至合金/电解液界面，并吸附在合金表面，反应见式（1-12）中的充电过程：

$$H_2O(b) \xrightleftharpoons[\text{放电过程}]{\text{充电过程}} H_2O(s) \tag{1-12}$$

接着发生电荷转移反应，可用如式（1-13）中的充电过程表示：

$$M + xH_2O(b) + xe^- \xrightleftharpoons[\text{放电过程}]{\text{充电过程}} M-H_x(ad) + xOH^-(s) \tag{1-13}$$

此时，还原出来的氢原子 H(ad) 吸附在合金表面。接着，电化学反应形成的 H(ad) 产物通过扩散进入合金内部，储氢合金与之反应形成金属-氢固溶体。反应见式（1-14）中的充电过程：

$$M-H_x(ad) \xrightleftharpoons[\text{放电过程}]{\text{充电过程}} M-H_x(abs) \tag{1-14}$$

与此同时，OH^- 通过扩散进入到电解质溶液中，反应见式（1-15）中的充电过程：

$$OH^-(s) \xrightleftharpoons[\text{放电过程}]{\text{充电过程}} OH^-(b) \tag{1-15}$$

最终，储氢合金吸附的氢通过扩散进入合金内部形成氢化物，反应见式（1-16）中的充电过程，此时达到了反应的静态平衡状态。

$$M-H_x(ad) \xrightleftharpoons[\text{放电过程}]{\text{充电过程}} M-H_x(abs) \tag{1-16}$$

在电池放电过程中，相应的化学反应逆向进行。

图 1-13 以机理图的形式展示了在电池充/放电过程中储氢合金形成金属氢化物以及氢化物分解的过程[110,157]。

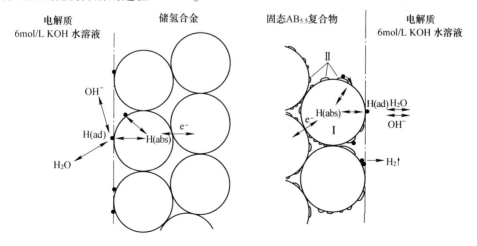

图 1-13　充/放电过程中储氢合金吸/放氢过程机理图[157]

1.4.2　金属氢化物电化学储氢性能主要评价指标

1.4.2.1　电化学性能

通常采用 0.0374~0.075mm 的储氢合金粉末制备镍氢电池负极材料，在最初的一周或几周充放循环过程中，储氢合金颗粒发生粉化，有效比表面积增大，合金电极的放电容量逐渐升高，这个过程称为活化过程。随后，由于储氢合金表面氧化腐蚀，造成活性物质的损失；同时由于储氢合金反复吸放氢造成合金晶体结构发生破坏，导致合金电极的放电容量逐渐降低。放电容量先升高后降低的拐点处所对应的容量称为最大放电容量（$C_{\max}$），储氢合金电极的放电容量达到 $C_{\max}$ 所需的循环周数称为活化周数（n），储氢合金电极在第 N 周的容量（C_N）与 $C_{\max}$ 的比例称为容量保持率（S_N）。还有一种电池寿命的表征方法是以电池放电容量衰减为 $C_{\max}$ 的 80% 或其他百分比所对应的循环周数作为依据。

以上参数表征了储氢合金在电池常规充放电循环过程中的电化学性能。储氢合金电极大电流放电的能力也是评价其性能的重要指标，用高倍率放电性能（HRD）进行表征，其计算公式如下：

$$HRD_d = C_d / (C_d + C_{0.2C}) \times 100\% \qquad (1\text{-}17)$$

式中　HRD_d——放电电流密度为 dmA/g 时的 HRD；

　　　C_d——放电电流密度为 dmA/g 时的放电容量；

　　　$C_{0.2C}$——在以 dmA/g 的电流密度进行放电后，继续以 0.2C 的小电流密度下进行放电直到截止电位所得到的放电容量。

此外，储氢合金电极常见的表征还有低温性能（LTD）。美国先进电池联盟（USABC）提出，用于电动汽车和混合动力汽车的电池应在 233K 下正常工作[157,158]，因此，通常在该温度下测试合金的 $C_{\max}$、HRD 和 S_N 等，与常温下相对应的性能进行比较从而评价其 LTD 的优劣。

1.4.2.2　电化学动力学性能

储氢合金电极表现出的大电流放电能力取决于其放氢反应速率的大小，该反应速率又是由合金/电解液界面的电荷转移速率和合金本体的氢原子扩散速率共同决定的[159]。合金/电解液界面的电荷转移快慢可以用电荷转移电阻（R_{ct}）和交换电流密度（I_0）来表征；而氢原子在合金块体中的扩散速率可以用极限电流密度（I_L）和氢的扩散系数（D）来表征[139,160-163]。

储氢合金电极的电荷转移电阻可以由电化学阻抗谱求出。一个典型的电化学阻抗谱分为三部分，包括高频区的两个半圆和低频区的一条直线，如图 1-14 所示。图 1-14 中高频区的小半圆表示储氢合金颗粒和集流体之间的接触电阻，对于储氢合金电极来说一般相差不大；中频区的大半圆表示合金电极的电荷转移电阻，即用来表征储氢合金电极表面的电荷转移电阻；低频区的直线表示 Warburg 阻抗。用非线性最小二乘法通过等效电路拟合图谱，便可以得到电荷转移电阻 R_{ct}。R_{ct} 越小，说明电荷转移速率越快[164]。

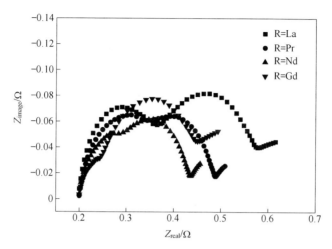

图 1-14 储氢合金的典型 EIS 图谱

此外，交换电流密度 I_0 也经常用来表征储氢合金电极的电荷转移快慢。当过电位在很小的范围内（$\eta<10\mathrm{mV}$）变化时，交换电流密度和过电位具有良好的线性关系，交换电流密度 I_0 可由式（1-18）计算得到[160,165]：

$$I_0 = \frac{RT}{F} \times \frac{I_d}{\eta} \qquad (1\text{-}18)$$

式中　R——气体常数，J/(mol·K)；

　　　T——绝对温度，K；

　　　F——法拉第常数，C/mol；

　　　I_d——电流密度，mA/g。

由于在特定温度下 RT/F 是恒定的，电流密度和过电位之间呈线性关系。I_0 便可以通过直线的斜率求得。I_0 值越大，表明储氢合金电极表面的电荷转移速率越快。

合金本体的氢原子扩散速率可由极限电流密度和氢的扩散系数反映出来，它们分别可以通过阳极极化曲线和恒电位阶跃曲线求得。

阳极极化曲线包含三个区域，如图 1-15 所示，分别为活性区域、钝化区域和跨钝化区域。在活性区域中，电流密度随过电势的增加而增加，直到达到最大值，即极限电流密度（I_L）。随着过电势的进一步增加，电流密度降低，该部分称为钝化区。最后，合金开始溶解，曲线进入跨钝化区。在 I_L 点，合金电极的反应由合金块体中的氢扩散控制。因此，它可以反映出氢原子在合金中的扩散速率[166]。

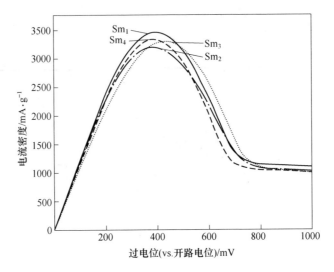

图 1-15　储氢合金的典型阳极极化曲线

恒电位阶跃曲线在测试过程中，首先在测试电极上施加一个很高的过电位，此时电流密度由于电极表面氢原子的快速消耗而急剧下降，随后，反应速率仅由氢原子从合金本体扩散至电极表面的速率控制，因此响应电流密度呈线性下降趋势。根据球面扩散模型，氢原子的扩散系数可以由阳极电流与响应时间的半对数曲线求得。根据式（1-19）计算氢系数 D[167]：

$$\lg i = \lg\frac{6FD(c_0 - c_s)}{da^2} - \frac{\pi^2 Dt}{2.303a^2} \tag{1-19}$$

式中　i——阳极电流密度，A/g；

　　　D——氢扩散系数，cm^2/s；

　　　d——合金密度，g/cm^3；

　　　a——合金颗粒半径，cm；

　　　c_0——大部分合金中的初始氢浓度，mol/cm^3；

　　　c_s——合金的表面氢浓度，mol/cm^3；

　　　t——放电时间，s。

参 考 文 献

[1]　于海芳，逯仁贵，朱春波，等. 基于安时法的镍氢电池 SOC 估计误差校正 [J]. 电工技术学报，2012，27（6）：12-18.

[2]　孙逢春，何洪文，陈勇，等. 镍氢电池充放电特性研究 [J] 汽车技术，2001（6）：6-8.

［3］ Bode H, Dehmelt K, Witte J. Zur kenntnis der nickel hydroxidelektrode—I. Über das nickel
（Ⅱ）-hydroxidhydrat［J］. Electrochimica Acta, 1966, 11（8）: 1079-1087.

［4］ 许鑫华, 李冬光, 刘强, 等. 高分子电池隔膜的研究进展［J］. 材料导报, 2004（1）:
49-52.

［5］ 唐致远, 荣强, 宋世栋, 等. 金属氢化物-镍电池用隔膜的研究进展［J］. 现代化工,
2003（S1）: 52-54.

［6］ 周志刚, 刘雪省, 魏启一, 等. 电解液组成对 MH-Ni 电池性能的影响［J］. 电源技术,
1995（6）: 1-3, 17.

［7］ 董清海, 颜广炅, 余成洲, 等. 电解液量对 MH/Ni 电池性能的影响［J］. 电池, 2000
（2）: 77-79.

［8］ Kamnev A A. The role of lithium in preventing the detrimental effect of iron on alkaline battery
nickel hydroxide electrode: a mechanistic aspect［J］. Electrochimica Acta, 1996, 41（2）:
267-275.

［9］ Liu J, Yang Y, Gao F, et al. Quantitative study of pH change during $LaNi_{5-x}Al_x(x=0, 0.3)$
discharge process by SECM［J］. Electrochimica Acta, 2007, 52（12）: 4231-4238.

［10］ Liu J, Yang Y, Yu P, et al. Electrochemical characterization of $LaNi_{5-x}Al_x(x=0.1-0.5)$ in
the absence of additives［J］. Journal of Power Sources, 2006, 161（2）: 1435-1442.

［11］ Zhang X, Chai Y, Yin W, et al. Crystal structure and electrochemical properties of rare earth
non-stoichiometric AB_5-type alloy as negative electrode material in Ni-MH battery［J］. Journal
of Solid State Chemistry, 2004, 144（7）: 2373-2377.

［12］ Deng H, Zhuang Y, Liu J, et al. Electrochemical performance of $LaNi_{5-x}Sn_x$ alloys［J］.
Journal of Alloys and Compounds, 2004, 211: 214.

［13］ Liu F, Suda S. Hydriding properties of the ternary Mm-based AB_5 alloys modified by surface
treatment［J］. Journal of Alloys and Compounds, 1996, 232（1-2）: 204-211.

［14］ Wu Y, Peng Y, Jiang X, et al. Reversible hydrogenation of AB_2-type Zr-Mg-Ni-V based
hydrogen storage alloys［J］. Progress in Natural Science: Materials International, 2021, 31
（2）: 319-323.

［15］ Goshome K, Endo N, Maeda T. Demonstration of a single-stage metal hydride hydrogen
compressor composed of BCC $V_{40}TiCr$ alloy［J］. International Journal of Hydrogen Energy,
2021, 46（55）: 28180-28190.

［16］ Kim H, Faisal M, Lee S I, et al. Activation of Ti-Fe-Cr alloys containing identical AB_2
fractions［J］. Journal of Alloys and Compounds, 2021, 864: 158876.

［17］ Kirby K, Shaaban A, Walton A, et al. The effects of $AB_2(A=Zr, Hf, Ti)$ additions on the
free-iron content in ingots with the initial composition of $Nd_{2.2}Fe_{14}B_{1.1}$［J］. Journal of
Magnetism and Magnetic Materials, 2020, 513: 167098.

［18］ Zhu J, Ma L, Liang F, et al. Effect of Sc substitution on hydrogen storage properties of Ti-V-
Cr-Mn alloys［J］. International Journal of Hydrogen Energy, 2015, 40（21）: 6860-6865.

［19］ Young K, Wong D F, Wang L. Effect of Ti/Cr content on the microstructures and hydrogen
storage properties of Laves phase-related body-centered-cubic solid solution alloys［J］. Journal

of Alloys and Compounds, 2015, 622: 885-893.

[20] Tong Y, Gao J, Deng G, et al. Effects of Al-and Fe-contents on the microstructure and property of V-based hydrogen storage alloys [J]. Materials Letters, 2013, 112: 142-144.

[21] Inoue H, Koyama S, Higuchi E. Charge-discharge performance of Cr-substituted V-based hydrogen storage alloy negative electrodes for use in nickel-metal hydride batteries [J]. Electrochimica Acta, 2012, 59: 23-31.

[22] Pan H, Li R, Liu Y, et al. Structure and electrochemical properties of the Fe substituted Ti-V-based hydrogen storage alloys [J]. Journal of Alloys and Compounds, 2008, 463 (1-2): 189-195.

[23] Miao H, Gao M, Liu Y, et al. An improvement on cycling stability of Ti-V-Fe-based hydrogen storage alloys with Co substitution for Ni [J]. Journal of Power Sources, 2008, 184 (2): 627-632.

[24] Pan H, Zhu Y, Gao M, et al. XRD study of the hydrogenation and dehydrogenation process of the two different phase components in a Ti-V-based multiphase hydrogen storage electrode alloy [J]. Journal of Alloys and Compounds, 2004, 370 (1-2): 254-260.

[25] Tsukahara M, Takahashi K, Mishima T, et al. Metal hydride electrodes based on solid solution type alloy TiV_3Ni_x ($0 \leqslant x \leqslant 0.75$) [J]. Journal of Alloys and Compounds, 1995, 226 (1-2): 203-207.

[26] Park H Y, Chang I, Cho W I, et al. Electrode characteristics of the Cr and La doped AB_2-type hydrogen storage alloys [J]. International Journal of Hydrogen Energy, 2001, 26 (9): 949-955.

[27] Shu K Y, Lei Y Q, Yang X G, et al. Micro-crystalline C_{14} Laves phase in melt-spun AB_2 type Zr-based alloy [J]. Journal of Alloys and Compounds, 2000, 31 (2): 288-291.

[28] Lee S M, Yu J S, Lee H, et al. The effect of annealing on the discharge characteristics of $ZrV_{0.7}Mn_{0.5}Ni_{1.2}$ alloy [J]. Journal of Alloys and Compounds, 1999, 293-295: 601-607.

[29] Zhang Q A, Lei Y Q, Wang C S, et al. Structure of the secondary phase and its effects on hydrogen-storage properties in a $Ti_{0.7}Zr_{0.2}V_{0.1}Ni$ alloy [J]. Journal of Power Sources, 1998, 75 (2): 288-291.

[30] Joubert J M, Sun D, Latroche M, et al. Electrochemical performances of ZrM_2 (M = V, Cr, Mn, Ni) Laves phases and the relation to microstructures and thermodynamical properties [J]. Journal of Alloys and Compounds, 1997, 253-254: 564-569.

[31] Chen J, Dou S X, Liu H K. Hydrogen desorption and electrode properties of $Zr_{0.8}Ti_{0.2}(V_{0.3}Ni_{0.6}M_{0.1})_2$ [J]. Journal of Alloys and Compounds, 1997, 256 (1-2): 40-44.

[32] Iwakura C, Kim I, Matsui N, et al. Surface modification of laves-phase $ZrV_{0.5}Mn_{0.5}Ni$ alloy electrodes with an alkaline solution containing potassium borohydride as a reducing agent [J]. Electrochimica Acta, 1995, 40 (5): 561-566.

[33] Huot J, Akiba E, Ishido Y. Crystal structure of multiphase alloys (Zr,Ti) (Mn,V)$_2$ [J]. Journal of Alloys and Compounds, 1995, 231 (1-2): 85-89.

[34] Moriwaki Y, Gamo T, Seri H, et al. Electrode characteristics of C_{15}-type laves phasealloys [J]. Journal of the Less Common Metals, 1991, 172-174: 1211-1218.

[35] Bernauer O, Töpler J, Noréus D, et al. Fundamentals and properties of some Ti/Mn based Laves phase hydrides [J]. International Journal of Hydrogen Energy, 1989, 14 (3): 187-200.

[36] Zhang Q, Fang M, Si T, et al. Phase stability, structural transition, and hydrogen absorption-desorption features of the polymorphic La_4MgNi_{19} compound [J]. The Journal of Physical Chemistry C, 2010, 114 (26): 11686-11692.

[37] Zhang Q, Sun D, Zhang J, et al. Structure and deuterium desorption from $Ca_3Mg_2Ni_{13}$ deuteride: a neutron diffraction study [J]. The Journal of Physical Chemistry C, 2014, 118 (9): 4626-4633.

[38] Liu J, Han S, Li Y, et al. Effect of crystal transformation on electrochemical characteristics of La-Mg-Ni-based alloys with A_2B_7-type super-stacking structures [J]. International Journal of Hydrogen Energy, 2013, 38 (34): 14903-14911.

[39] Hu W K, Denys R V, Nwakwuo C C, et al. Annealing effect on phase composition and electrochemical properties of the Co-free La_2MgNi_9 anode for Ni-metal hydride batteries [J]. Electrochimica Acta, 2013, 96: 27-33.

[40] Zhang J, Villeroy B, Knosp B, et al. Structural and chemical analyses of the new ternary La_5MgNi_{24} phase synthesized by spark plasma sintering and used as negative electrode material for Ni-MH batteries [J]. International Journal of Hydrogen Energy, 2012, 37 (6): 5225-5233.

[41] Yasuoka S, Magari Y, Murata T, et al. Development of high-capacity nickel-metal hydride batteries using superlattice hydrogen-absorbing alloys [J]. Journal of Power Sources, 2006, 156 (2): 662-666.

[42] Hayakawa H, Akiba E, Gotoh M, et al. Crystal structures of La-Mg-Ni_x ($x = 3-4$) system hydrogen storage alloys [J]. Materials Transactions, 2005, 46 (6): 1393-1401.

[43] Kohno T, Yoshida H, Kawashima F, et al. Hydrogen storage properties of new ternary system alloys: La_2MgNi_9, $La_5Mg_2Ni_{23}$, La_3MgNi_{14} [J]. Journal of Alloys and Compounds, 2000, 311 (2): L5-L7.

[44] 刘晶晶. 超堆垛 La-Mg-Ni 基储氢合金的相组成和电化学性能研究 [D]. 秦皇岛: 燕山大学, 2015.

[45] 周昱. AB_5 型含 Mn 储氢合金的研究综述 [J] 包钢科技, 2014, 40 (2): 33-36.

[46] Ouyang L, Huang J, Wang H, et al. Progress of hydrogen storage alloys for Ni-MH rechargeable power batteries in electric vehicles: a review [J]. Materials Chemistry and Physics, 2017, 200: 164-178.

[47] 张芙蓉, 马立群, 丁毅, 等. AB_5 型储氢合金的研究进展 [J]. 材料导报, 2007 (S3): 309-312.

[48] Iwakura C, Fukuda K, Senoh H, et al. Electrochemical characterization of $MmNi_{4.0-x}Mn_{0.75}Al_{0.25}Co_x$ electrodes as a function of cobalt content [J]. Electrochimica Acta,

1998, 43 (14-15): 2041-2046.

[49] Cocciantelli J M, Bernard P, Fernandez S, et al. The influence of Co and various additives on the performance of $MmNi_{4.3-x}Mn_{0.33}Al_{0.4}Co_x$ hydrogen storage alloys and Ni/MH prismatic sealed cells [J]. Journal of Alloys and Compounds, 1997 (253-254): 642-647.

[50] Reilly J J, Adzic G D, Johnson J R, et al. The correlation between composition and electrochemical properties of metal hydride electrodes [J]. Journal of Alloys and Compounds, 1999 (293-295): 569-582.

[51] Matsuda J, Nakamura Y, Akiba E. Lattice defects introduced into $LaNi_5$-based alloys during hydrogen absorption/desorption cycling [J]. Journal of Alloys and Compounds, 2011, 509 (27): 7498-7503.

[52] Borzone E M, Blanco M V, Baruj A, et al. Stability of $LaNi_{5-x}Sn_x$ cycled in hydrogen [J]. International Journal of Hydrogen Energy, 2014, 39 (16): 8791-8796.

[53] Nakamura Y, Nomiyama T, Akiba E. Phase transformation in $La(Co_xNi_{5-x})$-H systems ($x=$ 2, 3, 5) studied by in situ X-ray diffraction [J]. Journal of Alloys and Compounds, 2006, 413 (1-2): 54-62.

[54] Liu J, Zhu S, Zheng Z, et al. Long-term hydrogen absorption/desorption properties and structural changes of $LaNi_4Co$ alloy with double desorption plateaus [J]. Journal of Alloys and Compounds, 2019, 778: 681-690.

[55] Liu J, Li K, Cheng H, et al. New insights into the hydrogen storage performance degradation and Al functioning mechanism of $LaNi_5$-Al alloys [J]. International Journal of Hydrogen Energy, 2017, 42 (39): 24904-24914.

[56] Zhou W, Zhu D, Tang Z, et al. Improvement in low-temperature and instantaneous high-rate output performance of Al-free AB_5-type hydrogen storage alloy for negative electrode in Ni/MH battery: effect of thermodynamic and kinetic regulation via partial Mn substituting [J]. Journal of Power Sources, 2017, 343: 11-21.

[57] Young K, Huang B, Ouchi T. Studies of Co, Al, and Mn substitutions in $NdNi_5$ metal hydride alloys [J]. Journal of Alloys and Compounds, 2012, 543: 90-98.

[58] Jiang Y, Liu X, Jiang L, et al. Effect of manganese substitution on hydrogen storage properties of $LaNi_{4.25-x}Al_{0.75}Mn_x$ alloy [J]. Rare Metals, 2006, 25 (6): 204-208.

[59] Ben Moussa M, Abdellaoui M, Mathlouthi H, et al. Electrochemical properties of the $MmNi_{3.55}Mn_{0.4}Al_{0.3}Co_{0.75-x}Fe_x$ ($x=0.55$ and 0.75) compounds [J]. Journal of Alloys and Compounds, 2008, 458 (1-2): 410-414.

[60] Yamamoto M, Kanda M. Investigation of AB_5 type hydrogen storage alloy corrosion behavior in alkaline electrolyte solutions [J]. Journal of Alloys and Compounds, 1997, 253-254: 660-664.

[61] 王启东, 吴京, 陈长聘, 等. 镧稀土金属——镍贮氢材料 [J]. 稀土, 1984 (3): 8-13.

[62] Ares J R, Cuevas F, Percheron-Guégan A. Influence of thermal annealing on the hydrogenation properties of mechanically milled AB_5-type alloys [J]. Materials Science and Engineering: B, 2004, 108 (1-2): 76-80.

[63] Li C, Wang X, Wu J, et al. Effect of annealing on the hydrogen-storage properties of rapidly quenched AB$_5$-type alloys [J]. Journal of Power Sources, 1998, 70 (1): 106-109.

[64] Ma Z H, Qiu J F, Chen L X, et al. Effects of annealing on microstructure and electrochemical properties of the low Co-containing alloy Ml(NiCoMnAlFe)$_5$ for Ni/MH battery electrode [J]. Journal of Power Sources, 2004, 125 (2): 267-272.

[65] Talagañis B A, Esquivel M R, Meyer G. Study of annealing effects on structural and sorption properties of low energy mechanically alloyed AB$_5$'s [J]. Journal of Alloys and Compounds, 2010, 495 (2): 541-544.

[66] Yao Q, Tang Y, Zhou H, et al. Effect of rapid solidification treatment on structure and electrochemical performance of low-Co AB$_5$-type hydrogen storage alloy [J]. Journal of Rare Earths, 2014, 32 (6): 526-531.

[67] Zhou Z, Song Y, Cui S, et al. Effect of annealing treatment on structure and electrochemical performance of quenched MmNi$_{4.2}$Co$_{0.3}$Mn$_{0.4}$Al$_{0.3}$Mg$_{0.03}$ hydrogen storage alloy [J]. Journal of Alloys and Compounds, 2010, 501 (1): 47-53.

[68] Kuang G, Li Y, Ren F, et al. The effect of surface modification of LaNi$_5$ hydrogen storage alloy with CuCl on its electrochemical performances [J]. Journal of Alloys and Compounds, 2014, 6 (5): 51-55.

[69] Li X, Xia T, Dong H, et al. Preparation of nickel modified activated carbon/AB$_5$ alloy composite and its electrochemical hydrogen absorbing properties [J]. International Journal of Hydrogen Energy, 2013, 38 (21): 8903-8908.

[70] Shen W, Han S, Li Y, et al. Study on surface modification of AB$_5$-type alloy electrode with polyaniline by electroless deposition [J]. Electrochimica Acta, 2010, 56 (2): 959-963.

[71] Zhang B, Wu W, Yin S, et al. Process optimization of electroless copper plating and its influence on electrochemical properties of AB$_5$-type hydrogen storage alloy [J]. Journal of Rare Earths, 2010, 28 (6): 922-926.

[72] Zhang P, Wang X, Tu J, et al. Effect of surface treatment on the structure and high-rate dischargeability properties of AB$_5$-type hydrogen storage alloy [J]. Journal of Rare Earths, 2009, 27 (3): 510-513.

[73] Zhang Q Q, Su G, Li A S, et al. Electrochemical performances of AB$_5$-type hydrogen storage alloy modified with Co$_3$O$_4$ [J]. Transactions of Nonferrous Metals Society of China, 2011, 21 (6): 1428-1434.

[74] 鲁世强, 黄伯云, 贺跃辉, 等. Laves 相合金的物理冶金特性 [J]. 材料导报, 2003 (1): 11-13, 58.

[75] Bavrina O O, Shelyapina M G, Klyukin K A, et al. First-principle modeling of hydrogen site solubility and diffusion in disordered Ti-V-Cr alloys [J]. International Journal of Hydrogen Energy, 2018, 43 (36): 17338-17345.

[76] Guzik M N, Hauback B C, Yvon K. Hydrogen atom distribution and hydrogen induced site depopulation for the La$_{2-x}$Mg$_x$Ni$_7$-H system [J]. Journal of Solid State Chemistry, 2012, 186: 9-16.

［77］ 王文凤. AB$_4$ 型超晶格储氢合金制备及电化学性能研究 ［D］. 秦皇岛：燕山大学，2021.

［78］ Zhang X, Li Y, He X, et al. Influence of Cr addition on microstructure and mechanical properties of Zr-based alloys corresponding to Zr-C-Cr system ［J］. Journal of Alloys and Compounds, 2015, 640：240-245.

［79］ Qiu S, Huang J, Chu H, et al. Influence of boron introduction on structure and electrochemical hydrogen storage properties of Ti-V-based alloys ［J］. Journal of Alloys and Compounds, 2015, 648：320-325.

［80］ Conić D, Gradišek A, Radaković J, et al. Influence of Ta and Nb on the hydrogen absorption kinetics in Zr-based alloys ［J］. International Journal of Hydrogen Energy, 2015, 40 （16）：5677-5682.

［81］ Sun J C, Li S, Ji S J. The effects of the substitution of Ti and La for Zr in ZrMn$_{0.7}$V$_{0.2}$Co$_{0.1}$Ni$_{1.2}$ hydrogen storage alloys on the phase structure and electrochemical properties ［J］. Journal of Alloys and Compounds, 2007, 446-447：630-634.

［82］ Wu T, Xue X, Zhang T, et al. Microstructures and hydrogenation properties of （ZrTi）（V$_{1-x}$Al$_x$）$_2$ Laves phase intermetallic compounds ［J］. Journal of Alloys and Compounds, 2015, 645：358-368.

［83］ Banerjee S, Kumar A, Pillai C G S. Improvement on the hydrogen storage properties of ZrFe$_2$ Laves phase alloy by vanadium substitution ［J］. Intermetallics, 2014, 51：30-36.

［84］ Iqbal M, Qayyum A, Akhter J I. Surface modification of Zr-based bulk amorphous alloys by using ion irradiation ［J］. Journal of Alloys and Compounds, 2011, 509 （6）：2780-2783.

［85］ Xu Y, Wang G, Chen C, et al. The structure and electrode properties of non-stoichiometric A$_{1.2}$B$_2$A$_{1.2}$B$_2$ type C$_{14}$ Laves alloy and the effect of surface modification ［J］. International Journal of Hydrogen Energy, 2007, 32 （8）：1050-1058.

［86］ Zhu Y, Pan H, Gao M, et al. Influence of annealing treatment on Laves phase compound containing a V-based BCC solid solution phase—Part Ⅰ：Crystal structures ［J］. International Journal of Hydrogen Energy, 2003, 28 （4）：389-394.

［87］ Zhu Y, Pan H, Gao M, et al. Influence of annealing treatment on Laves phase compound containing a V-based BCC solid solution phase—Part Ⅱ：Electrochemical properties ［J］. International Journal of Hydrogen Energy, 2003, 28 （4）：395-401.

［88］ 张羊换，李平，王新林，等. 快淬对 AB$_2$ 型贮氢合金电化学性能与微观结构的影响 ［J］. 功能材料，2004 （3）：298-301.

［89］ Park I, Terashita N, Abe E. Hydrogenation-induced microstructure changes of pseudo-binary （Pr$_x$Mg$_{1-x}$）Ni$_2$ Laves compounds ［J］. Journal of Alloys and Compounds, 2013, 580：S81-S84.

［90］ Young K, Ouchi T, Koch J, et al. Compositional optimization of vanadium-free hypo-stoichiometric AB$_2$ metal hydride alloy for Ni/MH battery application ［J］. Journal of Alloys and Compounds, 2012, 510 （1）：97-106.

［91］ Li J, Jiang X, Xu L, et al. Model for hydrogen desorption plateau pressure of AB$_2$ type-Ti$_x$（CrFeMn）$_2$ alloys ［J］. Intermetallics, 2019, 107：1-5.

[92] Reilly J J, Wiswall R H. Formation and properties of iron titanium hydride [J]. Inorganic Chemistry, 1974, 13 (1): 218-222.

[93] Reilly J J, Johnson J R, Reidinger F, et al. Lattice expansion as a measure of surface segregation and the solubility of hydrogen in α-FeTiH$_x$ [J]. Journal of the Less Common Metals, 1980, 73 (1): 175-182.

[94] Nambu T, Ezaki H, Yukawa H, et al. Electronic structure and hydriding property of titanium compounds with CsCl-type structure [J]. Journal of Alloys and Compounds, 1999, 293-295: 213-216.

[95] Fischer P, Schefer J, Yvon K, et al. Orthorhombic structure of γ-TiFeD ≈ 2 [J]. Journal of the Less Common Metals, 1987, 129: 39-45.

[96] Schäfer W, Will G, Schober T. Neutron and electron diffraction of the FeTiD(H)-γ -phase [J]. Materials Research Bulletin, 1980, 15 (5): 627-634.

[97] Schefer J, Fischer P, Hälg W, et al. Structural phase transitions of FeTi-deuterides [J]. Materials Research Bulletin, 1979, 14 (10): 1281-1294.

[98] Peng Z, Li Q, Ouyang L, et al. Overview of hydrogen compression materials based on a three-stage metal hydride hydrogen compressor [J]. Journal of Alloys and Compounds, 2022, 895: 162465.

[99] Dematteis E M, Berti N, Cuevas F, et al. Substitutional effects in TiFe for hydrogen storage: a comprehensive review [J]. Materials Advances, 2021, 2 (8): 2524-2560.

[100] Sujan G K, Pan Z, Li H, et al. An overview on TiFe intermetallic for solid-state hydrogen storage: microstructure, hydrogenation and fabrication processes [J]. Critical Reviews in Solid State and Materials Sciences, 2020, 45 (5): 410-427.

[101] Sandrock G D, Goodell P D. Surface poisoning of LaNi$_5$, FeTi and (Fe,Mn)Ti by O$_2$, Co and H$_2$O [J]. Journal of the Less Common Metals, 1980, 71 (1): 161-168.

[102] Dematteis E M, Cuevas F, Latroche M. Hydrogen storage properties of Mn and Cu for Fe substitution in TiFe$_{0.9}$ intermetallic compound [J]. Journal of Alloys and Compounds, 2021, 851: 156075.

[103] Davids M W, Lototskyy M, Nechaev A, et al. Surface modification of TiFe hydrogen storage alloy by metal-organic chemical vapour deposition of palladium [J]. International Journal of Hydrogen Energy, 2011, 36 (16): 9743-9750.

[104] Hosni B, Khaldi C, ElKedim O, et al. Structure and electrochemical hydrogen storage properties of Ti-Fe-Mn alloys for Ni-MH accumulator applications [J]. Journal of Alloys and Compounds, 2019, 781: 1159-1168.

[105] Kumar S, Taxak M, Krishnamurthy N, et al. Terminal solid solubility of hydrogen in V-Al solid solution [J]. International Journal of Refractory Metals and Hard Materials, 2012, 31: 76-81.

[106] Kumar S, Tiwari G P, Krishnamurthy N. Tailoring the hydrogen desorption thermodynamics of V$_2$H by alloying additives [J]. Journal of Alloys and Compounds, 2015, 645: S252-S256.

[107] Massicot B, Latroche M, Joubert J M. Hydrogenation properties of Fe-Ti-V bcc alloys [J].

Journal of Alloys and Compounds, 2011, 509 (2): 372-379.

[108] Challet S, Latroche M, Heurtaux F. Hydrogenation properties and crystal structure of the single BCC ($Ti_{0.355}V_{0.645}$)$_{100-x}M_x$ alloys with M = Mn, Fe, Co, Ni($x=7$, 14 and 21) [J]. Journal of Alloys and Compounds, 2007, 439 (1-2): 294-301.

[109] Abdul J M, Chown L H. Influence of Fe on hydrogen storage properties of V-rich ternary alloys [J]. International Journal of Hydrogen Energy, 2016, 41 (4): 2781-2787.

[110] Liu Y, Pan H, Gao M, et al. Advanced hydrogen storage alloys for Ni/MH rechargeable batteries [J]. J. Mater. Chem. , 2011, 21 (13): 4743-4755.

[111] Hang Z, Xiao X, Li S, et al. Influence of heat treatment on the microstructure and hydrogen storage properties of $Ti_{10}V_{77}Cr_6Fe_6Zr$ alloy [J]. Journal of Alloys and Compounds, 2012, 529: 128-133.

[112] Vermeulen P, Niessen R A H, Notten P H L. Hydrogen storage in metastable Mg_yTi_{1-y} thin films [J]. Electrochemistry Communications, 2006, 8 (1): 27-32.

[113] Liu W, Lei Y, Sun D, et al. A study of the degradation of the electrochemical capacity of amorphous $Mg_{50}Ni_{50}$ alloy [J]. Journal of Power Sources, 1996, 58 (2): 243-247.

[114] Notten P H L, Ouwerkerk M, van Hal H, et al. High energy density strategies: from hydride-forming materials research to battery integration [J]. Journal of Power Sources, 2004, 129 (1): 45-54.

[115] Niessen R A H, Notten P H L. Electrochemical hydrogen storage characteristics of thin film MgX(X=Sc, Ti, V, Cr) compounds [J]. Electrochemical and Solid-State Letters, 2005, 8 (10): A534-A538.

[116] Kim S Y, Chourashiya M G, Park C N, et al. Electrochemical performance of NAFION coated electrodes of hydriding combustion synthesized MgNi based composite hydride [J]. Materials Letters, 2013, 93: 81-84.

[117] Chiu C, Yang A M. High-temperature hydrogen cycling properties of magnesium-based composites [J]. Materials Letters, 2016, 169: 144-147.

[118] Zhang F L, Luo Y C, Chen J P, et al. La-Mg-Ni ternary hydrogen storage alloys with Ce_2Ni_7-type and Gd_2Co_7-type structure as negative electrodes for Ni/Mh batteries [J]. Journal of Alloys and Compounds, 2007, 430 (1-2): 302-307.

[119] Kadir K, Sakai T, Uehara I. Synthesis and structure determination of a new series of hydrogen storage alloys; RMg_2Ni_9(R = La, Ce, Pr, Nd, Sm and Gd) built from $MgNi_2$ Laves-type layers alternating with AB_5 layers [J]. Journal of Alloys and Compounds, 1997, 257 (1-2): 115-121.

[120] Young K, Wong D F, Wang L, et al. Mn in misch-metal based superlattice metal hydride alloy—Part 1 structural, hydrogen storage and electrochemical properties [J]. Journal of Power Sources, 2015, 277: 426-432.

[121] Ozaki T, Kanemoto M, Kakeya T, et al. Stacking structures and electrode performances of rare earth-Mg-Ni-based alloys for advanced nickel-metal hydride battery [J]. Journal of Alloys and Compounds, 2007, 466-467: 620-624.

[122] Zhang Y, Yang T, Chen L, et al. Electrochemical hydrogen storage performances of the Si added La-Mg-Ni-based A_2B_7-type electrode alloys for Ni/MH battery application [J]. Journal of Wuhan University of Technology-Mater. Sci. Ed. , 2015, 30 (1): 166-174.

[123] Young K, Koch J, Yasuoka S, et al. Mn in misch-metal based superlattice metal hydride alloy—Part 2 Ni/MH battery performance and failure mechanism [J]. Journal of Power Sources, 2015, 277: 433-442.

[124] Liu J, Han S, Li Y, et al. Effect of Al incorporation on the degradation in discharge capacity and electrochemical kinetics of La-Mg-Ni-based alloys with A_2B_7-type super-stacking structure [J]. Journal of Alloys and Compounds, 2015, 619: 778-787.

[125] Zhang Y H, Ren H P, Yang T, et al. Electrochemical performances of as-cast and annealed $La_{0.8-x}Nd_xMg_{0.2}Ni_{3.35}Al_{0.1}Si_{0.05}$ ($x = 0-0.4$) alloys applied to Ni/metal hydride (MH) battery [J]. Rare Metals, 2013, 32 (2): 150-158.

[126] Zhang Y H, Hou Z H, Yang T, et al. Structure and electrochemical hydrogen storage characteristics of $La_{0.8-x}Pr_xMg_{0.2}Ni_{3.15}Co_{0.2}Al_{0.1}Si_{0.05}$ ($x = 0-0.4$) electrode alloys [J]. Journal of Central South University, 2013, 20: 1142-1150.

[127] Young M, Chang S, Young K, et al. Hydrogen storage properties of $ZrV_xNi_{3.5-x}$ ($x = 0.0-0.9$) metal hydride alloys [J]. Journal of Alloys and Compounds, 2013, 580: S171-S174.

[128] Zhang Y H, Hou Z H, Li B W, et al. An investigation on electrochemical hydrogen storage performances of the as-cast and -annealed $La_{0.8-x}Sm_xMg_{0.2}Ni_{3.35}Al_{0.1}Si_{0.05}$ ($x=0-0.4$) alloys [J]. Journal of Alloys and Compounds, 2012, 537: 175-182.

[129] Li P, Hou Z, Yang T, et al. Structure and electrochemical hydrogen storage characteristics of the as-cast and annealed $La_{0.8-x}Sm_xMg_{0.2}Ni_{3.15}Co_{0.2}Al_{0.1}Si_{0.05}$ ($x = 0-0.4$) alloys [J]. Journal of Rare Earths, 2012, 30 (7): 696-704.

[130] Dong Z, Ma L, Wu Y, et al. Microstructure and electrochemical hydrogen storage characteristics of $(La_{0.7}Mg_{0.3})_{1-x}Ce_xNi_{2.8}Co_{0.5}$ ($x=0-0.20$) electrode alloys [J]. International Journal of Hydrogen Energy, 2011, 36 (4): 3016-3021.

[131] Dong Z, Ma L, Shen X, et al. Cooperative effect of Co and Al on the microstructure and electrochemical properties of AB_3-type hydrogen storage electrode alloys for advanced MH/Ni secondary battery [J]. International Journal of Hydrogen Energy, 2011, 36 (1): 893-900.

[132] Zhao Y, Gao M, Liu Y, et al. The correlative effects of Al and Co on the structure and electrochemical properties of a La-Mg-Ni-based hydrogen storage electrode alloy [J]. Journal of Alloys and Compounds, 2010, 496 (1-2): 454-461.

[133] Dong Z, Wu Y, Ma L, et al. Influences of low-Ti substitution for La and Mg on the electrochemical and kinetic characteristics of AB_3-type hydrogen storage alloy electrodes [J]. Science in China Series E: Technological Sciences, 2010, 53 (1): 242-247.

[134] Cheng L F, Wang Y X, Wang R B, et al. Microstructure and electrochemical investigations of $La_{0.76-x}Ce_xMg_{0.24}Ni_{3.15}Co_{0.245}Al_{0.105}$ ($x = 0, 0.05, 0.1, 0.2, 0.3, 0.4$) hydrogen storage alloys [J]. International Journal of Hydrogen Energy, 2009, 34 (19): 8073-8078.

[135] Zhang Y H, Li B W, Ren H P, et al. Cycle stabilities of the $La_{0.7}Mg_{0.3}Ni_{2.55-x}Co_{0.45}M_x$

(M = Fe, Mn, Al; $x = 0$, 0.1) electrode alloys prepared by casting and rapid quenching [J]. Journal of Alloys and Compounds, 2008, 458 (1-2): 340-345.

[136] Ma S, Gao M, Li R, et al. A study on the structural and electrochemical properties of $La_{0.7-x}Nd_xMg_{0.3}Ni_{2.45}Co_{0.75}Mn_{0.1}Al_{0.2}$ ($x = 0.0-3.0$) hydrogen storage alloys [J]. Journal of Alloys and Compounds, 2008, 457 (1-2): 457-464.

[137] Zhang P, Liu Y, Zhu J, et al. Effect of Al and W substitution for Ni on the microstructure and electrochemical properties of $La_{1.3}CaMg_{0.7}Ni_{9-x}(Al_{0.5}W_{0.5})_x$ hydrogen storage alloys [J]. International Journal of Hydrogen Energy, 2007, 32 (13): 2488-2493.

[138] Zhang X B, Sun D Z, Yin W Y, et al. Effect of Mn content on the structure and electrochemical characteristics of $La_{0.7}Mg_{0.3}Ni_{2.975-x}Co_{0.525}Mn_x$ ($x = 0-0.4$) hydrogen storage alloys [J]. Electrochimica Acta, 2005, 50 (14): 2911-2918.

[139] Jiang W, Mo X, Guo J, et al. Effect of annealing on the structure and electrochemical properties of $La_{1.8}Ti_{0.2}MgNi_{8.9}Al_{0.1}$ hydrogen storage alloy [J]. Journal of Power Sources, 2013, 211: 84-89.

[140] Gao J, Yan X L, Zhao Z Y, et al. Effect of annealed treatment on microstructure and cyclic stability for La-Mg-Ni hydrogen storage alloys [J]. Journal of Power Sources, 2012, 209: 257-261.

[141] Young K, Ouchi T, Huang B. Effects of annealing and stoichiometry to (Nd,Mg)(Ni,Al) $_{3.5}$ metal hydride alloys [J]. Journal of Power Sources, 2012, 215: 152-159.

[142] Wang B, Zhao L, Cai C, et al. Effects of surface coating with polyaniline on electrochemical properties of La-Mg-Ni-based electrode alloys [J]. International Journal of Hydrogen Energy, 2014, 39 (20): 10374-10379.

[143] Li Y, Tao Y, Ke D, et al. Facile synthesis of Mo-Ni particles and their effect on the electrochemical kinetic properties of La-Mg-Ni-based alloy electrodes [J]. Journal of Alloys and Compounds, 2014, 615: 91-95.

[144] Yang S, Liu H, Han S, et al. Effects of electroless composite plating Ni-Cu-P on the electrochemical properties of La-Mg-Ni-based hydrogen storage alloy [J]. Applied Surface Science, 2013, 271: 210-215.

[145] Li Y, Han S, Liu Z. Effect of Mo-Ni treatment on electrochemical kinetics of La-Mg-Ni-based hydrogen storage alloys [J]. International Journal of Hydrogen Energy, 2010, 35 (23): 12858-12863.

[146] Chu H L, Zhang Y, Sun L X, et al. The electrochemical properties of $Ti_{0.9}Zr_{0.2}Mn_{1.5}Cr_{0.3}V_{0.3}-x$ wt% $La_{0.7}Mg_{0.25}Zr_{0.05}Ni_{2.975}Co_{0.525}$ ($x = 0$, 5, 10) hydrogen storage composite electrodes [J]. International Journal of Hydrogen Energy, 2007, 32 (12): 1898-1904.

[147] Chu H, Qiu S, Tian Q, et al. Effect of ball-milling time on the electrochemical properties of La-Mg-Ni-based hydrogen storage composite alloys [J]. International Journal of Hydrogen Energy, 2007, 32 (18): 4925-4932.

[148] Chu H, Zhang Y, Sun L, et al. Structure, morphology and hydrogen storage properties of composites prepared by ball milling $Ti_{0.9}Zr_{0.2}Mn_{1.5}Cr_{0.3}V_{0.3}Ti_{0.9}Zr_{0.2}Mn_{1.5}Cr_{0.3}V_{0.3}$ with La-

Mg-based alloy [J]. International Journal of Hydrogen Energy, 2007, 32 (15): 3363-3369.

[149] Flanagan T B, Park C N, Oates W A. Hysteresis in solid state reactions [J]. Progress in Solid State Chemistry, 1995, 23 (4): 291-363.

[150] Peng Z, Li Q, Ouyang L, et al. Overview of hydrogen compression materials based on a three-stage metal hydride hydrogen compressor [J]. Journal of Alloys and Compounds, 2022, 895: 162465.

[151] Zhou C, Wang H, Ouyang L Z, et al. Achieving high equilibrium pressure and low hysteresis of Zr-Fe based hydrogen storage alloy by Cr/V substitution [J]. Journal of Alloys and Compounds, 2019, 806: 1436-1444.

[152] Young K, Ouchi T, Reichman B, et al. Improvement in the low-temperature performance of AB_5 metal hydride alloys by Fe-addition [J]. Journal of Alloys and Compounds, 2011, 509 (28): 7611-7617.

[153] Young K, Ouchi T, Fetcenko M A. Pressure-composition-temperature hysteresis in C_{14} Laves phase alloys: Part 1. Simple ternary alloys [J]. Journal of Alloys and Compounds, 2009, 408 (2): 428-433.

[154] Chen X, Xu J, Zhang W, et al. Effect of Mn on the long-term cycling performance of AB_5-type hydrogen storage alloy [J]. International Journal of Hydrogen Energy, 2021, 46 (42): 21973-21983.

[155] Zhu Z, Zhu S, Zhao X, et al. Effects of Ce/Y on the cycle stability and anti-plateau splitting of $La_{5-x}Ce_xNi_4Co$ ($x = 0.4, 0.5$) and $La_{5-y}Y_yNi_4Co$ ($y = 0.1, 0.2$) hydrogen storage alloys [J]. Materials Chemistry and Physics, 2019, 236: 121725.

[156] Li S L, Cheng H H, Deng X X, et al. Investigation of hydrogen absorption/desorption properties of $ZrMn_{0.85-x}Fe_{1+x}$ alloys [J]. Journal of Alloys and Compounds, 2008, 460 (1-2): 186-190.

[157] Notten P H L, Hokkeling P. Double-phase hydride forming compounds: a new class of highly electrocatalytic materials [J]. Journal of the Electrochemical Society, 1991, 138 (7): 1877-1885.

[158] Li M M, Wang C C, Yang C C. Development of high-performance hydrogen storage alloys for applications in nickel-metal hydride batteries at ultra-low temperature [J]. Journal of Power Sources, 2021, 491: 229585.

[159] Kleperis J, Wójcik G, Czerwinski A, et al. Electrochemical behavior of metal hydrides [J]. Journal of Solid State Electrochemistry, 2001, 5 (4): 229-249.

[160] Zhang B, Wu W, Bian X, et al. Study on microstructure and electrochemical performance of the $MlNi_{3.55}Co_{0.75-x}Mn_{0.4}Al_{0.3}(Cu_{0.75}P_{0.25})_x$ ($x = 0-0.5$) composite alloys [J]. Journal of Power Sources, 2013, 236: 80-86.

[161] Peng X, Liu B, Fan Y, et al. Microstructures and electrochemical characteristics of $La_{0.7}Ce_{0.3}Ni_{4.2}Mn_{0.9-x}Cu_{0.37}(V_{0.81}Fe_{0.19})_x$ hydrogen storage alloys [J]. Electrochimica Acta, 2013, 93: 207-212.

[162] Gao Z, Kang L, Luo Y. Microstructure and electrochemical hydrogen storage properties of La-

R-Mg-Ni-based alloy electrodes [J]. New Journal of Chemistry, 2013, 37 (4): 1105-1114.

[163] Balogun M S, Wang Z M, Chen H X, et al. Effect of Al content on structure and electrochemical properties of $LaNi_{4.4-x}Co_{0.3}Mn_{0.3}Al_x$ hydrogen storage alloys [J]. International Journal of Hydrogen Energy, 2013, 38 (25): 10926-10931.

[164] Kuriyama N, Sakai T, Miyamura H, et al. Electrochemical impedance and deterioration behavior of metal hydride electrodes [J]. Journal of Alloys and Compounds, 1993, 202 (1-2): 183-197.

[165] Li R, Xu P, Zhao Y, et al. The microstructures and electrochemical performances of $La_{0.6}Gd_{0.2}Mg_{0.2}Ni_{3.0}Co_{0.5-x}Al_x(x=0-0.5)$ hydrogen storage alloys as negative electrodes for nickel/metal hydride secondary batteries [J]. Journal of Power Sources, 2014, 270: 21-27.

[166] Liu J, Yan Y, Cheng H, et al. Phase transformation and high electrochemical performance of $La_{0.78}Mg_{0.22}Ni_{3.73}$ alloy with $(La,Mg)_5Ni_{19}$ superlattice structure [J]. Journal of Power Sources, 2017, 351: 26-34.

[167] Li F, Young K, Ouchi T, et al. Annealing effects on structural and electrochemical properties of $(LaPrNdZr)_{0.83}Mg_{0.17}(NiCoAlMn)_{3.3}$ alloy [J]. Journal of Alloys and Compounds, 2009, 471 (1-2): 371-377.

2 层状超晶格 RE-Mg-Ni 合金的晶体结构

2.1 几种典型空间群概述

晶体是结构基元（可能对应多个原子或原子集团）在三维空间有序、周期性排列的固体。从对称性的角度描述晶体结构规则排列特征是晶体学的重要课题。点对称性和平移对称性是晶体具有的最基本对称特征。如果推广到三维空间，需要采用空间群描述晶体具有的所有对称特征，包括点对称、平移对称和可能的非点式对称操作（包含非点阵矢量的平移）。空间群从数学上群的角度高度概括了晶体存在的所有对称操作及所依据的对称元素[1]。

RE-Mg-Ni 合金体系中主要晶体结构对应的空间群有 $P6_3/mmc$、$P6/mmm$、$R\bar{3}m$ 和 $F\bar{4}3m$[2-4]，为了更好理解其晶体结构特征，因此首先对这些结构对应的空间群进行简要介绍。

2.1.1 空间群 $P6_3/mmc$

在结构和功能材料中，有大量单质和化合物具有 $P6_3/mmc$ 空间群的对称特征，例如 Mg[ICSD：170902，其中 ICSD 指无机晶体结构数据库（the inorganic crystal structure database）收录号，以下简称 ICSD]、$MgNi_2$（ICSD：104838）等。在二元 RE-Ni 体系中，Ce_2Ni_7（ICSD：102233）、La_2Ni_7（ICSD：104678）、$CeNi_3$（ICSD：102230）均属于该空间群。在三元 RE-Mg-Ni 体系中，同样有（RE，Mg）$_2Ni_7$（也称为 2H 型或者 Ce_2Ni_7 型，ICSD：156977）和（RE，Mg）$_5Ni_{19}$（也称为 2H 型或者 Pr_5Co_{19}型，ICSD：153579）属于该空间群。

根据国际晶体学表（international table for crystallography）[5]，$P6_3/mmc$ 属于第 194 号空间群，属于六方晶系。该空间群为非点式空间群，基本操作中含有非点式的对称操作元素螺旋轴 6_3 和滑移面 c。空间群对应的点群为 $6/mmm$，是六方晶系的全对称点群（对称性元素最多的点群），也是中心对称点群（含有反演中心 $\bar{1}$）。

该空间群的一般等效位置和对称元素分布分别如图 2-1（a）和（b）所示。属于 $P6_3/mmc$ 空间群晶体所具有的对称元素较多。表 2-1 是空间群 $P6_3/mmc$ 的可能存在的位置数及其对应的所有等价位置的坐标，即在所属空间群对称操作下会出现的环境完全相同的位置。对于一个最一般的位置 (x, y, z)，在该空间群的对称操作下会存在 23 个其他等同位置，一共有 24 个位置数。如果原子占据了对称性较高的位置，很多对称操作仅会使原子重复在其自身，因此大大降低等同位置的数目。以图 2-2 (a) 占据 2a 位置为例，其中 8 个顶点占据 8 个原子，同时在 4 条平行 c 轴的棱边中心也占据 4 个原子 (由于存在对称元素螺旋轴)，它们都是等同位置，是等效的。每个顶点有 1/8 属于一个晶胞，每个棱边有 1/4 属于一个晶胞，因此每个晶胞内有 2 个原子占据 2a 位置。图 2-2 为 $P6_3/mmc$ 空间群所有可能的原子占据的对称位置。

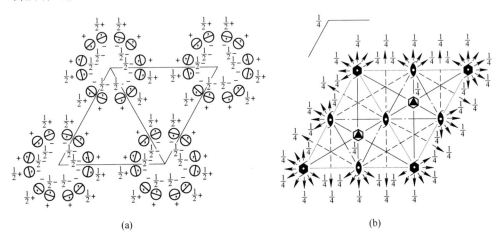

(a)   (b)

图 2-1　空间群 $P6_3/mmc$

(a) 一般等效位置；(b) 对称元素分布图

表 2-1　$P6_3/mmc$ 所有可能的对称位置数及坐标

Wk. [①]	等价位置坐标
2a	(1) $0, 0, 0$; (2) $0, 0, \frac{1}{2}$
2b	(1) $0, 0, \frac{1}{4}$; (2) $0, 0, \frac{3}{4}$
2c	(1) $\frac{1}{3}, \frac{2}{3}, \frac{1}{4}$; (2) $\frac{2}{3}, \frac{1}{3}, \frac{3}{4}$
2d	(1) $\frac{1}{3}, \frac{2}{3}, \frac{3}{4}$; (2) $\frac{2}{3}, \frac{1}{3}, \frac{1}{4}$

Wk.[①]	等价位置坐标
$4e$	(1) $0, 0, z$; (2) $0, 0, z+\frac{1}{2}$; (3) $0, 0, \bar{z}$; (4) $0, 0, \bar{z}+\frac{1}{2}$
$4f$	(1) $\frac{1}{3}, \frac{2}{3}, z$; (2) $\frac{2}{3}, \frac{1}{3}, z+\frac{1}{2}$; (3) $\frac{2}{3}, \frac{1}{3}, \bar{z}$; (4) $\frac{1}{3}, \frac{2}{3}, \bar{z}+\frac{1}{2}$
$6g$	(1) $\frac{1}{2}, 0, 0$; (2) $0, \frac{1}{2}, 0$; (3) $\frac{1}{2}, \frac{1}{2}, 0$; (4) $\frac{1}{2}, 0, \frac{1}{2}$; (5) $0, \frac{1}{2}, \frac{1}{2}$; (6) $\frac{1}{2}, \frac{1}{2}, \frac{1}{2}$
$6h$	(1) $x, 2x, \frac{1}{4}$; (2) $2\bar{x}, \bar{x}, \frac{1}{4}$; (3) $x, \bar{x}, \frac{1}{4}$; (4) $\bar{x}, 2\bar{x}, \frac{3}{4}$; (5) $2x, x, \frac{3}{4}$; (6) $\bar{x}, x, \frac{3}{4}$
$12i$	(1) $x, 0, 0$; (2) $0, x, 0$; (3) $\bar{x}, \bar{x}, 0$; (4) $\bar{x}, 0, \frac{1}{2}$; (5) $0, \bar{x}, \frac{1}{2}$; (6) $x, x, \frac{1}{2}$; (7) $\bar{x}, 0, 0$; (8) $0, \bar{x}, 0$; (9) $x, x, 0$; (10) $x, 0, \frac{1}{2}$; (11) $0, x, \frac{1}{2}$; (12) $\bar{x}, \bar{x}, \frac{1}{2}$
$12j$	(1) $x, y, \frac{1}{4}$; (2) $\bar{y}, x-y, \frac{1}{4}$; (3) $\bar{x}+y, \bar{x}, \frac{1}{4}$; (4) $\bar{x}, \bar{y}, \frac{3}{4}$; (5) $y, \bar{x}+y, \frac{3}{4}$; (6) $x-y, x, \frac{3}{4}$; (7) $y, x, \frac{3}{4}$; (8) $x-y, \bar{y}, \frac{3}{4}$; (9) $\bar{x}, \bar{x}+y, \frac{3}{4}$; (10) $\bar{y}, \bar{y}, \frac{1}{4}$; (11) $\bar{x}+y, y, \frac{1}{4}$; (12) $x, x-y, \frac{1}{4}$
$12k$	(1) $x, 2x, z$; (2) $2\bar{x}, \bar{x}, z$; (3) $x, \bar{x}, z$; (4) $\bar{x}, 2\bar{x}, z+\frac{1}{2}$; (5) $2x, x, z+\frac{1}{2}$; (6) $\bar{x}, x, z+\frac{1}{2}$; (7) $2x, x, \bar{z}$; (8) $\bar{x}, 2\bar{x}, \bar{z}$; (9) $\bar{x}, x, \bar{z}$; (10) $2\bar{x}, \bar{x}, \bar{z}+\frac{1}{2}$; (11) $x, 2x, \bar{z}+\frac{1}{2}$; (12) $x, \bar{x}, \bar{z}+\frac{1}{2}$

Wk.[①]	等价位置坐标
24l	(1) x, y, z; (2) $\bar{y}$, $x-y$, z; (3) $\bar{x}+y$, $\bar{x}$, z; (4) $\bar{x}$, $\bar{y}$, $z+\frac{1}{2}$; (5) y, $\bar{x}+y$, $z+\frac{1}{2}$; (6) $x-y$, x, $z+\frac{1}{2}$; (7) x, y, $\bar{z}$; (8) $x-y$, $\bar{y}$, $\bar{z}$; (9) $\bar{x}$, $\bar{x}+y$, $\bar{z}$; (10) $\bar{y}$, $\bar{x}$, $\bar{z}+\frac{1}{2}$; (11) $\bar{x}+y$, y, $\bar{z}+\frac{1}{2}$; (12) x, $x-y$, $\bar{z}+\frac{1}{2}$; (13) $\bar{x}$, $\bar{y}$, $\bar{z}$; (14) y, $\bar{x}+y$, $\bar{z}$; (15) $x-y$, x, $\bar{z}$; (16) x, y, $\bar{z}+\frac{1}{2}$; (17) $\bar{y}$, $x-y$, $\bar{z}+\frac{1}{2}$; (18) $\bar{x}+y$, $\bar{x}$, $\bar{z}+\frac{1}{2}$; (19) $\bar{y}$, $\bar{x}$, z; (20) $\bar{x}+y$, y, z; (21) x, $x-y$, z; (22) y, x, $z+\frac{1}{2}$; (23) $x-y$, $\bar{y}$, $z+\frac{1}{2}$; (24) $\bar{x}$, $\bar{x}+y$, $z+\frac{1}{2}$

①乌可夫符号, 数字为存在的等价位置数, 以下均如此。

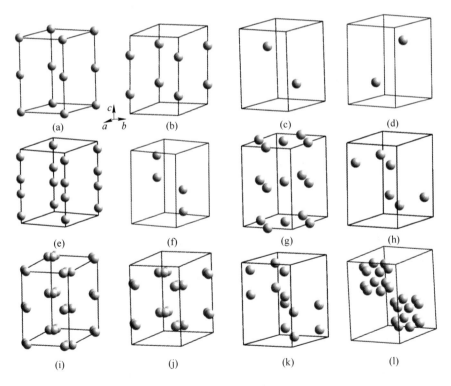

(a) (b) (c) (d)
(e) (f) (g) (h)
(i) (j) (k) (l)

图 2-2 $P6_3/mmc$ 空间群原子占位情况示意图

(图中序号分别对应了表 2-1 中相同的乌可夫符号; 其中 24l 的坐标位置假设为 (0.09, 0.41, 0.37),
对应一般位置; 其余未知坐标在此均假设为 0.1)

2.1.2 空间群 *P6/mmm*

$P6/mmm$ 是第 191 号空间群，也属于六方晶系。一些单质例如 Si（ICSD：52456）、Hg（ICSD：56897），以及一些化合物和金属间化合物，例如 SiO_2（ICSD：48153）、Al_2Th_7（ICSD：58181）属于该空间群。在 RE-Mg-Ni 合金体系中，$LaNi_5$（ICSD：54245）、YNi_5（ICSD：54422）等化合物也属于该空间群。$P6/mmm$ 空间群的一般等效位置和对称元素分布分别如图 2-3（a）和（b）所示。与 $P6_3/mmc$ 不同，$P6/mmm$ 为点式空间群，但两空间群对应的点群相同，均为 $6/mmm$。$P6_3/mmc$ 和 $P6/mmm$ 基本对称操作的阶（对称操作的数目）均为 24，但 $P6/mmm$ 可能的对称位置较 $P6_3/mmc$ 更为丰富，具体见表 2-2。由于 $P6/mmm$ 为点式空间群，其对称位置数也与 $P6_3/mmc$ 不同。例如对于原子对称位置最高的（0，0，0）的情况，$P6_3/mmc$ 由于非点式螺旋轴 6_3 的存在，不仅在同（0，0，0）平移对称的其他 7 个顶点存在原子，还会于 $\left(0, 0, \dfrac{1}{2}\right)$ 处也存在环境相同、等效的原子（即 $2a$）。但 $P6/mmm$ 的（0，0，0）等效位置仅有 8 个顶点，每个单胞包含 $\dfrac{1}{8}$，因此位置数为 1（即 $1a$），如图 2-4（$1a$）所示（其余可能的占位如图 2-4 所示）。

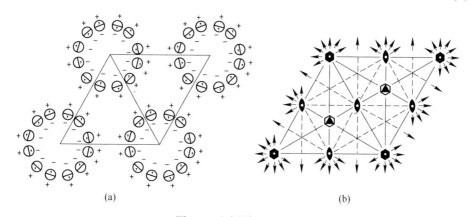

(a)   (b)

图 2-3 空间群 $P6/mmm$

（a）一般等效位置；（b）对称元素分布图

表 2-2 $P6/mmm$ 所有可能的对称位置数及坐标

Wk.	等价位置坐标
$1a$	（1）0，0，0
$1b$	（1）0，0，$\dfrac{1}{2}$

Wk.	等价位置坐标
2c	(1) $\frac{1}{3}$, $\frac{2}{3}$, 0; (2) $\frac{2}{3}$, $\frac{1}{3}$, 0
2d	(1) $\frac{1}{3}$, $\frac{2}{3}$, $\frac{1}{2}$; (2) $\frac{2}{3}$, $\frac{1}{3}$, $\frac{1}{2}$
2e	(1) 0, 0, z; (2) 0, 0, $\bar{z}$
3f	(1) $\frac{1}{2}$, 0, 0; (2) 0, $\frac{1}{2}$, 0; (3) $\frac{1}{2}$, $\frac{1}{2}$, 0
3g	(1) $\frac{1}{2}$, 0, $\frac{1}{2}$; (2) 0, $\frac{1}{2}$, $\frac{1}{2}$; (3) $\frac{1}{2}$, $\frac{1}{2}$, $\frac{1}{2}$
4h	(1) $\frac{1}{3}$, $\frac{2}{3}$, z; (2) $\frac{2}{3}$, $\frac{1}{3}$, z; (3) $\frac{2}{3}$, $\frac{1}{3}$, $\bar{z}$; (4) $\frac{1}{3}$, $\frac{2}{3}$, $\bar{z}$
6i	(1) $\frac{1}{2}$, 0, z; (2) 0, $\frac{1}{2}$, z; (3) $\frac{1}{2}$, $\frac{1}{2}$, z; (4) 0, $\frac{1}{2}$, $\bar{z}$; (5) $\frac{1}{2}$, 0, $\bar{z}$; (6) $\frac{1}{2}$, $\frac{1}{2}$, $\bar{z}$
6j	(1) x, 0, 0; (2) 0, x, 0; (3) $\bar{x}$, $\bar{x}$, 0; (4) $\bar{x}$, 0, 0; (5) 0, $\bar{x}$, 0; (6) x, x, 0
6k	(1) x, 0, $\frac{1}{2}$; (2) 0, x, $\frac{1}{2}$; (3) $\bar{x}$, $\bar{x}$, $\frac{1}{2}$; (4) $\bar{x}$, 0, $\frac{1}{2}$; (5) 0, $\bar{x}$, $\frac{1}{2}$; (6) x, x, $\frac{1}{2}$
6l	(1) x, $2x$, 0; (2) $2\bar{x}$, $\bar{x}$, 0; (3) x, $\bar{x}$, 0; (4) $\bar{x}$, $2\bar{x}$, 0; (5) $2x$, x, 0; (6) $\bar{x}$, x, 0
6m	(1) x, $2x$, $\frac{1}{2}$; (2) $2\bar{x}$, $\bar{x}$, $\frac{1}{2}$; (3) x, $\bar{x}$, $\frac{1}{2}$; (4) $\bar{x}$, $2\bar{x}$, $\frac{1}{2}$; (5) $2x$, x, $\frac{1}{2}$; (6) $\bar{x}$, x, $\frac{1}{2}$;
12n	(1) x, 0, z; (2) 0, x, z; (3) $\bar{x}$, $\bar{x}$, z; (4) $\bar{x}$, 0, z; (5) 0, $\bar{x}$, z; (6) x, x, z; (7) 0, x, $\bar{z}$; (8) x, 0, $\bar{z}$; (9) $\bar{x}$, $\bar{x}$, $\bar{z}$; (10) 0, $\bar{x}$, $\bar{z}$; (11) $\bar{x}$, 0, $\bar{z}$; (12) x, x, $\bar{z}$

Wk.	等价位置坐标
12o	(1) $x, 2x, z$; (2) $2\bar{x}, \bar{x}, z$; (3) $x, \bar{x}, z$; (4) $\bar{x}, 2\bar{x}, z$; (5) $2x, x, z$; (6) $\bar{x}, x, z$; (7) $2x, x, \bar{z}$; (8) $\bar{x}, 2\bar{x}, \bar{z}$; (9) $\bar{x}, x, \bar{z}$; (10) $2\bar{x}, \bar{x}, \bar{z}$; (11) $x, 2x, \bar{z}$; (12) $x, \bar{x}, \bar{z}$
12p	(1) $x, y, 0$; (2) $\bar{y}, x-y, 0$; (3) $\bar{x}+y, \bar{x}, 0$; (4) $\bar{x}, \bar{y}, 0$; (5) $y, \bar{x}+y, 0$; (6) $x-y, x, 0$; (7) $y, x, 0$; (8) $x-y, \bar{y}, 0$; (9) $\bar{x}, \bar{x}+y, 0$; (10) $\bar{y}, \bar{y}, 0$; (11) $\bar{x}+y, y, 0$; (12) $x, x-y, 0$
12q	(1) $x, y, \frac{1}{2}$; (2) $\bar{y}, x-y, \frac{1}{2}$; (3) $\bar{x}+y, \bar{x}, \frac{1}{2}$; (4) $\bar{x}, \bar{y}, \frac{1}{2}$; (5) $y, \bar{x}+y, \frac{1}{2}$; (6) $x-y, x, \frac{1}{2}$; (7) $y, x, \frac{1}{2}$; (8) $x-y, \bar{y}, \frac{1}{2}$; (9) $\bar{x}, \bar{x}+y, \frac{1}{2}$; (10) $\bar{y}, \bar{y}, \frac{1}{2}$; (11) $\bar{x}+y, y, \frac{1}{2}$; (12) $x, x-y, \frac{1}{2}$
24r	(1) x, y, z; (2) $\bar{y}, x-y, z$; (3) $\bar{x}+y, \bar{x}, z$; (4) $\bar{x}, \bar{y}, z$; (5) $y, \bar{x}+y, z$; (6) $x-y, x, z$; (7) $x, y, \bar{z}$; (8) $x-y, \bar{y}, \bar{z}$; (9) $\bar{x}, \bar{x}+y, \bar{z}$; (10) $\bar{y}, \bar{x}, \bar{z}$; (11) $\bar{x}+y, y, \bar{z}$; (12) $x, x-y, \bar{z}$; (13) $\bar{x}, \bar{y}, \bar{z}$; (14) $y, \bar{x}+y, \bar{z}$; (15) $x-y, x, \bar{z}$; (16) $x, y, \bar{z}$; (17) $\bar{y}, x-y, \bar{z}$; (18) $\bar{x}+y, \bar{x}, \bar{z}$; (19) $\bar{y}, \bar{x}, z$; (20) $\bar{x}+y, y, z$; (21) $x, x-y, z$; (22) y, x, z; (23) $x-y, \bar{y}, z$; (24) $\bar{x}, \bar{x}+y, z$

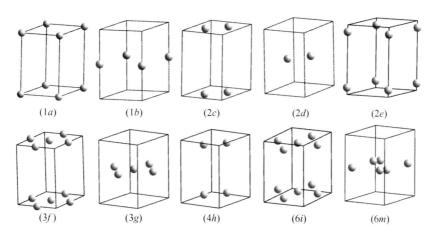

(1a)　　　(1b)　　　(2c)　　　(2d)　　　(2e)

(3f)　　　(3g)　　　(4h)　　　(6i)　　　(6m)

图 2-4　P6/mmm 空间群部分原子占位情况示意图

（可变坐标在此均假设为 0.1）

2.1.3　空间群 $R\bar{3}m$

$R\bar{3}m$ 属于第 166 号空间群，属于三方晶系。空间群为点式空间群，空间群对应的点群同样为 $\bar{3}m$，点群的阶为 12。三方晶系可以采用同六方晶系边角关系相同的六角单胞，即 $a=b\neq c$，$\alpha=\beta=90°$，$\gamma=120°$；也可以采用菱形单胞，即 $a=b=c$，$\alpha=\beta=\gamma\neq 90°$。菱形单胞可以看作是六角单胞的一种特殊有心化，属于初基胞，即每个单胞中仅含有 1 个阵点。但如果采用六角单胞，则属于复式胞，每个单胞中含有 3 个阵点。两种单胞选择方式对应的一般等效位置和对称元素分布如图 2-5 所示，如果在空间中扩展开来，两者完全一样，仅是选择方式的差别。如果有一个原子占据原点位置，则采用六角单胞会存在 3 个原子与之对应在对称的位置，其中 2 个在单胞内，乌可夫符号为 3a，如图 2-6（a）所示。如果采用菱形单胞，则与之对应的原子全部占据顶点位置，每个单胞含有 1 个原子，乌可夫符号为 1a，如图 2-6（b）所示。这种差别是单胞选择类型不同造成的，但结构在空间中的排列规律没有任何差异。具有该空间群的一些化合物包括 $LaNi_3$（ICSD：641503）、Al_3Y（ICSD：58217）、Ce_2Fe_{17}（ICSD：106387）、Y_2Ni_7（ICSD：108650）、Ce_5Co_{19}（ICSD：102100）、La_2MgNi_9（ICSD：152335）。

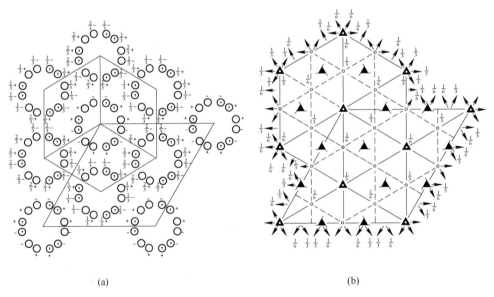

(a)　　　　　　　　　　　　　　　　　(b)

图 2-5　空间群 $R\bar{3}m$

（a）一般等效位置；（b）对称元素分布图

表 2-3 是 $R\bar{3}m$ 空间群采用六角单胞时可能存在的位置数及其对应的所有等价位置的坐标。部分原子占位示意图如图 2-7 所示。需要注意的是，由于采用六角

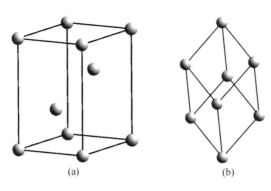

图 2-6 $R\bar{3}m$ 空间群

（a）六角单胞 3a 位置；（b）菱形单胞 1a 位置

单胞，表 2-3 中的位置数省略了存在于单胞内的另外 2 个阵点及其对应的对称位置，即仅列出了位置数的 1/3。只需要按照原点到单胞内另外 2 个阵点的平移矢量，将表中的位置数进行相同平移操作，即可以得到省略的位置坐标。

表 2-3 $R\bar{3}m$ 所有可能的对称位置数及坐标

Wk.	等价位置坐标
3a	(1) $0, 0, 0$
3b	(1) $0, 0, \dfrac{1}{2}$
6c	(1) $0, 0, z$；(2) $0, 0, \bar{z}$
9d	(1) $\dfrac{1}{2}, 0, \dfrac{1}{2}$；(2) $0, \dfrac{1}{2}, \dfrac{1}{2}$；(3) $\dfrac{1}{2}, \dfrac{1}{2}, \dfrac{1}{2}$
9e	(1) $\dfrac{1}{2}, 0, 0$；(2) $0, \dfrac{1}{2}, 0$；(3) $\dfrac{1}{2}, \dfrac{1}{2}, 0$
18f	(1) $x, 0, 0$；(2) $0, x, 0$；(3) $\bar{x}, \bar{x}, 0$；(4) $\bar{x}, 0, 0$；(5) $0, \bar{x}, 0$；(6) $x, x, 0$
18g	(1) $x, 0, \dfrac{1}{2}$；(2) $0, x, \dfrac{1}{2}$；(3) $\bar{x}, \bar{x}, \dfrac{1}{2}$；(4) $\bar{x}, 0, \dfrac{1}{2}$；(5) $0, \bar{x}, \dfrac{1}{2}$；(6) $x, x, \dfrac{1}{2}$

Wk.	等价位置坐标
18h	(1) $x, \bar{x}, z$; (2) $x, 2x, z$; (3) $2\bar{x}, \bar{x}, z$; (4) $\bar{x}, x, \bar{z}$; (5) $2x, x, \bar{z}$; (6) $\bar{x}, 2\bar{x}, \bar{z}$
36i	(1) x, y, z; (2) $\bar{y}, x-y, z$; (3) $\bar{x}+y, \bar{x}, z$; (4) $y, x, \bar{z}$; (5) $x-y, \bar{y}, \bar{z}$; (6) $\bar{x}, \bar{x}+y, \bar{z}$; (7) $\bar{x}, \bar{y}, \bar{z}$; (8) $y, \bar{x}+y, \bar{z}$; (9) $x-y, x, \bar{z}$; (10) $\bar{y}, \bar{x}, z$; (11) $\bar{x}+y, y, z$; (12) $x, x-y, z$

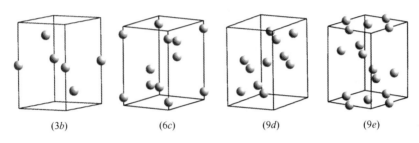

$$(3b) \qquad (6c) \qquad (9d) \qquad (9e)$$

图 2-7 $R\bar{3}m$ 空间群部分原子占位情况示意图

（可变坐标在此均假设为 0.1）

通过比较 $P6_3/mmc$、$P6/mmm$ 和 $R\bar{3}m$ 的原子占位规律，可以容易地发现虽然三者都可以采用六方晶系的六角单胞表示，但由于对称性和惯用单胞（复式）的选用，对称位置的坐标及位置数有显著差别。一些细节在下一节会针对具体结构类型展开详细讨论。

2.1.4   空间群 $F\bar{4}3m$

$F\bar{4}3m$ 属于第 216 号空间群，属于立方晶系，布拉菲点阵类型为面心立方（FCC）。该空间群为点式空间群，空间群对应的点群同样为 $\bar{4}3m$，点群的阶为 24。空间群的一般等效位置和对称元素分布分别如图 2-8（a）和（b）所示。具有 $F\bar{4}3m$ 空间群的一些例子有 Si（ICSD：67788）、ZnS（ICSD：77090）、GaN（ICSD：41546）、AlN（ICSD：82789）。在 RE-Mg-Ni 合金体系中，一些二元化合物，例如 YNi_2（ICSD：647078），以及三元 AB_2 型相 $LaMgNi_4$（ICSD：107420）也属于该空间群。

表 2-4 是 $F\bar{4}3m$ 空间群可能存在的位置数及其对应的所有等价位置的坐标。部分原子占位示意图如图 2-9 所示。需要注意的是，表 2-4 中的位置数省略了由于 FCC 点阵平移对称性引起的面心位置（3 个阵点），即仅列出了位置数的 1/4。

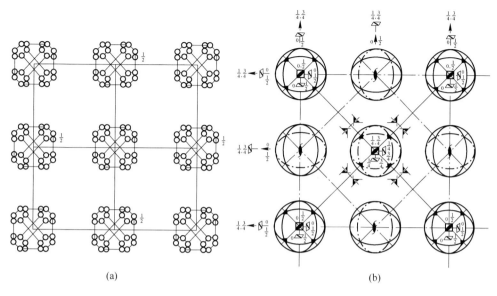

图 2-8 空间群 $F\bar{4}3m$

(a) 一般等效位置；(b) 对称元素分布图

表 2-4 $F\bar{4}3m$ 所有可能的对称位置数及坐标

Wk.	等价位置坐标
$4a$	(1) 0, 0, 0
$4b$	(1) $\frac{1}{2}$, $\frac{1}{2}$, $\frac{1}{2}$
$4c$	(1) $\frac{1}{4}$, $\frac{1}{4}$, $\frac{1}{4}$
$4d$	(1) $\frac{3}{4}$, $\frac{3}{4}$, $\frac{3}{4}$
$16e$	(1) x, x, x; (2) $\bar{x}, x, x$; (3) $\bar{x}, x, \bar{x}$; (4) $x, \bar{x}, \bar{x}$
$24f$	(1) $x, 0, 0$; (2) $\bar{x}, 0, 0$; (3) $0, x, 0$; (4) $0, \bar{x}, 0$; (5) $0, 0, x$; (6) $0, 0, \bar{x}$
$24g$	(1) $x, \frac{1}{4}, \frac{1}{4}$; (2) $\bar{x}, \frac{3}{4}, \frac{1}{4}$; (3) $\frac{1}{4}, x, \frac{1}{4}$; (4) $\frac{1}{4}, \bar{x}, \frac{3}{4}$; (5) $\frac{1}{4}, \frac{1}{4}, x$; (6) $\frac{3}{4}, \frac{1}{4}, \bar{x}$

Wk.	等价位置坐标
48h	(1) x, x, z; (2) $\bar{x}, \bar{x}, z$; (3) $\bar{x}, x, \bar{z}$; (4) $x, \bar{x}, \bar{z}$; (5) z, x, x; (6) $z, \bar{x}, \bar{x}$; (7) $\bar{z}, \bar{x},$ x; (8) $\bar{z}, x, \bar{x}$; (9) x, z, x; (10) $\bar{x}, z, \bar{x}$; (11) $x, \bar{z}, \bar{x}$; (12) $\bar{x}, \bar{z}, x$
96i	(1) x, y, z; (2) $\bar{x}, \bar{y}, z$; (3) $\bar{x}, y, \bar{z}$; (4) $x, \bar{y}, \bar{z}$; (5) z, x, y; (6) $z, \bar{x}, \bar{y}$; (7) $\bar{z}, \bar{x},$ y; (8) $\bar{z}, x, \bar{y}$; (9) y, z, x; (10) $\bar{y}, z, \bar{x}$; (11) $y, \bar{z}, \bar{x}$; (12) $\bar{y}, \bar{z}, x$; (13) y, x, z; (14) $\bar{y}, \bar{x}, z$; (15) $y, \bar{x}, \bar{z}$; (16) $\bar{y}, x, \bar{z}$; (17) x, z, y; (18) $\bar{x}, z, \bar{y}$; (19) $\bar{x}, \bar{z}, y$; (20) $x, \bar{z}, \bar{y}$; (21) z, y, x; (22) $z, \bar{y}, \bar{x}$; (23) $\bar{z}, y, \bar{x}$; (24) $\bar{z}, \bar{y}, x$

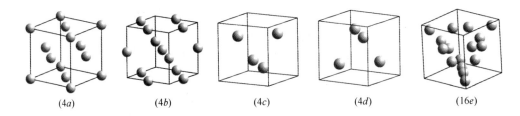

(4a)　　　　(4b)　　　　(4c)　　　　(4d)　　　　(16e)

图 2-9　$F\bar{4}3m$ 空间群部分原子占位情况示意图

(可变坐标在此均假设为 0.1)

2.1.5　空间群 $Fd\bar{3}m$

$Fd\bar{3}m$ 属于第 227 号空间群，属于立方晶系，布拉菲点阵类型为面心立方（FCC）。该空间群为非点式空间群，空间群对应的点群为 $m\bar{3}m$，点群的阶为 48。空间群的一般等效位置和对称元素分布分别如图 2-10（a）和（b）所示。具有 $Fd\bar{3}m$ 空间群的一些例子有 Mg_2Nd（ICSD：642678）、$LaMg_2$（ICSD：104660）、$MgCu_2$（ICSD：628324）、$LaNi_2$（ICSD：104673）、$CeNi_2$（ICSD：102229）、YNi_2（ICSD：647090）。

表 2-5 是 $Fd\bar{3}m$ 空间群可能存在的位置数及其对应的所有等价位置的坐标。表 2-5 中的位置数同样省略了由于 FCC 点阵平移对称性引起的面心位置（3 个阵点），即仅列出了位置数的 1/4。部分原子占位示意图如图 2-11 所示。由于存在 d 滑移面，$Fd\bar{3}m$ 空间群对称位置的数量是 $F\bar{4}3m$ 的 2 倍。

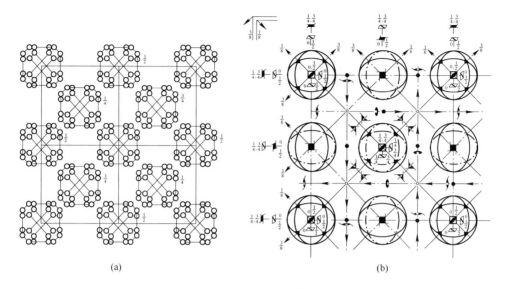

图 2-10 空间群 $Fd\bar{3}m$

（a）一般等效位置；（b）对称元素分布图

表 2-5 $Fd\bar{3}m$ 所有可能的对称位置数及坐标

Wk.	等价位置坐标
$8a$	（1）$0, 0, 0$；（2）$\dfrac{3}{4}, \dfrac{1}{4}, \dfrac{3}{4}$
$8b$	（1）$\dfrac{1}{2}, \dfrac{1}{2}, \dfrac{1}{2}$；（2）$\dfrac{1}{4}, \dfrac{3}{4}, \dfrac{1}{4}$
$16c$	（1）$\dfrac{1}{8}, \dfrac{1}{8}, \dfrac{1}{8}$；（2）$\dfrac{7}{8}, \dfrac{3}{8}, \dfrac{5}{8}$；（3）$\dfrac{3}{8}, \dfrac{5}{8}, \dfrac{7}{8}$；（4）$\dfrac{5}{8}, \dfrac{7}{8}, \dfrac{3}{8}$
$16d$	（1）$\dfrac{5}{8}, \dfrac{5}{8}, \dfrac{5}{8}$；（2）$\dfrac{3}{8}, \dfrac{7}{8}, \dfrac{1}{8}$；（3）$\dfrac{7}{8}, \dfrac{1}{8}, \dfrac{3}{8}$；（4）$\dfrac{1}{8}, \dfrac{3}{8}, \dfrac{7}{8}$
$32e$	（1）x, x, x；（2）$\bar{x}, \bar{x}+\dfrac{1}{2}, x+\dfrac{1}{2}$；（3）$\bar{x}+\dfrac{1}{2}, x+\dfrac{1}{2}, \bar{x}$；（4）$x+\dfrac{1}{2}, \bar{x}, \bar{x}+\dfrac{1}{2}$；（5）$x+\dfrac{3}{4}, x+\dfrac{1}{4}, \bar{x}+\dfrac{3}{4}$；（6）$\bar{x}+\dfrac{1}{4}, \bar{x}+\dfrac{1}{4}, \bar{x}+\dfrac{1}{4}$；（7）$x+\dfrac{1}{4}, \bar{x}+\dfrac{3}{4}, x+\dfrac{3}{4}$；（8）$\bar{x}+\dfrac{3}{4}, x+\dfrac{3}{4}, x+\dfrac{1}{4}$

Wk.	等价位置坐标
48f	(1) $x, 0, 0$; (2) $\bar{x}, \frac{1}{2}, \frac{1}{2}$; (3) $0, x, 0$; (4) $\frac{1}{2}, \bar{x}, \frac{1}{2}$; (5) $0, 0, x$; (6) $\frac{1}{2}, \frac{1}{2}, \bar{x}$; (7) $\frac{3}{4}, x+\frac{1}{4}, \frac{3}{4}$; (8) $\frac{1}{4}, \bar{x}+\frac{1}{4}, \frac{3}{4}$; (9) $x+\frac{3}{4}, \frac{1}{4}, \frac{3}{4}$; (10) $\bar{x}+\frac{3}{4}, \frac{3}{4}, \frac{1}{4}$; (11) $\frac{3}{4}, \frac{1}{4}, \bar{x}+\frac{3}{4}$; (12) $\frac{1}{4}, \frac{3}{4}, x+\frac{3}{4}$
96g	(1) x, x, z; (2) $\bar{x}, \bar{x}+\frac{1}{2}, z+\frac{1}{2}$; (3) $\bar{x}+\frac{1}{2}, x+\frac{1}{2}, \bar{z}$; (4) $x+\frac{1}{2}, \bar{x}, \bar{z}+\frac{1}{2}$; (5) z, x, x; (6) $z+\frac{1}{2}, \bar{x}, \bar{x}+\frac{1}{2}$; (7) $\bar{z}, \bar{x}+\frac{1}{2}, x+\frac{1}{2}$; (8) $\bar{z}+\frac{1}{2}, x+\frac{1}{2}, \bar{x}$; (9) x, z, x; (10) $\bar{x}+\frac{1}{2}, z+\frac{1}{2}, \bar{x}$; (11) $x+\frac{1}{2}, \bar{z}, \bar{x}+\frac{1}{2}$; (12) $\bar{x}, \bar{z}+\frac{1}{2}, x+\frac{1}{2}$; (13) $x+\frac{3}{4}, x+\frac{1}{4}, \bar{z}+\frac{3}{4}$; (14) $\bar{x}+\frac{1}{4}, \bar{x}+\frac{1}{4}, \bar{z}+\frac{1}{4}$; (15) $x+\frac{1}{4}, \bar{x}+\frac{3}{4}, z+\frac{3}{4}$; (16) $\bar{x}+\frac{3}{4}, x+\frac{3}{4}, z+\frac{1}{4}$; (17) $x+\frac{3}{4}, z+\frac{1}{4}, \bar{x}+\frac{3}{4}$; (18) $\bar{x}+\frac{3}{4}, z+\frac{3}{4}, x+\frac{1}{4}$; (19) $\bar{x}+\frac{1}{4}, \bar{z}+\frac{1}{4}, \bar{x}+\frac{1}{4}$; (20) $x+\frac{1}{4}, \bar{z}+\frac{3}{4}, x+\frac{1}{4}$; (21) $z+\frac{3}{4}, x+\frac{1}{4}, \bar{x}+\frac{3}{4}$; (22) $z+\frac{1}{4}, \bar{x}+\frac{3}{4}, x+\frac{3}{4}$; (23) $\bar{z}+\frac{3}{4}, x+\frac{3}{4}, x+\frac{1}{4}$; (24) $\bar{z}+\frac{1}{4}, \bar{x}+\frac{1}{4}, \bar{x}+\frac{1}{4}$
96h	(1) $\frac{1}{8}, y, \bar{y}+\frac{1}{4}$; (2) $\frac{7}{8}, \bar{y}+\frac{1}{2}, \bar{y}+\frac{3}{4}$; (3) $\frac{3}{8}, y+\frac{1}{2}, y+\frac{3}{4}$; (4) $\frac{5}{8}, \bar{y}, y+\frac{1}{4}$; (5) $\bar{y}+\frac{1}{4}, \frac{1}{8}, y$; (6) $\bar{y}+\frac{3}{4}, \frac{7}{8}, \bar{y}+\frac{1}{2}$; (7) $y+\frac{3}{4}, \frac{3}{8}, y+\frac{1}{2}$; (8) $y+\frac{1}{4}, \frac{5}{8}, \bar{y}$; (9) $y, \bar{y}+\frac{1}{4}, \frac{1}{8}$; (10) $\bar{y}+\frac{1}{2}, \bar{y}+\frac{3}{4}, \frac{7}{8}$; (11) $y+\frac{1}{2}, y+\frac{3}{4}, \frac{3}{8}$; (12) $\bar{y}, y+\frac{1}{4}, \frac{5}{8}$; (13) $\frac{1}{8}, \bar{y}+\frac{1}{4}, y$; (14) $\frac{3}{8}, y+\frac{3}{4}, y+\frac{1}{2}$; (15) $\frac{7}{8}, \bar{y}+\frac{3}{4}, \bar{y}+\frac{1}{2}$; (16) $\frac{5}{8}, y+\frac{1}{4}, \bar{y}$; (17) $y, \frac{1}{8}, \bar{y}+\frac{1}{4}$; (18) $y+\frac{1}{2}, \frac{3}{8}, y+\frac{3}{4}$; (19) $\bar{y}+\frac{1}{2}, \frac{7}{8}, \bar{y}+\frac{3}{4}$; (20) $\bar{y}, \frac{5}{8}, y+\frac{1}{4}$; (21) $\bar{y}+\frac{1}{4}, y, \frac{1}{8}$; (22) $y+\frac{3}{4}, y+\frac{1}{2}, \frac{3}{8}$; (23) $\bar{y}+\frac{3}{4}, \bar{y}+\frac{1}{2}, \frac{7}{8}$; (24) $y+\frac{1}{4}, \bar{y}, \frac{5}{8}$

Wk.	等价位置坐标
192	(1) x, y, z; (2) $\bar{x}, \bar{y}+\frac{1}{2}, z+\frac{1}{2}$; (3) $\bar{x}+\frac{1}{2}, y+\frac{1}{2}, \bar{z}$; (4) $x+\frac{1}{2}, \bar{y}, \bar{z}+\frac{1}{2}$; (5) z, x, y; (6) $z+\frac{1}{2}, \bar{x}, \bar{y}+\frac{1}{2}$; (7) $\bar{z}, \bar{x}+\frac{1}{2}, y+\frac{1}{2}$; (8) $\bar{z}+\frac{1}{2}, x+\frac{1}{2}, \bar{y}$; (9) y, z, x; (10) $\bar{y}+\frac{1}{2}, z+\frac{1}{2}, \bar{x}$; (11) $y+\frac{1}{2}, \bar{z}, \bar{x}+\frac{1}{2}$; (12) $\bar{y}, \bar{z}+\frac{1}{2}, x+\frac{1}{2}$; (13) $y+\frac{3}{4}, x+\frac{1}{4}, \bar{z}+\frac{3}{4}$; (14) $\bar{y}+\frac{1}{4}, \bar{x}+\frac{1}{4}, \bar{z}+\frac{1}{4}$; (15) $y+\frac{1}{4}, \bar{x}+\frac{3}{4}, z+\frac{3}{4}$; (16) $\bar{y}+\frac{3}{4}, x+\frac{3}{4}, z+\frac{1}{4}$; (17) $x+\frac{3}{4}, z+\frac{1}{4}, \bar{y}+\frac{3}{4}$; (18) $\bar{x}+\frac{3}{4}, z+\frac{3}{4}, y+\frac{1}{4}$; (19) $\bar{x}+\frac{1}{4}, \bar{z}+\frac{1}{4}, \bar{y}+\frac{1}{4}$; (20) $x+\frac{1}{4}, \bar{z}+\frac{3}{4}, y+\frac{3}{4}$; (21) $z+\frac{3}{4}, y+\frac{1}{4}, \bar{x}+\frac{3}{4}$; (22) $z+\frac{1}{4}, \bar{y}+\frac{3}{4}, x+\frac{3}{4}$; (23) $\bar{z}+\frac{3}{4}, y+\frac{3}{4}, x+\frac{1}{4}$; (24) $\bar{z}+\frac{1}{4}, \bar{y}+\frac{1}{4}, \bar{x}+\frac{1}{4}$; (25) $\bar{x}+\frac{1}{4}, \bar{y}+\frac{1}{4}, \bar{z}+\frac{1}{4}$; (26) $x+\frac{1}{4}, y+\frac{3}{4}, \bar{z}+\frac{3}{4}$; (27) $x+\frac{3}{4}, \bar{y}+\frac{3}{4}, z+\frac{1}{4}$; (28) $\bar{x}+\frac{3}{4}, y+\frac{1}{4}, z+\frac{3}{4}$; (29) $\bar{z}+\frac{1}{4}, \bar{x}+\frac{1}{4}, \bar{y}+\frac{1}{4}$; (30) $\bar{z}+\frac{3}{4}, x+\frac{1}{4}, y+\frac{3}{4}$; (31) $z+\frac{1}{4}, x+\frac{3}{4}, \bar{y}+\frac{3}{4}$; (32) $z+\frac{3}{4}, \bar{x}+\frac{3}{4}, y+\frac{1}{4}$; (33) $\bar{y}+\frac{1}{4}, \bar{z}+\frac{1}{4}, \bar{x}+\frac{1}{4}$; (34) $y+\frac{3}{4}, \bar{z}+\frac{3}{4}, x+\frac{1}{4}$; (35) $\bar{y}+\frac{3}{4}, z+\frac{1}{4}, x+\frac{3}{4}$; (36) $y+\frac{1}{4}, z+\frac{3}{4}, \bar{x}+\frac{3}{4}$; (37) $\bar{y}+\frac{1}{2}, \bar{x}, z+\frac{1}{2}$; (38) y, x, z; (39) $\bar{y}, x+\frac{1}{2}, \bar{z}+\frac{1}{2}$; (40) $y+\frac{1}{2}, \bar{x}+\frac{1}{2}, \bar{z}$; (41) $\bar{x}+\frac{1}{2}, \bar{z}, y+\frac{1}{2}$; (42) $x+\frac{1}{2}, \bar{z}+\frac{1}{2}, \bar{y}$; (43) x, z, y; (44) $\bar{x}, z+\frac{1}{2}, \bar{y}+\frac{1}{2}$; (45) $\bar{z}+\frac{1}{2}, \bar{y}, x+\frac{1}{2}$; (46) $\bar{z}, y+\frac{1}{2}, \bar{x}+\frac{1}{2}$; (47) $z+\frac{1}{2}, \bar{y}+\frac{1}{2}, \bar{x}$; (48) z, y, x

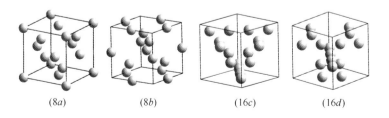

(8a)　　　　(8b)　　　　(16c)　　　　(16d)

图 2-11　$Fd\bar{3}m$ 空间群部分原子占位情况示意图

2.2 二元 RE-Ni 系合金的晶体结构

稀土（RE）和过渡族金属元素（TM）可以形成多种金属间化合物相，其中很多相可以作为功能材料，很早就受到了关注，例如磁性材料 $SmCo_5$，储氢材料 $LaNi_5$ 等。通常也根据这些合金相的计量比进行命名，例如 AB_2、AB_5 等。A 为稀土元素，通常为 La、Ce、Pr、Nd、Sm。B 通常为过渡族金属元素，对于储氢合金通常以 Ni 为主，还包含 Co、Al、Mn、Cu 等。A、B 元素各自可以相互置换，形成以金属间化合物为基的固溶体（也称二次固溶体）。至今还未见有固溶置换后存在选择性占位的报道，即目前认为置换原子的占位为随机的。

2.2.1 二元 AB_5 型相的晶体结构

二元 AB_5 型 RE-Ni 系合金是最早被发现的储氢材料，也是能够商品化、目前还在应用的为数不多的储氢合金[6,7]。AB_5 型结构的空间群为 $P6/mmm$，其原子占位情况见表 2-6。考虑到上述元素替代并不引起结构的变化，表中仅以 A、B 来代表不同的元素。A 原子占据（0，0，0）位置，因为一个单胞的 8 个顶点都是对称的等同位置，因此单胞内的 8 个顶点都是 A 原子，每个单胞占据 $\frac{1}{8}$，共 1 个 A 原子，即 $1a$ 位置。下底面 $\left(\frac{1}{3}, \frac{2}{3}, 0\right)$ 和 $\left(\frac{2}{3}, \frac{1}{3}, 0\right)$ 上各有 1 个 B 原子，对应的上底面由于平移对称性也存在 $\left(\frac{1}{3}, \frac{2}{3}, 1\right)$ 和 $\left(\frac{2}{3}, \frac{1}{3}, 1\right)$ 处的 2 个 B 原子。面上的原子分属 2 个单胞，因此每个单胞共有 2 个 B 原子，即 $2c$ 位置。此外，在体心 $\left(\frac{1}{2}, \frac{1}{2}, \frac{1}{2}\right)$ 和非底面的其他 4 个面心上占据的 B 原子是一套对称操作对应的等效位置，每个单胞共有 3 个 B 原子，即 $3g$ 位置。这样 AB_5 型相每个单胞内含有 1 个 A 原子，5 个 B 原子。RE-Ni 系合金 AB_5 型结构的 a 轴长度大于 c 轴长度（以 $LaNi_5$ 为例，$a = 5.0125Å$，$c = 3.9873Å$，ICSD：54245）。从不同方向观察 AB_5 型相的结构如图 2-12 所示。

表 2-6 AB_5 型结构的原子占位

元素	Wk.	等价位置坐标
A	$1a$	(1) 0, 0, 0
B	$2c$	(1) $\frac{1}{3}$, $\frac{2}{3}$, 0; (2) $\frac{2}{3}$, $\frac{1}{3}$, 0

元素	Wk.	等价位置坐标
B	3g	(1) $\frac{1}{2}$, 0, $\frac{1}{2}$; (2) 0, $\frac{1}{2}$, $\frac{1}{2}$; (3) $\frac{1}{2}$, $\frac{1}{2}$, $\frac{1}{2}$

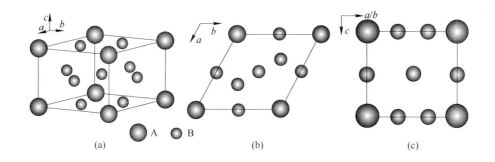

图 2-12　AB_5 型结构的原子占位

（a）一般方向；（b）$[0001]$方向；（c）$[2\bar{1}\bar{1}0]$方向

2.2.2　二元 AB_2 型 C15-Laves 相的晶体结构

一些金属间化合物由不同尺寸的原子组成，通过不同种类原子排列堆垛组合可以实现很高的堆垛密度。这种晶体结构称为拓扑密堆相，即 TCP 结构[8]。其中计量比为 AB_2 型的 TCP 结构称为 Laves 相。Laves 相有 3 种类型，包括：

（1）C14 型结构，典型例子为 $MgZn_2$；

（2）C15 型结构，典型例子为 $MgCu_2$；

（3）C36 型结构，典型例子为 $MgNi_2$。

二元 $LaNi_2$ 和 $CeNi_2$ 是亚稳相[9,10]。$LaNi_2$（ICSD：104673）和 $CeNi_2$（ICSD：102229）具有 C15 型结构，它们所属空间群为 $Fd\bar{3}m$，布拉菲点阵是面心立方。A 原子占据（0，0，0）位置。由于滑移面的存在，除了 8 个顶点及 6 个面心，还在晶胞内部 $\left(\frac{3}{4}, \frac{1}{4}, \frac{3}{4}\right)$ 及与之对应的其他 3 个位置共存在 4 个等价的原子。8 个顶点及 6 个面心共有 4 个 A 原子，晶胞内含有 4 个 A 原子，因此一个单胞共有 8 个 A 原子，即 8a 位置，见表 2-7。注意这里省略了面心立方晶胞平移对称性操作必然具有的其余 7 个顶点、6 个面心和胞内的 3 个对称位置的坐标（后面的情况也如此处理）。B 原子占据 16d 位置，这里不再具体描述，16 个原子均在晶胞内。

表 2-7 AB$_2$型结构的原子占位

元素	Wk.	等价位置坐标
A	8a	(1) 0, 0, 0; (2) $\frac{3}{4}$, $\frac{1}{4}$, $\frac{3}{4}$
B	16d	(1) $\frac{5}{8}$, $\frac{5}{8}$, $\frac{5}{8}$; (2) $\frac{3}{8}$, $\frac{7}{8}$, $\frac{1}{8}$; (3) $\frac{7}{8}$, $\frac{1}{8}$, $\frac{3}{8}$; (4) $\frac{1}{8}$, $\frac{3}{8}$, $\frac{7}{8}$

这样 AB$_2$ 型相每个单胞内含有 8 个 A 原子，16 个 B 原子，计量比为 1∶2。以 LaNi$_2$ 为例，a = 7.365Å（ICSD：104673）。从不同方向观察 LaNi$_2$ 的结构如图 2-13 所示，其中从 3 个晶轴的方向看进去在二维投影上没有差别。

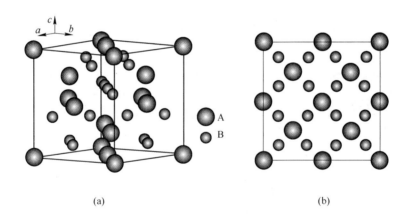

(a)   (b)

图 2-13 AB$_2$ 型 C15 结构的原子占位

(a) 一般方向；(b) [100]、[010]或[001]方向

2.2.3 二元 AB$_2$ 型 C36-Laves 相的晶体结构

C36 型 Laves 相的典型代表是 MgNi$_2$，尽管不属于 RE-TM 体系，但由于同后续结构的关联性很强，这里一并进行介绍。MgNi$_2$（ICSD：104838）的空间群为 $P6_3/mmc$，为密排六方结构，a = 4.824Å，c = 15.826Å。其中 Mg 占据 4e 和 4f 位置，Ni 占据 4f、6g 和 6h 位置，具体见表 2-8。每个单胞共有 8 个 Mg 原子和 16 个 Ni 原子，从不同方向观察 MgNi$_2$ 的结构如图 2-14 所示。

表 2-8 MgNi$_2$ 的原子占位

元素	Wk.	等价位置坐标
A(Mg)	4e	(1) $0, 0, z$; (2) $0, 0, z+\frac{1}{2}$; (3) $0, 0, \bar{z}$; (4) $0, 0, \bar{z}+\frac{1}{2}$; $z=0.094$
A(Mg)	4f	(1) $\frac{1}{3}, \frac{2}{3}, z$; (2) $\frac{2}{3}, \frac{1}{3}, z+\frac{1}{2}$; (3) $\frac{2}{3}, \frac{1}{3}, \bar{z}$; (4) $\frac{1}{3}, \frac{2}{3}, \bar{z}+\frac{1}{2}$; $z=0.8442$
B(Ni)	4f	(1) $\frac{1}{3}, \frac{2}{3}, z$; (2) $\frac{2}{3}, \frac{1}{3}, z+\frac{1}{2}$; (3) $\frac{2}{3}, \frac{1}{3}, \bar{z}$; (4) $\frac{1}{3}, \frac{2}{3}, \bar{z}+\frac{1}{2}$; $z=0.12514$
B(Ni)	6g	(1) $\frac{1}{2}, 0, 0$; (2) $0, \frac{1}{2}, 0$; (3) $\frac{1}{2}, \frac{1}{2}, 0$; (4) $\frac{1}{2}, 0, \frac{1}{2}$; (5) $0, \frac{1}{2}, \frac{1}{2}$; (6) $\frac{1}{2}, \frac{1}{2}, \frac{1}{2}$
B(Ni)	6h	(1) $x, 2x, \frac{1}{4}$; (2) $2\bar{x}, \bar{x}, \frac{1}{4}$; (3) $x, \bar{x}, \frac{1}{4}$; (4) $\bar{x}, 2\bar{x}, \frac{3}{4}$; (5) $2x, x, \frac{3}{4}$; (6) $\bar{x}, x, \frac{3}{4}$; $x=0.16429$

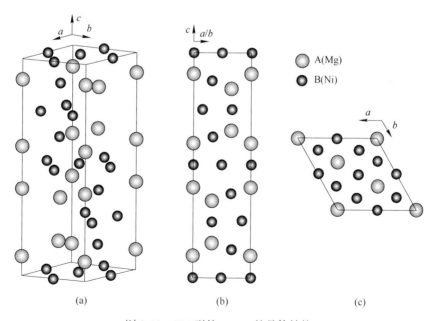

图 2-14 C36 型的 MgNi$_2$ 的晶体结构

(a) 一般方向；(b) $[2\bar{1}\bar{1}0]$ 方向；(c) $[0001]$ 方向

MgNi$_2$ 的结构可以看作沿 c 轴以不同亚单元（sub-unit）堆垛而成。为了方便观察，仅保留 Mg 原子，如图 2-15（a）所示，沿 c 轴可以看作以图中 X-Y-X-Z… 的方式排列，这些亚单元之间均有相同的间隔。在同一个晶胞内该结构也可以看作是按照如图 2-15（b）所示的方式堆垛而成，其中 X$_1$-X$_2$ 和 X$_3$-X$_4$ 亚单元呈现镜面的对称关系，而 X$_2$ 和 X$_3$ 之间也存在对称关系（镜面操作后旋转 180°）。总体上，上述 4 个亚单元具有十分相似的原子排列特征。如果从更大范围的排列空间上观察，MgNi$_2$ 的结构也可以看作如图 2-15（c）所示的方式堆垛。同图 2-15（a）和（b）的堆垛方式不同的是，该堆垛方式的亚单元是完全相同的，只不过取向不同（可以看成旋转了 180°）。通过上述简单分析，可以看出 MgNi$_2$ 的结构可以看作由不同亚单元沿着 c 轴以不同方式堆垛而成。这里需要注意的是，图 2-15 中的排列仅是二维上的投影，不同亚单元的排列在 a-b 平面内并不是不变，而是在空间内错落排列的，其结构完全相同，但放置取向不同。从不同方向（例如 a 或者 b 轴）观察，亚单元反映出的取向会发生变化。这样的结构特征称为层状堆垛结构（layered structure）。

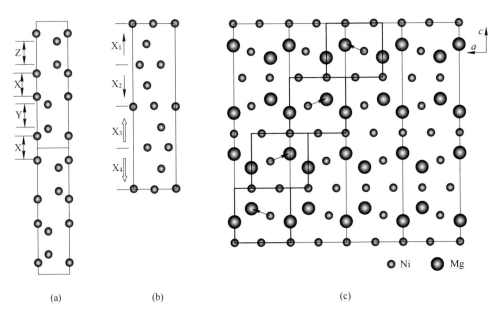

(a) (b) (c)

图 2-15 MgNi$_2$ 结构的不同堆垛方式

2.2.4 二元 AB$_3$ 型相的晶体结构

一些 RE-TM 体系可以形成 AB$_3$ 型化合物，例如 CeNi$_3$（ICSD：102230，空间群 $P6_3/mmc$），CeCo$_3$（ICSD：152842，空间群 $R\overline{3}m$），LaNi$_3$（ICSD：641503，空

间群 $R\bar{3}m$ ）， $PrCo_3$ （ICSD：108889，空间群 $R\bar{3}m$ ）。在目前报道的二元 RE-TM 体系中， $CeNi_3$ （ICSD：102230）的空间群为 $P6_3/mmc$ ，而 $LaNi_3$ 及一些其他二元 AB_3 型结构的空间群为 $R\bar{3}m$ 。这说明尽管一些稀土元素的电子层结构和化学性质十分相似（例如 La 和 Ce），但不同稀土元素有可能导致晶体结构类型的变化。下面以 $CeNi_3$ 和 $LaNi_3$ 为代表，分别介绍两种二元化合物的晶体结构特征。

$CeNi_3$ （ICSD：102230）的空间群为 $P6_3/mmc$ ，六方结构， $a = 4.98$Å， $c = 16.54$Å。表 2-9 是 $CeNi_3$ （ICSD：102230）的原子占位情况。每个单胞共有 6 个 Ce 原子和 18 个 Ni 原子。从不同角度观察 $CeNi_3$ 的原子排列方式如图 2-16 所示。对二元 RE-TM 化合物晶体结构的研究很早就发现，很多该系化合物的结构都可以看作沿着 c 轴由不同结构单元以不同数量和排列规律堆垛而成[11-16]。如图 2-17（a）所示， $CeNi_3$ 可以看作由两种结构单元沿 c 轴的层状堆垛构成，其中一种结构单元同 $LaNi_5$ 结构 ［见图 2-12（a）］中的原子排列规律一致（图中表示为 X 型），只不过选取的方式不是完全按照 $LaNi_5$ 的晶胞来选取，而是按照图 2-17（b）所示的方式进行划分。按照新的方式在空间拓展开来，同样可以获得完全相同的 AB_5 型晶体结构。该类单元中含有 4 个位于侧面棱边上的 A 原子，4 个上面棱边的 B 原子，4 个下面棱边的 B 原子，1 个上面内的 B 原子，1 个下面内的 B 原子，2 个体内的 B 原子。因此，每个单元的原子数为 1 个 A 原子和 5 个 B 原子，将该类单元称为 ［ AB_5 ］ 型。另一种结构单元如图 2-17（c）所示，其排列特征同 C36 型结构的堆垛单元相同（图中表示为 Y 型）。两种不同取向的该结构单元，图 2-17 中分别用 Y_1 和 Y_2 表示。实际上两种单元仅是排列取向不同，其内部原子排列规律完全相同，这同 C36 型 $MgNi_2$ 层状结构中的结构单元一致，因此通常并不刻意进行区分。该单元中含有 4 个位于侧面棱边上的 A 原子，1 个体内的 A 原子，3 个上面内的 B 原子，1 个下面内的 B 原子，4 个下面棱边的 B 原子，1 个体内的 B 原子。结构单元中共有 2 个 A 原子，4 个 B 原子，也称为 ［ A_2B_4 ］ 型结构单元。

表 2-9　$CeNi_3$ 的原子占位

元素	Wk.	等价位置坐标
Ce	2c	(1) $\frac{1}{3}$, $\frac{2}{3}$, $\frac{1}{4}$; (2) $\frac{2}{3}$, $\frac{1}{3}$, $\frac{3}{4}$
Ce	4f	(1) $\frac{1}{3}$, $\frac{2}{3}$, z; (2) $\frac{2}{3}$, $\frac{1}{3}$, $z + \frac{1}{2}$; (3) $\frac{2}{3}$, $\frac{1}{3}$, $\bar{z}$; (4) $\frac{1}{3}$, $\frac{2}{3}$, $\bar{z} + \frac{1}{2}$; $z = 0.04178$

元素	Wk.	等价位置坐标
Ni	2a	(1) $0, 0, 0$; (2) $0, 0, \frac{1}{2}$
Ni	2b	(1) $0, 0, \frac{1}{4}$; (2) $0, 0, \frac{3}{4}$
Ni	2d	(1) $\frac{1}{3}, \frac{2}{3}, \frac{3}{4}$; (2) $\frac{2}{3}, \frac{1}{3}, \frac{1}{4}$
Ni	12k	(1) $x, 2x, z$; (2) $2\bar{x}, \bar{x}, z$; (3) $x, \bar{x}, z$; (4) $\bar{x}, 2\bar{x}, z+\frac{1}{2}$; (5) $2x, x, z+\frac{1}{2}$; (6) $\bar{x}, x, z+\frac{1}{2}$; (7) $2x, x, \bar{z}$; (8) $\bar{x}, 2\bar{x}, \bar{z}$; (9) $\bar{x}, x, \bar{z}$; (10) $2\bar{x}, \bar{x}, \bar{z}+\frac{1}{2}$; (11) $x, 2x, \bar{z}+\frac{1}{2}$; (12) $x, \bar{x}, \bar{z}+\frac{1}{2}$; $x=0.8334$ ($2x=1.6668$, 由于平移对称性在同一晶胞内取值 0.6668), $z=0.12715$

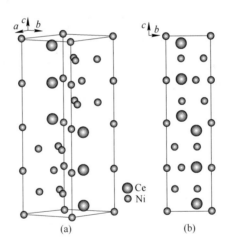

图 2-16 CeNi₃ 的晶胞和原子占位

（a）一般方向；（b）$[2\bar{1}\bar{1}0]$方向

如图 2-17（a）所示，沿 c 轴方向每个单位晶胞矢量范围内 CeNi₃ 可以看作由 2 个亚单元构成，其中每个亚单元由 1 个 [AB₅] 和 1 个 [A₂B₄] 结构单元组成，其堆垛规律可以看作（X-Y)-(X-Y) 型，如果考虑排列取向则更确切地表达为（X-Y)-(X-Y′) 型（注意，为了显示排列的重复性，图 2-17（a）中标注了 3 组亚单元）。根据 Ramsdell 符号[17]，该结构类型可以表示为 2H 型，其中 2 代表了单位晶胞矢量范围内包含的亚单元数量，H 代表六方晶系。

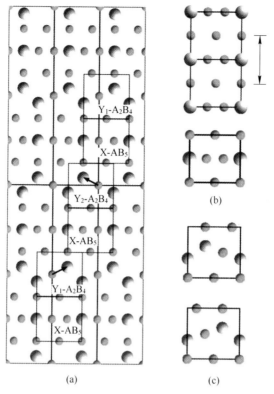

图 2-17 CeNi$_3$ 的晶体结构

（a）堆垛方式；（b）［AB$_5$］结构单元；（c）［A$_2$B$_4$］结构单元

LaNi$_3$（ICSD：641503）的空间群为 $R\bar{3}m$，三方晶系，$a=5.08$Å，$c=25.01$Å。表 2-10 是 LaNi$_3$ 的原子占位情况。每个单胞共有 9 个 La 原子和 27 个 Ni 原子，具体的原子排列如图 2-18（a）和（b）所示。此处采用与六方晶系相同的单胞来表达三方晶系 LaNi$_3$ 的结构，每个单胞内含有 3 个阵点。即顶点 8 个阵点，每个占 $\frac{1}{8}$，为 1 个阵点；体内含有 2 个阵点；整个单胞内含有 3 个阵点。三方晶系采用六方晶系的特征单胞实际为六方晶系的一种特殊有心化操作，如果取初基胞（1 个单胞仅含有 1 个阵点），则为三方晶系单胞的另一种表达方式，即菱形单胞。表 2-10 中省略了采用六方晶系单胞体内的两个阵点位置（后面的情况也如此处理）。例如，3a 的 La 原子坐标为（0，0，0），省略了体内的 $\left(\frac{1}{3},\frac{2}{3},\frac{2}{3}\right)$ 和 $\left(\frac{2}{3},\frac{1}{3},\frac{1}{3}\right)$ 坐标位置的 2 个 La 原子，即表中只给出了 $\frac{1}{3}$ 数量的坐标位置。其余的坐标位置只需要根据同 3a 的 La 原子相同的平移规律平移即可得到。例如 3b 的 Ni 原子坐标为 $\left(0,0,\frac{1}{2}\right)$，省略了 $\left(\frac{1}{3},\frac{2}{3},\frac{2}{3}+\frac{1}{2}\right)$ 和

$\left(\dfrac{2}{3}, \dfrac{1}{3}, \dfrac{1}{3}+\dfrac{1}{2}\right)$，即$\left(\dfrac{1}{3}, \dfrac{2}{3}, \dfrac{7}{6}\right)$和$\left(\dfrac{2}{3}, \dfrac{1}{3}, \dfrac{5}{6}\right)$，$\left(\dfrac{1}{3}, \dfrac{2}{3}, \dfrac{7}{6}\right)$实际已经进

入到下一个单胞，但根据平移对称性，本单胞内取为$\left(\dfrac{1}{3}, \dfrac{2}{3}, \dfrac{1}{6}\right)$。

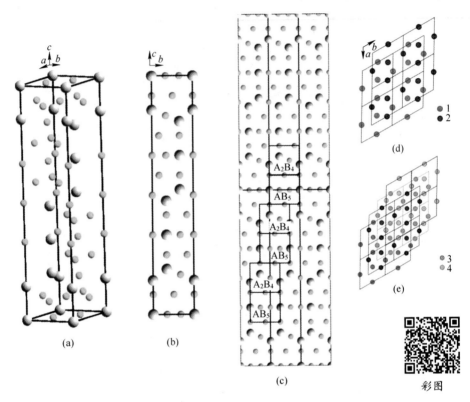

图 2-18 LaNi$_3$ 的晶体结构

（a）一般方向；（b）$[2\bar{1}\bar{1}0]$方向；（c）~（e）不同方向观察的堆垛方式

表 2-10 LaNi$_3$ 的原子占位

元素	Wk.	等价位置坐标
La	3a	(1) 0, 0, 0
La	6c	(1) 0, 0, z；(2) 0, 0, $\bar{z}$；$z=0.143$
Ni	3b	(1) 0, 0, $\dfrac{1}{2}$
Ni	6c	(1) 0, 0, z；(2) 0, 0, $\bar{z}$；$z=0.3333$

元素	Wk.	等价位置坐标
Ni	$18h$	$(1)\ x,\ \bar{x},\ z;\ (2)\ x,\ 2x,\ z;\ (3)\ 2\bar{x},\ \bar{x},\ z;\ (4)\ \bar{x},\ x,\ \bar{z};\ (5)\ 2x,\ x,\ \bar{z};\ (6)\ \bar{x},\ 2\bar{x},\ \bar{z};\ x = 0.5,\ z = 0.0833$

LaNi$_3$ 也可以看作以 [AB$_5$] 和 [A$_2$B$_4$] 型结构单元沿 c 轴的堆垛排列构成，其中的 [A$_2$B$_4$] 型结构单元的排列取向没有发生变化，因此其堆垛规律表示为 (X-Y)-(X-Y)-(X-Y) 型，如图 2-18（c）所示。根据 Ramsdell 符号表示为 3R 型，3 代表单位 1 个 c 矢量内含有 3 个亚单元，R 代表三方晶系。尽管从图 2-18（c）中二维的排列规律来看，LaNi$_3$ 的堆垛好像以 X-Y 重复即可，但需要注意的是在三维空间中不同结构单元实际上同样在 a-b 轴平面上存在错动。取 (X-Y)-(X-Y)-(X-Y) 堆垛中 [AB$_5$] 结构单元的最底层原子排列，如图 2-18（d）所示，可以看出其在 a-b 轴方向上均存在平移。经过 (X-Y)-(X-Y)-(X-Y) 堆垛后，第 4 层（也就是下一个循环）的 Ni 原子排列同第 1 层 Ni 原子排列重归完全一致，如图 2-18（e）所示。因此从三维空间的排列规律来看，LaNi$_3$ 的层状结构堆垛规律为 (X-Y)-(X-Y)-(X-Y)，在 c 轴上的长度也同其晶胞参数完全一致。两种 AB$_3$ 型结构的亚单元都含有 1 个 [AB$_5$] 和 1 个 [A$_2$B$_4$] 结构单元。

2.2.5 二元 A$_2$B$_7$ 型相的晶体结构

与 AB$_3$ 型相类似，二元 A$_2$B$_7$ 型相也存在六方和三方两种晶体结构，而且结构与其稀土元素和过渡族金属类型有关。研究发现 A$_2$B$_7$ 型相在一定温度下，两种结构可以相互转变。例如对于 La$_2$Ni$_7$，高温下为三方结构（也称 Gd$_2$Co$_7$ 型，3R 型），在常温下转变为六方结构（也称 Ce$_2$Ni$_7$ 型，2H 型）[10,11,13,15]。下面分别以 Ce$_2$Ni$_7$ 和 Gd$_2$Co$_7$ 两种化合物为例介绍两种 A$_2$B$_7$ 型相的晶体结构特征。

Ce$_2$Ni$_7$（ICSD：102233）的空间群为 $P6_3/mmc$，属于六方晶系。$a = 4.98$Å，$c = 24.52$Å。表 2-11 是 Ce$_2$Ni$_7$ 的原子占位情况。每个单胞共有 8 个 Ce 原子和 28 个 Ni 原子，具体的原子排列如图 2-19（a）和（b）所示。尽管看起来一些原子的坐标位置好像是很一般的数值，但实际上这些取值有其内在规律。例如 4e 位置 Ce 的 z 取值为 0.167，实际上是将 c 方向单胞平移矢量 6 等分的结果；4e 位置和 4f 位置 z 取值之和为一个 c 方向单胞平移矢量（结构解析时会有微小偏移）。如果仔细分析，这些位置坐标的取值均可以看作是为满足沿 c 轴按照 [AB$_5$] 和 [A$_2$B$_4$] 型结构单元堆垛排列的需要。这里不再一一进行说明，仅对 Ce$_2$Ni$_7$ 的层状结构堆垛做简要分析。如图 2-19（c）所示，考虑到 [A$_2$B$_4$] 结构单元排列取向的变化，Ce$_2$Ni$_7$ 的堆垛方式可以看作 (X-X-Y)-(X-X-Y′) 型。

表 2-11 Ce$_2$Ni$_7$ 的原子占位

元素	Wk.	等价位置坐标
Ce	4f	(1) $\frac{1}{3}$, $\frac{2}{3}$, z; (2) $\frac{2}{3}$, $\frac{1}{3}$, $z+\frac{1}{2}$; (3) $\frac{2}{3}$, $\frac{1}{3}$, $\bar{z}$; (4) $\frac{1}{3}$, $\frac{2}{3}$, $\bar{z}+\frac{1}{2}$; $z=0.1742$
Ce	4f	(1) $\frac{1}{3}$, $\frac{2}{3}$, z; (2) $\frac{2}{3}$, $\frac{1}{3}$, $z+\frac{1}{2}$; (3) $\frac{2}{3}$, $\frac{1}{3}$, $\bar{z}$; (4) $\frac{1}{3}$, $\frac{2}{3}$, $\bar{z}+\frac{1}{2}$; $z=0.0302$
Ni	2a	(1) 0, 0, 0; (2) 0, 0, $\frac{1}{2}$
Ni	4e	(1) 0, 0, z; (2) 0, 0, $z+\frac{1}{2}$; (3) 0, 0, $\bar{z}$; (4) 0, 0, $\bar{z}+\frac{1}{2}$; $z=0.1670$
Ni	4f	(1) $\frac{1}{3}$, $\frac{2}{3}$, z; (2) $\frac{2}{3}$, $\frac{1}{3}$, $z+\frac{1}{2}$; (3) $\frac{2}{3}$, $\frac{1}{3}$, $\bar{z}$; (4) $\frac{1}{3}$, $\frac{2}{3}$, $\bar{z}+\frac{1}{2}$; $z=0.8334$
Ni	6h	(1) x, $2x$, $\frac{1}{4}$; (2) $2\bar{x}$, $\bar{x}$, $\frac{1}{4}$; (3) x, $\bar{x}$, $\frac{1}{4}$; (4) $\bar{x}$, $2\bar{x}$, $\frac{3}{4}$; (5) $2x$, x, $\frac{3}{4}$; (6) $\bar{x}$, x, $\frac{3}{4}$; $x=0.8351$
Ni	12k	(1) x, $2x$, z; (2) $2\bar{x}$, $\bar{x}$, z; (3) x, $\bar{x}$, z; (4) $\bar{x}$, $2\bar{x}$, $z+\frac{1}{2}$; (5) $2x$, x, $z+\frac{1}{2}$; (6) $\bar{x}$, x, $z+\frac{1}{2}$; (7) $2x$, x, $\bar{z}$; (8) $\bar{x}$, $2\bar{x}$, $\bar{z}$; (9) $\bar{x}$, x, $\bar{z}$; (10) $2\bar{x}$, $\bar{x}$, $\bar{z}+\frac{1}{2}$; (11) x, $2x$, $\bar{z}+\frac{1}{2}$; (12) x, $\bar{x}$, $\bar{z}+\frac{1}{2}$; $x=0.8338$, $z=0.0854$

  Gd$_2$Co$_7$(ICSD: 102467) 的空间群为 $R\bar{3}m$，属于三方晶系。$a=5.024$Å，$c=36.32$Å。表 2-12 是 Gd$_2$Co$_7$ 的原子占位情况（省略了其余 2/3 的等同位置）。每个单胞共有 12 个 Gd 原子和 42 个 Co 原子。Gd$_2$Co$_7$ 可以看作 [AB$_5$] 和 [A$_2$B$_4$] 型结构单元按照（X-X-Y）-（X-X-Y）-（X-X-Y）型的堆垛方式沿 c 轴排列，如图 2-20 所示。与同属 $R\bar{3}m$ 的 LaNi$_3$ 类似的是，尽管从二维的排列规律来看，Gd$_2$Co$_7$ 的堆垛好像以（X-X-Y）重复即可，但在三维空间中 a-b 轴平面上存在错动。经过（X-X-Y）-（X-X-Y）-（X-X-Y）堆垛后，下一层的原子排列初始才又相同。两种 A$_2$B$_7$ 型结构的亚单元都含有 2 个 [AB$_5$] 和 1 个 [A$_2$B$_4$] 结构单元。

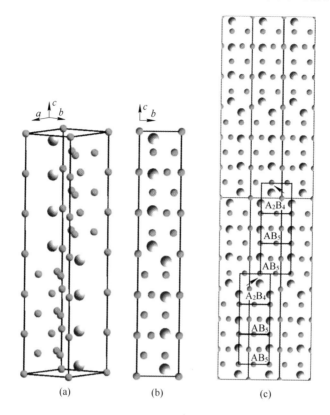

图 2-19　Ce_2Ni_7 的晶体结构

（a）一般方向；（b）$[2\bar{1}\bar{1}0]$ 方向；（c）整体堆垛方式

表 2-12　Gd_2Co_7 的原子占位

元素	Wk.	等价位置坐标
Gd	6c	（1）0, 0, z；（2）0, 0, $\bar{z}$；$z=0.055$
Gd	6c	（1）0, 0, z；（2）0, 0, $\bar{z}$；$z=0.149$
Co	3b	（1）0, 0, $\dfrac{1}{2}$
Co	6c	（1）0, 0, z；（2）0, 0, $\bar{z}$；$z=0.278$
Co	6c	（1）0, 0, z；（2）0, 0, $\bar{z}$；$z=0.388$
Co	9e	（1）$\dfrac{1}{2}$, 0, 0；（2）0, $\dfrac{1}{2}$, 0；（3）$\dfrac{1}{2}$, $\dfrac{1}{2}$, 0
Co	18h	（1）$x, \bar{x}, z$；（2）$x, 2x, z$；（3）$2\bar{x}, \bar{x}, z$；（4）$\bar{x}, x, \bar{z}$；（5）$2x, x, \bar{z}$；（6）$\bar{x}, 2\bar{x}, \bar{z}$；$x=0.5, z=0.111$

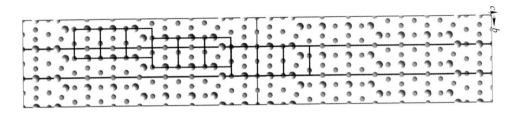

图 2-20 Gd₂Co₇ 的堆垛方式

2.2.6 二元 A₅B₁₉ 型相的晶体结构

二元 RE-TM 体系中 A₅B₁₉ 型相的结构很早就受到关注。其结构可能存在多种同素异构结构，例如在 Sm-Ni 体系中发现存在 2H、3R、4H、6H、9R、12R 型结构[18]。尽管如此，通常认为在 RE-TM 体系中稳定存在的 A₅B₁₉ 型相仍与前述的 AB₃ 型和 A₂B₇ 型相一致，为 2H 和 3R 型。A₅B₁₉ 型相的结构特征仍同稀土和 B 类型密切有关。例如 Ce₅Co₁₉（ICSD：102100）为 3R 型结构，而 Pr₅Co₁₉ 为 2H 型结构。La₅Ni₁₉ 的结构类型为 3R 型，但其常温下属于亚稳相，仅在 1000℃ 以上能够稳定存在[19]。而 Pr₅Ni₁₉ 和 Nd₅Ni₁₉ 合金中两种结构类型都可以稳定存在[20]。下面就以 Ce₅Co₁₉-3R 和 Pr₅Ni₁₉-2H 为例，简要介绍二元 A₅B₁₉ 型相的结构特征。

Ce₅Co₁₉（ICSD：102100）的空间群为 $R\bar{3}m$，属于三方晶系。$a = 4.927\text{Å}$，$c = 48.74\text{Å}$。表 2-13 是 Ce₅Co₁₉ 的原子占位情况（省略了其余 2/3 的等同位置），每个单胞内含有 15 个 Ce 原子和 57 个 Co 原子。Ce₅Co₁₉ 同样可以看作由 ［AB₅］和 ［A₂B₄］型结构单元沿 c 轴堆垛排列构成，其排列方式为（X-X-X-Y)-(X-X-X-Y)-(X-X-X-Y)，如图 2-21 所示。

表 2-13 Ce₅Co₁₉ 的原子占位

元素	Wk.	等价位置坐标
Ce	3a	(1) 0, 0, 0
Ce	6c	(1) 0, 0, z; (2) 0, 0, z̄; z = 0.083
Ce	6c	(1) 0, 0, z; (2) 0, 0, z̄; z = 0.154
Co	3b	(1) 0, 0, $\frac{1}{2}$
Co	6c	(1) 0, 0, z; (2) 0, 0, z̄; z = 0.25
Co	6c	(1) 0, 0, z; (2) 0, 0, z̄; z = 0.333

元素	Wk.	等价位置坐标
Co	6c	(1) 0, 0, z; (2) 0, 0, $\bar{z}$; $z=0.417$
Co	18h	(1) x, $\bar{x}$, z; (2) x, $2x$, z; (3) $2\bar{x}$, $\bar{x}$, z; (4) $\bar{x}$, x, $\bar{z}$; (5) $2x$, x, $\bar{z}$; (6) $\bar{x}$, $2\bar{x}$, $\bar{z}$; $x=0.5$, $z=0.125$
Co	18h	(1) x, $\bar{x}$, z; (2) x, $2x$, z; (3) $2\bar{x}$, $\bar{x}$, z; (4) $\bar{x}$, x, $\bar{z}$; (5) $2x$, x, $\bar{z}$; (6) $\bar{x}$, $2\bar{x}$, $\bar{z}$; $x=0.5$, $z=0.042$

图 2-21　Ce_5Co_{19} 的堆垛方式

根据文献报道的结果，Pr_5Ni_{19}-2H 型结构的空间群为 $P6_3/mmc$，属于六方晶系，$a=4.999$Å，$c=32.41$Å[20]。表 2-14 是 Pr_5Ni_{19}-2H 型结构的原子占位情况，每个单胞内含有 15 个 Pr 原子和 57 个 Ni 原子。Ce_5Co_{19} 同样可以看作由 [AB_5] 和 [A_2B_4] 型结构单元沿 c 轴堆垛排列构成，其排列方式为 (X-X-X-Y)-(X-X-X-Y′)，如图 2-22 所示。

表 2-14　Pr_5Ni_{19}-2H 的原子占位

元素	Wk.	等价位置坐标
Pr	2c	(1) $\frac{1}{3}$, $\frac{2}{3}$, $\frac{1}{4}$; (2) $\frac{2}{3}$, $\frac{1}{3}$, $\frac{3}{4}$
Pr	4f	(1) $\frac{1}{3}$, $\frac{2}{3}$, z; (2) $\frac{2}{3}$, $\frac{1}{3}$, $z+\frac{1}{2}$; (3) $\frac{2}{3}$, $\frac{1}{3}$, $\bar{z}$; (4) $\frac{1}{3}$, $\frac{2}{3}$, $\bar{z}+\frac{1}{2}$; $z=0.1325$
Pr	4f	(1) $\frac{1}{3}$, $\frac{2}{3}$, z; (2) $\frac{2}{3}$, $\frac{1}{3}$, $z+\frac{1}{2}$; (3) $\frac{2}{3}$, $\frac{1}{3}$, $\bar{z}$; (4) $\frac{1}{3}$, $\frac{2}{3}$, $\bar{z}+\frac{1}{2}$; $z=0.0222$
Ni	3a	(1) 0, 0, 0; (2) 0, 0, $\frac{1}{2}$

元素	Wk.	等价位置坐标
Ni	2b	(1) $0, 0, \frac{1}{4}$; (2) $0, 0, \frac{3}{4}$
Ni	2d	(1) $\frac{1}{3}, \frac{2}{3}, \frac{3}{4}$; (2) $\frac{2}{3}, \frac{1}{3}, \frac{1}{4}$
Ni	4e	(1) $0, 0, z$; (2) $0, 0, z+\frac{1}{2}$; (3) $0, 0, \bar{z}$; (4) $0, 0, \bar{z}+\frac{1}{2}$; $z=0.13$
Ni	4f	(1) $\frac{1}{3}, \frac{2}{3}, z$; (2) $\frac{2}{3}, \frac{1}{3}, z+\frac{1}{2}$; (3) $\frac{2}{3}, \frac{1}{3}, \bar{z}$; (4) $\frac{1}{3}, \frac{2}{3}, \bar{z}+\frac{1}{2}$; $z=0.872$
Ni	12k	(1) $x, 2x, z$; (2) $2\bar{x}, \bar{x}, z$; (3) $x, \bar{x}, z$; (4) $\bar{x}, 2\bar{x}, z+\frac{1}{2}$; (5) $2x, x, z+\frac{1}{2}$; (6) $\bar{x}, x, z+\frac{1}{2}$; (7) $2x, x, \bar{z}$; (8) $\bar{x}, 2\bar{x}, \bar{z}$; (9) $\bar{x}, x, \bar{z}$; (10) $2\bar{x}, \bar{x}, \bar{z}+\frac{1}{2}$; (11) $x, 2x, \bar{z}+\frac{1}{2}$; (12) $x, \bar{x}, \bar{z}+\frac{1}{2}$; $x=0.836, z=0.0653$
Ni	12k	(1) $x, 2x, z$; (2) $2\bar{x}, \bar{x}, z$; (3) $x, \bar{x}, z$; (4) $\bar{x}, 2\bar{x}, z+\frac{1}{2}$; (5) $2x, x, z+\frac{1}{2}$; (6) $\bar{x}, x, z+\frac{1}{2}$; (7) $2x, x, \bar{z}$; (8) $\bar{x}, 2\bar{x}, \bar{z}$; (9) $\bar{x}, x, \bar{z}$; (10) $2\bar{x}, \bar{x}, \bar{z}+\frac{1}{2}$; (11) $x, 2x, \bar{z}+\frac{1}{2}$; (12) $x, \bar{x}, \bar{z}+\frac{1}{2}$; $x=0.831, z=0.19$

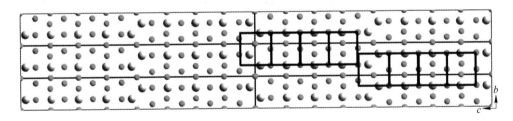

图 2-22 Pr_5Ni_{19}-2H 的堆垛方式

2.3 三元 RE-Mg-Ni 合金的晶体结构

研究者很早就发现了二元 RE-Ni 合金中计量比从 AB_2 至 AB_5 之间有多种化合物相均具备储氢能力，但除了 AB_5 型相以外，二元 RE-Ni 相的可逆吸放氢容量很低[19-21]。1997 年，日本研究者 Kadir 等报道了含 Mg 的新型 AB$_3$ 型化合物 LaMg$_2$Ni$_9$[22]，并发现该类合金在气固相吸放氢[23-25]和电化学性能[26-28]方面都有较二元 AB$_3$ 型相优异的表现。随后陆续发现并报道了含 Mg 的三元 A$_2$B$_7$ 和 A$_5$B$_{19}$ 型同样具有优异的可逆吸放氢和电化学性能[2-4]。因此，三元 RE-Mg-Ni 合金被认为是新一代的镍氢电池负极材料而广受关注。

三元 RE-Mg-Ni 合金相比二元 RE-Ni 合金性能的显著提高同其结构特征有不可分割的关系。研究表明三元相同样可以看作由不同 [AB$_5$] 和 [A$_2$B$_4$] 结构单元沿 c 轴方向堆垛排列而成，其结构同二元相的结构具有传承性，但又具有新的特征[29-36]。下面将对几种三元相的结构特征进行简要分析和总结。

2.3.1 三元 AB$_2$ 型相的晶体结构

LaMgNi$_4$ 的空间群为 $F\bar{4}3m$，属于面心立方点阵，$a = 7.1794$Å（ICSD：107420）。表 2-15 是 LaMgNi$_4$ 的原子占位情况（省略了其余 3/4 的等同位置），每个单胞内含有 4 个 La 原子、4 个 Mg 原子和 16 个 Ni 原子。

表 2-15　LaMgNi$_4$ 的原子占位

元素	Wk.	等价位置坐标
La	4a	(1) 0, 0, 0
Mg	4c	(1) $\frac{1}{2}$, $\frac{1}{2}$, $\frac{1}{2}$
Ni	16e	(1) x, x, x; (2) $\bar{x}, x, x$; (3) $\bar{x}, x, \bar{x}$; (4) $x, \bar{x}, \bar{x}$; $x = 0.625$

如果从空间群和原子占位的情况比较 LaMgNi$_4$ 和 LaNi$_2$（具体见 2.2.2 节），两者的空间群和原子占位并不相同。具体来看 LaMgNi$_4$ 原子排列，如图 2-23 所示，可以看出如果将 LaMgNi$_4$ 中的 Mg 替换成 La，则 LaMgNi$_4$ 和 LaNi$_2$ 的原子排列情况是完全一致的。对于 LaNi$_2$ 所属的空间群 $Fd\bar{3}m$，在其对称性的作用下，上述 4 个晶胞内的位置同顶点（坐标为 (0, 0, 0)，省略其余 7 个顶点）和面心位置（坐标为 (0.5, 0.5, 0)，省略其余 5 个面心）是完全等价的，即 8a。而对于空间群 $F\bar{4}3m$，对称性的差异使得顶点的等价位置仅为所有顶点和面心，即 4a。两种空间群由于对称性差异造成的等价占位情况可以参照 2.1.4 节和 2.1.5 节。总体上，在 LaMgNi$_4$ 中 Mg 原子仅替代 La 原子的位置，但并不是随机占据 La 原子的位置，而是有选择性地占据 4 个晶胞内的 La 原子。这破坏了 LaNi$_2$ 所属空间群 $Fd\bar{3}m$ 的对称性，满足 $F\bar{4}3m$ 的对称性。

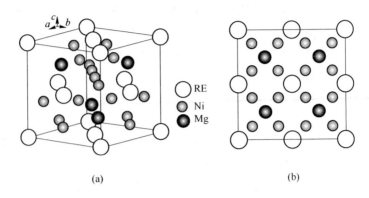

图 2-23　LaMgNi$_4$ 的原子占位

（a）一般方向；（b）[100] 或 [010] 或 [001] 方向

2.3.2　三元 AB$_3$、A$_2$B$_7$、A$_5$B$_{19}$ 型相的晶体结构[29-36]

三元 AB$_3$、A$_2$B$_7$、A$_5$B$_{19}$ 型相与对应的二元相结构具有密切的关联性和传承性。总体上三元 AB$_3$、A$_2$B$_7$、A$_5$B$_{19}$ 型相的结构具有如下特征：

（1）三元 AB$_3$、A$_2$B$_7$、A$_5$B$_{19}$ 型相具有同计量比相同的二元相完全一样的空间群，RE 和 Ni 原子在二元和三元相中的占位一致；

（2）三元相也可以看作由不同的 [AB$_5$] 和 [A$_2$B$_4$] 结构单元沿着 c 轴堆垛排列，其堆垛规律与对应计量比的二元相一致；

（3）Mg 在三元相晶胞中仅占据 [A$_2$B$_4$] 结构单元中 A 位置，并不在 [AB$_5$] 结构单元中存在；

（4）Mg 和 RE 互相替代，共同占据 [A$_2$B$_4$] 结构单元中 A 位置，两种原子所占比例在一定范围内变化，因此三元相也可以在一定 RE/Mg 比范围内稳定存在；

（5）三元相中同样存在多晶型，且不同晶型往往能够同时共存。

二元相和三元相结构的最大差别主要在其中 Mg 的占位。Mg 的占位是有选择性的，但在选择的位置上又同 RE 原子随机互换。在 LaMgNi$_4$ 中，Mg 的占位同样是有选择性的，但 Mg 相当于固定占据了二元 LaNi$_2$ 空间群 $F\bar{d}3m$ 中 $8a$ 位置中的 4 个，而不是随机占据在 $8a$ 位置上，因此改变了对称性，使 LaMgNi$_4$ 的空间群转变为 $F\bar{4}3m$。而对于三元 AB$_3$、A$_2$B$_7$、A$_5$B$_{19}$ 型相，Mg 尽管也有选择性的占位（例如 AB$_3$ 型三元相中 Mg 占据 $6c$ 位置），但其并非固定占据其中某些位置，而是在其中随机占位，因此对称性不变，空间群也未发生变化。

图 2-24 是不同晶型的堆垛排列示意图（本书中统一按照如图所示的观察方向，因此排列特征与部分文献并不相同，这是取向不同所致，实际原子排列并未

改变）。总体上，三元结构同二元结构的堆垛特征一致。AB_3-2H 结构可以看作由 2 个亚单元构成，每个亚单元包含 1 个 $[AB_5]$ 和 1 个 $[A_2B_4]$ 结构单元，其排列规律可以表示为 （X-Y)-(X-Y')。AB_3-3R 结构可以看作由 3 个亚单元构成，每个亚单元包含 1 个 $[AB_5]$ 和 1 个 $[A_2B_4]$ 结构单元，其排列规律可以表示为 (X-Y)-(X-Y)-(X-Y)。A_2B_7-2H 结构可以看作由 2 个亚单元构成，每个亚单元包含 2 个 $[AB_5]$ 和 1 个 $[A_2B_4]$ 结构单元，其排列规律可以表示为 （X-X-Y)-(X-X-Y')。A_2B_7-3R 结构可以看作由 3 个亚单元构成，每个亚单元包含 2 个 $[AB_5]$ 和 1 个 $[A_2B_4]$ 结构单元，其排列规律可以表示为 (X-X-Y)-(X-X-Y)-(X-X-Y)。A_5B_{19}-2H 结构可以看作由 2 个亚单元构成，每个亚单元包含 3 个 $[AB_5]$ 和 1 个 $[A_2B_4]$ 结构单元，其排列规律可以表示为 (X-X-X-Y)-(X-X-X-Y')。A_2B_7-3R 结构可以看作由 3 个亚单元构成，每个亚单元包含 3 个 $[AB_5]$ 和 1 个 $[A_2B_4]$ 结构单元，其排列规律可以表示为 (X-X-X-Y)-(X-X-X-Y)-(X-X-X-Y)。表 2-16 是目前发表的一些具体三元（四元）相的晶体结构数据，表 2-17 中列出了三元 AB_3、A_2B_7、A_5B_{19} 型相的原子占位情况。

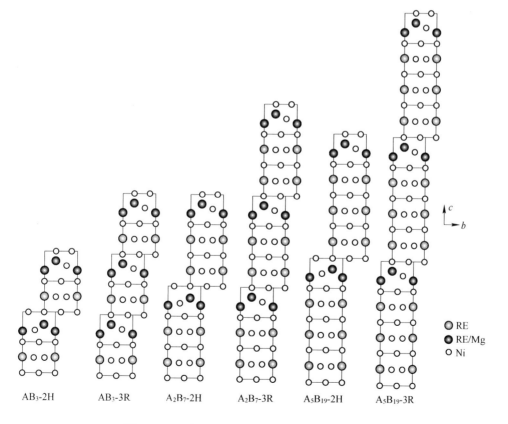

图 2-24 三元 AB_3、A_2B_7、A_5B_{19} 型相的堆垛排列

表 2-16 三元合金的晶体结构数据

化学式	计量比	空间群	Ramsdell 符号	$a/\text{Å}$	$c/\text{Å}$	出处
$La_{1.944}Mg_{1.056}Ni_9$	AB_3	$R\bar{3}m$	3R	4.97	24.15	ICSD：155239
$La_{1.52}Mg_{0.48}Ni_7$	A_2B_7	$P6_3/mmc$	2H	5.037	24.206	ICSD：156977
$La_{1.37}Mg_{0.63}Ni_7$	A_2B_7	$R\bar{3}m$	3R	5.033	36.293	ICSD：156057
$La_4Mg_1Ni_{16.34}Co_{2.66}$	A_5B_{19}	$P6_3/mmc$	2H	5.0403	32.232	ICSD：153576
$La_4Mg_1Ni_{19}$	A_5B_{19}	$R\bar{3}m$	3R	5.0298	48.235	ICSD：164051

表 2-17 三元合金的原子占位

结构	元素	Wk.	等价位置坐标
AB_3-3R	La	$3a$	(1) 0, 0, 0
	La	$6c$	(1) 0, 0, z; (2) 0, 0, $\bar{z}$; $z=0.1438$（占位概率为 0.472）
	Mg	$6c$	(1) 0, 0, z; (2) 0, 0, $\bar{z}$; $z=0.1438$（占位概率为 0.528）
	Ni	$3b$	(1) 0, 0, $\frac{1}{2}$
	Ni	$6c$	(1) 0, 0, z; (2) 0, 0, $\bar{z}$; $z=0.3299$
	Ni	$18h$	(1) $x, \bar{x}, z$; (2) $x, 2x, z$; (3) $2\bar{x}, \bar{x}, z$; (4) $\bar{x}, x, \bar{z}$; (5) $2x, x, \bar{z}$; (6) $\bar{x}, 2\bar{x}, \bar{z}$; $x=0.4984$, $z=0.0849$
A_2B_7-2H	La	$4f$	(1) $\frac{1}{3}, \frac{2}{3}, z$; (2) $\frac{2}{3}, \frac{1}{3}, z+\frac{1}{2}$; (3) $\frac{2}{3}, \frac{1}{3}, \bar{z}$; (4) $\frac{1}{3}, \frac{2}{3}, \bar{z}+\frac{1}{2}$; $z=0.0246$（占位概率为 0.52）
	Mg	$4f$	(1) $\frac{1}{3}, \frac{2}{3}, z$; (2) $\frac{2}{3}, \frac{1}{3}, z+\frac{1}{2}$; (3) $\frac{2}{3}, \frac{1}{3}, \bar{z}$; (4) $\frac{1}{3}, \frac{2}{3}, \bar{z}+\frac{1}{2}$; $z=0.0246$（占位概率为 0.48）
	La	$4f$	(1) $\frac{1}{3}, \frac{2}{3}, z$; (2) $\frac{2}{3}, \frac{1}{3}, z+\frac{1}{2}$; (3) $\frac{2}{3}, \frac{1}{3}, \bar{z}$; (4) $\frac{1}{3}, \frac{2}{3}, \bar{z}+\frac{1}{2}$; $z=0.1703$
	Ni	$2a$	(1) 0, 0, 0; (2) 0, 0, $\frac{1}{2}$

结构	元素	Wk.	等价位置坐标
A$_2$B$_7$-2H	Ni	4e	(1) $0, 0, z$; (2) $0, 0, z+\frac{1}{2}$; (3) $0, 0, \bar{z}$; (4) $0, 0, \bar{z}+\frac{1}{2}$; $z=0.1684$
	Ni	4f	(1) $\frac{1}{3}, \frac{2}{3}, z$; (2) $\frac{2}{3}, \frac{1}{3}, z+\frac{1}{2}$; (3) $\frac{2}{3}, \frac{1}{3}, \bar{z}$; (4) $\frac{1}{3}, \frac{2}{3}, \bar{z}+\frac{1}{2}$; $z=0.8339$
	Ni	6h	(1) $x, 2x, \frac{1}{4}$; (2) $2\bar{x}, \bar{x}, \frac{1}{4}$; (3) $x, \bar{x}, \frac{1}{4}$; (4) $\bar{x}, 2\bar{x}, \frac{3}{4}$; (5) $2x, x, \frac{3}{4}$; (6) $\bar{x}, x, \frac{3}{4}$; $x=0.8342$
	Ni	12k	(1) $x, 2x, z$; (2) $2\bar{x}, \bar{x}, z$; (3) $x, \bar{x}, z$; (4) $\bar{x}, 2\bar{x}, z+\frac{1}{2}$; (5) $2x, x, z+\frac{1}{2}$; (6) $\bar{x}, x, z+\frac{1}{2}$; (7) $2x, x, \bar{z}$; (8) $\bar{x}, 2\bar{x}, \bar{z}$; (9) $\bar{x}, x, \bar{z}$; (10) $2\bar{x}, \bar{x}, \bar{z}+\frac{1}{2}$; (11) $x, 2x, \bar{z}+\frac{1}{2}$; (12) $x, \bar{x}, \bar{z}+\frac{1}{2}$; $x=0.8323, z=0.084$
A$_2$B$_7$-3R	La	6c	(1) $0, 0, z$; (2) $0, 0, \bar{z}$; $z=0.0527$ (占位概率为 0.84)
	Mg	6c	(1) $0, 0, z$; (2) $0, 0, \bar{z}$; $z=0.0527$ (占位概率为 0.16)
	La	6c	(1) $0, 0, z$; (2) $0, 0, \bar{z}$; $z=0.1534$ (占位概率为 0.53)
	Mg	6c	(1) $0, 0, z$; (2) $0, 0, \bar{z}$; $z=0.1534$ (占位概率为 0.47)
	Ni	3b	(1) $0, 0, \frac{1}{2}$
	Ni	6c	(1) $0, 0, z$; (2) $0, 0, \bar{z}$; $z=0.2785$
	Ni	6c	(1) $0, 0, z$; (2) $0, 0, \bar{z}$; $z=0.389$
	Ni	9e	(1) $\frac{1}{2}, 0, 0$; (2) $0, \frac{1}{2}, 0$; (3) $\frac{1}{2}, \frac{1}{2}, 0$
	Ni	18h	(1) $x, \bar{x}, z$; (2) $x, 2x, z$; (3) $2\bar{x}, \bar{x}, z$; (4) $\bar{x}, x, \bar{z}$; (5) $2x, x, \bar{z}$; (6) $\bar{x}, 2\bar{x}, \bar{z}$; $x=0.5032, z=0.112$

结构	元素	Wk.	等价位置坐标
	La	$2c$	(1) $\frac{1}{3}$, $\frac{2}{3}$, $\frac{1}{4}$; (2) $\frac{2}{3}$, $\frac{1}{3}$, $\frac{3}{4}$
	La	$4f$	(1) $\frac{1}{3}$, $\frac{2}{3}$, z; (2) $\frac{2}{3}$, $\frac{1}{3}$, $z+\frac{1}{2}$; (3) $\frac{2}{3}$, $\frac{1}{3}$, $\bar{z}$; (4) $\frac{1}{3}$, $\frac{2}{3}$, $\bar{z}+\frac{1}{2}$; $z=0.1280$
	La	$4f$	(1) $\frac{1}{3}$, $\frac{2}{3}$, z; (2) $\frac{2}{3}$, $\frac{1}{3}$, $z+\frac{1}{2}$; (3) $\frac{2}{3}$, $\frac{1}{3}$, $\bar{z}$; (4) $\frac{1}{3}$, $\frac{2}{3}$, $\bar{z}+\frac{1}{2}$; $z=0.0193$（占位概率为 0.5）
	Mg	$4f$	(1) $\frac{1}{3}$, $\frac{2}{3}$, z; (2) $\frac{2}{3}$, $\frac{1}{3}$, $z+\frac{1}{2}$; (3) $\frac{2}{3}$, $\frac{1}{3}$, $\bar{z}$; (4) $\frac{1}{3}$, $\frac{2}{3}$, $\bar{z}+\frac{1}{2}$; $z=0.0193$（占位概率为 0.5）
A_5B_{19}-2H	Ni/Co	$2a$	(1) 0, 0, 0; (2) 0, 0, $\frac{1}{2}$
	Ni/Co	$2b$	(1) 0, 0, $\frac{1}{4}$; (2) 0, 0, $\frac{3}{4}$
	Ni/Co	$2d$	(1) $\frac{1}{3}$, $\frac{2}{3}$, $\frac{3}{4}$; (2) $\frac{2}{3}$, $\frac{1}{3}$, $\frac{1}{4}$
	Ni/Co	$4e$	(1) 0, 0, z; (2) 0, 0, $z+\frac{1}{2}$; (3) 0, 0, $\bar{z}$; (4) 0, 0, $\bar{z}+\frac{1}{2}$; $z=0.1261$
	Ni/Co	$4f$	(1) $\frac{1}{3}$, $\frac{2}{3}$, z; (2) $\frac{2}{3}$, $\frac{1}{3}$, $z+\frac{1}{2}$; (3) $\frac{2}{3}$, $\frac{1}{3}$, $\bar{z}$; (4) $\frac{1}{3}$, $\frac{2}{3}$, $\bar{z}+\frac{1}{2}$; $z=0.1244$
	Ni/Co	$12k$	(1) x, $2x$, z; (2) $2\bar{x}$, $\bar{x}$, z; (3) x, $\bar{x}$, z; (4) $\bar{x}$, $2\bar{x}$, $z+\frac{1}{2}$; (5) $2x$, x, $z+\frac{1}{2}$; (6) $\bar{x}$, x, $z+\frac{1}{2}$; (7) $2x$, x, $\bar{z}$; (8) $\bar{x}$, $2\bar{x}$, $\bar{z}$; (9) $\bar{x}$, x, $\bar{z}$; (10) $2\bar{x}$, $\bar{x}$, $\bar{z}+\frac{1}{2}$; (11) x, $2x$, $\bar{z}+\frac{1}{2}$; (12) x, $\bar{x}$, $\bar{z}+\frac{1}{2}$; $x=0.8306$, $z=0.0625$

结构	元素	Wk.	等价位置坐标
A_5B_{19}-2H	Ni/Co	12k	(1) $x, 2x, z$; (2) $2\bar{x}, \bar{x}, z$; (3) $x, \bar{x}, z$; (4) $\bar{x}, 2\bar{x}, z+\frac{1}{2}$; (5) $2x, x, z+\frac{1}{2}$; (6) $\bar{x}, x, z+\frac{1}{2}$; (7) $2x, x, \bar{z}$; (8) $\bar{x}, 2\bar{x}, \bar{z}$; (9) $\bar{x}, x, \bar{z}$; (10) $2\bar{x}, \bar{x}, \bar{z}+\frac{1}{2}$; (11) $x, 2x, \bar{z}+\frac{1}{2}$; (12) $x, \bar{x}, \bar{z}+\frac{1}{2}$; $x=0.8342$, $z=0.1888$
A_5B_{19}-3R	La	3a	(1) $0, 0, 0$;
	La	6c	(1) $0, 0, z$; (2) $0, 0, \bar{z}$; $z=0.0823$
	La	6c	(1) $0, 0, z$; (2) $0, 0, \bar{z}$; $z=0.1541$（占位概率为 0.5）
	Mg	6c	(1) $0, 0, z$; (2) $0, 0, \bar{z}$; $z=0.1541$（占位概率为 0.5）
	Ni	3b	(1) $0, 0, \frac{1}{2}$
	Ni	6c	(1) $0, 0, z$; (2) $0, 0, \bar{z}$; $z=0.2503$
	Ni	6c	(1) $0, 0, z$; (2) $0, 0, \bar{z}$; $z=0.3333$
	Ni	6c	(1) $0, 0, z$; (2) $0, 0, \bar{z}$; $z=0.4154$
	Ni	18h	(1) $x, \bar{x}, z$; (2) $x, 2x, z$; (3) $2\bar{x}, \bar{x}, z$; (4) $\bar{x}, x, \bar{z}$; (5) $2x, x, \bar{z}$; (6) $\bar{x}, 2\bar{x}, \bar{z}$; $x=0.4985$, $z=0.1247$
	Ni	18h	(1) $x, \bar{x}, z$; (2) $x, 2x, z$; (3) $2\bar{x}, \bar{x}, z$; (4) $\bar{x}, x, \bar{z}$; (5) $2x, x, \bar{z}$; (6) $\bar{x}, 2\bar{x}, \bar{z}$; $x=0.51$, $z=0.0413$

需要注意的是，尽管图 2-24 中列出了 AB_3 型相的 2H 结构，但实际上在目前报道的 RE-Mg-Ni 三元合金仅有 3R 结构。Ce-Mg-Ni 三元合金中的 AB_3 型相也呈现 3R 结构，而非二元 $CeNi_3$ 的 2H 结构。这说明 Mg 加入后对晶体结构类型的转变具有不容忽视的影响。不仅如此，研究发现 Mg 加入对合金晶体结构的稳定性也有显著促进作用。研究认为，La-Mg-Ni 合金中［A_2B_4］单元中 La-La 原子间距小于［AB_5］单元，由于 Mg 的原子半径较小，因此 Mg 倾向替代［A_2B_4］单元中的 La 原子，这有利于增加结构的稳定性[31]。由于 Mg 仅占据在［A_2B_4］结构单元中，因此随 Mg 添加后［A_2B_4］单元的体积发生降低，而［AB_5］单元的体积基本不变[36]。对二元相的晶体结构分析表明，［AB_5］单元的体积较［A_2B_4］单元更大。以 $LaNi_3$（ICSD：641503）为例，其中［AB_5］单元和［A_2B_4］单元在 c 轴方向的长度分别是 4.16Å 和 4.17Å。由此，有研究者认为 Mg 在［A_2B_4］单元中部分替代 La 后，［A_2B_4］单元体积缩小后变得和［AB_5］单

元相当，从而使得结构更加匹配[35]。尽管确切的机理仍未全部明了，可以确定的是 Mg 替代提高了晶体结构的稳定性。

2.3.3 新型 AB_4、A_5B_{13}、A_7B_{23} 型相的晶体结构

根据二元 RE-TM 系合金的层状堆垛特征，研究者很早就归纳并预测了该系合金中的晶体结构特征。根据 Khan[16] 的设想，层状堆垛结构可以用 RT_x 的表达式来表示，其中 $x=(5n+4)/(n+2)$，n 是 $[AB_5]$ 结构单元的数量同 $[A_2B_4]$ 结构单元数量的比值，或者是每个亚单元中 $[AB_5]$ 结构单元的数量。例如对于 AB_2 型结构，$n=0$；对于 AB_3、A_2B_7、A_5B_{19} 型结构，n 分别是 1、2、3。根据这一推断，研究者也对可能存在的一些结构进行了推测。例如，当 $n=4$ 时理论上可以形成 AB_4 型结构。

理论上，调整 $[AB_5]$ 和 $[A_2B_4]$ 结构单元的比例可能得到多种不同的层状堆垛结构，一些可能的情况见表 2-18。此外，调整其堆垛方式也会得到不同的结构类型。例如 A_2B_7、A_5B_{19} 型相中存在的 2H 和 3R 结构，甚至其他可能。

表 2-18 理论上不同比例 $[AB_5]$ 和 $[A_2B_4]$ 结构单元可能构成的化合物

$[AB_5]$ 单元的数量	1	2	3	4	1	3	5	7
$[A_2B_4]$ 单元的数量	1	1	1	1	2	2	2	2
$[AB_5]$/$[A_2B_4]$ 比值	1	2	3	4	0.5	1.5	2.5	3.5
化学计量比	AB_3	A_2B_7	A_5B_{19}	AB_4	A_5B_{13}	A_7B_{23}	A_3B_{11}	$A_{11}B_{43}$

确实，表 2-18 中预测的一些可能结构，包括 AB_4、A_5B_{13}、A_7B_{23} 型结构在含 Mg 的三元或者多元体系中相继被报道。这些结构类型均为层状堆垛结构，证实了理论上预测的晶体结构的可能性。但根据目前的报道结果，新型的层状堆垛结构通常需要一些特定的元素加入或者制备工艺才能形成。具体的合金类型和结构特征讨论如下。

早期研究发现熔炼 $La_{0.8}Mg_{0.2}Ni_{3.2}Co_{0.3}(MnAl)_{0.2}$ 合金在 900~1000℃ 退火后能够形成超过 40% 的 AB_4 型相，但在更低或者更高 Mn、Al 下均无法获得 AB_4 型相[34]。同时发现 A 稀土元素为 La 时较 Pr、Y 更有利于 AB_4 型相的形成[34]。随后研究者以 Mg_2Ni 和 LaNi 合金为原料设计 Ni/(La+Mg) 比在 3.5~3.6 范围内，通过放电等离子烧结（SPS）后在 900℃ 退火后形成了相丰都较高的 AB_4 型的 La_5MgNi_{24} 相[37]。对其结构解析表明，La_5MgNi_{24} 的空间群为 $R3m$，三方晶系，$a=5.0344$Å，$c=60.322$Å。AB_4 型相的具体原子占位见表 2-19，每个单胞内含有 15 个 La 原子、3 个 Mg 原子、72 个 Ni 原子。AB_4 型相的结构可以看作由 3 个亚单元沿 c 轴堆垛而成，其中每个亚单元由 4 个 $[AB_5]$ 结构单元和 1 个 $[A_2B_4]$

结构单元组成。具体的堆垛排列示意图如图 2-25（a）所示，其排列规律可以表示为（X-X-X-Y）-（X-X-X-Y）-（X-X-X-Y）。在一些其他的研究中也发现了 AB_4 型相。例如，$La_{0.78}Mg_{0.22}Ni_{3.9}$ 合金在熔炼后在 950℃下经过 48h 的长时退火可以获得较高含量的 AB_4 型相[38]。熔炼 $La_{0.78}Mg_{0.22}Ni_{3.37}Al_{0.10}$ 合金 950℃下经过 14h 的退火获得了单相的 AB_4 型相组织[39]。尽管有研究者在理论上提出 AB_4 型相也可能具有 2H 和 3R 两种结构类型，但在实际研究中仅有 3R 类型被报道，至今未发现 2H 型结构的存在。

表 2-19 La_5MgNi_{24} 的原子占位

元素	Wk.	等价位置坐标
La	6c	（1）0, 0, z；（2）0, 0, $\bar{z}$；$z = 0.0327$
La	6c	（1）0, 0, z；（2）0, 0, $\bar{z}$；$z = 0.097$
La	6c	（1）0, 0, z；（2）0, 0, $\bar{z}$；$z = 0.1572$（占位概率为 0.5）
Mg	6c	（1）0, 0, z；（2）0, 0, $\bar{z}$；$z = 0.1572$（占位概率为 0.5）
Ni	3b	（1）0, 0, $\frac{1}{2}$
Ni	6c	（1）0, 0, z；（2）0, 0, $\bar{z}$；$z = 0.2334$
Ni	6c	（1）0, 0, z；（2）0, 0, $\bar{z}$；$z = 0.2994$
Ni	6c	（1）0, 0, z；（2）0, 0, $\bar{z}$；$z = 0.3662$
Ni	6c	（1）0, 0, z；（2）0, 0, $\bar{z}$；$z = 0.4318$
Ni	9e	（1）$\frac{1}{2}$, 0, 0；（2）0, $\frac{1}{2}$, 0；（3）$\frac{1}{2}$, $\frac{1}{2}$, 0
Ni	18h	（1）$x, \bar{x}, z$；（2）$x, 2x, z$；（3）$2\bar{x}, \bar{x}, z$；（4）$\bar{x}, x, \bar{z}$；（5）$2x, x, \bar{z}$；（6）$\bar{x}, 2\bar{x}, \bar{z}$；$x = 0.494$, $z = 0.1334$
Ni	18h	（1）$x, \bar{x}, z$；（2）$x, 2x, z$；（3）$2\bar{x}, \bar{x}, z$；（4）$\bar{x}, x, \bar{z}$；（5）$2x, x, \bar{z}$；（6）$\bar{x}, 2\bar{x}, \bar{z}$；$x = 0.498$, $z = 0.0653$

在随后的研究中 A_5B_{13} 型结构也被证明是存在的，但目前仅在 Ca-Mg-Ni 体系中被发现存在[40]。通过感应熔炼制备铸锭，后在 550℃下退火 2 天后继续在 850℃下退火 3 天后，获得了近乎单相的 A_5B_{13} 型 $Ca_3Mg_2Ni_{13}$ 合金。对其结构解析表明 A_5B_{13} 型 $Ca_3Mg_2Ni_{13}$ 相的空间群为 $R\bar{3}m$，三方晶系，$a = 4.9783$Å，$c = $

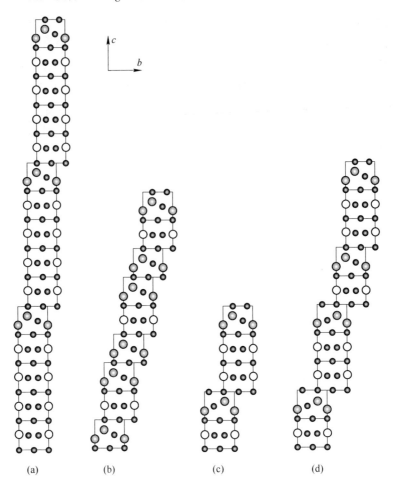

图 2-25　新型三元相的堆垛排列

(代表的原子类型同图 2-24)

(a) AB_4；(b) A_5B_{13}；(c) A_7B_{23}；(d) 另一种 A_7B_{23} 型相

36.180Å。$Ca_3Mg_2Ni_{13}$ 相的具体原子占位见表 2-20，每个单胞内含有 9 个 Ca 原子、6 个 Mg 原子、39 个 Ni 原子。A_5B_{13} 型相的结构可以看作由 3 个亚单元沿 c 轴堆垛而成，其中每个亚单元由 1 个 [AB_5] 结构单元和 2 个 [A_2B_4] 结构单元组成。具体的堆垛排列示意图如图 2-25 (b) 所示，其排列规律可以表示为 (Y-X-Y)-(Y-X-Y)-(Y-X-Y)。通过对比可以很容易发现 A_5B_{13} 型相的堆垛同前述的层状结构相比在 a-b 方向内的错动更加显著。这也表明层状堆垛结构的堆垛方式可能存在更多的可能性，理论上可能还有未知结构存在。此外，目前为止在 RE 体系内并未报道 A_5B_{13} 型结构的存在，这也说明层状结构类型同其化学成分有紧密的内在联系。

表 2-20 $Ca_3Mg_2Ni_{13}$的原子占位

元素	Wk.	等价位置坐标
Ca	3b	(1) $0, 0, \frac{1}{2}$
Ca	6c	(1) $0, 0, z$; (2) $0, 0, \bar{z}$; $z = 0.042$（占位概率为 0.5）
Mg	6c	(1) $0, 0, z$; (2) $0, 0, \bar{z}$; $z = 0.042$（占位概率为 0.5）
Ca	6c	(1) $0, 0, z$; (2) $0, 0, \bar{z}$; $z = 0.404$（占位概率为 0.5）
Mg	6c	(1) $0, 0, z$; (2) $0, 0, \bar{z}$; $z = 0.404$（占位概率为 0.5）
Ni	6c	(1) $0, 0, z$; (2) $0, 0, \bar{z}$; $z = 0.1661$
Ni	6c	(1) $0, 0, z$; (2) $0, 0, \bar{z}$; $z = 0.2783$
Ni	9e	(1) $\frac{1}{2}, 0, 0$; (2) $0, \frac{1}{2}, 0$; (3) $\frac{1}{2}, \frac{1}{2}, 0$
Ni	18h	(1) $x, \bar{x}, z$; (2) $x, 2x, z$; (3) $2\bar{x}, \bar{x}, z$; (4) $\bar{x}, x, \bar{z}$; (5) $2x, x, \bar{z}$; (6) $\bar{x}, 2\bar{x}, \bar{z}$; $x = 0.4979, z = 0.4450$

　　早在 2006 年，日本研究者 Kohno 等报道在铸态 $La_5Mg_2Ni_{23}$合金中发现 A_7B_{23}型结构的存在[28]。利用透射电镜研究发现该结构属于六方晶系，晶胞参数约为 $a = 5.2$Å，$c = 20.7$Å。研究者同时给出了 A_7B_{23}型结构的堆垛特征，如图 2-25（c）所示。其排列规律可以表示为 X-Y-X-X-Y′。但具体的原子占位未见报道。

　　随后研究发现在添加 Co 的 $La_2Mg(Ni_{0.8}, Co_{0.2})_9$合金中也发现存在 A_7B_{23}型结构[41]。利用 XRD 和透射电镜对其结构进行解析，认为这种结构同早期报道的 A_7B_{23}型结构并不相同。解析的结果表明 A_7B_{23}型结构的空间群为 $P3$，三方晶系，$a = 5.04$Å，$c = 40.49$Å。该结构排列规律可以表示为 X-Y-X-X-Y′-X-X-Y′-X-X-Y′，如图 2-25（d）所示。研究者同时给出了该结构的原子占位，见表 2-21。需要注意的是，这里默认 Co 随机占据 Ni 原子的位置。此外，研究还发现 A_7B_{23}型结构仅在 Co 含量较高的合金中存在，而在未添加和少量添加 Co 的合金中未被发现。尽管早期报道了三元 A_7B_{23}型的 $La_5Mg_2Ni_{23}$合金，但后续的研究工作却始终未有在三元 La-Mg-Ni 合金中发现 A_7B_{23}型结构的报道。这再次说明合金成分对其中相结构稳定性起到不容忽视的作用。

表 2-21　A₇B₂₃型结构的原子占位

原子	Wk.	x	y	z	原子	Wk.	x	y	z
Mg/La	1a	0.00000	0.00000	0.31240	Ni/Co	1a	0.00000	0.00000	0.90330
Mg/La	1a	0.00000	0.00000	0.49090	Ni/Co	1b	0.33330	0.66670	0.09820
Mg/La	1b	0.33330	0.66670	0.81200	Ni/Co	1b	0.33330	0.66670	0.19660
Mg/La	1b	0.33330	0.66670	0.98750	Ni/Co	1b	0.33330	0.66670	0.29770
Mg/La	1c	0.66670	0.33330	0.01310	Ni/Co	1b	0.33330	0.66670	0.39780
Mg/La	1c	0.66670	0.33330	0.29050	Ni/Co	1b	0.33330	0.66670	0.50240
Mg/La	1c	0.66670	0.33330	0.51340	Ni/Co	1b	0.33330	0.66670	0.60290
Mg/La	1c	0.66670	0.33330	0.78640	Ni/Co	1b	0.33330	0.66670	0.70130
La	1a	0.00000	0.00000	0.39550	Ni/Co	1c	0.66670	0.33330	0.39740
La	1b	0.33330	0.66670	0.89960	Ni/Co	1c	0.66670	0.33330	0.89740
La	1c	0.66670	0.33330	0.09970	Ni/Co	3d	0.12480	0.30400	0.04810
La	1c	0.66670	0.33330	0.19990	Ni/Co	3d	0.13290	0.32190	0.15630
La	1c	0.66670	0.33330	0.59920	Ni/Co	3d	0.19210	0.35290	0.25230
La	1c	0.66670	0.33330	0.69990	Ni/Co	3d	0.99980	0.48270	0.35120
Ni/Co	1a	0.00000	0.00000	0.00010	Ni/Co	3d	0.99620	0.39660	0.45040
Ni/Co	1a	0.00000	0.00000	0.10330	Ni/Co	3d	0.14140	0.35750	0.54780
Ni/Co	1a	0.00000	0.00000	0.20150	Ni/Co	3d	0.14210	0.32330	0.65640
Ni/Co	1a	0.00000	0.00000	0.59840	Ni/Co	3d	0.17650	0.30670	0.75270
Ni/Co	1a	0.00000	0.00000	0.69710	Ni/Co	3d	0.34340	0.18950	0.85040
Ni/Co	1a	0.00000	0.00000	0.79530	Ni/Co	3d	0.34320	0.19390	0.95050

　　除了上述结构类型以外，有研究者报道在 (Nd, Mg)₂(Ni, Al)₇ 合金中存在一种新型的 A₂B₇ 型结构[42]。该结构可以看作由 1 个 AB₃ 型亚单元（包含 1 个 [AB₅] 和 1 个 [A₂B₄] 结构单元）和 1 个 A₅B₁₉型亚单元（包含 3 个 [AB₅] 和 1 个 [A₂B₄] 结构单元）构成，空间群为 $R\overline{3}m$。根据 Ramsdell 符号，该结构表示为 6R 型结构。每个晶胞包含了 12 个 [AB₅] 结构单元和 6 个 [A₂B₄] 结构单元。研究者认为如果层状结构可以由 AB₃ 型、A₂B₇ 型、A₅B₁₉型单元组合，则理论上还可能存在 A₇B₂₃型、A₃B₁₁型、A₅B₁₆型、A₁₁B₃₇型等新型结构类型。

总体上，对新型结构的发现表明不同结构类型同其化学成分及制备工艺均息息相关。可能随着研究的继续，还会不断有新型 RE-TM 或 RE-Mg-TM 层状堆垛结构被发现。

2.4 RE-Mg-Ni 合金氢化物的晶体结构

2.4.1 从几何晶体学的角度讨论间隙型氢化物的储氢能力

二元 RE-Ni 和三元 RE-Mg-Ni 合金吸氢后形成的氢化物都属于典型的金属型氢化物，也称为间隙型氢化物。顾名思义，间隙型氢化物中氢原子（或者氢离子）占据化合物的间隙位置。尽管一些报道中也将间隙型氢化物看作固溶体或者二次固溶体，但对大量实际金属氢化物结构分析的结果表明氢原子往往倾向占据在某一类间隙位置，而不是随机占据各种间隙位置[43,44]。这些间隙位置从晶体对称性的角度来看均是等价的，即严格满足某种晶体的对称规律。对于这种情况将氢化物看作化合物相更加严谨。但间隙氢化物的储氢能力会随压力和温度而变化，即吸氢量随氢压升高增大，而氢压降低、温度升高，储氢量降低。当仅有部分吸氢时，氢原子（氢离子）不会完全占满间隙位置。此时，通常认为氢原子（氢离子）随机占据一种或者几种间隙位置，且吸氢量较低，晶体结构基本保持同母体合金一致。

理论上，氢原子必然占据在能量较低的间隙位置，但具体的影响因素十分复杂，目前还没有确切、统一的认识。尽管如此，可以设想：同氢原子（离子）亲和力更大的元素构成的间隙位置应是容易占据的间隙位置；此外间隙位置的尺寸如果过小则会造成较大的畸变，使氢化物形成阻力变大，从而不利于占据。实际上，很早就有研究者根据实验和理论计算的结果提出了几何晶体学上吸氢量及热力学稳定性的经验判据，即氢原子（离子）占据的间隙位置半径不小于 0.4Å，氢化物中两个最近邻氢原子之间的距离不小于 2.1Å[45,46]。该模型预测的吸氢量同实测 LaNi$_5$ 和 ZrNi 合金（立方晶系，B2 型结构）的吸氢量吻合[46,47]。

基于这些经验的判断，可以从单纯几何晶体学的角度对吸氢可能性及吸氢量进行预测。对于体心立方（BCC）、面心立方（FCC）和密排六方（HCP）三种典型结构的单质或者随机置换固溶体（含有一定合金元素），其中的间隙位置数量、尺寸可以参照表 2-22。需要说明的是，这些数据都是基于原子钢球模型而得。而且每一种间隙位置都满足晶体的对称性，即周围环境都是相同的，是等价的。表 2-22 中同时根据间隙半径不小于 0.4Å，两个最近邻氢原子的距离不小于 2.1Å 的经验判据，给出了全部占据某一种间隙所需要达到的晶胞参数尺寸（分别是表 2-22 中的晶胞参数 1 和晶胞参数 2）。

表 2-22 BCC、FCC、HCP 结构的间隙尺寸

结构	间隙	Wk.	氢化物	间隙半径	最近邻 H 距离	晶胞参数 1	晶胞参数 2
BCC	八面体	6b	AH_3	0.067a	0.5a	5.97	4.2
	四面体	12d	AH_6	0.126a	0.35a	3.17	6.0
FCC	八面体	4b	AH	0.146a	0.707a	2.74	2.97
	四面体	8c	AH_2	0.0794a	0.5a	5.04	4.2
HCP	八面体	2c	AH	0.207a	1a	1.93(a)	2.1(a)
	四面体	4f	AH_2	0.112a	0.25c	3.57(a)	8.75(c)

BCC 结构的间隙数量最多，每个单胞内的八面体间隙和四面体间隙分别有 6 个和 12 个，如图 2-26 (a) 和 (b) 所示。如果分别占满八面体间隙和四面体间隙，其原子吸氢比可达 AH_3 和 AH_6，数值是非常惊人的。BCC 的四面体间隙数量更大，间隙空间更大。根据间隙半径的要求，八面体间隙和四面体间隙要求的晶胞参数分别要达到 5.97Å 和 3.17Å，即四面体间隙尺寸对晶胞参数的要求更低，或者说仅从这一点四面体间隙貌似更容易吸氢。但如果考虑占满间隙后最近邻氢原子的距离，八面体间隙和四面体间隙分别要求达到的晶胞参数为 4.2Å 和 6.0Å，则使四面体间隙更难被占满。综合来看，如果 BCC 的八面体间隙和四面体间隙被氢原子全部占满，则均需要其晶胞参数达到 6Å 以上。当然，理论上如果并没有全部占满某一类的间隙位置，则其中最近邻氢原子距离的经验规则对晶胞参数的限制可以放宽。

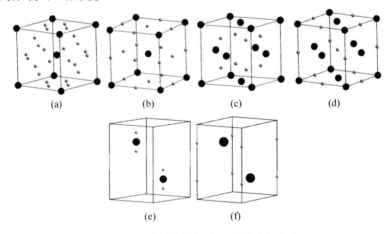

图 2-26 几种结构的间隙（间隙为灰色点）
(a) BCC 四面体间隙；(b) BCC 八面体间隙；(c) FCC 四面体间隙；
(d) FCC 八面体间隙；(e) HCP 四面体间隙；(f) HCP 八面体间隙

FCC 单质金属每个晶胞内含有 4 个八面体间隙和 8 个四面体间隙，如图 2-26 (c) 和 (d) 所示。如果分别占满八面体间隙和四面体间隙，其原子吸氢比可达 AH 和 AH_2。根据间隙半径的经验规则要求，八面体间隙和四面体间隙要求的晶胞参数分别要达到 2.74Å 和 5.04Å。为满足最近邻氢原子的距离，八面体间隙和四面体间隙分别要求达到的晶胞参数为 2.97Å 和 4.2Å。很显然，FCC 单质金属四面体间隙更难被占据。HCP 单质金属每个晶胞内含有 4 个八面体间隙和 8 个四面体间隙，如图 2-26 (e) 和 (f) 所示。注意这里采用的是晶体学上的惯用单胞表示，并非金属学上常用的单胞形式，两者差别可参考文献 [1]。如果分别占满八面体间隙和四面体间隙，其原子吸氢比可达 AH 和 AH_2。IICP 结构的间隙尺寸和原子间距同 a 和 c 均有关系。大致对于理想的 HCP 结构（c/a 约为 1.6），具体数据见表 2-22。根据间隙半径的经验规则要求，八面体间隙和四面体间隙要求的晶胞参数 a 分别要达到 1.93Å 和 3.57Å。为满足最近邻氢原子的距离，如果占满八面体间隙要求 a 不小于 2.1Å，如果占满四面体间隙则要求 c 不小于 8.75Å。同样，HCP 单质金属的四面体间隙更难被占据。

由表 2-22 中的数据，可以很容易想到，FCC 和 HCP 结构的八面体间隙貌似较为适宜被氢所占据，形成 AH。而 BCC 的八面体和四面体间隙相比较都需要更大的尺寸来支持上述的经验规则。简单地对几种金属单质吸氢前后的晶体结构进行分析，结果见表 2-23，包括 Pd、PdH、V、V_2D、VH_2、Nb、$NbD_{0.83}$、NbH_2、Ti、TiH_2、La、LaH_2（对应的 ICSD 号分别为 648674、638417、653399、655083、638528、645059、170907、56074、653280、658062、102655、638230）。FCC 结构的 Pd 吸氢后占据在八面体间隙中。根据表 2-23，FCC 八面体间隙对晶胞参数的要求最低，达到 3Å 即可。因此 PdH 的晶胞参数在吸氢前后几乎没有变化。BCC 结构的 Nb 和 V 在少量吸氢（D）后还可以保持 BCC 结构，氢（D）原子占据在四面体间隙。BCC 四面体间隙的尺寸相对八面体更大，而 BCC 八面体间隙需要晶胞参数接近 6Å 才能满足经验判据的要求，这可能是氢（D）原子首先进入四面体间隙的原因。但 BCC 四面体间隙全部占满后氢原子之间的距离更近，同样需要晶胞参数达到 6Å 才能满足判据的条件之一。对于 Nb 和 V 以及绝大部分 BCC 结构金属来讲，这需要晶胞参数发生接近 1 倍的膨胀，显然阻力是巨大的。因此氢（D）原子在四面体间隙中的占位概率远达不到 100%，这样不会因全部占满氢原子距离太近造成能量条件上的限制。

表 2-23　几种金属及其氢化物的晶体结构

金属	结构	a/Å	c/Å	氢化物	结构	a/Å	c/Å	间隙类型	占位概率
Pd	FCC	3.8896	—	PdH	FCC	4.085	—	八面体	1

金属	结构	$a/\text{Å}$	$c/\text{Å}$	氢化物	结构	$a/\text{Å}$	$c/\text{Å}$	间隙类型	占位概率
V	BCC	3.0271	—	V_2D	BCC	3.14	—	四面体	0.08
				VH_2	FCC	4.271	—	四面体	1
Nb	BCC	3.3063	—	$NbD_{0.83}$	BCC	3.4380	—	四面体	0.138
				NbH_2	FCC	4.566	—	四面体	1
Ti	HCP	2.9503	4.681	TiH_2	FCC	4.44	—	四面体	1
La	六方	3.77	12.159	LaH_2	FCC	5.6689	—	四面体	1

进一步吸氢后 BCC 氢化物结构会转变为 FCC 结构，氢原子始终占据在四面体间隙中。见表 2-22，根据 2 个经验判据，占满 FCC 结构四面体间隙需要晶胞参数分别满足 5Å 和 4.2Å。对比 Nb 和 V 的晶胞参数，可以发现两者均满足了最近邻氢原子距离的限制，但并不满足间隙尺寸的限制（需要达到 5Å）。其原因可能在于上述晶胞参数是根据钢球模型推演而来，但实际情况下未必满足钢球模型必然刚性接触的条件，因此间隙位置尺寸的限制可能在某些情况下变化。但对于氢原子最近邻距离而言，其特征同是否采用钢球模型无关，因此在几个单质粒子中均需要满足晶胞参数超过 4.2Å 的限制。对于 HCP 或者六方结构的单质而言，吸氢后均发生了结构转变，转变后的氢化物结构为 FCC（一些结构吸氢后变为四方结构，例如 Mg、Zr）。其中氢原子同样占据在四面体间隙中，可以满足最近邻氢原子间隙的限制。

BCC 结构尽管有较多的间隙位置，其理论吸氢后的吸氢量可能高达 AH_6。但根据经验判据，目前报道的 BCC 单质或固溶体均无法达到如此大的晶胞。因此，BCC 金属要么无法吸氢或者只能少量吸氢，要么吸氢后转变为其他结构[47-49]。理论上，寻找本征大晶胞参数的 BCC 结构可能是拓展其吸氢性能的途径。对于FCC 结构，尽管理论上最大吸氢能力低于 BCC 结构。但该结构形成间隙氢化物的结构条件相对容易。然而，困难的是目前能够吸氢的单质金属或者合金要么不能吸氢（例如 Cu、Ni），要么氢化物热力学上过于稳定（例如 Al），要么成本太高（例如 Pd）。对于 HCP 结构，尽管根据经验判据貌似其八面体间隙应该能够很容易被氢原子占据。但根据现有的研究结果，HCP 单质金属吸氢后无法保持原有结构（例如 Zr、Ti、Mg 等均如此）。HCP 单质金属是否同 BCC 结构类似，在较低吸氢量下可以保持本征结构，目前还不清楚。

需要注意的是，上述讨论仅是针对单质金属开展的。对于金属间化合物而言，其中异类原子会导致间隙位置尺寸同单质金属结构显著的不同。此外，其晶胞内原子数量和占位更加复杂。通常认为氢原子并非严格占据在间隙位置中心，而是在其一定范围内分布。因此金属间化合物的间隙位置及可能的吸氢能力需要根据具体类型和结构来讨论。

2.4.2 二元 AB$_5$ 型相氢化物晶体结构[6,7,43,44]

以 LaNi$_5$ 为例，共有 5 种间隙位置，其中 1 种八面体间隙，其余均为四面体间隙。如图 2-27 所示（灰色点为间隙位置），5 种间隙位置对应的乌可夫位置号分别为 $3f$、$4h$、$6m$、$12n$、$12o$。其中，$3f$ 间隙位置由 2 个 La 原子和 4 个 Ni 原子组成，表示为 A$_2$B$_4$。其余则分别为 B$_4$、A$_2$B$_2$、AB$_3$、AB$_3$。根据钢球模型，间隙尺寸由大到小的排列顺序为 $6m$、$12n$、$12o$、$4h$、$3f$。其中 $6m$、$12n$、$12o$ 间隙位置半径都能够满足不小于 0.4Å 的经验判据。对于 LaNi$_5$（ICSD：54245，a = 5.0125Å，c = 3.9873Å），如果认为氢原子严格占据在间隙中心（实际情况并非如此），则间隙位置分别单独占满上述 3 种间隙位置后，氢原子之间的距离从大到小为 $12n$、$12o$、$6m$，但分别单独占满后氢原子之间的距离均不能满足不小于 2.1Å 的经验判据。

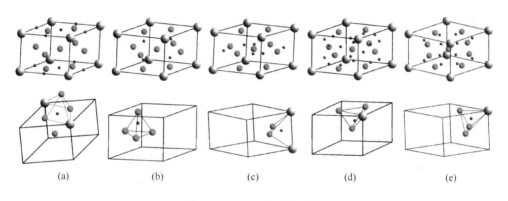

图 2-27　LaNi$_5$ 的间隙位置

（a）$3f$；（b）$4h$；（c）$6m$；（d）$12n$；（e）$12o$

LaNi$_5$ 吸氢后形成 LaNi$_5$H$_6$，其原子占位（ICSD：638240，$P31m$，a = 5.43Å，c = 4.28Å）见表 2-24，晶体结构如图 2-28 所示。尽管 LaNi$_5$H$_6$ 的空间群发生变化，而且单胞同初始合金单胞有较大的不同，但仔细观察可以发现两者的原子排列特征并没有发生类似 V-VH$_2$ 这样的大范围重排。LaNi$_5$ 吸氢后空间群和原子占位特征变化的根本原因在于吸氢后的晶格畸变，体积膨胀率约 26%。其中原占据上底面 2c 位置的 Ni 原子$\left[\text{坐标为}\left(\dfrac{1}{3}, \dfrac{2}{3}, 1\right)\right]$和下底面的 Ni 原子$\left[\text{坐标为}\left(\dfrac{1}{3}, \dfrac{2}{3}, 0\right)\right]$分别沿着 c 轴向上错动了 3.3% 的 c 轴长度距离。这样，上底面的 Ni 原子则进入下一个晶胞，而下底面的 2 个 Ni 原子则进入晶胞内部。而原位于晶胞中间层的 3 个 Ni 原子则分别在 c、a 和（或）b 三个坐标轴方向都发生了一定错动，其中在 c 轴方向同底面的 Ni 原子类似，都是向上错动。由于吸氢后发生晶格畸变和原子位置错动，导致其对称性降低，空间群由原来的 $P6/mmm$ 改变为 $P31m$。

表 2-24　$LaNi_5H_6$ 的原子占位

元素	Wk.	a	b	c	占位概率
La	1a	0	0	0	1
Ni	2b	1/3	2/3	0.033	1
Ni	3c	0.473	0	0.513	1
H	3c	0.528	0	0.107	1
H	6d	0.186	0.347	0.623	0.5

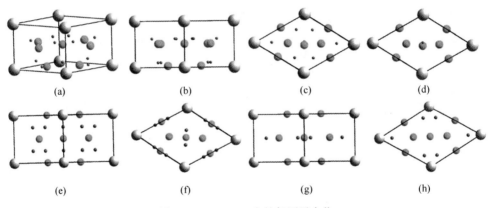

（a）　　　　　（b）　　　　　（c）　　　　　（d）

（e）　　　　　（f）　　　　　（g）　　　　　（h）

图 2-28　$LaNi_5H_6$ 中的氢原子占位

（a）$3c$ 间隙；（b）$6d$ 间隙；（c）从 c 轴上方观察的 $6d$ 间隙；（d）从 c 轴下方观察 $3c$ 间隙；
（e）从 [110] 方向观察的 $12n$ 间隙；（f）从 [001] 方向观察的 $12n$ 间隙；
（g）从 [110] 方向观察的 $6m$ 间隙；（h）从 [001] 方向观察的 $6m$ 间隙

　　$LaNi_5H_6$ 中的氢原子在其中分别占据了 $3c$ 和 $6d$ 的位置，从一般方向和 [110] 方向观察的结果分别如图 2-28 (a) 和 (b) 所示。沿着 c 轴从上方观察的结构如图 2-28 (c) 所示，在此方向只能观察到 $6d$ 位置的氢原子。从反方向可以观察到 $3c$ 位置的氢原子，如图 2-28 (d) 所示（为了区分，图中去除了 $6d$ 位置的氢原子）。仔细观察可以发现，$6d$ 位置的氢原子同 $LaNi_5$ 的 $6m$ 间隙位置基本一致（图 2-28 (g) 和 (h) 分别是从 [110] 和 [001] 方向观察的 $LaNi_5$-$6m$ 间隙位置分布）。$LaNi_5H_6$ 的 $3c$ 位置同 $LaNi_5$ 的 $12n$ 间隙位置基本一致（图 2-28

(e) 和 (f) 分别是从 [110] 和 [001] 方向观察的 LaNi$_5$-12n 间隙位置分布）。不同的是 LaNi$_5$ 的 12n 间隙位置有上下两排，而氢化物中仅有一排。此外，一排中的位置数量也减少了一半（比较图 2-28 中 (d) 和 (e) 的差别可知），即只有 3 个（面上 4 个，体内 1 个）。需要注意的是，两种位置上的氢原子并非处于 LaNi$_5$ 标准间隙位置的中心。

总体上，LaNi$_5$H$_6$ 中的氢原子占据了两种四面体间隙，分别对应了原合金的 6m 和 12n 这两种间隙位置。由于吸氢后对称性的降低，其等价的位置数分别减少为 6(6d) 和 3(3c)。根据前述关于 LaNi$_5$ 中间隙尺寸半径的结果可知，6m 和 12n 是尺寸最大的两种间隙，这可能是氢原子占据在两种间隙的重要原因。对于 6m（现氢化物 6d）位置，由于全部占满后氢原子间距相对更小，因此其占位概率仅有 50%。

2.4.3 三元 AB$_2$ 型相氢化物的晶体结构

以 LaMgNi$_4$ 具体为例介绍三元 AB$_2$ 型相氢化物的晶体结构。LaMgNi$_4$ 的几种主要间隙位置如图 2-29 所示。其中 4b 和 4d 位置为 4 个 Ni 原子构成的四面体间隙，如图 2-29 (a) 和 (b) 所示。16e 为 1 个 La 原子和 3 个 Ni 原子构成的四面体间隙，如图 2-29 (c) 所示。24g 是由 2 个 La 原子、2 个 Ni 原子和 1 个 Mg 原子构成的三角双椎体间隙 [见图 2-29 (d) 和 (e)]，其中图 2-29 (e) 仅保留了构成 1 个间隙的原子，间隙中心在双椎体中心。如果间隙中心在其中一半的三角锥中，也就是 1 个 La 原子、2 个 Ni 原子和 1 个 Mg 原子构成的四面体间隙中，其乌可夫位置为 48h。

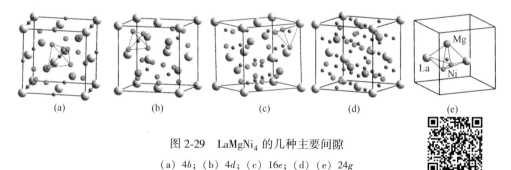

图 2-29　LaMgNi$_4$ 的几种主要间隙

(a) 4b；(b) 4d；(c) 16e；(d) (e) 24g

彩图

LaMgNi$_4$ 在 100℃下的压力-吸氢-温度 (P-C-T) 曲线如图 2-30 所示[50]。在 0.001MPa 氢压以下，吸氢量小于 LaMgNi$_4$H，吸氢后保持原空间群 $F\bar{4}3m$ 不变，仅晶胞参数略有增加（LaMgNi$_4$D$_{0.75}$，$a = 7.2787$Å，ICSD：246311），形成 α 氢化物相。其中氢原子占据在 4d 位置（0.75，0.75，0.75）。该位置是由 4 个 Ni 原子组成的四面体间隙，如图 2-29 (b) 所示。

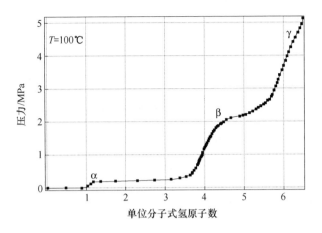

图 2-30   LaMgNi$_4$ 的 P-C-T 曲线[50]

在 0.3MPa 氢压以下，LaMgNi$_4$ 吸氢后由原来的立方结构转变为正交结构的 β 氢化物相（LaMgNi$_4$D$_{3.7}$，a = 5.1257Å，c = 7.4549Å，ICSD：246311）。由于结构畸变导致对称性降低，选取的最小重复晶胞更小，该晶胞内的原子数仅有原晶胞的一半。氢原子不再占据由 4 个 Ni 原子组成的四面体间隙，而且变为其他 3 种间隙位置。其中两种间隙在氢化物中的乌可夫位置分别为 2a 和 4b 位置。但实际上两种位置同 LaMgNi$_4$ 的 24g 位置类似，都是由 2 个 La 原子、2 个 Ni 原子和 1 个 Mg 原子构成的三角双椎体间隙，分别如图 2-31（a）和（b）所示（其中（a）中未标出另一个晶胞中的 La 原子，为了方便观察（b）中仅保留了构成 1 个间隙的原子）。第三种间隙位置同 LaMgNi$_4$ 的 16e 位置类似，是由 1 个 La 原子、3 个 Ni 原子构成的四面体间隙，如图 2-31（c）所示（乌可夫位置是另一种

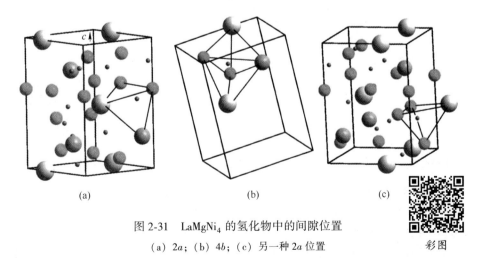

(a)   (b)   (c)

图 2-31   LaMgNi$_4$ 的氢化物中的间隙位置

(a) 2a；(b) 4b；(c) 另一种 2a 位置   彩图

$2a$)。当氢压超过 2MPa 进一步吸氢后，氢化物结构会重新转变为原空间群 $F43m$ 的 γ 氢化物相（LaMgNi$_4$D$_{4.85}$，$a = 7.6584$Å，ICSD：246313）。氢原子分别占据在 $4b$ 和 $24g$ 的位置，如图 2-29（a）和（d）所示。根据实验结果，上述三种氢化物的体积膨胀分别为 4.2%、14.1% 和 21.4%。

从几何晶体学的角度分析上述间隙位置的尺寸和占满后氢原子的间距，结果是原始 LaMgNi$_4$ 的 $4b$、$4d$、$16e$、$24g$ 的间隙位置的半径都小于 0.4Å 的经验准则。α 氢化物相中氢原子占据的 $4d$ 间隙位置并非这些间隙中尺寸最大，且完全由不吸氢的 Ni 原子构成。随着吸氢量的增加，氢原子逐渐转移到含有吸氢元素 La、Mg 的间隙中去。对于上述间隙位置分别全部被氢原子占满后，氢原子之间的最近邻距离则是：$4b$、$4d$ 超过 5Å，$16e$、$24g$ 超过 2.5Å。即 LaMgNi$_4$ 的氢化物无法满足最小间隙尺寸 0.4Å 的经验准则，但都可以满足吸氢后氢原子间隙不小于 2.1Å 的经验准则。间隙尺寸会受到原子之间作用力的影响，因此完全按照钢球模型很难实现准确估计。此外，氢原子是否能够占据某种间隙位置除了结构因素之外，还需要考虑同周围原子之间的结合能力。

2.4.4 AB$_3$-A$_5$B$_{19}$型相氢化物的晶体结构

二元 RE-Ni 合金（除了 AB$_5$ 结构）吸氢后形成的氢化物对称性降低，甚至失去晶态结构造成氢致非晶化[26,51,52]。研究发现 H 原子只占据二元合金中 [A$_2$B$_4$] 单元或两种单元之间的间隙，导致体积膨胀主要集中在 [A$_2$B$_4$] 单元中，使得 c 轴膨胀远大于 a 轴，从而产生严重的各向异性的晶格畸变[51-55]。庆幸的是，Mg 对 La 的替代被发现能够稳定氢化物的晶态结构，抑制 RE-Mg-Ni 合金氢致非晶化的产生[31]。AB$_3$[36]、A$_2$B$_7$[52,56] 和 A$_5$B$_{19}$型[57] 的 La-Mg-Ni 合金吸氢后都能够形成晶态氢化物，而且氢原子可以同时占据 [AB$_5$] 和 [A$_2$B$_4$] 结构单元中的间隙位置。Denys 等[36] 发现 PuNi$_3$ 型的 La$_{3-x}$Mg$_x$Ni$_9$D$_x$ 中氘原子在 [AB$_5$] 单元中的占位同在 LaNi$_5$ 合金中的占位相似，但是在 [A$_2$B$_4$] 单元中的占位同 Mg 含量有关，Mg 周围 D 的配位数和原子间距同 MgH$_2$ 相似，但配位数比 La 的低，因此导致整体吸氢量随 Mg 的增加而略有降低。Denys 等同样研究了 La$_{1.5}$Mg$_{0.5}$Ni$_7$D$_{9.1}$ 中 D 的占位，发现有 9 种间隙位置可以容纳 D 原子[52]。虽然 Matylda 等[56] 报道 D 只占据了 La$_{1.64}$Mg$_{0.36}$Ni$_7$D$_{8.8}$ 中的 5 种间隙位置，但两者都发现 D 原子可以同时占据 [AB$_5$] 和 [A$_2$B$_4$] 两种结构单元。对 La$_4$MgNi$_{19}$ 氢化物的研究表明，虽然氢原子同样可以占据两种结构单元，但氢原子可以占据 [A$_2$B$_4$] 单元中的所有四面体间隙，而很难占据靠近 [AB$_5$-Ⅰ] 单元的四面体间隙，作者认为这是为了降低两种结构单元吸氢后的错配而产生的结果[57]。一些氢化物的晶体结构数据可以参照表 2-25。可以看出，加入 Mg 以后两种结构单元的各向异性膨胀得到了较大的缓解，虽然总体积变化仍然较大，但是畸变更加均匀。不同结构的堆垛方式和 Mg 含量都会影响氢原子占位及畸变程度，并同氢化物晶态稳定性和吸氢后的粉化倾向密切相关，但它们之间的内在联系仍有待揭示。

表 2-25 一些金属氢化物的晶体结构参数

氢化物	$(\Delta c/c)/\%$	$(\Delta a/a)/\%$	$(\Delta V/V)/\%$	$\Delta V_{[A_2B_4]}/V_{[A_2B_4]}$	$\Delta V_{[AB_5]}/V_{[AB_5]}$
$LaNi_3D_{2.8}$[29]	27.8	-2.5	—	—	—
$La_2MgNi_9H_{13}$[36]	9.5	7.6	26.8	—	—
$La_{1.5}Mg_{1.5}Ni_9H_{11}$[36]	7.8	6.9	23.2	—	—
$La_2Ni_7D_{6.5}$[54]	19.7	-2.07	14.8	47.68	6.73（内部）/0.56（外部）
$La_{1.5}Mg_{0.5}Ni_7D_{9.1}$[52]	7.37	9.58	26.3	29.78	26.64（内部）/22.56（外部）
$La_{1.63}Mg_{0.37}Ni_7D_{8.8}$[56]	9.1	7.3	25.6	31	22.9
$La_4MgNi_{19}D_{21.8}$[57]	8.8	7.3	25.306	26	26.7(Ⅰ)/22.5(Ⅱ)

以 2H 型的 La_2Ni_7 和 $La_{1.5}Mg_{0.5}Ni_7$ 吸氢（氘）后的晶体结构对比为例，说明 Mg 替代后氢化物晶体结构的差别。氘在两种氢化物中的具体占位见表 2-26。很显然，氘在 $La_{1.5}Mg_{0.5}Ni_7$ 中可以占据更多的位置，尽管在不同位置的占位概率都不是 100%，但更多的位置还是使 $La_{1.5}Mg_{0.5}Ni_7$ 吸氘量更高。对比两种结构中的氘原子，如图 2-32 所示。确实氘在 La_2Ni_7 中基本都占据在 $[A_2B_4]$ 单元中，少量在 $[AB_5]$ 和 $[A_2B_4]$ 单元的边界处。可以看出在沿着 c 轴方向，$[A_2B_4]$ 单元的膨胀明显大于 $[AB_5]$ 单元。尽管 $La_{1.5}Mg_{0.5}Ni_7$ 中氘同样更多占据在 $[A_2B_4]$ 单元，但在 $[AB_5]$ 单元中也有相当的占比。其中 $[A_2B_4]$ 单元的膨胀要显著小于 $[AB_5]$ 单元。

表 2-26 La_2Ni_7 和 $La_{1.5}Mg_{0.5}Ni_7$ 吸氘后的氘原子占位

$La_{1.5}Mg_{0.5}Ni_7D_{8.9}$(ICSD：245833)			$La_2Ni_7D_{6.5}$(ICSD：154568)		
D 原子	Wk.	等价位置坐标	D 原子	Wk.	等价位置坐标
D1	12k	$x=0.306$, $z=0.1809$（占位概率为 0.371）	D1	4e	$z=0.0864$（占位概率为 1）
D2	6h	$x=0.509$（占位概率为 0.82）	D2	4f	$z=0.5586$（占位概率为 1）
D3	4e	$z=0.2176$（占位概率为 0.5）	D3	12k	$x=0.33$, $z=0.02$（占位概率为 0.5）

$La_{1.5}Mg_{0.5}Ni_7D_{8.9}$ (ICSD：245833)			$La_2Ni_7D_{6.5}$ (ICSD：154568)		
D4	12k	$x = 0.346$, $z = 0.1438$（占位概率为 0.492）	D4	12k	$x = 0.485$, $z = 0.12$（占位概率为 1）
D5	12k	$x = 0.166$, $z = 0.0942$（占位概率为 0.28）			
D6	12k	$x = 0.48$, $z = 0.0878$（占位概率为 0.39）			
D7	12k	$x = 0.292$, $z = 0.024$（占位概率为 0.46）			
D8	12k	$x = 0.533$, $z = 0.4494$（占位概率为 0.29）			
D9	4f	$z = 0.073$（占位概率为 0.27）			

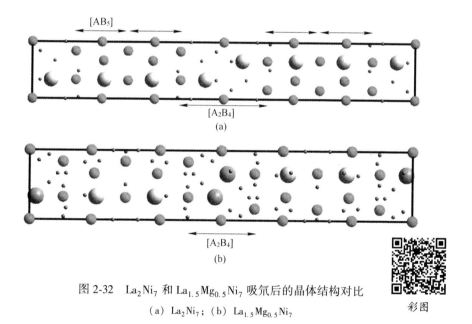

图 2-32　La_2Ni_7 和 $La_{1.5}Mg_{0.5}Ni_7$ 吸氘后的晶体结构对比

(a) La_2Ni_7；(b) $La_{1.5}Mg_{0.5}Ni_7$

彩图

图 2-33 是 $La_{1.5}Mg_{0.5}Ni_7D_{9.1}$ 中氘的占位[52]。其中在［AB_5］单元中，氘占据 3 种间隙位置。分别是 4 个 Ni 原子构成的四面体间隙（D3），2 个 La 原子和 2 个 Ni 原子构成的四面体间隙（D2），1 个 La 原子和 3 个 Ni 原子构成的四面体间隙（D1 和 D4）。上述 3 种间隙位置分别对应了 $LaNi_5$ 中的 4h、6m 和 12n 三种位置，如图 2-27 所示。除了 D3，其他两种位置同 $LaNi_5H_6$ 中氢原子的占位一致。

而对于 $[A_2B_4]$ 单元，氘占据其中的 3 种间隙位置。分别是 2 个 La(Mg) 原子和 2 个 Ni 原子构成的四面体间隙（D5、D6 和 D8），3 个 La(Mg) 原子和 2 个 Ni 原子构成的三角双椎体间隙（D7），1 个 La(Mg) 原子和 3 个 Ni 原子构成的四面体间隙（D9）。这 3 种间隙位置分别对应了 $LaMgNi_4$ 中的 $48h$、$24g$ 和 $16e$ 三种位置，如图 2-29 所示。其中 $48h$ 可以看作 $24g$ 偏离三角双椎体间隙中心后的变体。这同 $LaMgNi_4$ 中氢原子的占位虽然并不完全相同，但同样有很大程度的类似。研究同时发现氘与氘之间的最短距离均大于 1.9Å。氘与氘之间的排斥作用也被认为是决定间隙位置的占位概率以及最终吸氢量的关键因素。

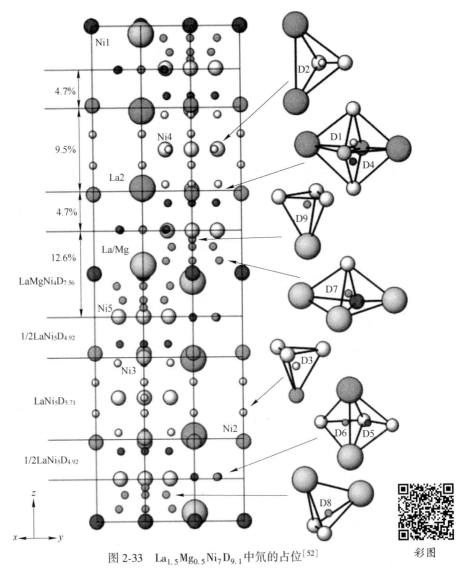

图 2-33 $La_{1.5}Mg_{0.5}Ni_7D_{9.1}$ 中氘的占位[52]

彩图

2.5　RE-Mg-Ni 合金相结构的表征

　　RE-Mg-Ni 合金从被报道之后，吸引了大量研究者的追踪和研究。其中的焦点之一就是探究组织结构对合金气固态和电化学储氢性能的影响。除了实验室中特别精心、费时的制备以外，绝大部分关于该系合金的报道都表明其为多相组织[58-70]。而随着越来越多的相结构类型被发现，也给该系合金组织结构的准确表征带来了一定的挑战。这不仅是因为合金的相组成往往包含 3 种甚至以上，还在于这些结构的成分和衍射（X 射线和电子衍射）谱图十分相近。本节对 RE-Mg-Ni 合金中不同相结构的 X 射线衍射（XRD）和透射电子显微镜电子衍射（TEM-ED）特征进行简要总结。同时也对结构分析的辅助方法，扫描电子显微镜下的背散射电子像（SEM-BSE）进行了简要分析。本节的目的并非介绍表征方法的原理，而在于对比分析 RE-Mg-Ni 合金中不同相结构的衍射特征，以便于对其进行分析。

2.5.1　扫描电镜背散射电子像衬度

　　背散射电子像（BSE）是分析多相合金显微组织的常用手段。由于 RE-Mg-Ni 合金的多相组织，且各相的 XRD 谱线很接近，因此建议将 BSE 结合能谱（EDS）作为表征 RE-Mg-Ni 合金首先进行的工作。BSE 的基本原理在于背散射电子的产额同相组织的平均原子序数成正比，即平均原子序数越高的相在 BSE 中由于背散射电子信号更强而呈现较明亮的衬度，反之则是更暗的衬度。表 2-27 是 La-Mg-Ni 合金体系中各相的平均原子序数。添加 Mg 之后三元相的平均原子序数均发生不同程度降低。对于二元合金，随 B 计量比的增加，平均原子序数逐渐降低。但对于三元合金，随 B 计量比增加，能够溶入的 Mg 含量逐渐降低，平均原子序数反而逐渐升高。

表 2-27　La-Mg-Ni 各相的平均原子序数

合　金	平均原子序数	合　金	平均原子序数	合　金	平均原子序数
$LaNi_2$	37.7	$LaMgNi_4$	30.2	$La_{2.2}Mg_{0.8}Ni_9$	32.3
$LaNi_3$	35.25	La_2MgNi_9	31.5	$La_{2.3}Mg_{0.7}Ni_9$	32.6
La_2Ni_7	34.4	$La_{1.5}Mg_{0.5}Ni_7$	31.9	$La_{2.4}Mg_{0.6}Ni_9$	33.0
La_5Ni_{19}	34.0	La_4MgNi_{19}	32.2	$La_{1.6}Mg_{0.4}Ni_7$	32.4
$LaNi_5$	32.8	La_5MgNi_{24}	32.3	$La_{1.7}Mg_{0.3}Ni_7$	32.9

通常认为 RE-Mg-Ni 体系中各相为线性化合物，即计量比可以认为并不改变。此外，Mg 占据在 [A$_2$B$_4$] 单元的标准占位概率为 50%。但实际上由于不同合金的成分偏差和制备工艺的不同，各相的 La/Mg 比并不完全满足标准的比例。表 2-27 中同时给出了相同 A/B 计量比，但 La/Mg 比变化后的平均原子序数。很容易看出，La/Mg 比增加，即 Mg 含量降低，平均原子序数增加。这些因素导致实际 BSE 下的衬度并非简单通过表 2-27 即可准确判断。图 2-34 是 La$_2$MgNi$_9$ 合金经过熔炼和 900℃ 退火前后的 BSE 观察[65]。退火后合金按照图中观察的衬度从低到高依次为 LaMgNi$_4$(D)、La$_2$MgNi$_9$(A)、La$_{1.5}$Mg$_{0.5}$Ni$_7$(C)、LaNi$_5$(B)。这同表 2-27 中平均原子序数吻合较好，LaNi$_5$(B) 具有最高的平均原子序数，因此也呈现出最亮的衬度。但对于铸态组织，La$_{1.5}$Mg$_{0.5}$Ni$_7$ 和 LaNi$_5$ 几乎呈现出完全相同的衬度，如图 2-34 (a) 所示。这是由于铸态组织在一定程度上偏离平衡成分。

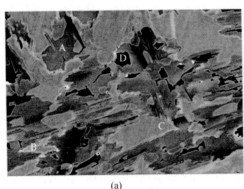 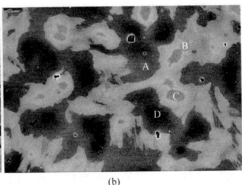

(a)　　　　　　　　　　　　　　(b)

图 2-34　La$_2$MgNi$_9$ 合金的 BSE 观察[65]

(La$_2$MgNi$_9$(A)、LaNi$_5$(B)、La$_{1.5}$Mg$_{0.5}$Ni$_7$(C)、LaMgNi$_4$(D))

(a) 铸态；(b) 900℃ 退火后

即使退火组织，也会存在由于成分差别导致的背散射电子像衬度偏离表 2-28 中的情况。图 2-35 分别是 La$_2$MgNi$_9$，La$_{1.5}$Mg$_{0.5}$Ni$_7$ 和 La$_4$MgNi$_{19}$ 合金经过 870℃、900℃ 和 920℃ 退火保温 6h 后的背散射电子像。在这些合金中 LaNi$_5$ 均呈现较暗的衬度，如图 2-35 (a)、(b)、(c) 中的 4、3、3 区域。对其中各相能谱结果（见表 2-28）的分析表明合金中 A$_2$B$_7$ 和 A$_5$B$_{19}$ 型相中的 Mg 含量低于标准成分 La$_{1.5}$Mg$_{0.5}$Ni$_7$(C) 和 La$_4$MgNi$_{19}$。因此平均原子序数变高，使得其衬度反而较 LaNi$_5$ 更亮。

表 2-28　退火合金的能谱分析结果

合　金	位置	La	Mg	Ni	Ni/(La+Mg)	相结构
La$_2$MgNi$_9$	1	16.15	20.69	63.16	1.71	(La,Mg)Ni$_2$

合 金	位置	La	Mg	Ni	Ni/(La+Mg)	相结构
La$_2$MgNi$_9$	2	17.93	9.18	72.89	2.69	(La,Mg)Ni$_3$
	3	19.35	5.16	76.50	3.26	(La,Mg)$_2$Ni$_7$
	4	17.17	0.00	82.83	4.82	LaNi$_5$
La$_{1.5}$Mg$_{0.5}$Ni$_7$	1	16.31	10.32	73.01	2.63	(La,Mg)Ni$_3$
	2	18.91	4.51	76.58	3.27	(La,Mg)$_2$Ni$_7$
	3	17.87	0.00	83.13	4.96	LaNi$_5$
	4	17.74	3.30	78.95	3.75	(La,Mg)$_5$Ni$_{19}$
La$_4$MgNi$_{19}$	1	18.31	4.37	77.32	3.41	(La,Mg)$_2$Ni$_7$
	2	19.16	2.73	78.11	3.57	(La,Mg)$_5$Ni$_{19}$
	3	17.35	0.00	82.65	4.76	LaNi$_5$

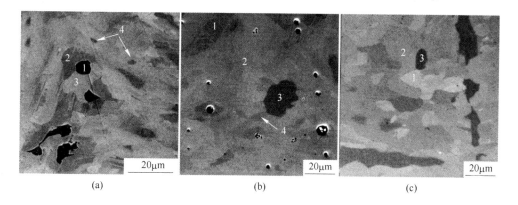

图 2-35 退火合金的 BSE 观察

(a) La$_2$MgNi$_9$；(b) La$_{1.5}$Mg$_{0.5}$Ni$_7$；(c) La$_4$MgNi$_{19}$合金

对于三元以上添加不同合金元素的合金，其衬度可能由于合金元素在不同相中的固溶倾向不同而变得更加复杂。例如 La$_2$Mg(Ni$_{0.9}$,Al$_{0.1}$)$_9$ 合金中 Al 会更倾向于固溶在 AB$_5$ 相中，因此使得 AB$_5$ 相的背散射电子像衬度比 AB$_2$ 相还低。如图 2-36 所示，图中 3 点为在 AB$_5$ 相，能谱分析其成分为 16.25La-67.44Ni-16.31Al（原子比）；图中 2 点为在 AB$_2$ 相，能谱分析其成分为 17.33La-20.01Mg-62.44Ni-0.21Al（原子比）。很多其他元素也会出现在不同相中固溶度差异很大的情况，从而影响背散射电子像中的衬度变化。

图 2-36 $La_2Mg(Ni_{0.9}, Al_{0.1})_9$ 合金的 BSE 观察

由于相结构成分的变化，仅通过背散射像衬度很难准确鉴定相结构类型。尽管如此背散射下衬度的类型对于确定相结构数量仍有很大帮助。结合能谱对成分的分析可以对其相结构进一步进行确认。仍然需要注意的是，能谱成分的定量结果并非完全准确，并会受到测试条件和样品情况的波动影响。但其中一些规律是有用的：$LaNi_5$ 几乎不含有 Mg，而其他三元相随 B 计量比的增加，其中 Mg/La 比会逐渐降低。

2.5.2 X 射线衍射谱线

利用 X 射线衍射（XRD）分析 RE-Mg-Ni 合金的相结构类型和相对含量几乎是所有研究必不可少的工作。由于 RE-Mg-Ni 合金几种结构的关联性和相似性较强，导致其 XRD 谱线不容易分辨，给分析工作带来诸多困扰。由于 XRD 结构分析的原理已经很成熟，这里不再赘述。仅对不同结构的 XRD 谱线特征进行梳理，以方便对这些结构进行分析。

对于相同结构类型的二元和三元相，由于其点阵类型相同，因此点阵消光规律是相同的。此外，三元相中的 Mg 仅是替代了 La 的位置，并没有占据不同的乌可夫位置，因此结构消光规律也是相同的。因此二元和三元相的 XRD 差异主要表现为衍射峰相对右移，这是由于三元相含有 Mg，晶胞参数更小所致。另外，由于 Mg 替代 La 后原子散射因子的不同，结构因子发生变化，会导致衍射峰相对强度的变化。这里仅以 $LaNi_3$ 和（La, Mg）Ni_3 作为比较（例 Cu-K_α，波长为 $1.54056Å$，无特殊说明文中的 XRD 均采用此靶），其 XRD 谱线的比较如图 2-37 所示（由于实际测试条件的差异，图中并没有考虑散射背底）。

对比几种结构的 XRD 谱线，如图 2-38 所示，可以发现这些结构的衍射峰非常相似并接近。表 2-29 中梳理了各种相结构衍射强度从高到低前 9 个衍射晶面及峰位。不同结构中衍射强度较高的晶面有诸多的重合之处，这是层状结构相近的结果。仔细分析发现，这些不同结构中 XRD 衍射强度最高晶面的原子排列规

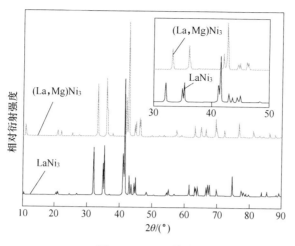

图 2-37 XRD 谱线

律均一致。图 2-39（a）是 $LaNi_5$ 衍射强度最高的 $\{11\bar{2}1\}$ 晶面的原子排列特征，图 2-39（b）是从 $[1\bar{1}10]$ 晶向看进去的情况，图 2-39（c）是 AB_3-3R 型结构 XRD 衍射强度最高的 $\{11\bar{2}6\}$ 晶面，仔细观察可以发现其原子排列规律同 $LaNi_5$ 的 $\{11\bar{2}1\}$ 晶面一致。该晶面 XRD 衍射强度最高的原因在于其结构因子较大，同时多重性因子（参与衍射的等价晶面数量，同衍射强度呈倍数关系）是 12，在所有衍射晶面中最大。其他层状结构的最强衍射晶面原子排列规律亦是如此，只是晶面指数的表达不同，这里不再一一列举。由于这些结构之间的相近性，晶面的面间距也相差很小，因此衍射峰位十分接近。

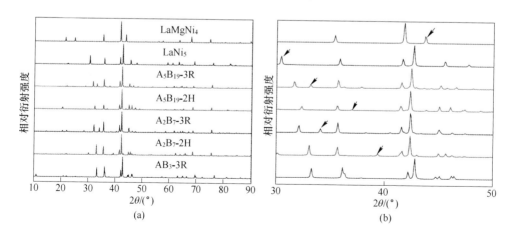

图 2-38 不同结构的 XRD 比较

（a）2θ 为 10°~90°；（b）2θ 为 30°~50°

表 2-29 不同相结构衍射强度从高到低前 9 个衍射晶面及峰位

序号	AB₃-3R (ICSD：155239)		A₂B₇-2H (ICSD：156977)		A₂B₇-3R (ICSD：156057)		A₅B₁₉-2H (ICSD：153576)		A₅B₁₉-3R (ICSD：164051)		LaNi₅ (ICSD：54245)		LaMgNi₄ (ICSD：107420)	
1	$\{11\bar{2}6\}$	42.73°	$\{11\bar{2}6\}$	42.27°	$\{11\bar{2}9\}$	42.30°	$\{11\bar{2}8\}$	42.27°	$\{11\bar{2}2\}$	42.36°	$\{11\bar{2}1\}$	42.57°	$\{113\}$	41.69°
2	$\{11\bar{2}0\}$	36.12°	$\{1\bar{1}07\}$	33.03°	$\{11\bar{2}0\}$	35.65°	$\{11\bar{2}0\}$	35.59°	$\{11\bar{2}0\}$	35.67°	$\{01\bar{1}1\}$	30.42°	$\{222\}$	43.64°
3	$\{02\bar{2}1\}$	42.12°	$\{11\bar{2}0\}$	35.62°	$\{02\bar{2}1\}$	41.48°	$\{1\bar{1}09\}$	32.31°	$\{02\bar{2}1\}$	41.47°	$\{02\bar{2}0\}$	41.58°	$\{1022\}$	35.33°
4	$\{1\bar{1}07\}$	33.26°	$\{02\bar{2}1\}$	41.54°	$\{00018\}$	44.92°	$\{02\bar{2}1\}$	41.43°	$\{00024\}$	45.07°	$\{11\bar{2}0\}$	35.79°	$\{115\}$	67.77°
5	$\{00012\}$	45.01°	$\{00012\}$	44.89°	$\{22\bar{4}0\}$	75.49°	$\{00016\}$	44.96°	$\{1\bar{1}013\}$	31.65°	$\{0002\}$	45.46°	$\{044\}$	74.74°
6	$\{22\bar{4}0\}$	76.63°	$\{03\bar{3}6\}$	68.54°	$\{1\bar{1}010\}$	32.07°	$\{03\bar{3}8\}$	68.51°	$\{22\bar{4}0\}$	75.55°	$\{03\bar{3}1\}$	68.99°	$\{111\}$	21.42°
7	$\{2\bar{2}05\}$	46.14°	$\{22\bar{4}0\}$	75.43°	$\{1\bar{1}011\}$	34.05°	$\{22\bar{4}0\}$	75.37°	$\{1\bar{1}014\}$	33.13°	$\{2\bar{2}02\}$	63.29°	$\{002\}$	24.78°
8	$\{1\bar{1}08\}$	36.32°	$\{02\bar{2}13\}$	65.91°	$\{02\bar{2}8\}$	46.17°	$\{02\bar{2}17\}$	65.12°	$\{03\bar{3}12\}$	68.68°	$\{22\bar{4}0\}$	75.86°	$\{224\}$	63.42°
9	$\{2\bar{2}02\}$	42.64°	$\{2\bar{2}05\}$	45.58°	$\{03\bar{3}9\}$	68.60°	$\{02\bar{2}0\}$	41.34°	$\{02\bar{2}11\}$	46.52°	$\{11\bar{2}3\}$	81.99°	$\{335\}$	89.43°

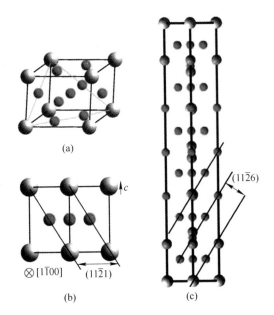

彩图

图 2-39 不同结构晶面的原子排列特征

(a) (b) LaNi₅ $\{11\bar{2}1\}$ 晶面；(c) AB₃-3R 结构 $\{11\bar{2}6\}$ 晶面

RE-Mg-Ni 体系中几种相结构的空间群存在差异，相同空间群结构的原子占位也不相同。理论上，这些相结构的结构消光规律并不相同。但由于层状结构的相似性，单纯从堆垛的角度来看，原子排列规律相同的晶面很多，它们的面间距也类似，因此总体上衍射峰十分接近。例如对于 $\{000l\}$ 晶面，空间群 $P6_3/mmc$ 和 $R\overline{3}m$ 能够发生衍射的条件分别是 $l=2n$ 和 $l=3n$。对于 A_2B_7-2H 结构的 $\{00012\}$ 晶面和 A_2B_7-3R 结构的 $\{00018\}$ 晶面，由于堆垛的亚单元分别是 2 和 3 个 [见 2.2.5 节，每个亚单元为（X-X-Y）]，因此上述两种晶面的面间距十分接近，衍射峰也十分接近。尽管如此，仔细对比不同结构的 XRD 谱线还是能够发现可以通过部分特殊的衍射峰位来对其进行区分，如图 2-38（b）中标记的位置。需要注意，添加合金元素会使晶胞参数以致衍射峰位发生一定变化。除此之外，还可以通过衍射峰的强度，特别是一些较强衍射峰之间的相对强度来进行比较甄别。例如 A_2B_7-2H 结构在 33.03° 和 35.62° 的两个衍射峰为左高右低，而 A_2B_7-3R 结构在 32.07° 和 35.65° 处的两个衍射峰为左低右高。但对于多相合金，各相 XRD 谱线重合严重，相对强度的分析要十分谨慎。

　　RE-Mg-Ni 层状结构的 c 轴都比较长，平行底面的晶面间距较大，对应的衍射角反而很小。几种结构 c 轴方向上的堆垛方式差异较大，反映在低角度的衍射上也较为明显，因此通过低角度衍射峰是辨别这些结构的有用方法。图 2-40 是上述几种结构在低角度范围的衍射峰。对于相同计量比的 2H 和 3R 型结构，由于 2H 型结构能够发生衍射的（0002）晶面同 3R 型结构的（0003）的面间距非常相近，在低角度衍射谱线下也无法分辨。然而低角度 XRD 可以很清楚地分辨出 AB_3、A_2B_7、A_5B_{19} 型结构。需要注意的是，低角度下探测器和光管之间的夹角很小，很容易接收散射信号（谱线呈现很高的背底和坡度），因此在低角度信号收集时需要更精细的条件（例如更小的狭缝来过滤更多的散射信号和更长的收集时间）。

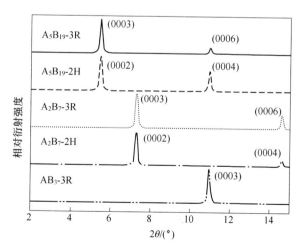

图 2-40　不同结构低角度的 XRD 比较

2.5.3　透射电镜选区电子衍射

　　透射电镜选区电子衍射（SAED）是常用、有效的晶体结构鉴别方法。原则上对某一个结构的鉴定需要三个不同晶带轴的电子衍射标定结果，且晶带轴通常为低指数的晶向。对于六方和三方结构，通常选择平行 c 轴的［0001］和垂直 c 轴［$11\bar{2}0$］的和［$10\bar{1}0$］晶带轴作为电子束入射方向来获取其电子衍射。六方和三方结构［0001］方向的电子衍射均为正六角形。由于 $R\bar{3}m$ 空间群 $\{hki0\}$ 晶面能够发生衍射的条件是要满足 $-h+k=3n$，因此 $\{1\bar{1}00\}$ 晶面簇会由于结构消光而不产生衍射斑点。由于这些结构的 a 轴长度十分相似，［0001］晶带所属晶面的面间距也十分相似，因此，从［0001］晶带轴的衍射斑点类型和倒易点阵长度均不能区分几种不同的 2H 型或者 3R 型结构。仅可以通过倒易点阵尺寸来区分 2H 型或 3R 型结构。图 2-41 中仅列出了 AB_5、A_2B_7-2H 和 A_2B_7-3R 结构的电子衍射图案。其中 AB_5 和 A_2B_7-2H 结构的晶体学标定完全一致。其他几种 2H 和 3R 结构的衍射图案同此一致。

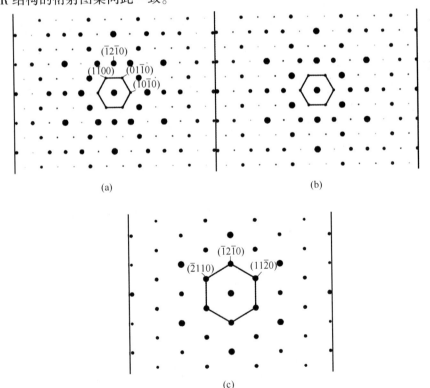

图 2-41　［0001］晶带轴的电子衍射图案

（a）AB_5；（b）A_2B_7-2H；（c）A_2B_7-3R

对于垂直 c 轴的 [$11\bar{2}0$] 和 [$10\bar{1}0$] 晶带轴，由于平行基面（0001）的一系列晶面的衍射斑点都可以在该晶带轴上反映出来，因此对于不同层状结构的鉴别有重要作用。图 2-42 是几种层状结构 [$11\bar{2}0$] 和 [$10\bar{1}0$] 晶带轴的电子衍射图案。几种结构 [$10\bar{1}0$] 晶带轴的电子衍射图案类型一致，不同之处仅在于倒易矢量的长度不同。这里仅具体给出了 A_2B_7-2H 和 A_2B_7-3R 结构的标定结果，如图 2-43 所示。对于相同计量比的 2H 和 3R 结构，尽管 2H 的最近邻衍射为（0002）晶面，3R 型结构为（0003）晶面，但由于它们的堆垛亚单元完全一样，因此两种面间距非常相近，通过倒易矢量长度不能分辨两种结构。这同前述的低角度 X 射线结果相似。即可以通过 [1010] 晶带轴电子衍射分辨的倒易矢量分辨不同计量比的化合物相（例如 A_2B_7 和 A_5B_{19}），但不能分辨相同计量比但结构类型不同的化合物相（例如 A_2B_7-2H 和 A_2B_7-3R）。

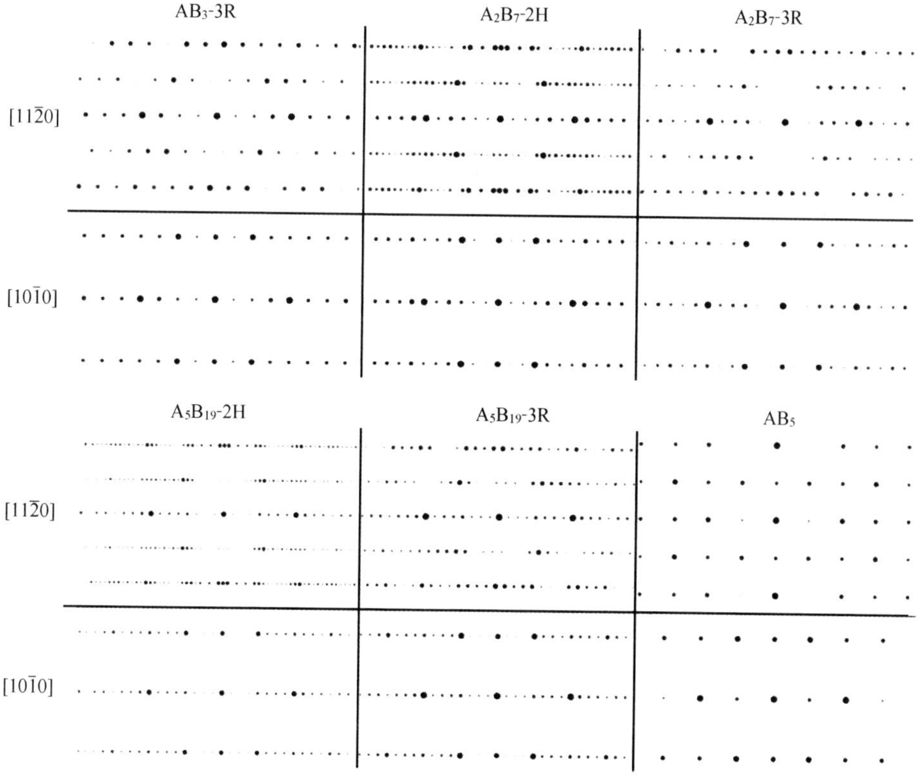

图 2-42　几种层状结构的电子衍射图案

不同的是，几种结构可以通过 [$11\bar{2}0$] 晶带轴的电子衍射图案进行鉴别。对于 2H 型结构，可以观察到平行靠近<$000n$>倒易矢量（即通过中心斑的密集排列衍射列）以外的衍射方向上斑点的聚集程度更大，即（$\bar{1}100$）、（$\bar{1}101$）、（$\bar{1}102$）等。

具体的标定结果可以参考图 2-43 （a）。（$\bar{1}100$） 和 （$\bar{1}101$） 之间的倒易矢量刚好代表了 c 轴长度的倒数。A_5B_{19}-2H 结构的标定完全一致，不同的只是 c 轴长度不同，因此倒易矢量长度不同。这也是区分 A_2B_7-2H 和 A_5B_{19}-2H 两种晶体结构的关键。对于 3R 型结构，由于需要满足 $-h+k+l = 3n$ 条件，否则就会产生结构消光。因此 （$\bar{1}100$）、（$\bar{1}101$）、（$\bar{1}102$） 等晶面不会产生衍射斑点。而 （$\bar{1}101$）、（$\bar{1}104$） 等，以 3 为间隔，规律地产生衍射斑点。这同 （0003）、（0006）、（0009） 的平移间隔一致，是区分 3R 和 2H 结构的特征。而不同 3R 结构之间可以通过倒易矢量长度的长度来区分。图 2-43 （b） 为 A_2B_7-3R 结构的标定结果，而其他几种 3R 结构的标定也一致，差别在于倒易矢量的长度。

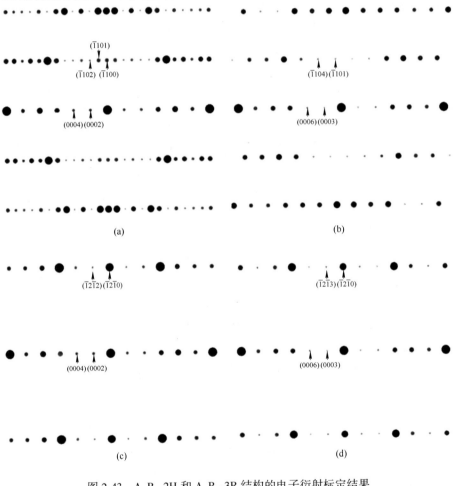

图 2-43　A_2B_7-2H 和 A_2B_7-3R 结构的电子衍射标定结果

（a）A_2B_7-2H ［11$\bar{2}$0］晶带轴；（b）A_2B_7-3R ［11$\bar{2}$0］晶带轴；

（c）A_2B_7-2H ［10$\bar{1}$0］晶带轴；（d）A_2B_7-3R ［10$\bar{1}$0］晶带轴

总体上透射电子显微镜电子衍射是精确区分层状结构的理想方法。特别是在新型层状结构的解析中几乎是必不可少的。图 2-44 是 A_7B_{23} 型结构实测和计算的电子衍射花样，通过花样对比确定是一种新型的层状结构，通过花样尺寸确定其晶轴尺寸，从而推断 c 轴上单胞含有 10 个结构单元[41]。但电子衍射对于样品制备和设备成本的要求都更高，因此没有 SEM 和 XRD 普遍。此外，透射电镜高分辨电子像（HRTEM）也是表征层状结构的方法之一。为了观察到层状的排布结构，必须在垂直 c 轴的方向上进行观察。因此，[11$\bar{2}$0] 和 [10$\bar{1}$0] 晶带轴是 HRTEM 观察的理想带轴。尽管 HRTEM 观察更加直观，但 HRTEM 成像质量对电镜分辨能力和样品制备（特别是适当的厚度）有很高的要求。同时，在 HRTEM 中层状结构的排列规律仍需要参考电子衍射的结果进行分析。因此，HRTEM 被采用的情况更少。

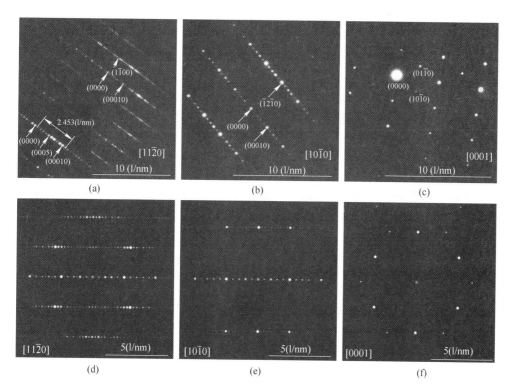

图 2-44　A_7B_{23}结构的实测(a)～(c)和计算的电子衍射花样(d)～(f)

参 考 文 献

[1]　毛卫民. 无机材料晶体结构学概论 [M]. 北京：高等教育出版社, 2019.

[2]　Liu Y F, Cao Y H, Huang L, et al. Rare earth-Mg-Ni-based hydrogen storage alloys as

negative electrode materials for Ni/MH batteries [J]. Journal of Alloys and Compounds, 2011, 509 (3): 675-686.

[3] Liu J J, Han S M, Li Y, et al. Phase structure and electrochemical properties of La-Mg-Ni-based hydrogen storage alloys with superlattice structure [J]. International Journal of Hydrogen Energy, 2016, 41 (44): 20261-20275.

[4] Jiang W Q, Chen Y J, Hu M R, et al. Rare earth-Mg-Ni-based alloys with superlattice structure for electrochemical hydrogen storage [J]. Journal of Alloys and Compounds, 2021, 887: 161381.

[5] Hans Wondratschek, Ulrich Müller. International table for crystallography volume A1: symmetry relations between space groups [M]. London: Kluwer Academic Publishers, 2004.

[6] 大角泰章. 金属氢化物的性质与应用 [M]. 吴永富, 苗艳秋, 译. 北京: 化学工业出版社, 1990.

[7] 胡子龙. 储氢材料 [M]. 北京: 化学工业出版社, 2002.

[8] 余永宁. 金属学原理 [M]. 3 版. 北京: 冶金工业出版社, 2020.

[9] Paul-Boncour V, Percheron-Guegan A, Diaf M, et al. Structural characterization of RNi_2 (R = La, Ce) intermetallic compounds and their hydrides [J]. Journal of the Less-Common Metals, 1987, 131 (1-2): 201-208.

[10] Zhang D Y, Tang J, Gschneidner K A, et al. A redetermination of the La-Ni phase diagram from LaNi to $LaNi_5$ (50 at.%~83.3 at.%) [J]. Journal of the Less-Common Metals, 1991, 169 (1): 45-53.

[11] Cromer D T, Larson A C. The crystal structure of Ce_2Ni_7 [J]. Acta Crystallographica, 1959, 12 (11): 855-859.

[12] Cromer D T, Olsen C E. The crystal structure of $PuNi_3$ and $CeNi_3$ [J]. Acta Crystallographica, 1959, 12 (9): 689-694.

[13] Virkar A V, Raman A. Crystal structures of AB_3 and A_2B_7 rare earth-nickel phases [J]. Journal of the Less Common Metals, 1969, 18 (1): 55-66.

[14] Buschow K H J. Calcium-nickel intermetallic compounds [J]. Journal of the Less Common Metals, 1974, 38 (1): 95-98.

[15] Buschow K H J, Goot A D. The crystal structure of rare-earth nickel compounds of the type R_2Ni_7 [J]. Journal of the Less Common Metals, 1970, 22 (4): 419-428.

[16] Khan Y. The crystal structure of R_5Co_{19} [J]. Acta Crystallographica Section B, 1974, 30 (6): 1533-1537.

[17] Ramsdell L S. Studies on silicon carbide [J]. American Mineralogist, 1947, 32 (1-2): 64-82.

[18] Takeda S, Kitano Y, Komura Y. Polytypes of the intermetallic compound Sm_5Ni_{19} [J]. Journal of the Less Common Metals, 1982, 84: 317-325.

[19] Yamamoto T, Inui H, Yamaguchi M, et al. Microstructures and hydrogen absorption/desorption properties of La-Ni alloys in the composition range of La-77.8 at.%~83.2 at.% Ni [J]. Acta Matallurgica, 1997, 45 (12): 5213-5221.

[20] Lemort L, Latroche M, Knosp B, et al. Elaboration and characterization of unreported $(Pr, Nd)_5 Ni_{19}$ hydrides [J]. Journal of Alloys and Compounds, 2011, 509: S823-S826.

[21] Latroche M, Percheron-Guégan A. Structural and thermodynamic studies of some hydride forming RM_3-type compounds (R = lanthanide, M = transition metal) [J]. Journal of Alloys and Compounds, 2003, 356-357: 461-468.

[22] Kadir K, Sakai T, Uehara I. Synthesis and structure determination of a new series of hydrogen storage alloys: $RMg_2 Ni_9$(R = La, Ce, Pr, Nd, Sm, Gd) built from $MgNi_2$ Laves type layers alternating with AB_5 layers [J]. Journal of Alloys and Compouds, 1997, 257 (1-2): 115-121.

[23] Kadir K, Sakai T, Uehara I. Structural investigation and hydrogen capacity of $LaMg_2 Ni_9$ and $(La_{0.65} Ca_{0.35}) (Mg_{1.32} Ca_{0.68}) Ni_9$ of the $AB_2 C_9$ type structure [J]. Journal of Alloys and Compounds, 2000, 302 (1-2): 112-117.

[24] Kadir K, Sakai T, Uehara I. Structural investigation and hydrogen capacity of $YMg_2 Ni_9$ and $(Y_{0.5} Ca_{0.5}) (MgCa) Ni_9$: new phases in the $AB_2 C_9$ system isostructural with $LaMg_2 Ni_9$ [J]. Journal of Alloys and Compounds, 1999, 287 (1-2): 264-270.

[25] Kadir K, Kuriyama N, Sakai T, et al. Structural investigation and hydrogen capacity of $CaMg_2 Ni_9$: a new phase in the $AB_2 C_9$ system isostructural with $LaMg_2 Ni_9$ [J]. Journal of Alloys and Compounds, 1999, 284 (1-2): 145-154.

[26] Chen J, Takeshita H T, Tanaka H, et al. Hydriding properties of $LaNi_3$ and $CaNi_3$ and their substitutes with $PuNi_3$-type structure [J]. Journal of Alloys and Compounds, 2000, 302 (1-2): 304-313.

[27] Chen J, Kuriyama N, Takeshita H T, et al. Hydrogen storage alloys with $PuNi_3$-type structure as metal hydride electrodes [J]. Electrochemical and Solid State Letters, 2000, 3 (6): 249-252.

[28] Kohno T, Yoshida H, Kawashima F, et al. Hydrogen storage properties of new ternary system alloys: $La_2 MgNi_9$, $La_5 Mg_2 Ni_{23}$, $La_3 MgNi_{14}$ [J]. Journal of Alloys and Compounds, 2000, 311 (2): L5-L7.

[29] Kadir K, Yamamoto H, Sakai T, et al. $LaMg_2 Ni_9$, an example of the new $AB_2 C_9$ structure type [J]. Acta Crystallographica Section C, 1999, 55 (11).

[30] Hayakawa H, Akiba E, Gotoh M, et al. Crystal structures of La-Mg-Ni_x($x = 3 - 4$) system hydrogen storage alloys [J]. Materials Transactions, 2005, 46 (6): 1393-1401.

[31] Akiba E, Hayakawa H, Kohno T. Crystal structures of novel La-Mg-Ni hydrogen absorbing alloys [J]. Journal of Alloys and Compounds, 2006, 408-412: 280-283.

[32] Zhang P, Liu Y N, Tang R, et al. Effect of Ca on the microstructural and electrochemical properties of $La_{2.3-x} Ca_x Mg_{0.7} Ni_9$ hydrogen storage alloys [J]. Electrochimica Acta, 2006, 51 (28): 6400-6405.

[33] Chai Y J, Sakaki K, Asano K, et al. Crystal structure and hydrogen storage properties of La-Mg-Ni-Co alloy with superstructure [J]. Scripta Materialia, 2007, 57 (6): 545-548.

[34] Ozaki T, Kanemoto M, Kakeya T, et al. Stacking structures and electrode performances of

rare earth-Mg-Ni-based alloys for advanced nickel-metal hydride battery [J]. Journal of Alloys and Compounds, 2007, 446-447: 620-624.

[35] Zhang F L, Luo Y C, Wang D H, et al. Structure and electrochemical properties of $La_{2-x}Mg_xNi_{7.0}$ ($x = 0.3$-0.6) hydrogen storage alloys [J]. Journal of Alloys and Compounds, 2007, 439 (1-2): 181-188.

[36] Denys R V, Yartys V A. Effect of magnesium on the crystal structure and thermodynamics of the $La_{3-x}Mg_xNi_9$ hydrides [J]. Journal of Alloys and Compounds, 2011, 509 (2): S540-S548.

[37] Zhang J X, Villeroy B, Knosp B, et al. Structural and chemical analyses of the new ternary La_5MgNi_{24} phase synthesized by Spark Plasma Sintering and used as negative electrode material for Ni-MH batteries [J]. International Journal of Hydrogen Energy, 2012, 37 (6): 5225-5233.

[38] Zhao Y M, Han S M, Li Y, et al. Structural phase transformation and electrochemical features of La-Mg-Ni-based AB_4-type alloys [J]. Electrochimica Acta, 2016, 215: 142-149.

[39] Zhang L, Wang W F, Ismael A. et al. A new AB_4-type single-phase superlattice compound for electrochemical hydrogen storage [J]. Journal of Power Sources, 2018, 401: 102-110.

[40] Zhang Q A, Pang G, Si T Z, et al. Crystal structure and hydrogen absorption-desorption properties of $Ca_3Mg_2Ni_{13}$ [J]. Acta Materialia, 2009, 57 (6): 2002-2009.

[41] Li Y M, Liu Z C, Zhang G F, et al. Novel A_7B_{23}-type La-Mg-Ni-Co compound for application on Ni-MH battery [J]. Journal of Power Sources, 2019, 441: 126667-126673.

[42] Iwatake Y, Okamoto N L, Kishida K, et al. New crystal structure of Nd_2Ni_7 formed on the basis of stacking of block layers [J]. International Journal of Hydrogen Energy, 2015, 40: 3023-3034.

[43] Broom Darren P. Hydrogen storage materials: the characterisation of their storage properties [M]. London: Springer, 2011.

[44] Walker G. Solid-state hydrogen storage: materials and chemistry [M]. Cambridge: Woodhead Publishing Limited, 2008.

[45] Lundin C E, Lynch F E, Magee C B. A correlation between the interstitial hole sizes in intermetallic compounds and the thermodynamic properties of the hydrides formed from those compounds [J]. Journal of the Less Common Metals, 1977, 56: 19-37.

[46] Westlake D G. A geometric model for the stoichiometry and interstitial site occupancy in hydrides (deuterides) of $LaNi_5$, $LaNi_4Al$ and $LaNi_4Mn$ [J]. Journal of the Less Common Metals, 1983, 91: 275-292.

[47] Sanjay Kumar, Ankur Jain, Ichikawa T, et al. Development of vanadium based hydrogen storage material: a review [J]. Renewable Substainable Energy Review, 2017, 72: 791-800.

[48] Zhang Y, Zuo T T, Tang Z, et la. Microstructures and properties of high-entropy alloys [J]. Progress in Materials Science, 2014, 61: 1-93.

[49] Peng Z Y, Li Q, Ouyang L Z, et al. Overview of hydrogen compression materials based on a

three-stage metal hydride hydrogen compressor [J]. Journal of Alloys and Compounds, 2022, 895: 162465.

[50] Jean-Noël Chotard, Sheptyakow D, Yvon K. Hydrogen induced site depopulation in the LaMgNi$_4$-hydrogen system [J]. Zeitschrift Fur Kristallographie, 2008, 223: 690-696.

[51] Férey A, Cuevas F, Latroche M, et al. Elaboration and characterization of magnesium-substituted La$_5$Ni$_{19}$ hydride forming alloys as active materials for negative electrode in Ni-MH battery [J]. Electrochimica Acta, 2009: 54 (6): 1710-1714.

[52] Denys R V, Riabov A B, Yartys V A, et al. Mg substitution effect on the hydrogenation behaviour, thermodynamic and structural properties of the La$_2$Ni$_7$-H(D)$_2$ system [J]. Journal of Solid State Chemistry, 2008, 181 (4): 812-821.

[53] Denys R V, Riabov B, Yartys V A, et al. Hydrogen storage properties and structure of La$_{1-x}$Mg$_x$(Ni$_{1-y}$Mn$_y$)$_3$ intermetallics and their hydrides [J]. Journal of Alloys and Compounds, 2007, 446-447: 166-172.

[54] Denys R V, Yartys V A, Sato M, et al. Crystal chemistry and thermodynamic properties of anisotropic Ce$_2$Ni$_7$H$_{4.7}$ hydride [J]. Journal of Solid State Chemistry, 2007, 180 (9): 2566-2576.

[55] Yartys V A, Riabov A B, Denys R V, et al. Delaplane. Novel intermetallic hydrides [J]. Journal of Alloys and Compounds, 2006, 408-412: 273-279.

[56] Matylda N G, Bjrn C H, Klaus Y. Hydrogen atom distribution and hydrogen induced site depopulation for the La$_{2-x}$Mg$_x$Ni$_7$-H system [J]. Journal of Solid State Chemistry, 2012, 186: 9-16.

[57] Nakamura J, Iwase K, Hayakawa H, et al. Structural study of La$_4$MgNi$_{19}$ hydride by in situ X-ray and neutron powder diffraction [J]. The Journal of Physical Chemistry C, 2009, 113 (14): 5853-5859.

[58] Young K, Ouchi T, Huang B. Effects of annealing and stoichiometry to (Nd,Mg)(Ni,Al)$_{3.5}$ metal hydride alloys [J]. Journal of Power Sources, 2012, 215: 152-159.

[59] Zhang J L, Han S M, Li Y, et al. Effects of PuNi$_3$-and Ce$_2$Ni$_7$-type phase abundance on electrochemical characteristics of La-Mg-Ni-based alloys [J]. Journal of Alloys and Compounds, 2013, 581: 693-698.

[60] Zhao Y M, Zhang S, Liu X X, et al. Phase formation of Ce$_5$Co$_{19}$-type super-stacking structure and its effect on electrochemical and hydrogen storage properties of La$_{0.60}$M$_{0.20}$Mg$_{0.20}$Ni$_{3.80}$(M = La, Pr, Nd, Gd) compounds [J]. International Journal of Hydrogen Energy, 2018, 43: 17809-17820.

[61] Nwakwuo C C, Holm T, Denys R V, et al. Effect of magnesium content and quenching rate on the phase structure and composition of rapidly solidified La$_2$MgNi$_9$ metal hydride battery electrode alloy [J]. Journal of Alloys and Compounds, 2013, 555: 201-208.

[62] Li Y M, Zhang Y H, Ren H P, et al. Mechanism of distinct high rate dischargeability of La$_4$MgNi$_{19}$ electrode alloys prepared by casting and rapid quenching followed by annealing treatment [J]. International Journal of Hydrogen Energy, 2016, 41: 18571-18581.

[63] Pan H G, Liu Y F, Gao M X, et al. A study on the effect of annealing treatment on the electrochemical properties of $La_{0.67}Mg_{0.33}Ni_{2.5}Co_{0.5}$ alloy electrodes [J]. International Journal of Hydrogen Energy, 2003, 28: 113-117.

[64] Zhang F L, Luo Y C, Chen J P, et al. Effect of annealing treatment on structure and electrochemical properties of $La_{0.67}Mg_{0.33}Ni_{2.5}Co_{0.5}$ alloy electrodes [J]. Journal of Power Sources, 2005, 150: 247-254.

[65] Hu W K, Denys R V, Nwakwuo C C, et al. Annealing effect on phase composition and electrochemical properties of the Co-free La_2MgNi_9 anode for Ni-metal hydride batteries [J]. Electrochimica Acta, 2013, 96: 27-33.

[66] Liu J J, Han S M, Li Y, et al. An investigation on phase transformation and electrochemical properties of as-cast and annealed $La_{0.75}Mg_{0.25}Ni_x$ (x = 3.0, 3.3, 3.5, 3.8) alloys [J]. Journal of Alloys and Compounds, 2013, 552: 119-126.

[67] Liu J J, Zhu S, Cheng H H, et al. Enhanced cycling stability and high rate dischargeability of A_2B_7-type La-Mg-Ni-based alloys by in-situ formed $(La, Mg)_5Ni_{19}$ superlattice phase [J]. Journal of Alloys and Compounds, 2019, 777: 1087-1097.

[68] Li Y M, An X H, Liu Z C, et al. Microstructural heredity of the La-Mg-Ni based electrode alloys during annealing [J]. International Journal of Hydrogen Energy, 2019, 44: 29344-29355.

[69] Liu J J, Han S M, Li Y, et al. Effect of crystal transformation on electrochemical characteristics of La-Mg-Ni-based alloys with A_2B_7-type super-stacking structures [J]. International Journal of Hydrogen Energy, 2013, 38: 14903-14911.

[70] Wan C B, Denys R V, Yartys V A. In situ neutron powder diffraction study of phase-structural transformations in the La-Mg-Ni battery anode alloy [J]. Journal of Alloys and Compounds, 2016, 670: 210-216.

3　层状超晶格 RE-Mg-Ni 合金的相结构和电化学性能

3.1　AB₃ 型层状超晶格储氢合金

1997 年，Kadir 等通过单质烧结反应以及 $MgNi_2$ 和 RNi_5 金属间化合物的烧结反应制备了一系列 AB₃ 型三元层状超晶格 RMg_2Ni_9 合金（R = La，Ce，Pr，Nd，Sm 和 Gd）[1]，引起了研究者们的关注。该类合金的结构是由 [A_2B_4] 和 [AB_5] 亚单元按照 1:1 的比例沿 c 轴方向堆垛而成的，目前文献中报道的大多数 AB₃ 型合金为 3R 型，具有 $R\overline{3}m$ 三方结构，即 $PuNi_3$ 型结构，其中的 [A_2B_4] 亚单元具有 $MgCu_2$ Laves 相结构。但是，最初制备的该类合金其储氢容量（质量分数）仅为 0.3%[1,2]，这主要是因为 [$MgNi_2$] 亚单元存在吸氢惰性，类似于在常规加氢条件下不吸收氢的 $MgNi_2$ Laves 型合金。在后续对 $REMg_2Ni_9$ 体系的结构研究表明，一些具有 $PuNi_3$ 型结构的层状超晶格合金具有比 AB₅ 型合金更高的容量[1,3-6]。随后的研究发现，一些 RE-Mg-Ni 系 AB₃ 型合金也表现出了很好的电化学储氢性能[7-9]。例如，$La_{0.67}Mg_{0.67}Ni_{2.5}Co_{0.5}$ 合金的放电容量为 387mA·h/g[7]；Liao 等人制备了系列 $PuNi_3$ 型 $La_{1-x}Mg_xNi_{3.0}$ 合金，其最大放电容量达到 400mA·h/g[10]。因此，AB₃ 型层状超晶格储氢合金被认为是一种很有前景的可逆储氢材料和镍氢电池负极材料进行了广泛研究。

Denys 等通过粉末中子衍射（PND），研究了 AB₃ 型 La-Mg-Ni 系 $La_{3-x}Mg_xNi_9$（x = 0.5~2.0）合金氢化物中氢原子的分布情况[11]，结果表明，当 x 在 0.5~2.0 的范围内时，在较温和的氢气压力条件下，$La_{3-x}Mg_xNi_9$ 氢化物的氢原子可以同时分布在 [A_2B_4] 和 [AB_5] 亚单元中；通过对 NPD 数据的精修发现，$LaMg_2Ni_9H_{9.5}$ 氢化物实际是由 $LaNi_5H_{5.7}$+$2MgNi_2H_{1.9}$ 组成，而即使在更高的氢气压力下，单独的 $MgNi_2$ 金属间化合物的氢化过程仍然是惰性的；以上现象表明，$LaMg_2Ni_9$ 合金结构中的 AB₅ 晶胞可以促进 $MgNi_2$ 晶胞的加氢反应。但是，$LaMg_2Ni_9$ 合金的放氢平衡氢压力较低，仅为 2MPa(20bar)，因此合金的可逆放氢通常不会十分完全。

此外，Denys 等进一步研究了 AB₃ 型金属氢化物中氢原子的占位情况，结果表明，在 $LaMg_2Ni_9H_{9.5}$ 的 [$MgNi_2H_{1.9}$] 亚单元中，氢原子占据四种类型的四面体间隙，即两个 [$MgNi_3$]（18h 和 6c）和两个 [Mg_2Ni_2]（36i 和 18h）；而 [$LaNi_5H_{5.7}$] 亚单元中的氢原子部分占据 [La_2Ni_4] 八面体和三种类型的四面体间隙，分别为 [Ni_4] 和两种类型的 [$LaMgNi_2$] 位点[11]。对 $La_2MgNi_9D_{13}$ 的结构研究表明，D 原子占据四种间隙类型，即四面体 [$(La, Mg)_2Ni_2$]、[$(La, Mg)Ni_3$] 和 [Ni_4] 以及三角双锥 [$(La, Mg)_3Ni_2$]；通过分析 La/Mg 原子与氘原子之间的距离，作者推断，La 与 D 形成的 16 面体配位（距离在 2.15~2.71Å 之间）和与 Mg 形成的八面体配位局部导致 MgH_6 的形成，如图 3-1 所示[11]。

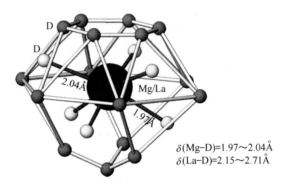

$\delta(Mg-D)=1.97\sim2.04\text{Å}$
$\delta(La-D)=2.15\sim2.71\text{Å}$

图 3-1 $La_2MgNi_9D_{13}$ 结构中 $LaMgNi_4$ 亚单元的 D 亚晶格

图 3-1 中，中心位置为 La 或 Mg。D 位点组成两个不同的共价球：一个以 Mg 为中心的内部变形八面体（键长较短，Mg—D 键长为 1.97~2.04Å）和一个以 La 为中心的外部 16 顶点多面体（键长较长，La—D 为 2.15~2.71Å）。

此外，Liao 等通过烧结 $LaNi_{3-4.5x}Al_{4.5x}$、$MgNi_2$ 和 Ni 的混合粉末制备了 $La_2Mg(Ni_{1-x}Al_x)_9$（x = 0~0.05）合金，所得合金均由具有六方 $PuNi_3$ 型结构的主相和少量杂质相（La_2Ni_7）组成。由于 Al 原子半径（1.82Å）大于 Ni 原子半径（1.62Å），Al 部分取代 Ni 导致晶胞参数 a 和参数 c 变大，晶胞体积增加[12]。Roman 等通过粉末冶金法，采用 $La_{3-x}Mg_xNi_9$ 合金前驱体和 Mg 粉制备了 $La_{3-x}Mg_xNi_9$（x = 0.5, 0.7, 1.0, 1.5, 2.0）合金，合金以 $PuNi_3$ 相为主相（大于80%），由于原子半径的差异（R_{Mg} = 1.602Å，R_{La} = 1.897Å），晶胞体积随着 Mg 含量的增加而线性减小[11]。Liu 等通过逐步烧结 $LaMgNi_4$ 和 $LaNi_5$ 前驱体粉末，制备了 La_2MgNi_9 合金，合金具有单一的 $PuNi_3$ 相结构，合金中 [$LaMgNi_4$] 亚单元的体积为 90.24Å^3，[$LaNi_5$] 亚单元的体积为 88.84Å^3。单相 La_2MgNi_9 合金的晶体信息见表 3-1[13]；单相 La_2MgNi_9 合金在室温下的储氢容量为 1.596%，合金电极可以在 2 个周期内完全活化，其最大放电容量为 392mA·h/g，第 100 周的循环稳定性为 70.1%。

表 3-1 La₂MgNi₉ 合金的晶体结构信息表

空间群	元素	占位	x	y	z	Occ.
$R\bar{3}m$(No. 166) $a = 5.043$Å $c = 24.392$Å $V = 537.21$Å³	La1	$3a$	0	0	0	1
	La2	$6c$	0	0	0.14468	0.52
	Mg	$6c$	0	0	0.14468	0.48
	Ni1	$6c$	0	0	0.32563	1
	Ni2	$3b$	0	0	0.5	1
	Ni3	$18h$	0.49808	0.49808	0.08288	1

Zhang 等通过感应容量后退火的方法制备了 AB₃ 型单相 La-Mg-Ni 系储氢合金,并研究了其生成机制和相组成对其电化学性能的影响[14]。结果表明,铸态 La₀.₆₇Mg₀.₃₃Ni₃ 合金由 PuNi₃ 型 (La, Mg) Ni₃ 相、Gd₂Co₇ 型 (La, Mg)₂Ni₇ 相、Ce₅Co₁₉ 型 (La, Mg)₅Ni₁₉ 相、MgCu₄Sn 型 (La, Mg)₂Ni₄ 相和 CaCu₅ 型 LaNi₅ 相五种相结构组成;合金经过 850℃退火处理后,CaCu₅ 型相与 MgCu₄Sn 型相转变为的液相发生包晶反应被消耗,PuNi₃ 型相含量增加,而 Gd₂Co₇ 型相和 Ce₅Co₁₉ 型相含量变化不大;合金经过 900℃退火处理后,Ce₅Co₁₉ 型相消失,Gd₂Co₇ 型相含量降低,PuNi₃ 型相含量进一步增加,此时合金由 PuNi₃ 型相和 Gd₂Co₇ 型相两相构成。当退火温度进一步升高到 950℃时,合金中的 Gd₂Co₇ 型相完全转变为 PuNi₃ 型相,PuNi₃ 型单相含量达到 100%,合金由 PuNi₃ 型单相结构组成。电化学 P-C-T 曲线结果表明,随着合金中 PuNi₃ 型相含量的增加,合金的平台压降低,作者推测,这是由于 PuNi₃ 型相的放氢平台压力低于 A₂B₇ 和 A₅B₁₉ 型合金相[14,15]。此外,PuNi₃ 型单相合金相对于同组成的多相具有较高的储氢容量,其平台长度约为 0.77H/M❶,最大储氢容量为 1.23H/M;相应地,在充放电循环中其最大放电容量高达 401mA·h/g,高于同系列其他合金,更远高于铸态合金,作者认为,这是由于 CaCu₅ 型相的储氢容量较低,而 MgCu₄Sn 型相在室温条件下放氢较为困难,因此铸态合金的放电容量不高,而 PuNi₃ 型层状超晶格结构合金相由于其 [A₂B₄] 亚单元比例较高,具有较大的储氢容量,因此随着合金中 PuNi₃ 型相含量的增加,其最大放电容量增加[14,16]。然而,由于晶界的减少和较低的 Ni 含量,PuNi₃ 型单相 La₀.₆₇Mg₀.₃₃Ni₃ 合金的高倍率放电性能较差,在 1200mA·h/g 的放电电流密度下其 HRD 仅为 55.7%;单相合金和退火态多相合金的循环寿命比较接近 (S_{100} = 74.8% ~ 76.3%),都远高于铸态合金 (S_{100} = 62.6%)。

---

❶ H/M 为每摩尔金属原子的含氢量,行业惯用用法。

总的来说，AB$_3$ 型储氢合金是发现较早的一类层状超晶格储氢合金，但是由于其中 [A$_2$B$_4$] 亚单元比例较高，在吸放氢循环过程中一方面容易发生粉化非晶，另一方面导致 A 活性物质比例较高，在电化学循环过程中受到电解液腐蚀较为严重，相比于其他层状超晶格合金，其循环稳定性较差。

3.2 A$_2$B$_7$ 型层状超晶格储氢合金

A$_2$B$_7$ 型 La-Mg-Ni 系层状超晶格储氢合金是由 [A$_2$B$_4$] 亚单元和 [AB$_5$] 亚单元以 1:2 的比例沿 c 轴方向堆垛而成，但是与 AB$_3$ 型合金不同，在 A$_2$B$_7$ 型合金相中，Ce$_2$Ni$_7$ 型六方结构（2H-型，空间群 P6$_3$/mmc，No. 194）和 Gd$_2$Co$_7$ 型菱形结构（3R-型，空间群 R$\overline{3}$m，No. 166）两种结构都比较常见。两种结构的区别在于 [A$_2$B$_4$] 亚单元，合金相中的 [A$_2$B$_4$] 亚单元具有 MgZn$_2$ Laves 相结构，而 Gd$_2$Co$_7$ 型合金相中的 [A$_2$B$_4$] 亚单元具有 MgCu$_2$ Laves 相结构[17,18]。但是，La$_2$Ni$_7$ 二元合金中的 A$_2$B$_7$ 型相多以 Ce$_2$Ni$_7$ 型结构存在，Mg 的引入使 Gd$_2$Co$_7$ 型结构大量存在。对 La-Mg-Ni 三元体系等温截面的研究表明，500℃时 Mg 在 La$_2$Ni$_7$ 合金中的溶解度较低（组成为 La$_{1.75}$Mg$_{0.25}$Ni$_7$[19]）；然而，在较高的温度下，Mg 的溶解度急剧增加。通过分步烧结后 750℃长时间保温[20]或感应熔炼后 900℃退火已经得到了单相 La$_{1.5}$Mg$_{0.5}$Ni$_7$ 储氢合金[18]。

A$_2$B$_7$ 型单相 La-Mg-Ni 系储氢合金相对于 AB$_3$ 型单相 La-Mg-Ni 系储氢合金报道较多。2007 年，兰州理工大学 Zhang 等通过感应熔炼后 1173K 下退火处理 24h 制备了具有 Ce$_2$Ni$_7$ 型相和 Gd$_2$Co$_7$ 型相的 La$_{1.5}$Mg$_{0.5}$Ni$_{7.0}$ 储氢合金，精修结果显示，Mg 原子仅占据 Ce$_2$Ni$_7$ 型晶胞的 4f 位，比例为 0.59；在 Gd$_2$Co$_7$ 型晶胞中，Mg 原子主要占据 6c 位，比例为 0.47，另外，少量的 Mg 原子也可以占据 6c 位置，占有率为 0.16[18]。因此，与 PuNi$_3$ 结构 La-Mg-Ni 系合金相类似，Mg 原子在 Ce$_2$Ni$_7$ 型和 Gd$_2$Co$_7$ 型晶胞中也主要占据 Laves 结构单元。电化学性能测试结果表明，相对于多相合金，该 Ce$_2$Ni$_7$-Gd$_2$Co$_7$ 相合金表现出了优越的循环稳定性（S$_{150}$=82%）和高倍率放电性能（HRD$_{900}$=89%）[18]。

随后，Denys 等通过分步烧结（温度范围 600~980℃）由 LaNi$_{4.67}$ 合金粉末和 Mg 粉压成的片，制备了 A$_2$B$_7$ 型 La$_{1.5}$Mg$_{0.5}$Ni$_7$ 单相合金，为了研究氢原子在该合金中的占位情况，作者将两个 [LaNi$_5$] 亚单元的结构描述为与 [LaMgNi$_4$] 连接的外层 [LaNi$_5$] 和夹在两个外层 [LaNi$_5$] 之间的内层 [LaNi$_5$][21]，如图 3-2 所示。研究表明，La$_{1.5}$Mg$_{0.5}$Ni$_7$ 合金氢化/氘化生成 La$_{1.5}$Mg$_{0.5}$Ni$_7$D$_{9.1}$ 后，两种 [LaNi$_5$] 亚单元以及 [LaMgNi$_4$] 亚单元都发生膨胀，且外 [LaNi$_5$] 亚单元膨胀比例最小，为 22.56%，[LaMgNi$_4$] 亚单元膨胀比例最大，为 29.78%，

内［LaNi$_5$］亚单元膨胀比例为 26.64%，形成［LaNi$_5$D$_{5.71}$］[21]。据报道，［LaNi$_5$D$_{5.71}$］是由氘占据以下位置形成的：1.0D 在 Ni$_4$/4e 位点，2.30D 在 Ni$_2$/6m 位点，2.41D 在 LaNi$_3$/12n 位点。该氘原子占位与 LaNi$_5$ 合金氘化后生成的 LaNi$_5$D$_{6.37}$ 基本相同（0.95D 在 4e 位点，3.00D 在/6m 位点，2.42D 在 12n 位点）[22]。

此外，作者发现，由于外［LaNi$_5$］亚单元靠近［LaMgNi$_4$］亚单元，外［LaNi$_5$］的吸氢膨胀比例小于内［LaNi$_5$］，平均每个［LaNi$_5$］单元的储氢量为 4.92 个 D 原子（其中，2.12 个 D 在 6m 位点，2.76 个 D 在 12n 位点），且氢原子不占据其 Ni$_4$/4e 位点[21]。［LaNi$_5$D$_{4.92}$］的结构与 LaNi$_5$D$_{5.5}$ 相似[23]，Mg 的存在使得［AB$_5$］亚单元中 D 的总含量从 5.71 降低到 4.92，然而，与 La-Ni 二元合金中相邻的 La 位点相比，由 Mg 替代形成的间隙位点的占有率增加，但是，Ni$_4$ 位点完全未被 D 占据[21]。作者在内外

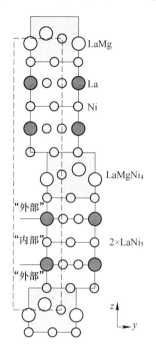

图 3-2 Ce$_2$Ni$_7$ 型单相 La$_{1.5}$Mg$_{0.5}$Ni$_7$ 合金［LaMgNi$_4$］和［LaNi$_5$］堆垛结构示意图

［LaNi$_5$］亚单元中均未观察到 D 的有序占位规律，［LaNi$_5$］亚单元中的 La 原子被一个 21D 位点组成的多面体包围，由于 D—D 键长较短，其中只有 12 个顶点可以同时被 D 占据，如图 3-3 所示[21]。

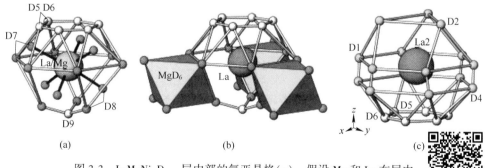

(a)　　　　　(b)　　　　　(c)

图 3-3 LaMgNi$_4$D$_{7.56}$ 层内部的氢亚晶格（a），假设 Mg 和 La 在层中局部有序得到的 MgD$_6$

彩图

八面体和 LaD$_{16}$ 多面体（b），LaNi$_5$ 层内 D 占位的 21 顶点多面体组成的氢亚晶格（c）

（由于受到 D···D 键对于极短 D 原子间距阻碍的限制，其中只有 12 个位点可以同时被占据[21]）

MgZn$_2$ 型［LaMgNi$_4$］亚单元拥有四种类型的 R$_2$Ni$_2$ 位点可以被氢占据，即 $6h_1$、$6h_2$、$12k_1$ 和 $24l$ 位点[24]。除了（La,Mg）$_2$Ni$_2$ 之外，RNi$_3$ 中的 $4f$ 位点也可容纳氢，但是氢优先进入（La,Mg）$_2$Ni$_2$ 位点[21]。作者发现，与 MgZn$_2$ 型金属氢化物结构相似，［LaMgNi$_4$］亚单元中的氢是无序的，这不同于 La$_2$Ni$_7$D$_{6.5}$ 结构，在 La$_2$Ni$_7$D$_{6.5}$ 中所有 D—D 键长均大于 1.8Å，并且氢是完全有序的。La$_2$Ni$_7$D$_{6.5}$ 结构中［La$_2$Ni$_4$］亚单元氢化后的组成为 LaNi$_2$D$_5$，含氢量明显高于［LaMgNi$_4$］亚单元，这与其膨胀比例一致，分别为 47.68% 和 29.78%，见表 3-2[21]。Denys 等对［LaMgNi$_4$］亚单元的氢原子占位进行了详细的研究[21]，结果表明，La/Mg 周围有 22 个位点被 D 部分占据，其中 6 个距离在 2.02~2.06Å 之间，16 个距离在 2.25~2.71Å 之间，考虑到 Mg 和 La 原子半径的显著差异，可以认为在 2.02~2.06Å 之间的位点对应于 Mg 原子周围的八面体，而 La 原子周围围绕着一个 16 顶点的多面体［见图 3-3（a）和（b）］，D 原子总共填充了 9 种间隙位点，如图 2-33 所示。不同于具有各向异性的 La$_2$Ni$_7$D$_{6.5}$ 氢化物只有［La$_2$Ni$_4$］亚单元可容纳氢，La$_{1.5}$Mg$_{0.5}$Ni$_7$D$_{9.1}$ 中的氢既存在于［LaMgNi$_4$］亚单元中又存在于［LaNi$_5$］亚单元中，由三种类型的多面体形成：每个 Mg 原子周围的八面体和围绕 La 原子的 16 个顶点的多面体，如图 3-3 和表 3-3 所示。MgD$_6$ 八面体的位点完全被 H 占据，因此，这些八面体是完全有序的；［LaMgNi$_4$］亚单元中的 La$_1$D$_{16}$ 多面体是部分有序的，最多可以同时容纳 12 个氢原子，6 个 D7、3 个 D8 以及 3 个在［LaMgNi$_4$］和外［LaNi$_5$］亚单元之间的 D5 或 D6 位点。对于［LaMgNi$_4$］亚单元的 La 和 Mg 原子完全有序的情况，D9 位点由于被 Mg 原子周围的三个 D8 原子阻挡，不被氢占据；前面提到的［LaNi$_5$］亚单元内部的 21 顶点 La$_2$D$_{21}$ 多面体最多可以容纳 12 个氢原子，包括相互阻挡的 D1 和 D4 位点，3 个 D2 位点以及 La$_1$D$_{16}$ 多面体中与 D5 和 D6 相同的位点。因此，La$_{1.5}$Mg$_{0.5}$Ni$_7$D$_{11}$ 结构可以表示为 1/2（LaNi$_5$D$_7$（内）+LaNi$_5$D$_6$（外）+LaMgNi$_4$D$_9$）。显然，晶胞的各向同性膨胀是由于合金中包括 Laves 型（［LaMgNi$_4$］亚单元）和两种 Haucke 型（外［LaNi$_5$］和内［LaNi$_5$］）的所有亚单元都达到了较高的含氢量。

表 3-2　La-Ni 系 A$_2$B$_7$ 化合物及其氢化物的晶体学参数比较[21]

参　数	La$_2$Ni$_7$	La$_2$Ni$_7$D$_{6.5}$	La$_{1.5}$Mg$_{0.5}$Ni$_7$	La$_{1.5}$Mg$_{0.5}$Ni$_7$D$_{9.1}$	La$_{1.5}$Mg$_{0.5}$Ni$_7$D$_{8.9}$
a/Å	5.058	4.9534	5.0285	5.3991	5.3854
c/Å	24.71	29.579	24.222	26.543	26.437
V/Å	547.47	658.52	530.42	670.07	664.01
d_{AB_5}（内部）/Å	3.970	3.861	4.001	4.396	4.381

参　数	La₂Ni₇	La₂Ni₇D₆.₅	La₁.₅Mg₀.₅Ni₇	La₁.₅Mg₀.₅Ni₇D₉.₁	La₁.₅Mg₀.₅Ni₇D₈.₉
d_{AB5}(外部)/Å	4.036	4.232	4.045	4.300	4.237
$d_{A_2B_4}$/Å	4.349	6.697	4.065	4.576	4.600
V_{AB_5}(内部)/Å³	87.96	82.04	87.62	110.96	110.05
V_{AB_5}(外部)/Å³	89.42	89.92	88.57	108.55	106.42
$V_{A_2B_4}$/Å³	98.35	142.30	89.01	115.52	115.54
$(\Delta a/a)$/%		-2.07	-0.58	7.37	7.10
$(\Delta c/c)$/%		19.70	-1.97	9.58	9.14
$(\Delta V/V)$/%		14.8	-3.1	26.3	25.2
ΔV_{AB_5}(内部)/%		-6.73	-0.38	26.64	25.59
ΔV_{AB_5}(外部)/%		0.56	-0.95	22.56	20.15
$\Delta V_{A_2B_4}$/%		47.68	-0.72	29.78	29.80

表 3-3　La₁.₅Mg₀.₅Ni₇ 氘化物中晶体结构中的原子间距离[21]　　（Å）

原　子	间　隙	La₁.₅Mg₀.₅Ni₇D₉.₁	La₁.₅Mg₀.₅Ni₇D₈.₉
D1···2La2	四方锥 La2₂Ni2Ni3Ni4	2.709(2)	2.703(2)
D1···Ni2		1.54(1)	1.52(1)
D1···Ni3		1.70(1)	1.72(1)
D1···Ni4		1.86(1)	1.83(1)
D1···D3		1.77(2)	1.72(2)
D1···D4		1.02(1)	1.00(1)
D2···2La2	四面体 La2₂Ni4₂	2.65(1)	2.61(1)
D2···2Ni4		1.566(6)	1.551(5)
D3···Ni2	四面体 Ni2Ni4₃	1.55(2)	1.52(2)
D3···3Ni4		1.69(1)	1.72(1)
D3···3D1		1.77(2)	1.72(2)
D3···D3		1.67(4)	1.71(3)

原　子	间　隙	$La_{1.5}Mg_{0.5}Ni_7D_{9.1}$	$La_{1.5}Mg_{0.5}Ni_7D_{8.9}$
D4···2La2	四方锥 $La2_2Ni2Ni3Ni5$	2.818(5)	2.805(4)
D4···Ni2		1.67(2)	1.67(2)
D4···Ni3		1.68(2)	1.63(2)
D4···Ni5		1.48(1)	1.51(1)
D4···D1		1.02(1)	1.00(1)
D5···(La,Mg)1	四面体 $(La,Mg)1La2Ni5_2$	2.43(2)	2.59(2)
D5···La2		2.66(2)	2.62(3)
D5···2Ni5		1.59(1)	1.55(1)
D5···D6		1.45(1)	1.49(1)
D6···(La,Mg)1	四面体 $(La,Mg)1La2Ni5_2$	2.36(2)	2.34(2)
D6···La2		2.62(2)	2.65(2)
D6···2Ni5		1.65(1)	1.667(8)
D6···D5		1.45(1)	1.49(1)
D6···D8		1.01(2)	1.10(3)
D6···D9		1.79(2)	1.78(2)
D7···2(La,Mg)1	三方锥 $(La,Mg)1_3Ni1Ni5$	2.711(2)	2.708(2)
D7···(La,Mg)1		2.02(1)	2.041(9)
D7···Ni2		1.58(1)	1.50(1)
D7···Ni5		1.63(1)	1.67(1)
D7···2D7		1.96(2)	1.86(2)
D7···2D8		1.71(1)	1.71(1)
D8···(La,Mg)1	四面体 $(La,Mg)1_2Ni5_2$	2.29(3)	2.16(3)
D8···(La,Mg)1		2.06(1)	2.08(1)
D8···2Ni5		1.69(1)	1.74(1)
D8···D6		1.00(2)	1.10(3)
D8···2D7		1.71(1)	1.71(1)

原子	间 隙	La$_{1.5}$Mg$_{0.5}$Ni$_7$D$_{9.1}$	La$_{1.5}$Mg$_{0.5}$Ni$_7$D$_{8.9}$
D8···D9		1.36(2)	1.38(2)
D9···(La,Mg)1	四面体(La,Mg)1Ni5$_3$	2.26(3)	2.34(4)
D9···3Ni5		1.65(1)	1.63(1)
D9···3D6		1.79(2)	1.78(2)
D9···3D8		1.36(2)	1.38(2)

此外，Denys 等尝试将氢气压力从 0.5MPa 降低到 0.1MPa，研究发现单位分子式 La$_{1.5}$Mg$_{0.5}$Ni$_7$ 的氢含量只降低了 0.25，且氢含量的减少伴随的晶胞体积的减小主要发生在 [LaMgNi$_4$] 亚单元中，作者认为这是由于 Mg 原子的存在降低了 [LaMgNi$_4$] 亚单元对氢的亲和力，然而作者发现 [LaMgNi$_4$] 亚单元并未随着这部分氢的释放而收缩（见表 3-2），反而是内外 [LaNi$_5$] 亚单元都发生略微收缩[21]。

为了可控制备特定相组成的 A$_2$B$_7$ 型 La-Mg-Ni 系储氢合金，燕山大学 Zhang 等通过精确控制反应温度，研究了 Ce$_2$Ni$_7$ 型单相 La-Mg-Ni 系合金的生成过程[25]。初始铸态 La$_{0.78}$Mg$_{0.22}$Ni$_{3.45}$ 合金含有 5 个合金相，分别为 CaCu$_5$ 型 LaNi$_5$ 相、Ce$_5$Co$_{19}$ 型 (La,Mg)$_5$Ni$_{19}$ 相、Ce$_2$Ni$_7$ 型 (La,Mg)$_2$Ni$_7$ 相、Gd$_2$Co$_7$ 型 (La,Mg)$_2$Ni$_7$ 相和 MgCu$_4$Sn 型 (La,Mg)$_2$Ni$_4$ 相；随着退火温度升高至 900～925℃，Ce$_5$Co$_{19}$ 型相消失，合金由 Ce$_2$Ni$_7$ 型和 Gd$_2$Co$_7$ 型双相结构组成；随着退火温度进一步升高至 935℃，Gd$_2$Co$_7$ 型相消失，但 Ce$_5$Co$_{19}$ 型相重新出现，并且 Ce$_2$Ni$_7$ 和 Ce$_2$Co$_{19}$ 型相在 935～945℃的温度范围内共存，当温度在 950～975℃范围内，可以获得具有 La$_{0.79}$Mg$_{0.21}$Ni$_{3.47}$（950℃）和 La$_{0.8}$Mg$_{0.2}$Ni$_{3.49}$（975℃）组成的 Ce$_2$Ni$_7$ 型单相合金，相比于多相合金，该单相合金具有较高的储氢容量（1.41%～1.43%）和较小的滞后。

此外，张璐还基于单相 Ce$_2$Ni$_7$ 型 La$_{1.6}$Mg$_{0.4}$Ni$_7$ 合金，采用 XPS、SEM、XRD 和 TEM 等方法，探究了其容量衰减机制[26]。作者发现，XPS 图谱中 La3d 和 Ni2p 的峰随着循环周数的增加逐渐由结合能较低方向向结合能较高方向移动，表明合金表面活性物质逐渐被氧化。Mg2p 的结合能位置高于金属 Mg 的结合能，说明合金表面的 Mg 在空气中已被氧化成 MgO，经过充/放电循环后，由于 Mg(OH)$_2$ 的生成，Mg2p 的结合能反而减小，且随着循环周数的增加，其峰强显著降低并最后几乎消失，作者认为这可能是由于 Mg(OH)$_2$ 经过长时间充/放电循环后非晶化造成的。通过合金在不同充/放电循环周数后合金表面形貌变化图（见图 3-4）发现，经过 2 周充/放电循环后，合金表面出现少量白色针状物

［图 3-4（a）］，并且随着循环周数增加到 10 周，针状物的密度明显增加［见图 3-4（b）］，经过 20 周充电/放电后，较小的针状物聚集形成长度约为 1μm 的纳米棒状物，且该棒状物几乎完全覆盖合金表面，如图 3-4（c）所示。当循环到 40 周时，可以观察到合金表面出现具有规则六边形的薄片状物质［见图 3-4（d）］，并且这些具有规则形状的片状物分散地分布在大量的不规则白色片状物之间，如图 3-4（e）所示；当循环至 100 周时，合金颗粒表面均由这种薄片状物质包裹，如图 3-4（f）所示。结合上述 XPS 分析，作者认为，合金表面白色物质为稀土阳离子 La^{+3} 和 Mg^{+2} 在碱液中被氧化生成的相应氢氧化物，而结合 EDS 分析，合金表面初期针状物和棒状物为 $La(OH)_3$。此外，作者在合金经过 100 周充/放电循环后的 TEM 图中发现对应于 $La(OH)_3$ 的（101）晶面和纳米 Ni 的（111）晶面的衍射斑以及合金体相和 $LaNi_5$ 相，从而作者认为，Ce_2Ni_7 型单相 $La_{1.6}Mg_{0.4}Ni_7$ 合金经过 100 周循环后分解为 $LaNi_5$ 结构。通过以上分析，作者认为，Ce_2Ni_7 型单相 $La_{1.5}Mg_{0.5}Ni_7$ 合金电化学容量的衰减主要是由于 La 和 Mg 的氧化造成的，且 La 先氧化，Mg 后氧化；$La(OH)_3$ 先形成纳米针状结构后生长成纳米棒状结构，最后形成具有不规则六边形的薄片状结构，而 $Mg(OH)_2$ 则生长成既具有规则正六边形和不规则六边形的薄片状结构，且规则六边形 $Mg(OH)_2$ 结构镶嵌在不规则六边形结构中；单相晶体结构在经过 100 周充/放电循环后，单相结构保持完好，合金体相和表面分别出现 $LaNi_5$ 相和 Ni 纳米晶。

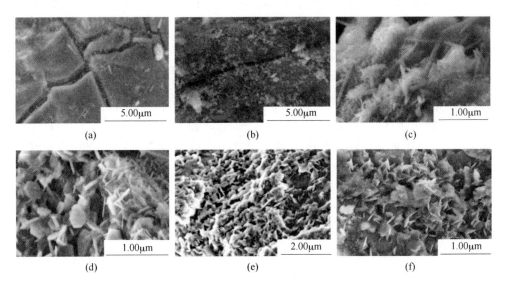

图 3-4 Ce_2Ni_7 型单相 $La_{1.5}Mg_{0.5}Ni_7$ 合金不同充/放电循环周数后表面 SEM 图
(a) 2 周；(b) 10 周；(c) 20 周；(d)(e) 40 周；(f) 100 周

Liu 等通过分步烧结 $LaMgNi_4$ 和 $LaNi_5$ 前驱体粉末，制备了具有单一 Ce_2Ni_7

相结构的 $La_{1.5}Mg_{0.5}Ni_7$ 合金，并以此合金为研究对象，探索了单相 La-Mg-Ni 系合金在充放电循环过程中的亚单元结构变化和结构衰减机制[13]。研究发现，在充/放电过程中，[$LaNi_5$] 和 [$LaMgNi_4$] 亚单元的膨胀/收缩速率不同，导致了两种亚单元体积的不匹配，从而引起单元格之间接触界面的应力。这种体积不匹配主要存在于氢固溶体中，且随着充电深度的增加而逐渐增大，随着放电深度的增加逐渐减小。而氢固溶体的含量随着充电深度的增加而逐渐增多，随着放电深度的增加逐渐降低。二者共同影响使得合金中的应力在充/放电过程中均呈现先升高后降低的趋势，因此得出结论，在合金吸放氢过程中亚单元膨胀收缩行为的不一致是导致该类合金结构破坏和容量衰减的重要原因。在此基础上，Liu 等通过层状超晶格合金的结构特征分析和第一性原理计算，利用 Gd 原子在 [A_2B_4] 和 [AB_5] 两种亚单元之间选择性取代 La，制备了亚单元体积几乎相等的 $La_{0.6}Gd_{0.15}Mg_{0.25}Ni_{3.5}$ 合金，研究表明，在吸/放氢过程中，$La_{0.6}Gd_{0.15}Mg_{0.25}Ni_{3.5}$ 合金的 [A_2B_4] 和 [AB_5] 之间的最大亚单元体积失配仅为 $La_{0.75}Mg_{0.25}Ni_{3.5}$ 合金的一半，相比于 $La_{0.75}Mg_{0.25}Ni_{3.5}$ 合金，$La_{0.6}Gd_{0.15}Mg_{0.25}Ni_{3.5}$ 合金的循环稳定性从 82.1%（$La_{0.75}Mg_{0.25}Ni_{3.5}$）提高到 88.2%（$La_{0.60}Gd_{0.15}Mg_{0.25}Ni_{3.5}$）[13]。

3.3　A₅B₁₉型层状超晶格储氢合金

A_5B_{19} 型 La-Mg-Ni 系层状超晶格合金相是由 [A_2B_4] 和 [AB_5] 亚单元按照 1:3 的比例沿 c 轴方向堆垛而成，根据 [A_2B_4] 亚单元结构的不同也可分为两种结构：一种为 Pr_5Co_{19} 型结构（2H-型，六方结构，空间群为 $P6_3/mmc$）；另一种为 Ce_5Co_{19} 型结构（3R-型，菱形结构，空间群为 $R\overline{3}m$）。前者的 [A_2B_4] 亚单元具有 $MgZn_2$ Laves 相结构，后者的 [A_2B_4] 亚单元具有 $MgCu_2$ Laves 结构。

A_5B_{19} 型相相对于 AB_3 型相和 A_2B_7 型相发现较晚，Yamamoto 等研究二元 La-Ni 合金在 Ni 摩尔分数为 77.8%~83.2%组成范围内的合金相图过程中，在 La_2Ni_7 和 $LaNi_5$ 组成之间首次发现了 Ce_5Co_{19} 型 La_5Ni_{19} 相，并明确了该合金相的稳定存在温度为 1000℃，在 900℃ 以下便会分解为 La_2Ni_7 和 $LaNi_5$ 相[27,28]；而且，作者通过高分辨 TEM 在 La_5Ni_{19} 基面观察到大量的堆垛缺陷，其密度远高于 La_2Ni_7 合金，而且 La_5Ni_{19} 中的缺陷属于层间缺陷，相对而言，La_2Ni_7 合金中的缺陷为层内缺陷[28]。

2006 年，Hayakawa 等制备出三元单相 La_4MgNi_{19} 合金[29]，自此，A_5B_{19} 型储氢合金逐渐开始受到研究者们的关注，并从合金相的生成机制、吸放氢行为、多相作用以及元素组成等方面进行了大量研究。

Hayakawa 等采用温度梯度炉对 La_4MgNi_{19} 合金进行高温热处理，并在密封气氛下控制 Mg 蒸气压，结合快淬处理，制备了单一组成的 La_4MgNi_{19} 合金，作者发现，其最佳退火条件为 $T = 1123K$，$p_{Mg} = 0.4kPa$ 和 $T = 1223K$，$p_{Mg} = 2kPa$[29]。得到的 La_4MgNi_{19} 合金同时含有 2H-型和 3R-型 A_5B_{19} 相，3R-型 A_5B_{19} 相的晶格常数为 $a = 5.031Å$，$c = 48.26Å$，2H-型 A_5B_{19} 相的晶格常数为 $a = 5.032Å$，$c = 32.16Å$；储氢性能测试结果表明，该合金在 333K 时的吸氢平台压为 $p_{H_2} = 0.1MPa$，储氢容量为 1.1H/M，质量比达 1.5%，且合金具有良好的循环稳定性，吸放氢后的结构保持不变，只是在 c 轴方向上膨胀了 1%~2%。

随后，Férey 等通过感应熔炼后 1000℃ 退火和粉末分步烧结的方法分别制备了二元 La_5Ni_{19} 合金和三元 La_4MgNi_{19} 合金，并对比了其晶体结构、热力学和电化学性能[30]。研究发现，La_5Ni_{19} 二元化合物中只存在单一的 2H-型 A_5B_{19} 相，而 La_4MgNi_{19} 合金中同时存在 2H-型和 3R-型 A_5B_{19} 相，Zhang 等也在 La_4MgNi_{19} 合金中同时发现了 2H-型和 3R-型 A_5B_{19} 相共存的情况，Zhang 等指出，Mg 对 La 的部分取代有利于 3R 相的形成，这符合 RE-Ni 系化合物的层状结构是尺寸依赖的事实，即 R 原子半径大时倾向于形成 2H 结构，R 原子半径小时倾向于形成 3R 结构，因此，Mg（半径为 1.60Å）部分取代 La_5Ni_{19} 合金中的 La（半径为 1.87Å）形成 2H-相和 3R-相共存的结构可能是由于 RE 的平均原子半径的减小引起的[31,32]。与 AB_3 型和 A_2B_7 型合金相类似，在 A_5B_{19} 型相中，Mg 也只取代 $[A_2B_4]$ 亚单元中的 La，而且由于 Mg 的原子半径较 La 小，Mg 部分取代 La 使合金相的晶胞参数减小，但是，基面上的晶胞参数减少程度相对较小（-0.42%），而沿 c 轴方向的晶胞参数减少程度相对较大（-1.62%），这与 Mg 只在 $[A_2B_4]$ 亚单元中取代 La 相关，晶胞参数在 a 轴方向仍然受到无 Mg 的 $[LaNi_5]$ 亚单元的限制，而当 Mg 占据 $4f_2$ 位点时，晶胞沿 c 轴方向可以自由收缩[30]。储氢性能测试结果显示，La_4MgNi_{19} 合金中 2H-型和 3R-型 A_5B_{19} 相的吸放氢平台非常接近，在 P-C-T 曲线上只显示一个平坦的平台，而无镁的 La_5Ni_{19} 合金没有明显吸放氢平台，且滞后较大，吸放氢可逆性较差，对应于其可应用范围内的电化学储氢量也较小，而 La_4MgNi_{19} 合金的放电容量可以达到 340mA·h/g[30]。

与 Férey 等制备的 La_5Ni_{19} 合金的相组成不同，Ma 等通过将高频感应熔炼得到的 $LaNi_{3.8}$ 和 $La_{0.8}Mg_{0.2}Ni_{3.8}$ 合金在 950℃ 下退火处理 3 天得到的合金样品均同时含有 2H-型和 3R-型 A_5B_{19} 相，且其比例非常相似，分别为 44.4% 2H-型 + 55.6% 3R-型和 40.1% 2H-型 + 55.9% 3R-型[33]。储氢性能测试表明，与 $LaNi_{3.8}$ 相比，含 Mg 的 $La_{0.8}Mg_{0.2}Ni_{3.8}$ 合金吸放氢平台压更低，滞后更小，但是二者储氢量非常相似，分别为 1.47% 和 1.57%，本书中 $LaNi_{3.8}$ 合金的容量远高于 Férey 等的研究结果[30,33]；此外，与 Amélie 等研究结果不同，Ma 等制备的 $La_{0.8}Mg_{0.2}Ni_{3.8}$ 合金 P-C 等温线曲线上出现了两个吸放氢平台[33]。此外，$La_{0.8}Mg_{0.2}Ni_{3.8}$ 合金的电化学储氢容量（373.1mA·h/g）远高于 $LaNi_{3.8}$ 合金电极（184.0mA·h/g），且 $La_{0.8}Mg_{0.2}Ni_{3.8}$ 合金电极的每周电化学容量衰减率（0.88mA·h/g）远低于

LaNi$_{3.8}$合金电极（1.32mA·h/g），作者认为，部分原因是 Mg 的加入抑制了 LaNi$_{3.8}$合金的氢致非晶化，从而使 La$_{0.8}$Mg$_{0.2}$Ni$_{3.8}$合金电极具有良好的循环稳定性[33]。

Lemort 等通过粉末烧结法（900℃，20天）制备了 Pr-Mg-Ni 系 Pr$_{3.75}$Mg$_{1.25}$Ni$_{19}$ 合金[34]，其 A$_5$B$_{19}$相也是 2H-型和 3R-型共存的，与前期 La$_4$MgNi$_{19}$合金的研究结果一致[30,33,34]。但是由于 A$_5$B$_{19}$相的存在温度区间较窄，而且 PrNi$_5$ 的稳定性较高，所得到的 Pr$_{3.75}$Mg$_{1.25}$Ni$_{19}$合金除了 A$_5$B$_{19}$相之外，还含有少量的 PrNi$_5$ 相[34]。而且作者发现，镁原子同样是在 ［A$_2$B$_4$］亚单元中取代 Pr 原子，作者做出了如下解释，［AB$_5$］亚单元是通常是由 Pr 和 Ni 组成，而不存在 MgNi$_5$，但 ［A$_2$B$_4$］亚单元可以容纳 Pr、Mg 和 Ni，因为 PrNi$_2$ 和 MgNi$_2$ 都是稳定相，而且 2H 和 3R 两种结构的 ［A$_2$B$_4$］亚单元都能容纳 Mg，当从六边形结构（2H）转换到菱形结构（3R）时，取代率似乎没有差异[34]。储氢性能测试表明，Pr$_{3.75}$Mg$_{1.25}$Ni$_{19}$合金需要在 80℃保温数小时后才可以吸氢，室温下其容量可以达到 1.77%，略高于 Pr$_{1.5}$Mg$_{0.5}$Ni$_7$ 合金（1.73%），虽然该合金具有 2H-型和 3R-型两种结构，其 P-C-T 曲线却只有一个平台[34]。

Zhang 等通过不同热处理温度后合金的晶体结构分析以及不同温度下的 P-C-T 和其晶格，应变随吸放氢的变化，揭示了 Pr$_5$Co$_{19}$型和 Ce$_5$Co$_{19}$型合金相的转变过程和吸放氢机制、特性[31]。作者通过将合金粉末冷压成的片在氩气气氛（1MPa）下 900℃ 烧结 48h 后淬火得到了 2H-型和 3R-型 A$_5$B$_{19}$ 相共存的 La$_4$MgNi$_{19}$合金，并通过 EBSD 确定其组成分别为 La$_{16.3\pm0.9}$Mg$_{3.9\pm0.6}$Ni$_{79.8\pm1.7}$ 和 La$_{16.1\pm1.1}$Mg$_{3.8\pm0.6}$Ni$_{80.1\pm1.5}$；为了揭示 2H-型和 3R-型 A$_5$B$_{19}$ 相转变的温度依赖关系，作者将 900℃ 淬火后的合金样品重新加热，并在 840℃、870℃、930℃、960℃保温 10h，然后快淬至室温，结果发现，930℃热处理的样品依然是 2H-型和 3R-型 A$_5$B$_{19}$ 相共存的结构，当热处理温度升高到 960℃时，2H-相和 3R-相消失，取而代之的是 LaNi$_5$、LaMgNi$_4$ 和（La,Mg）$_2$Ni$_7$ 三个新的相，作者推断，在该温度下 La$_4$MgNi$_{19}$相通过包晶反应分解为 LaNi$_5$ 和液相，在随后的淬火过程中，液相重新凝固为 LaMgNi$_4$ 和（La,Mg）$_2$Ni$_7$ 相；当淬火温度降低到 870℃时，2H-型和 3R-型相 A$_5$B$_{19}$相仍然存在，而当温度进一步降低至 840℃时，出现了 LaNi$_5$ 和（La,Mg）$_2$Ni$_7$ 相，说明 La$_4$MgNi$_{19}$ 在 840℃ 时部分分解为 LaNi$_5$ 和（La,Mg）$_2$Ni$_7$，因此可以得出，La$_4$MgNi$_{19}$合金的 A$_5$B$_{19}$型结构相存在于 840～960℃的温度范围内，低于二元 La$_5$Ni$_{19}$合金（1000℃[27]）。作者以 La$_4$MgNi$_{19}$合金为例，提出了 La$_4$MgNi$_{19}$化合物从 2H-型 A$_5$B$_{19}$相到 3R-型 A$_5$B$_{19}$相的转变过程，如图3-5所示，两个合金相的化学组成相同，不需要进行长程原子迁移；2H-型和 3R-型相的堆叠结构可以分别看作 AB-型和 ABC-型，2H-型相晶胞中的 A 结构可以通过滑移矢量 2a/3+b/3（即在 ［210］方向上的 1/3）转变为 3R-型相晶胞中的 C 结构，等价于滑移量为 $-a/3+b/3$ 或 $-a/3-2b/3$；相反，2H-型相晶胞下方的 B 结构是通过 3R-型相晶胞中的 C 结构经过 $-2a/3-b/3$ 而形成；与此同时，必须相应地调整滑移和未滑移结构之间的 ［LaMgNi$_4$］亚单元，即滑移侧的（La+Mg）层随滑移块体一起位移，非滑移侧保持不位移，而两层（La+Mg）层之间的 Ni 层则反向位移；从 3R-型相到 2H-型相的转变可能遵循相反的过程[31]。La$_4$MgNi$_{19}$ 合金的吸放氢研究表明，2H-型 A$_5$B$_{19}$ 相的吸放氢平衡压力低于 3R-型 A$_5$B$_{19}$ 相，但二者的平台压力在 P-C-T 中几乎没有区别，平均氢化焓变为 $-32.1kJ/mol\ H_2$，平均脱氢焓变为 $31.5kJ/mol\ H_2$；随着氢溶固溶体相中氢含量的增加，2H-型和 3R-型结构中的晶格应变逐渐增大，但当氢溶固溶体相完全转化为相应的氢化物相时，晶格应变急剧减小，这表明氢先在 2H 和 3R 氢固溶体相中填充 ［LaMgNi$_4$］亚单元的间隙位置，然后在氢化物相中填充 ［LaNi$_5$］亚单元的间隙位置[31]。

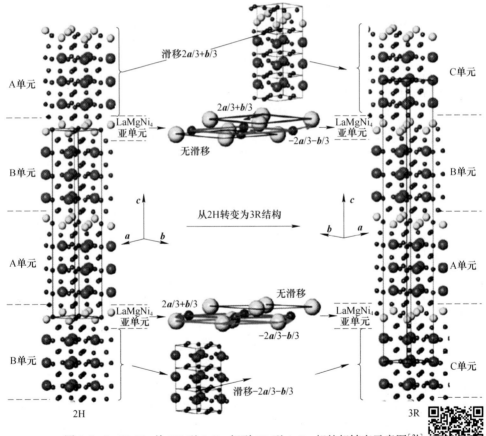

图 3-5　La$_4$MgNi$_{19}$ 从 2H-型 A$_5$B$_{19}$ 相到 3R-型 A$_5$B$_{19}$ 相的相转变示意图[31]
（La、(La+Mg) 和 Ni 原子分别用红色、黄色和蓝色球体表示）

彩图

Liu 等通过分析铸态 $La_{0.78}Mg_{0.22}Ni_{3.73}$ 合金在如图 3-6 所示的分步热处理过程中的相转变，研究了 2H-型 $(La,Mg)_5Ni_{19}$ 单相结构的生成过程[35]。研究表明，铸态合金相组成非常复杂，含有 $(La,Mg)Ni_3$ 相、$(La,Mg)_2Ni_7$ 相、$(La,Mg)_5Ni_{19}$ 相以及 $LaNi_5$ 相；800℃退火后，位于相图两侧的 $(La,Mg)Ni_3$ 和 $LaNi_5$ 相丰度急剧下降，而位于二者之间的 $(La,Mg)_2Ni_7$ 相丰度显著增加，且 $(La,Mg)_5Ni_{19}$ 相丰度也有所增加；根据 La-Ni 二元相图[27]，形成 $(La,Mg)_2Ni_7$ 和 $(La,Mg)_5Ni_{19}$ 相的包晶反应温度分别约为 877℃和 930℃，因此在该阶段几乎不发生包晶反应。因此，作者认为，在该阶段 $(La,Mg)Ni_3$ 和 $LaNi_5$ 相之间发生了固-固反应，见式 (3-1)，同时，也发生了 $(La,Mg)_2Ni_7+LaNi_5$ 反应，见式 (3-2)。

$$(La,Mg)Ni_3 + LaNi_5 \longrightarrow (La,Mg)_2Ni_7 \qquad (3-1)$$

$$(La,Mg)_2Ni_7 + LaNi_5 \longrightarrow (La,Mg)_5Ni_{19} \qquad (3-2)$$

经进一步 850℃退火后，3R-型 $(La,Mg)_2Ni_7$ 相丰度减少，2H-型和 3R-型 $(La,Mg)_5Ni_{19}$ 相丰度均增加。该阶段的温度仍远低于形成 $(La,Mg)_5Ni_{19}$ 相 (930℃) 的包晶反应温度。因此，相应的反应也是固-固反应，如式 (3-3) 所示。同时，随着式 (3-1) 的进行，$LaNi_5$ 相的丰度进一步降低，$(La,Mg)Ni_3$ 相消失。

$$(La,Mg)_2Ni_7 - 3R + LaNi_5 \longrightarrow (La,Mg)_5Ni_{19} \qquad (3-3)$$

当温度进一步升高至 900℃ 时，3R-型 $(La,Mg)_2Ni_7$ 相完全消失，2H-型 $(La,Mg)_2Ni_7$ 相含量显著减少，同时 $(La,Mg)_5Ni_{19}$ 相含量增加，表明 3R-型 $(La,Mg)_2Ni_7$ 相完全转变为 $(La,Mg)_5Ni_{19}$ 相，并且 2H-型 $(La,Mg)_2Ni_7$ 相在此阶段开始转变为 $(La,Mg)_5Ni_{19}$ 相，如式 (3-4) 所示。此外，当热处理温度高于 900℃时，Mg 挥发量会显著增多，因此，除了式 (3-4) 之外，式 (3-5) 也在此阶段发生：

$$(La,Mg)_2Ni_7 - 2H + LaNi_5 \longrightarrow (La,Mg)_5Ni_{19} \qquad (3-4)$$

$$(La,Mg)_2Ni_7 \xrightarrow{\text{Mg 挥发}} (La,Mg)_5Ni_{19} \qquad (3-5)$$

经进一步 950℃保温后，合金仅含有 $(La,Mg)_5Ni_{19}$ 单相结构，这意味着式 (3-5) 在此阶段进行直到耗尽 $(La,Mg)_2Ni_7$ 相。但在 975℃下进一步加热后，2H-型 $(La,Mg)_2Ni_7$ 相和 $LaNi_5$ 相重新出现，而 3R-型 $(La,Mg)_5Ni_{19}$ 相消失，与 Zhang 等的报道一致[31]，其反应式如下：

$$(La,Mg)_5Ni_{19} - 3R \xrightarrow{975℃} (La,Mg)_2Ni_7 - 2H + LaNi_5 \qquad (3-6)$$

最终得到的 $(La,Mg)_5Ni_{19}$ 单相合金具有良好的结构稳定性，在反复充放电循环过程中具有较强的抗粉化和抗氧化/腐蚀能力，循环寿命达到 400 周以上，是多相铸态合金的近 3 倍；同时，该合金表现出优异的动力学性能，在 1500mA·h/g 放电电流密度下的高倍率放电性能为 62.4%，而铸态合金电极仅为 51.2%。

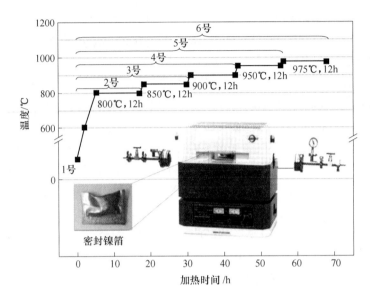

图 3-6　分步退火处理的设备和加热方案

在相图上，与 A_5B_{19} 型相相邻的分别为 A_2B_7 型相和 AB_5 型相（AB_4 型相虽然介于 A_5B_{19} 型相与 AB_5 型相之间，但是其稳定性较差，出现概率较低），因此 A_5B_{19} 相常与以上两相共存。Zhao 等通过粉末分步烧结的方法，制备得到了 Pr_5Co_{19} 单相 $La_{0.84}Mg_{0.16}Ni_{3.80}$ 合金并研究了 Ce_2Ni_7 相和 $LaNi_5$ 相的引入对其晶体结构和电化学性能的影响[36]。结果表明，Pr_5Co_{19} 单相 $La_{0.84}Mg_{0.16}Ni_{3.80}$ 合金的放电容量为 338mA·h/g，充放电循环 100 周后的容量保持率为 77.0%，在放电电流密度为 1500mA·h/g 时的放电容量为 174mA·h/g，对应的 HRD_{1500} 为 52%。当合金中引入 40% 的 Ce_2Ni_7 相时，合金电极的最大放电容量提高到 388mA·h/g，100 周的容量保持率提高到 85.3%；当向 Pr_5Co_{19} 单相合金中引入 20% 的 $LaNi_5$ 相时，合金电极的 HRD_{1500} 提高至 56%。综上，向 Pr_5Co_{19} 单相中引入 Ce_2Ni_7 有利于合金电极最大放电容量和循环稳定性的改善，而引入 $LaNi_5$ 相有利于合金电极高倍率放电性能的改善。Liu 等通过将 $(La,Mg)_5Ni_{19}$ 合金（ICP 组成为 $La_{0.83}Mg_{0.17}Ni_{3.9}$，EDX 组成为 $La_{0.82}Mg_{0.18}Ni_{3.9}$）在 1123K 退火 3 天得到了以 A_5B_{19} 型相为主相，以 AB_5 型相和 A_2B_7 型相为次要相的合金，作者发现，该相组成有利于合金在反复吸放氢和充放电过程中的循环稳定性，合金 100 次充放电循环后其容量仍保持在 270mA·h/g，容量保持率为 85.2%；而且该合金在室温下具有较高的高倍率放电容量，在电流密度为 3600mA·h/g（10C）时，其放电容量保持在 140mA·h/g，对应于 HRD 为 70%[37]。

Nakamura 等通过原位中子衍射（ND）和原位 XRD 测定了 3R-型 A_5B_{19} 氢化

物相（La₄MgNi₁₉Dₓ）的晶体结构，并与相关材料比较，讨论了［AB₅］和［A₂B₄］亚单元的晶格膨胀和氢原子占位情况[38]。作者将组成A₅B₁₉相结构的亚单元分成三种，分别为［A₂B₄］亚单元、与［A₂B₄］亚单元相邻的［AB₅］亚单元（［AB₅-1］）和位于两个［AB₅-1］亚单元之间的［AB₅］亚单元（［AB₅-2］），如图3-7所示。精修结果表明，氢原子几乎均匀地占据了A₅B₁₉相中的所有亚单元，与其体积膨胀结果一致；A₅B₁₉相吸氢后没有中间相生成，而是直接转变为H(D)/M≈1的氢化物。吸氢后合金中［A₂B₄］亚单元在a轴方向上膨胀7.3（0）%（Δa/a = 7.3(0)%），在c轴方向上膨胀9.4(7)%（Δc/c = 9.4(7)%），由于与其相连的［AB₅］亚单元的限制，以上各向异性晶格膨胀在这种层状超晶格结构中经常观察到。表3-4中总结了每个位点的氢占用率，对于［A₂B₄］亚单元，除了位于［A₂B₄］亚单元与［AB₅-1］亚单元边界处的2La和2Ni包围的四面体位点（T［La₂Ni₂]）外，氢还占据了位于［A₂B₄］亚单元中心的T［(La,Mg)₂Ni₂]位点；与［AB₅-1］亚单元更靠近的另一个T位点几乎没有被氢占据；考虑到报道中的MgZn₂型氢化物两个T位点都被占据[38-41]，作者认为这种占位的缺失可能与［A₂B₄］亚单元和［AB₅］亚单元之间晶格不匹配引起的应变有关。

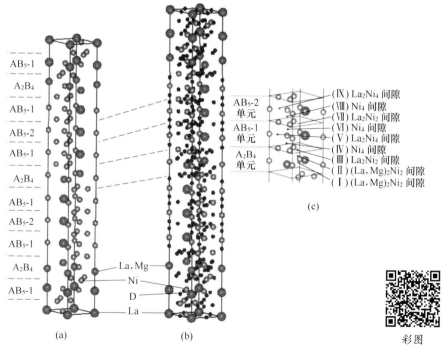

图3-7 合金的晶体结构(a)、5∶19R相(La₄MgNi₁₉)氢化物的晶体结构(b)和
AB₂、AB₅-1和AB₅-2晶格的氢间质位点(c)

表 3-4　5∶19R(La$_4$MgNi$_{19}$) 合金和氢化物相各单元的体积膨胀和 D/M

La$_4$MgNi$_{19}$	数值	A$_2$B$_4$ 单元	AB$_5$-1 单元	AB$_5$-2 单元	ErNi$_2$	LaNi$_5$
合金相						
a 轴/Å	5.0298(2)	5.0298(2)	5.0298(2)	5.0298(2)	5.027	5.013
c 轴/Å	48.235(3)	4.05(0)	4.02(0)	3.98(0)	4.104	3.983
V 轴/Å^3	10.5680(9)	0.8873(1)	0.8808(1)	0.8720(1)	0.8982	0.8668
氢化物相						
a 轴/Å	5.3990(3)	5.3990(3)	5.3990(3)	5.3990(3)	5.431	5.388
c 轴/Å	52.458(3)	4.43(3)	4.42(2)	4.23(3)	4.434	4.280(=c/2)
V 轴/Å^3	13.242(1)	1.118(8)	1.116(5)	1.068(8)	1.1326	1.0760
(Δa/a)/%	7.3(0)	7.3(0)	7.3(0)	7.3(0)	8.0	7.5
(Δc/c)/%	8.8(0)	9.4(7)	10.0(5)	6.3(8)	8.0	7.5
(ΔV/V)/%	25.306(8)	26.0(9)	26.7(6)	22.5(9)	26.1	24.1
D/M	0.91(5)	0.98(6)	0.82(5)	1.04(5)	1.17	1.08

对于 [AB$_5$] 亚单元，Δa/a = 7.3(0)%，与 LaNi$_5$ 合金的情况非常相近 (7.5%)，而与 LaNi$_5$ 合金相比，[AB$_5$-1] 亚单元膨胀比例较大 (10.0(5)%)，[AB$_5$-2] 亚单元膨胀比例较小 (6.3(8)%)，这是由于 [AB$_5$-2] 亚单元位于两个 [AB$_5$-1] 亚单元之间，与 [A$_2$B$_4$] 亚单元分离，因此，[AB$_5$-2] 亚单元的情况与 LaNi$_5$ 合金类似。实际上，未吸氢时其 a 轴 (0.50298(2)nm) 和 c 轴 (0.398(0)nm)。与氢化物相 a 轴 (5.3990(3)Å) 和 c 轴 (4.23(3)Å) 的晶格参数与 LaNi$_5$ 合金 (a = 5.013Å，c = 3.983Å) 和其氢化物 (a = 5.388Å，c = 4.280Å) 的膨胀率相似，其晶格膨胀率分别为 24.1%（LaNi$_5$ 合金氢化物）和 22.5(9)%（[AB$_5$-2] 亚单元吸满氢）[38]。

[AB$_5$-1] 亚单元的 D/M 比 [AB$_5$-2] 亚单元小，但体积膨胀更大（见表 3-4），其体积膨胀与 [A$_2$B$_4$] 亚单元非常相似，这些结果表明 [AB$_5$-1] 亚单元由于在一定程度上受邻近 [A$_2$B$_4$] 亚单元的影响，其吸氢行为不同于 [AB$_5$-2] 亚单元；在 [A$_2$B$_4$] 亚单元和 [AB$_5$-1] 亚单元边界位点的氢占位比例比其他位点小，在 [A$_2$B$_4$] 亚单元中 (Ⅴ) 为 0.54 (2)，(Ⅸ) 为 0.80 (3)；在 [A$_2$B$_2$] 亚单元中，(Ⅲ) 为 0.36 (2)，(Ⅶ) 为 0.45 (1)。作者认为，这也与 [A$_2$B$_4$] 亚单元和 [AB$_5$-1] 亚单元之间晶格不匹配引起的应变有关[38]。

随着制备技术的提高和相关研究的深入，单相 A_5B_{19} 型合金的元素组成由最初的简单元素向复杂元素转变，元素优化使合金的综合储氢性能进一步得到提高。Wang 等以 99.5% 纯度的 La、Sm、Nd、Mg、Ni 和 Al 的混合物为原料，在氩气中通过感应熔炼法制备了铸态 $La_{0.64}Sm_{0.08}Nd_{0.08}Mg_{0.20}Ni_{3.64}Al_{0.10}$ 合金，并在 900~995℃ 范围内的退火过程中，得到了由 2H-型和 3R-型结构组成的 A_5B_{19} 相，且随着温度的升高，2H-型 A_5B_{19} 相丰度从 34.6% 增加到 84.7%，相应的 3R-型 A_5B_{19} 相丰度从 65.4% 下降到 15.3%。作者以 995℃ 退火合金为例，研究了其气固储氢性能，结果表明，合金具有明显的平台区，在 40℃ 和 6.0MPa H_2 下的最大氢容量（质量分数）为 1.45%，平台的压力为 0.042MPa，满足作为 Ni/MH 电池负极的压力范围 0.01~0.1MPa。电化学储氢性能结果表明，该合金 2 周即可完全活化，其最大放电容量为 371.8mA·h/g，且表现出优异的循环稳定性，第 100 周的容量保持率为 89.4%，高于简单三元 $(La,Mg)_5Ni_{19}$ 合金（79.0%）以及 $La_3SmMgNi_{19}$（81.1%）、$La_3GdMgNi_{19}$（74.9%）、La_3YMgNi_{19}（79.4%）合金和商业型 AB_5 型合金（84.7%）[42]，第 200 周的容量保持率为 76.6%[43]。

3.4 AB_3、A_2B_7 和 A_5B_{19} 型合金的对比研究

随着对 AB_3、A_2B_7 和 A_5B_{19} 三种类型层状超晶格储氢合金可控制备技术的提高和研究的深入，研究者们基于单相合金，系统研究和对比了三者的结构特征和吸放氢特性。

Crivello 等通过对 AB_y 合金相 $[y=(5n+4)/(n+2)]$ 从 $n=1$ 到 $n=5$ 的几种构型进行系统的 DFT 计算研究，考察层状超晶格结构 La-Mg-Ni 系三元合金相的结构稳定性[44]。结果表明，除了 $n=0$ 和 $n=1$ 外，AB_y 相的形成是由 $n[AB_5]+[A_2B_4]$ 亚单元沿 c 轴方向按两种顺序堆垛而成的，一种是菱形（2H-型），另一种是六边形（3R-型），2H-型和 3R-型层状超晶格结构之间没有显著差异[44]。作者指出，Mg 优先填充配位数为 16 的 A，对应于 $[A_2B_4]$ 亚单元；此外，比较构型的稳定表明，所有 $LaNi_y$ 相在 0K 下都是稳定的，而 $MgNi_y$ 化合物分解为 $MgNi_2+(y-2)Ni$；由于 AB_y 相的形成是 $[A_2B_4]$ 亚单元（$n=0$）到 $n[AB_5]$（$n=\infty$）亚单元的连续叠加，作者认为所有 $LaNi_y$ 相都可能形成，且当 $[A_2B_4]$ 亚单元中有一半 A 元素被 Mg 取代时，该合金相在 0K 时是稳定的，也就是说当两个堆垛结构的亚单元为 $n[LaNi_5]+[LaMgNi_4]$ 时，$(La,Mg)Ni_y$ 相稳定存在；但是，Mg 含量的增加会引起 $(La_xMg_{1-x})Ni_y$ 相分解为 $xLaNi_5+(1-x)MgNi_2$ 相；此外，计算结果还表明，Mg 部分取代 La 以及 Ni 比例的增加（即 n 数的增加）都会导致 AB_y 相中晶胞参数 a 和 c 的降低，其中 a 的变化不太敏感[44]。

Liu 等通过严格控制反应条件，制备了 (La, Mg) Ni$_3$ 单相 La$_2$MgNi$_9$ 合金、(La, Mg)$_2$Ni$_7$ 单相 La$_3$MgNi$_{14}$ 合金和 (La, Mg)$_5$Ni$_{19}$ 单相 La$_4$MgNi$_{19}$ 合金，并综合比较分析了三者的生成条件和电化学性能等[13]。作者发现，(La, Mg) Ni$_3$ 相可由 LaNi$_5$ 固相与 LaMgNi$_4$ 高温熔化得到的液相在 1010~1118K 温度范围内（1064K 左右）反应生成；(La, Mg)$_2$Ni$_7$ 相可由 LaNi$_5$ 固相与 (La, Mg) Ni$_3$ 相高温熔化得到的液相在 1138K~1162K 温度范围内（1150K 左右）反应生成；而 (La, Mg)$_5$Ni$_{19}$ 相可由 LaNi$_5$ 固相与 (La, Mg)$_2$Ni$_7$ 相高温熔化得到的液相在 1200~1208K 温度范围内（1203K 左右）反应生成[13]。电化学研究表明，La$_2$MgNi$_9$、La$_3$MgNi$_{14}$ 和 La$_4$MgNi$_{19}$ 合金电极的放电容量分别为 392mA·h/g、386mA·h/g 和 367mA·h/g，随着 [LaNi$_5$] 和 [LaMgNi$_4$] 亚单元比例的增加而减小；高倍率放电性能和循环稳定性分别为 41.7%、49.5%、66.4% 和 70.1%、83.0%、85.7%，均随着 [LaNi$_5$] 和 [LaMgNi$_4$] 亚单元比例增加而增大[13]。从综合电化学性能来讲，La$_3$MgNi$_{14}$ 单相合金的表现较为均衡。此外，为了研究三者的衰减过程，作者比较了三个单相合金在不同充/放电阶段的内部应力[13]，作者发现，在充电前和完全充电阶段，合金内部的应力很小，但是，在充/放电过程中，合金内部的应力均呈现 La$_2$MgNi$_9$ > La$_3$MgNi$_{14}$ > La$_4$MgNi$_{19}$ 的趋势，即随着 [LaNi$_5$]/[LaMgNi$_4$] 比例的升高合金内部应力降低；该现象与合金 100 周充/放电循环以后 XRD 峰强的降低程度和宽化程度随着 [LaNi$_5$]/[LaMgNi$_4$] 比例的增加而减小的趋势相一致；基于合金内部应力很大部分源于 [LaMgNi$_4$] 和 [LaNi$_5$] 亚单元吸放氢过程不同步造成连接基面互相限制，作者认为 [LaMgNi$_4$] 和 [LaNi$_5$] 亚单元对二者之间体积不匹配的缓冲能力的大小很大程度上影响着合金内部应力的大小，在 (La, Mg) Ni$_3$ 相、(La, Mg)$_2$Ni$_7$ 相和 (La, Mg)$_5$Ni$_{19}$ 相中，两个 [LaMgNi$_4$] 亚单元之间分别有一个、两个和三个 [LaNi$_5$] 亚单元，当 [LaMgNi$_4$] 和 [LaNi$_5$] 亚单元体积不匹配时，两个亚单元会发生扭曲，而扭曲的程度随着缓冲距离的增加而减小，即随着两个 [LaMgNi$_4$] 亚单元之间 [LaNi$_5$] 亚单元数目的增加而减小，所以在充/放电过程中，三个合金中应力的顺序为 La$_2$MgNi$_9$ > La$_3$MgNi$_{14}$ > La$_4$MgNi$_{19}$，相应地，合金充/放电 100 周后的粉化程度呈现 La$_2$MgNi$_9$ > La$_3$MgNi$_{14}$ > La$_4$MgNi$_{19}$ 的趋势，合金在 6mol/L 的 KOH 电解液中循环 100 周的含氧量（质量分数）分别为 4.23%、3.53% 和 2.94%，也呈现减小的趋势，这是由于粒径较大的合金颗粒具有较大的氧化腐蚀电阻。

Yamamoto 等[27]通过在 1173K 下退火 8h 得到了相结构较为单一的 Mn 部分取代 Ni 的 A$_2$B$_7$ 型 La$_{0.83}$Mg$_{0.17}$Ni$_{3.4}$Mn$_{0.1}$ 合金和 A$_5$B$_{19}$ 型 La$_{0.83}$Mg$_{0.17}$Ni$_{3.6}$Mn$_{0.1}$ 合金，并比较了二者的电化学储氢性能，结果表明，La$_{0.83}$Mg$_{0.17}$Ni$_{3.4}$Mn$_{0.1}$ 和 La$_{0.83}$Mg$_{0.17}$Ni$_{3.6}$Mn$_{0.1}$ 合金活化周数基本相同，A$_5$B$_{19}$ 型 La$_{0.83}$Mg$_{0.17}$Ni$_{3.6}$Mn$_{0.1}$ 合

金的最大放电容量为371.38mA·h/g，低于A_2B_7型$La_{0.83}Mg_{0.17}Ni_{3.4}Mn_{0.1}$合金（386.12mA·h/g）；$La_{0.83}Mg_{0.17}Ni_{3.4}Mn_{0.1}$和$La_{0.83}Mg_{0.17}Ni_{3.6}Mn_{0.1}$合金电极循环100周的容量保持率均在85%以上，表明二者的化学腐蚀速率基本相同；此外，电化学动力学研究表明，$La_{0.83}Mg_{0.17}Ni_{3.4}Mn_{0.1}$和$La_{0.83}Mg_{0.17}Ni_{3.6}Mn_{0.1}$合金电极的高倍率放电性能与其交换电流密度变化趋势一致，因此合金电极的高倍率放电性能主要由发生在电极表面的电荷转移速率所控制，A_5B_{19}型$La_{0.83}Mg_{0.17}Ni_{3.6}Mn_{0.1}$合金的高倍率放电性能（$HRD_{900}=85\%$）高于$A_2B_7$型$La_{0.83}Mg_{0.17}Ni_{3.4}Mn_{0.1}$合金（$HRD_{900}=76.6\%$），作者认为，这是由于$A_5B_{19}$型相结构合金电极表面的电催化活性高于$A_2B_7$型相结构合金电极表面的电催化活性[28]。

Zhao等采用$LaMgNi_4$和$La_{0.60}Gd_{0.15}Mg_{0.25}Ni_{3.60}$前驱物通过粉末烧结法分别制备了Gd元素部分取代La元素的组成为$La_{0.60}Gd_{0.15}Mg_{0.25}Ni_{3.0}$、$La_{0.60}Gd_{0.15}Mg_{0.25}Ni_{3.5}$和$La_{0.60}Gd_{0.15}Mg_{0.25}Ni_{3.8}$的单相$AB_3$型、$A_2B_7$型和$A_5B_{19}$型La-Gd-Mg-Ni基储氢合金，并系统研究了相结构对合金电化学性能尤其是动力学性能的影响机理[45]。结果表明，随着$LaMgNi_4$和$La_{0.60}Gd_{0.15}Mg_{0.25}Ni_{3.60}$前驱物比例的降低，合金相组成逐渐由$AB_3$型相转变为$A_5B_{19}$型相，相应的合金的电化学储氢容量逐渐降低，动力学性能显著提高，1800mA/g放电电流密度下的高倍率放电性能由35.2%（$La_{0.60}Gd_{0.15}Mg_{0.25}Ni_{3.0}$）提高到56.0%（$La_{0.60}Gd_{0.15}Mg_{0.25}Ni_{3.8}$）；为了揭示$La_{0.60}Gd_{0.15}Mg_{0.25}Ni_{3.8}$合金电极的高倍率放电机理，作者采用线性极化研究了合金电极/电解液界面间的电荷转移速率，采用阳极极化和恒电位阶跃考察了氢原子在合金本体中的扩散速率，结果表明，$La_{0.60}Gd_{0.15}Mg_{0.25}Ni_{3.60}$合金电极具有优越的电荷转移速率，三个合金交换电流密度（I_0值）的变化趋势与HRD_{1800}的变化趋势相同，说明电荷转移是反应控制步骤；而合金的极限电流密度和氢扩散速率的变化趋势与HRD_{1800}的变化趋势没有线性关系，作者由此推断，在该系列合金的大电流放电过程中，合金块体中的氢扩散速率很接近，氢的扩散不是控制步骤，这与杨晓峰的研究结果一致[28]。

Zhang等通过对不同堆垛模式的Sm-Mg-Ni系Sm_2MgNi_9（[RNi_5]/[$RMgNi_4$]=1:1）、Sm_3MgNi_{14}（[RNi_5]/[$RMgNi_4$]=2:1）和Sm_4MgNi_{19}（[RNi_5]/[$RMgNi_4$]=3:1）合金的结构和吸放氢特性进行比较研究，揭示了[RNi_5]/[$RMgNi_4$]亚单元比例对其储氢性能的影响[46]。结构测试结果表明，Sm_3MgNi_{14}和Sm_4MgNi_{19}合金均含有2H-型和3R-型两种相结构，而Sm_2MgNi_9合金只有3R-型相结构；同一堆垛比例合金相的2H-型和3R-型相结构亚单元参数非常接近；但是，随着[RNi_5]/[$RMgNi_4$]比例的增加，亚单元参数和体积有变小的趋势；作者指出，$SmMgNi_4$合金的a值要大于$SmNi_5$合金的a值，因此，在层状超晶格结构Sm_2MgNi_9、Sm_3MgNi_{14}和Sm_4MgNi_{19}合金中，[$SmMgNi_4$]和[$SmNi_5$]亚单元需要克服连接基面的失配将a轴调节到相同长度，导致[$SmMgNi_4$]亚单元相

对收缩和 [SmNi$_5$] 亚单元相对膨胀[46]。储氢性能测试结果表明，由于同一层状超晶格结构的 2H-型和 3R-型相吸放氢平台非常接近，所以同时含有以上两种构型的 Sm$_3$MgNi$_{14}$ 和 Sm$_4$MgNi$_{19}$ 合金的 P-C-T 曲线只有一个平台；此外，吸放氢压力随着平均亚单元体积的减小，即 [SmNi$_5$]/[SmMgNi$_4$] 比例的增加而升高，相应的吸氢焓变的绝对值减小，表明氢化物稳定性降低；与 SmMgNi$_4$ 和 SmNi$_5$ 合金相比，Sm$_2$MgNi$_9$、Sm$_3$MgNi$_{14}$ 和 Sm$_4$MgNi$_{19}$ 层状超晶格合金的吸放氢平台较为倾斜，且平台斜度随着 [SmNi$_5$]/[SmMgNi$_4$] 亚单元比值从 1 提高到 3 呈上升趋势，作者认为，这是由于层状超晶格 RE-Mg-Ni 合金中存在着不同环境和不同氢亲合度的晶格间隙，随着二者亚单元比值从 1 增加到 3，合金中氢原子占位的环境变化变得更加复杂；此外，研究表明，随着 [SmNi$_5$]/[SmMgNi$_4$] 亚单元比值从 1 增加到 3，滞后因子逐渐减小，作者认为这与合金吸氢后体积膨胀的减小有关；合金的吸放氢容量和循环性能结果表明，随着 [RNi$_5$]/[RMgNi$_4$] 亚单元比值升高，合金的储氢容量有所下降，且 30 次吸放氢循环后，合金的容量保持率随 [SmNi$_5$]/[SmMgNi$_4$] 亚单元比值的增加而升高，相应地，晶格应变减小[46]。作者认为，位错的形成是导致容量下降的重要因素，因为位错的积累可以增大晶格应变；为了证明上述观点，作者对 SmMgNi$_4$、Sm$_2$MgNi$_9$、Sm$_3$MgNi$_{14}$、Sm$_4$MgNi$_{19}$ 和 SmNi$_5$ 合金进行了力学性能测试，结果表明，弹性模量和硬度随着 [SmNi$_5$]/[SmMgNi$_4$] 亚单元比值的增大而增大，这说明 [SmNi$_5$]/[SmMgNi$_4$] 的增加可以提高位错的生成能，作者认为这一现象会使合金在吸氢过程中更容易粉化而非产生位错，因此 [SmNi$_5$]/[SmMgNi$_4$] 比值较高的合金循环稳定性较好[46]。Charbonnier 等研究结果也表明，Sm$_5$Ni$_{19}$ 在循环过程中比 Sm$_2$Ni$_7$ 更稳定，作者指出这是由于 Sm$_5$Ni$_{19}$ 的 [AB$_5$] 亚单元数量更多[47]。

为了解决在感应熔炼过程中 Mg 不易控制的问题以及提高层状超晶格储氢合金的循环稳定性，Yan 等采用 Y 元素完全取代 Mg 元素，通过感应熔炼后快淬法并结合 1148K 下退火 16h，制备了 AB$_3$ 型、A$_2$B$_7$ 型和 A$_5$B$_{19}$ 型 La-Y-Ni 系层状超晶格储氢合金，系统地研究了其结构和电化学储氢性能，并与商用的高容量 AB$_5$ 型储氢合金进行了比较[48]。结果表明，AB$_3$ 型 LaY$_2$Ni$_{8.2}$Mn$_{0.5}$Al$_{0.3}$ 合金没有表现出明显的放氢平台，储氢容量较低，而 A$_2$B$_7$ 型 LaY$_2$Ni$_{9.7}$Mn$_{0.5}$Al$_{0.3}$ 合金和 A$_5$B$_{19}$ 型 LaY$_2$Ni$_{10.6}$Mn$_{0.5}$Al$_{0.3}$ 合金在 313K 下的储氢容量（质量分数）分别为 1.48% 和 1.45%，对应合金电极在 298K 下的最大放电容量分别为 385.7mA·h/g 和 362.1mA·h/g，前者甚至高于 AB$_5$ 型合金的理论储氢容量（372mA·h/g）；此外，A$_2$B$_7$ 型 LaY$_2$Ni$_{9.7}$Mn$_{0.5}$Al$_{0.3}$ 合金和 A$_5$B$_{19}$ 型 LaY$_2$Ni$_{10.6}$Mn$_{0.5}$Al$_{0.3}$ 合金电极均具有较好的循环性，300 周的容量保持率在 75% 以上。

3.5 AB₄ 型层状超晶格储氢合金

AB₄ 型合金相是由 [A₂B₄] 亚单元和 [AB₅] 亚单元按照 1：4 的比例沿 c 轴方向堆垛而成，不同于 A_2B_7 型相和 A_5B_{19} 型相，目前得到的 AB₄ 型合金相仅为 3R-型相结构，即其中的 [A₂B₄] 亚单元具有 $MgZn_2$ Laves 相结构。

早在 1974 年，Khan 等就基于 RE-Co 体系，预测到这种层状超晶格结构的存在，并提出了一种计算原子位置和晶格参数的数学关系[49]。2007 年，Ozaki 等人首次在 La-Mg-Ni 系 $La_{0.8}Mg_{0.2}Ni_{3.4-x}Co_{0.3}$（MnAl）$_x$（$x = 0.15$，$0.20$）合金中发现了 AB₄ 型 La_5MgNi_{24}（1：4R）合金相，其结构如图 3-8 所示，且当 $x = 0.2$ 时，AB₄ 型相成为主相，此时合金在放电容量和循环寿命上达到较好的平衡[50]。

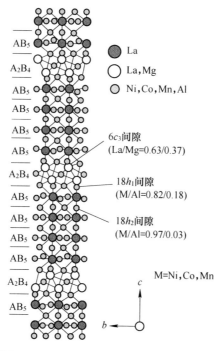

图 3-8 1：4R（La_5MgNi_{24}型）相的晶体结构

随后，Zhang 等通过放电等离子烧结法（SPS），通过控制烧结温度（810～900℃），制备了含有不同 AB₄ 型相丰度的系列 $La_{0.85}Mg_{0.15}Ni_{3.8}$ 合金，并讨论了烧结温度对 AB₄ 型相丰度和合金储氢性能的影响[51]。结果表明，AB₄ 型相的形成温度高于 A_2B_7 型相和 A_5B_{19} 型相，且随着烧结温度的升高，AB₄ 型相丰度增加，当烧结温度为 900℃时，AB₄ 型相丰度达到 75%；与 A_2B_7 型相和 A_5B_{19} 型相相同，Mg 只存在于 [A₂B₄] 亚单元中，且最大含量为 [A₂B₄] 亚单元中 A 元素的 50%（即 La/Mg 比为 1：1），不随 SPS 温度的改变而变化。合金的储氢性能研究结果表明，当 AB$_4$ 型相为主相时，其储氢量较大；另外，虽然合金中含有多个层状超晶格合金相，其 *P-C-T* 曲线仍为单一平坦的平台，这表明 AB$_4$ 型相的吸放氢平台与 A$_2$B$_7$ 型相和 A$_5$B$_{19}$ 型相的吸放氢平台非常接近[51]。

　　近年，Wang 等通过感应熔炼后在 1050℃ 温度下长时间退火的方法制备了 AB$_4$ 型合金相丰度为 94% 的三元 La-Mg-Ni 系 La$_{0.78}$Mg$_{0.22}$Ni$_{3.65}$ 合金，并揭示了 AB$_4$ 型层状超晶格合金相内部亚单元结构之间的作用机制和结构特性及该合金的电化学性能[52]。该合金中 AB$_4$ 型相的晶胞常数 *a*、*c*、*V* 分别为 5.0290Å、60.422Å 和 1323.4Å^3。为了详细说明该合金的晶体结构，作者将 ［AB$_5$］ 亚单元分为两种，分别为与 ［A$_2$B$_4$］ 亚单元相邻的 ［AB$_5$］ 亚单元（［AB$_5$-1］）和位于两个 ［AB$_5$］ 之间的 ［AB$_5$］ 亚单元（［AB$_5$-2］），如图 3-9 所示，该 AB$_4$ 型相结构中的 ［A$_2$B$_4$］ 亚单元体积为 89.211Å^3，大于 ［AB$_5$-1］（86.893Å^3）和 ［AB$_5$-2］（87.300Å^3）的亚单元体积，其详细的原子占位特征见表 3-5。

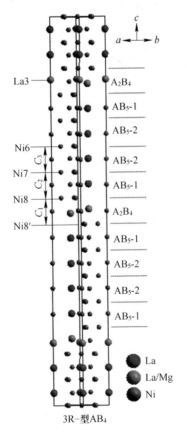

彩图

图 3-9　三方 AB$_4$ 型 La$_{0.78}$Mg$_{0.22}$Ni$_{3.65}$ 合金的堆垛结构模式图[52]

表 3-5　$La_{0.78}Mg_{0.22}Ni_{3.65}$ 合金中 AB₄ 型相的原子占位[52]

原子	占位	x	y	z	Occ.
La1	$6c_1$	0	0	0.03197(1)	1
La2	$6c_2$	0	0	0.09685(2)	1
La3	$6c_3$	0	0	0.16136(5)	0.57(3)
Mg1	$6c_3$	0	0	0.16136(3)	0.43(5)
Ni1	$3b_1$	0	0	0.5	1
Ni2	$6c_1$	0	0	0.23502(1)	1
Ni3	$6c_2$	0	0	0.30166(2)	1
Ni4	$6c_3$	0	0	0.36678(2)	1
Ni5	$6c_4$	0	0	0.43220(1)	1
Ni6	$9e_1$	0.5	0	0	1
Ni7	$18h_1$	0.5	0.5	0.06650(3)	1
Ni8	$18h_2$	0.5	0.5	0.13269(2)	1

　　气固储氢性能测试表明，AB₄ 型 $La_{0.78}Mg_{0.22}Ni_{3.65}$ 合金在 25℃下吸氢平台压为 0.05MPa，相对于 LaNi₅ 合金明显降低[53]；其吸放氢焓变分别为 −22.0kJ/mol H₂ 和 24.3kJ/mol H₂，低于 A₅B₁₉ 型 La-Mg-Ni 合金[13]；此外，该合金活化性能良好，第一周吸氢后即可活化，且合金吸氢量高达 1.62%（6.0MPa，25℃），高于 LaNi₅ 型合金[53]；此外，该合金动力学性能良好，在 25℃下 150s 即可达到最大吸氢容量，且随环境温度由 25℃增加到 70℃，合金的动力学性能进一步提高；但是，该合金在吸放氢过程中容量衰减较为明显，在 3.0MPa 氢压下，5 次吸放氢循环后，吸氢量降低至 1.45%，80 次吸放氢循环后，合金吸氢容量保持率仅为 86.2%[52]。

　　AB₄ 型 $La_{0.78}Mg_{0.22}Ni_{3.65}$ 合金电化学测试结果表明，该合金作为 Ni/MH 负极材料，在第二周便可完全活化，其最大放电容量为 385.6mA·h/g，充/放电循环 100 周后，合金的容量保持率为 88.2%，高于 A₅B₁₉ 型 La₅MgNi₁₉ 合金（85.7%）、A₂B₇ 型 La₃MgNi₁₄ 合金（83.0%）和 AB₃ 型 La₂MgNi₉ 合金（70.1%）[13]；且该合金具有优异的高倍率放电性能，在 5C 的放电电流密度下，合金电极的放电容量高达 254.0mA·h/g[52]。

　　此外，作者重点研究了该合金亚单元匹配性及其对循环稳定性的影响和作用机制[52]，结果表明，吸氢过程中氢原子进入亚单元及亚单元之间的晶格间隙中，引起亚单元体积膨胀，经过第一次吸氢后，[AB₅-1] 亚单元体积迅速膨胀至 110.15Å³，[A₂B₄] 亚单元膨胀后体积较小（108.45Å³），[AB₅-2] 亚单元膨胀后体积最小（106.03Å³），随着吸氢循环周数的增加，[AB₅-1] 的体积膨胀值逐渐增加，但 [AB₅-2] 和 [A₂B₄] 呈现了相反的趋势，使得相邻亚单元体积差 $V_{[A_2B_4]}-V_{[AB_5-1]}$ 从 -1.70Å³ 增加到 5.86Å³，而 $V_{[AB_5-1]}-V_{[AB_5-2]}$ 从 4.12Å³ 增加到 8.84Å³。体积不匹配系数绝对值 $\xi_{m[A_2B_4];[AB_5-1]}$ 和 $\xi_{m[AB_5-1];[AB_5-2]}$ 随循环周数的增加而不断增加，因此，作者认为，[AB₅-1] 亚单元是影响吸氢循环过程中亚单元体积不匹配的主要因素；在放氢过程中，[A₂B₄] 亚单元体积略微减小，与 [AB₅] 体积变化趋势相反，因而导致氢不能完全放出；此外，作者发现，[AB₅-1] 和 [AB₅-2] 亚单元的体积收缩到低于 [A₂B₄] 亚单元的水平，作者认为 [AB₅] 亚单元释放先放氢，[A₂B₄] 亚单元后放氢；远离 [A₂B₄] 的 [AB₅-2] 亚单元体积降低到 85.8Å³，甚至低于其最初体积 87.3Å³，说明在收缩过程中 [AB₅-2] 亚单元具有很好的伸缩性；然而在随后循环过程中，[AB₅-2] 亚单元放氢后的体积均高于其初始体积，作者认为这可能是因为与 [AB₅-2] 亚单元结合的氢原子难以完全释放；[AB₅-2] 亚单元在循环过程中的累积体积变化导致其与相邻的 [AB₅-1] 亚单元体积严重不匹配，即 $\xi_{m[AB_5-1];[AB_5-2]}$ 随着循环的增加而增加。此外，作者发现，在放氢过程中 [AB₅-1] 和 [A₂B₄] 亚单元有协同改变趋势，它们的亚单元体积值均减小，并且 $\xi_{m[A_2B_4];[AB_5-1]}$ 数值基本保持在较低的 0.95 左右。因此，作者得出结论，[AB₅-1] 和 [A₂B₄] 亚单元之间不匹配性的改善要归功于 [AB₅-2] 亚单元的存在，[AB₅-1] 和 [A₂B₄] 亚单元之间不匹配性的改善使合金即使在形变的情况下仍具有好的结构稳定性和良好的吸放氢可逆性[52]。

　　Zhang 等通过感应熔炼后在 1223K 下退火 14h 首次制备了单相 AB₄ 型（3R）La₀.₇₈Mg₀.₂₂Ni₃.₆₇Al₀.₁₀ 储氢合金，并研究了 AB₄ 相在合金吸放氢过程中的结构特征和电化学储氢性能以及容量衰减机理[54]。对于亚单元的分类与上文 Wang 等相同。对合金的结构分析表明，[A₂B₄] 亚单元体积为 93.644Å³，大于 [AB₅-1]（85.405Å³）和 [AB₅-2] 亚单元（88.423Å³）。该合金相的晶体结构数据见表 3-6[54]，Mg 在 [A₂B₄] 亚单元中与 La 共同占据 6c3 位点；Al 的占位顺序为：首先占据位于相邻的两个 [AB₅-2] 亚单元边界处的 9e1 位点 [Ni(6)]，随后占据位于 [AB₅-1] 和 [AB₅-2] 亚单元之间的 18h₁ 位点 [Ni(7)]，最后占据由 [A₂B₄] 和 [AB₅-1] 亚单元共享的 18h₂ 位点 [Ni(8)]。作者认为，Al 原子的选择性占位可能与其原子半径较大有关，通过占据 [A₂B₄] 和 [AB₅] 亚单元间隙位置调节两亚单元体积差[54]。

表 3-6 La$_{0.78}$Mg$_{0.22}$Ni$_{3.67}$Al$_{0.10}$合金中 AB$_4$ 型晶体结构原子占位[54]

原子	占位	x	y	z	Occ.
La1	$6c_1$	0	0	0	1
La2	$6c_2$	0	0	0.09879(2)	1
La3	$6c_3$	0	0	0.16763(3)	0.57
Mg	$6c_3$	0	0	0.16763(3)	0.43
Ni1	$3b_1$	0	0	1/2	1
Ni2	$6c_1$	0	0	0.22748(5)	0.9896
Al2	$6c_1$	0	0	0.22748(5)	0.0104
Ni3	$6c_2$	0	0	0.30302(4)	0.9905
Al3	$6c_2$	0	0	0.30302(4)	0.0095
Ni4	$6c_3$	0	0	0.36936(2)	0.9888
Al4	$6c_3$	0	0	0.36936(2)	0.0112
Ni5	$6c_4$	0	0	0.43704(1)	0.9899
Al5	$6c_4$	0	0	0.43704(1)	0.0101
Ni6	$9e_1$	1/2	0	0	0.9253
Al6	$9e_1$	1/2	0	0	0.0747
Ni7	$18h_1$	0.50858	-0.47820	0.06679(1)	0.9443
Al7	$18h_1$	0.50858	-0.47820	0.06679(1)	0.0557
Ni8	$18h_2$	0.50140	-0.49709	0.13130(2)	0.9571
Al8	$18h_2$	0.50140	-0.49709	0.13130(2)	0.0429

该 AB$_4$ 型单相 La$_{0.78}$Mg$_{0.22}$Ni$_{3.67}$Al$_{0.10}$ 合金的储氢性能测试结果表明，在 303K 下合金的最大吸氢量为 1.50%，氢化反应焓变为 -23.2kJ/mol H$_2$，放氢反应焓变为 24.2kJ/mol H$_2$，远低于单相 AB$_3$ 型、A$_2$B$_7$ 型和 A$_5$B$_{19}$ 型 La-Mg-Ni 系储氢合金[25,54,55]，表明氢化物稳定性较以上三合金低。此外，该合金的吸放氢速率很快，半分钟内即可吸收其最大储氢容量的 90%，且吸放氢速率不随循环周数的变化而明显改变；但是，该合金的循环寿命较差，在前 5 周储氢容量衰减明

显，20 周后容量保持率下降到 90% 以下[54]。此外，在气固吸放氢循环过程中合金颗粒表现出明显的粉化现象，1 周后其颗粒的平均粒径便从初始的 44.9μm 迅速减小到 34.5μm，并在 10 周后减小到 28.1μm[54]。作者发现，合金在电化学吸/放氢循环过程中的粉化过程要慢于气固吸/放氢循环过程，相应的容量衰减速度也有所降低，作者认为这可能与两者在吸/放氢过程中所需时间不同有关：电化学吸/放氢循环 1 周需要 6h，而气固吸/放氢循环 1 周则仅需要 0.3h，不同的吸/放氢速率可能会对形变后的弛豫产生很大的影响，气固吸/放氢后的结构形变通过弛豫恢复的时间较短，从而造成其严重的粉化[54]。

为了揭示 AB$_4$ 型单相 La$_{0.78}$Mg$_{0.22}$Ni$_{3.67}$Al$_{0.10}$ 合金粉化过程，作者研究了合金在吸/放氢过程中的结构和晶格应力变化[54]。通过分析吸放氢过程中亚单元体积变化和晶格应力变化之间的关系，作者发现合金内部产生较大应力是氢固溶相向氢化物相转变时体积的不连续变化造成的，即在相转变时，晶格体积的增大和收缩是迅速的，而并非缓慢连续的过程，使得合金内部应力迅速增大，造成其粉化；此外，从合金层状超晶格结构变化可知，在合金吸氢过程中，H$_2$ 首先进入 [A$_2$B$_4$] 和 [AB$_5$-2] 亚单元，并形成氢化物相，其间，合金的吸氢行为主要受 [A$_2$B$_4$] 亚单元控制，在氢固溶相完全转化为氢化物相后并进一步吸氢时，氢原子主要进入 [AB$_5$-1] 亚单元[54]。

电化学研究表明，该 AB$_4$ 型 La$_{0.78}$Mg$_{0.22}$Ni$_{3.67}$Al$_{0.10}$ 合金在 298K 下的最大放电容量为 393.0mA·h/g，与 AB$_3$ 型层状超晶格合金放电容量接近[56]；高低温性能测试表明，尽管该合金放电容量随温度的升高和降低均有所降低，但仍具有较高的放电容量，分别为 280mA·h/g（233K）和 323mA·h/g（333K）；此外，合金的放电曲线仅呈现出一个放电平台，放电电位为 1.25V（298K）。当温度降低到 233K 时，合金的放电电压降低到 1.11V，而升温至 318K 时，放电平台升高到 1.27V[54]。此外，作者发现，该 AB$_4$ 型单相合金具有良好的倍率放电性能，在 2C、3C、4C、5C 和 6C 下的放电容量分别可以达到 330mA·h/g、285mA·h/g、247mA·h/g、212mA·h/g 和 180mA·h/g；作者认为，合金表现出良好的高倍率放电性能与其较高含量的 Ni 有关，Ni 含量较高时，合金具有良好的电子导电性，同时具有较高的催化活性，有利于氢在合金体相中的扩散[54]。该 AB$_4$ 型单相 La$_{0.78}$Mg$_{0.22}$Ni$_{3.67}$Al$_{0.10}$ 合金在 0.2C 下循环 100 周后，其容量保持率为 90.6%，经 200 周充放电后的容量保持率为 81.6%，与报道的单相 PuNi$_3$ 型 Nd$_2$MgNi$_9$ 合金[57] 和 Ce$_2$Ni$_7$ 型 La$_{0.59}$Nd$_{0.14}$Mg$_{0.27}$Ni$_{3.3}$[58] 合金接近，但其成本显著降低。

作者还重点研究了该 AB$_4$ 型单相 La$_{0.78}$Mg$_{0.22}$Ni$_{3.67}$Al$_{0.10}$ 合金作为镍氢电池负极活性物质的容量衰减机理，结果表明，在充/放电循环后，合金中的 La、Mg 和 Ni 被氧化为相应的金属氢氧化物，而 Al 则被氧化为 Al$_2$O$_3$，且合金表面的氧化层在经过 40 周循环后逐渐变厚，但循环到 100 周时变化不大；合金表面氧化物为尺寸约 200nm 的棒状物质，与之前报道不同，该氧化物没有生长为片状物质，表明合金具有良好的抗氧化性能；作者认为，合金较好的抗氧化性能与其表面形成的 Al_2O_3 薄膜有关，该 Al_2O_3 薄膜较为致密，能够阻止 La 和 Mg 活性物质的进一步氧化[54]。此外，作者发现 AB₄ 型单相合金具有较好的结构稳定性，在 200 周循环内没有发生结构歧化或非晶化现象，作者认为，该合金较高的结构稳定性是由于其具有较好的可恢复性：在充放电循环过程中虽然 AB₄ 型层状超晶格结构发生了一定程度上的各向异性变化（V 和 c/a 值发生了变化）并伴随着应力的积累，但相邻亚单元的不匹配度在循环过程中维持在较小范围内，作者认为这可能是由于 Al 原子选择性占据两个亚单元间隙位置，从而增加了两个亚单元间的匹配程度[54]。

进一步地，Wang 等通过感应后 1010℃ 退火，制备了 3R-AB₄ 型单相 $La_{0.63}Nd_{0.16}Mg_{0.21}Ni_{3.53}Al_{0.11}$ 层状超晶格储氢合金，并研究了 3R-AB₄ 型层状超晶格结构形成过程[59]。研究表明，铸态合金由 $CaCu_5$ 型相（52.52%）、$MgCu_4Sn$ 型相（8.05%）、Gd_2Co_7 型相（32.13%）和 Ce_5Co_{19} 型相（7.30%）组成；经过 880℃ 退火后，合金中 $MgCu_4Sn$ 相消失，$CaCu_5$ 型相含量降低，而 Gd_2Co_7 型相和 Ce_5Co_{19} 型相含量（质量分数）则分别增加到 38.87% 和 21.05%；当温度进一步升高到 900℃ 时，合金中 Gd_2Co_7 型相消失，Ce_5Co_{19} 型相含量进一步增加，同时生成 Pr_5Co_{19} 型新相，作者由此推断，合金中 Ce_5Co_{19} 型相和 Pr_5Co_{19} 型相是由 Gd_2Co_7 型相经过包晶反应生成的；当退火温度进一步升高到 995℃，合金中 Pr_5Co_{19} 型相含量（质量分数）增加至 75.26%，而 Ce_5Co_{19} 型相含量（质量分数）降低至 24.74%，作者推测，Pr_5Co_{19} 型相是由 Ce_5Co_{19} 型相和液相包晶反应形成的；当温度升高到 1000℃ 时，Ce_5Co_{19} 型相完全转化为 Pr_5Co_{19} 型相，此时合金为 Pr_5Co_{19} 型相单相结构，当退火温度进一步升高 10℃，合金由单相 Pr_5Co_{19} 型相结构转变为单相 3R 型 AB₄ 型层状超晶格结构，作者由此得出结论，AB₄ 型 3R 层状超晶格结构的形成是由 Pr_5Co_{19} 型相和液相通过包晶反应形成的，且其形成温度高于 Pr_5Co_{19} 型相[59]。

该 3R-AB₄ 型单相 $La_{0.63}Nd_{0.16}Mg_{0.21}Ni_{3.53}Al_{0.11}$ 层状超晶格合金的 $[A_2B_4]$ 型亚单元体积为 90.1Å³，$[AB_5-1]$ 和 $[AB_5-2]$ 的亚单元体积分别为 88.5Å³ 和 87.8Å³，其晶体结构参数见表 3-7；Mg 原子占据 $[A_2B_4]$ 亚单元中的 $6c_3$ 位置，Al 原子倾向于占据两个 $[AB_5-2]$ 亚单元间的 $9e_1$ 位置 [Ni(6)]、$[AB_5-1]$ 和 $[AB_5-2]$ 亚单元间的 $18h_1$ 位置 [Ni(7)] 和 $18h_2$ 位置 [Ni(8)]，而 Nd 由于其半径较 La 小则选择性占据 $[A_2B_4]$ 中 La(3) 位置[42]。此外，该合金表现出优异的高倍率放电性能和循环稳定性，在 1800mA/g 放电电流密度下其 HRD 高达 75.2%，且 200 周充/放电循环后，其容量保持率仍为 83.3%。

表 3-7　AB_4 型 $La_{0.63}Nd_{0.16}Mg_{0.21}Ni_{3.53}Al_{0.11}$ 合金的原子坐标和占位数

原子	占位	x	y	z	Occ.
La1	$6c_1$	0	0	0.03262(2)	1
La2	$6c_2$	0	0	0.09744(3)	1
La3	$6c_3$	0	0	0.15788(3)	0.57(2)
Mg1	$6c_3$	0	0	0.15788(4)	0.26(5)
Nd1	$6c_3$	0	0	0.15788(2)	0.17(3)
Ni1	$3b_1$	0	0	0.5	1
Ni2	$6c_1$	0	0	0.23502(5)	1
Ni3	$6c_2$	0	0	0.30100(4)	1
Ni4	$6c_3$	0	0	0.36636(5)	1
Ni5	$6c_4$	0	0	0.43192(3)	1
Ni6	$9e_1$	0.5	0	0	0.9156(2)
Al6	$9e_1$	0.5	0	0	0.0844(3)
Ni7	$18h_1$	0.5	0.5	0.06551(5)	0.9241(6)
Al7	$18h_1$	0.5	0.5	0.06551(5)	0.0759(2)
Ni8	$18h_2$	0.5	0.5	0.13254(3)	0.9565(2)
Al8	$18h_1$	0.5	0.5	0.13254(3)	0.0435(3)

由于 AB_4 型层状超晶格结构发现较晚,目前对其研究还不够深入,尤其是 2H-型 AB_4 相还有待制备。此外,该类合金的储氢性能还有望通过元素合金化、表面处理等方法进一步提升。

3.6　A_7B_{23} 型层状超晶格储氢合金

A_7B_{23} 型 La-Mg-Ni 系储氢合金最早是由 Kohno 通过感应熔炼得到,该合金的元素组成为 $La_{0.7}Mg_{0.3}Ni_{2.8}Co_{0.5}$[7],$A_7B_{23}$ 合金相是由 $[A_2B_4]$ 亚单元和 $[AB_5]$ 亚单元按照图 3-10 中 $La_5Mg_2Ni_{23}$ 的堆垛模式堆垛而成。作者发现,该合金的电化学储氢容量可达 410mA · h/g,是 $LaNi_5$ 合金的 1.3 倍;P-C-T 曲线表明,该合

金在60℃下、$1\times10^{-3}\sim1.0$MPa压力范围内的最大储氢容量为1.1H/M[50,7]。但是作者并未对A_7B_{23}型层状超晶格相结构进行更加深入的分析。

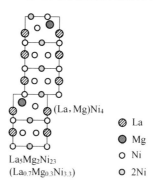

图3-10　$La_5Mg_2Ni_{23}$合金相的堆垛结构模型[60]

在后续的很长时间里，A_7B_{23}型相也未被提及。直到2019年，Li等在$La_2Mg(Ni_{0.8},Co_{0.2})_9$合金中再次获得了$A_7B_{23}$型相[60]。实际上，作者采用感应熔炼法同时制备了$La_2Mg(Ni_{0.9}Co_{0.1})_9$、$La_2Mg(Ni_{0.75}Co_{0.15})_9$和$La_2Mg(Ni_{0.8}Co_{0.2})_9$三种组成的合金，随后在1143K下退火6h，但是只在$La_2Mg(Ni_{0.8},Co_{0.2})_9$合金中发现了$A_7B_{23}$型相，因此可以推测，该合金相受元素组成的影响较大。作者研究表明，A_7B_{23}型相是由6个［AB_5］亚单元和4个［A_2B_4］亚单元沿c轴方向按A-B-A-B的形式堆垛而成，如图3-11所示（其晶体结构列表见表2-22）[60]。此外，储氢性能测试结果表明，$La_2Mg(Ni_{0.80}Co_{0.20})_9$合金（相组成为$AB_3$+$A_7B_{23}$+$A_2B_7$）相比于$La_2Mg(Ni_{0.9}Co_{0.1})_9$和$La_2Mg(Ni_{0.75}Co_{0.15})_9$合金（相组成分别为$AB_2$+$AB_3$+$A_2B_7$和$AB_3$+$A_2B_7$+$AB_5$）具有更高的可逆储氢量，电化学测试结果表明该合金相比于其他两个合金具有较好的循环稳定性[60]。

随后，Liu等通过对$La_{0.61}Pr_{0.15}Mg_{0.24}Ni_{3.27}$合金进行不同升温程序的热处理，在合金中生成了不同含量的$(La,Mg)_7Ni_{23}$合金相[61]。作者报道，A_7B_{23}相是由$(La,Mg)Ni_3$相在高温热处理过程中转变为液相（A/B=1/3）后与$(La,Mg)_2Ni_7$相（A/B=1/3.5）发生包晶反应得到，其在该合金中存在的温度范围为1223～1243K，但是作者只得到了$(La,Mg)_2Ni_7$-$(La,Mg)_7Ni_{23}$双相结构[61]。电化学测试结果表明，对于$(La,Mg)_2Ni_7$-$(La,Mg)_7Ni_{23}$双相$La_{0.61}Pr_{0.15}Mg_{0.24}Ni_{3.27}$合金，当$(La,Mg)_7Ni_{23}$相含量（质量分数）为15.4%时，合金达到相对较高的放电容量413mA·h/g[61]。结构测试表明，$(La,Mg)_7Ni_{23}$相提高合金电极放电容量的原因是在合金吸氢过程中其c轴的膨胀率更大，导致其晶胞体积膨胀得更大，储氢容量更高；但是，由于$(La,Mg)_7Ni_{23}$相中Ni的比例低于$(La,Mg)_2Ni_7$相，因此催化作用较弱，如果$(La,Mg)_7Ni_{23}$相比例太高，合金容量便会有降低的趋势[61]。

图 3-11 沿 c 轴方向的堆垛结构(a)和 A_7B_{23} 相堆垛结构单元(b)[60]

此外，虽然合金具有两种相结构，但它们的充放电曲线只有一个单一的平台，这表明 $(La,Mg)_7Ni_{23}$ 相与 $(La,Mg)_2Ni_7$ 相具有非常接近的平台压；但是，随着 $(La,Mg)_7Ni_{23}$ 相丰度的增加，平台压表现出降低的趋势[61]。相应地，放电后 $(La,Mg)_7Ni_{23}$ 相的残余膨胀率更大，说明该相中保留有更多的氢，这就与合金的平台压随着 $(La,Mg)_7Ni_{23}$ 相的增加而降低相一致。充放电循环测试结果表明，当 $(La,Mg)_7Ni_{23}$ 相丰度在 15.4% ~ 45% 的范围内时，其变化对合金的循环稳定性影响不大，均低于 $(La,Mg)_2Ni_7$ 单相合金[61]。高倍率放电性能（HRD）结果表明，当 $(La,Mg)_7Ni_{23}$ 相含量（质量分数）为 15.4% 时其 HRD 达到最大值，在 1500mA/g 放电电流密度下的 HRD 达到 52.7%，明显高于已报道的 A_2B_7 型 La-Mg-Ni 系合金在同等电流密度下的 HRD；理论上，当相丰度接近 50% 时，晶界数量增加，氢的扩散通道数量增加，HRD 应该增强，但事实是，当 $(La,Mg)_7Ni_{23}$ 相丰度超过 15.4% 时，HRD 反而降低[61]。为了探究上述现象的原因，作者研究了 $(La,Mg)_2Ni_7$ 相和 $(La,Mg)_7Ni_{23}$ 相在放电过程中的结构变化，结果表明，在完全充电状态下，$(La,Mg)_2Ni_7$ 和 $(La,Mg)_7Ni_{23}$ 氢化物相具有最大的晶格膨胀，表明都吸满了氢；当放电开始时，（La,Mg）$_2$Ni$_7$ 和（La,Mg）$_7$Ni$_{23}$ 相几乎同时放氢，但与（La,Mg）$_2$Ni$_7$ 相相比，（La,Mg）$_7$Ni$_{23}$ 相的氢释放速度在后期变慢；其较慢的放氢速率与其较低的放电平台压一致，这就是为什么当（La,Mg）$_7$Ni$_{23}$ 相丰度过高时 *HRD* 降低的原因[61]。

总的来说，目前对于 A$_7$B$_{23}$ 合金相的研究尚不够深入，A$_7$B$_{23}$ 单相合金结构还没有获得，因此其吸放氢特性还有待揭示；另外氢原子在 A$_7$B$_{23}$ 相中［A$_2$B$_4$］和［AB$_5$］亚单元中的分布与占位与其他层状超晶格合金相的异同有待考察；相关合金的改性也有待研究。

参 考 文 献

[1] Kadir K, Sakai T, Uehara I. Synthesis and structure determination of a new series of hydrogen storage alloys: RMg$_2$Ni$_9$（R = La, Ce, Pr, Nd, Sm and Gd）built from MgNi$_2$ Laves-type layers alternating with AB$_5$ layers［J］. Journal of Alloys and Compounds, 1997, 257（1-2）: 115-121.

[2] Reilly J J, Wiswall R H. Reaction of hydrogen with alloys of magnesium and nickel and the formation of Mg$_2$NiH$_4$［J］. Inorganic Chemistry, 1968, 7（11）: 2254-2256.

[3] Kadir K, Kuriyama N, Sakai T, et al. Cheminform abstract: structural investigation and hydrogen capacity of CaMg$_2$Ni$_9$: a new phase in the AB$_2$C$_9$ system isostructural with LaMg$_2$Ni$_9$［J］. Journal of Alloys and Compounds, 1999, 284（1-2）: 145-154.

[4] Kadir K, Sakai T, Uehara I. Cheminform abstract: structural investigation and hydrogen capacity of YMg$_2$Ni$_9$ and（Y$_{0.5}$Ca$_{0.5}$）（MgCa）Ni$_9$: new phases in the AB$_2$C$_9$ system isostructural with LaMg$_2$Ni$_9$［J］. Journal of Alloys and Compounds, 1999, 30（21）: 264-270.

[5] Kadir K, Sakai T, Uehara I. Structural investigation and hydrogen storage capacity of LaMg$_2$Ni$_9$ and（La$_{0.65}$Ca$_{0.35}$）（Mg$_{1.32}$Ca$_{0.68}$）Ni$_9$ of the AB$_2$C$_9$ type structure［J］. Journal of Alloys and Compounds, 2000, 302（1-2）: 112-17.

[6] Chen J, Takeshita H T, Tanaka H, et al. Hydriding properties of LaNi$_3$ and CaNi$_3$ and their substitutes with PuNi$_3$-type structure［J］. Journal of Alloys and Compounds, 2000, 302（1-2）: 304-313.

[7] Kohno T, Yoshida H, Kawashima F, et al. Hydrogen storage properties of new ternary system alloys: La$_2$MgNi$_9$, La$_5$Mg$_2$Ni$_{23}$, La$_3$MgNi$_{14}$［J］. Journal of Alloys and Compounds, 2000, 312（2）: L5-L7.

[8] Chen J. Hydrogen storage alloys with PuNi$_3$-type structure as metal hydride electrodes［J］. Electrochemical and Solid-State Letters, 1999, 3（6）: 249-252.

[9] Baddour-Hadjean R, Pereira-Ramos J P, Latroche M, et al. New ternary intermetallic compounds belonging to the R-Y-Ni（R = La, Ce）system as negative electrodes for Ni-MH batteries［J］. Journal of Alloys and Compounds, 2002, 330-332: 782-786.

[10] Liao B, Lei Y Q, Lu G L, et al. The electrochemical properties of La$_x$Mg$_{3-x}$Ni$_9$（x = 1.0 - 2.0）hydrogen storage alloys［J］. Journal of Alloys and Compounds, 2003, 356-357:

746-749.

[11] Denys R V, Yartys V A. Effect of magnesium on the crystal structure and thermodynamics of the $La_{3-x}Mg_xNi_9$ hydrides [J]. Journal of Alloys and Compounds, 2011, 509: S540-S548.

[12] Liao B, Lei Y Q, Chen L X, et al. The effect of Al substitution for Ni on the structure and electrochemical properties of AB_3-type $La_2Mg(Ni_{1-x}Al_x)_9(x=0-0.05)$ alloys [J]. Journal of Alloys and Compounds, 2005, 404-406: 665-668.

[13] Liu J, Li Y, Han D, et al. Electrochemical performance and capacity degradation mechanism of single-phase La-Mg-Ni-based hydrogen storage alloys [J]. Journal of Power Sources, 2015, 300: 77-86.

[14] Zhang L, Han S, Li Y, et al. Formation mechanism, phase structure and electrochemical properties of the La-Mg-Ni-based multiphase alloys by powder sintering $LaNi_5$ and $LaMgNi_4$ [J]. International Journal of Hydrogen Energy, 2013, 38 (25): 10431-10437.

[15] Hu W K, Denys R V, Nwakwuo C C, et al. Annealing effect on phase composition and electrochemical properties of the Co-free La_2MgNi_9 anode for Ni-metal hydride batteries [J]. Electrochimica Acta, 2013, 96: 27-33.

[16] Srivastava S, Srivastava O N. Synthesis, characterization and hydrogenation behaviour of composite hydrogen storage alloys, $LaNi_5/La_2Ni_7$, $LaNi_3$ [J]. Journal of Alloys and Compounds, 1999, 282 (1-2): 197-205.

[17] Liu J, Han S, Li Y, et al. Phase structures and electrochemical properties of La-Mg-Ni-based hydrogen storage alloys with superlattice structure [J]. International Journal of Hydrogen Energy, 2016, 41 (44): 20261-20275.

[18] Zhang F L, Luo Y C, Chen J P, et al. La-Mg-Ni ternary hydrogen storage alloys with Ce_2Ni_7-type and Gd_2Co_7-type structure as negative electrodes for Ni/Mh batteries [J]. Journal of Alloys and Compounds, 2007, 430 (1-2): 302-307.

[19] De Negri S, Giovannini M, Saccone A. Phase relationships of the La-Ni-Mg system at 500℃ from 66.7at.% to 100at.% Ni [J]. Journal of Alloys and Compounds, 2007, 439 (1-2): 109-113.

[20] Denys R V, Riabov B, Yartys V A, et al. Hydrogen storage properties and structure of $La_{1-x}Mg_x(Ni_{1-y}Mn_y)_3$ intermetallics and their hydrides [J]. Journal of Alloys and Compounds, 2007, 446-447: 166-172.

[21] Denys R V, Riabov A B, Yartys V A, et al. Mg substitution effect on the hydrogenation behaviour, thermodynamic and structural properties of the La_2Ni_7-H(D)$_2$ system [J]. Journal of Solid State Chemistry, 2008, 181 (4): 812-821.

[22] Lartigue C, Percheron-Guegan A, Achard J C, et al. Hydrogen (deuterium) ordering in the β-$LaNi_5D_{x>5}$ phases: a neutron diffraction study [J]. Journal of the Less Common Metals, 1985, 113 (1): 127-148.

[23] Noreus D, Olsson L G, Werner P E. The structure and dynamics of hydrogen in $LaNi_5H_6$ studied by elastic and inelastic neutron scattering [J]. Journal of Physics F: Metal Physics, 1983, 13 (4): 715-727.

[24] Yartys V A, Burnasheva V V, Semenenko K N, et al. Crystal chemistry of $RT_5H(D)_x$, $RT_2H(D)_x$ and $RT_3H(D)_x$ hydrides based on intermetallic compounds of $CaCu_5$, $MgCu_2$, $MgZn_2$ and $PuNi_3$ structure types [J]. International Journal of Hydrogen Energy, 1982, 7 (12): 957-965.

[25] Zhang L, Li Y, Zhao X, et al. Phase transformation and cycling characteristics of a Ce_2Ni_7-type single-phase $La_{0.78}Mg_{0.22}Ni_{3.45}$ metal hydride alloy [J]. Journal of Materials Chemistry A, 2015, 3 (26): 13679-13690.

[26] 张璐. 高容量型 RE-Mg-Ni 系贮氢合金的相结构和电化学性能 [D]. 秦皇岛：燕山大学, 2016.

[27] Yamamoto T, Inui H, Yamaguchi M, et al. Microstructures and hydrogen absorption/desorption properties of LaNi alloys in the composition range of La77. 8at. % ~ 83. 2at. %Ni [J]. Acta Materialia, 1997, 45 (12): 5213-5221.

[28] 杨晓峰. La-Mg-Ni 系 A_2B_7 与 A_5B_{19} 型储氢合金的相结构与电化学性能研究 [D]. 兰州：兰州理工大学, 2009.

[29] Hayakawa H, Enoki H, Akiba E. Annealing conditions with Mg vapor-pressure control and hydrogen storage characteristic of La_4MgNi_{19} hydrogen storage alloy [J]. Journal of the Japan Institute of Metals, 2006, 70 (2): 158-161.

[30] Férey A, Cuevas F, Latroche M, et al. Elaboration and characterization of magnesium-substituted La_5Ni_{19} hydride forming alloys as active materials for negative electrode in Ni-MH battery [J]. Electrochimica Acta, 2009, 54 (6): 1710-1714.

[31] Zhang Q, Fang M, Si T, et al. Phase stability, structural transition, and hydrogen absorption-desorption features of the polymorphic La_4MgNi_{19} compound [J]. The Journal of Physical Chemistry C, 2010, 114 (26): 11686-11692.

[32] Buschow K H J, Van Der Goot A S. The crystal structure of rare-earth nickel compounds of the type R_2Ni_7 [J]. Journal of the Less Common Metals, 1970, 22 (4): 419-428.

[33] Ma Z, Zhu D, Wu C, et al. Effects of Mg on the structures and cycling properties of the $LaNi_{3.8}$ hydrogen storage alloy for negative electrode in Ni/MH battery [J]. Journal of Alloys and Compounds, 2015, 620: 149-155.

[34] Lemort L, Latroche M, Knosp B, et al. Elaboration and characterization of new pseudo-binary hydride-forming phases $Pr_{1.5}Mg_{0.5}Ni_7$ and $Pr_{3.75}Mg_{1.25}Ni_{19}$: a comparison to the binary Pr_2Ni_7 and Pr_5Ni_{19} ones [J]. The Journal of Physical Chemistry C, 2011, 115 (39): 19437-19444.

[35] Liu J, Yan Y, Cheng H, et al. Phase transformation and high electrochemical performance of $La_{0.78}Mg_{0.22}Ni_{3.73}$ alloy with $(La, Mg)_5Ni_{19}$ superlattice structure [J]. Journal of Power Sources, 2017, 351: 26-34.

[36] Zhao Y, Han S, Li Y, et al. Characterization and improvement of electrochemical properties of Pr_5Co_{19}-type single-phase $La_{0.84}Mg_{0.16}Ni_{3.80}$ alloy [J]. Electrochimica Acta, 2015, 152: 265-273.

[37] Liu Z Y, Yan X L, Wang N, et al. Cyclic stability and high rate discharge performance of $(La, Mg)_5Ni_{19}$ multiphase alloy [J]. International Journal of Hydrogen Energy, 2011,

4370: 4374.

[38] Nakamura J, Iwase K, Hayakawa H, et al. Structural study of La_4MgNi_{19} hydride by in situ X-ray and neutron powder diffraction [J]. The Journal of Physical Chemistry C, 2009, 36 (7): 5853-5859.

[39] Pontonnier L, Miraglia S, Fruchart D, et al. Structural study of hyperstoichiometric alloys $ZrMn_{2+x}$ and their hydrides [J]. Journal of Alloys and Compounds, 1992, 186 (2): 241-248.

[40] Irodova A V, Suard E. Order-disorder phase transition in the deuterated hexagonal (C14-type) Laves phase $ZrCr_2D_{3.8}$ [J]. Journal of Alloys and Compounds, 2000, 229 (1-2): 32-38.

[41] Joubert J M, Latroche M, Percheron-Guégan A, et al. Neutron diffraction study of $Zr(Cr_{0.6}Ni_{0.4})_2D_{3.3}$ [J]. Journal of Alloys and Compounds, 1995, 271 (2): 283-286.

[42] Xue C, Zhang L, Fan Y, et al. Phase transformation and electrochemical hydrogen storage performances of La_3RMgNi_{19} (R = La, Pr, Nd, Sm, Gd and Y) alloys [J]. International Journal of Hydrogen Energy, 2017, 42 (9): 6051-6064.

[43] Wang W, Qin R, Wu R, et al. A promising anode candidate for rechargeable nickel metal hydride power battery: an A_5B_{19}-type La-Sm-Nd-Mg-Ni-Al-based hydrogen storage alloy [J]. Journal of Power Sources, 2020, 465: 228-236.

[44] Crivello J C, Zhang J, Latroche M. Structural stability of AB_y phases in the (La, Mg)-Ni system obtained by density functional theory calculations [J]. The Journal of Physical Chemistry C, 2011, 115 (51): 25470-25478.

[45] Zhao Y, Liu X, Zhang S, et al. Preparation and kinetic performances of single-phase $PuNi_3$, Ce_2Ni_7, Pr_5Co_{19}-type superlattice structure La-Gd-Mg-Ni-based hydrogen storage alloys [J]. Chemicals & Chemistry, 2020, 124: 106852.

[46] Zhang Q, Chen Z, Li Y, et al. Comparative investigations on hydrogen absorption-desorption properties of Sm-Mg-Ni compounds: the effect of [$SmNi_5$]/[$SmMgNi_4$] Unit Ratio [J]. The Journal of Physical Chemistry C, 2015, 119 (9): 4719-4727.

[47] Charbonnier V, Madern N, Monnier J, et al. Thermodynamic and corrosion study of $Sm_{1-x}Mg_xNi_y$ (y = 3.5 or 3.8) compounds forming reversible hydrides [J]. International Journal of Hydrogen Energy, 2020, 45 (20): 11686-11694.

[48] Yan H, Xiong W, Wang L, et al. Investigations on AB_3, A_2B_7 and A_5B_{19}-type LaYNi system hydrogen storage alloys [J]. International Journal of Hydrogen Energy, 2017, 42 (4): 2257-2264.

[49] Khan Y. The crystal structure of R_5Co_{19} [J]. Acta Crystallogr, 1974, 30 (6): 1533-1537.

[50] Ozaki T, Kanemoto M, Kakeya T, et al. Stacking structures and electrode performances of rare earth-Mg-Ni-based alloys for advanced nickel-metal hydride battery [J]. Journal of Alloys and Compounds, 2007, 446-447: 620-624.

[51] Zhang J, Villeroy B, Knosp B, et al. Structural and chemical analyses of the new ternary La_5MgNi_{24} phase synthesized by Spark Plasma Sintering and used as negative electrode material for Ni-MH batteries [J]. International Journal of Hydrogen Energy, 2012, 37 (6):

5225-5233.

[52] Wang W, Guo W, Liu X, et al. The interaction of subunits inside superlattice structure and its impact on the cycling stability of AB_4-type La-Mg-Ni-based hydrogen storage alloys for nickel-metal hydride batteries [J]. Journal of Power Sources, 2020, 445: 227273.

[53] Matsuda J, Nakamura Y, Akiba E. Lattice defects introduced into $LaNi_5$-based alloys during hydrogen absorption/desorption cycling [J]. Journal of Alloys and Compounds, 2011, 509 (27): 7498-7503.

[54] Zhang L, Wang W, Rodríguez-Pérez I A, et al. A new AB_4-type single-phase superlattice compound for electrochemical hydrogen storage [J]. Journal of Power Sources, 2018, 401: 102-110.

[55] Liu J. Chapter 5. Spatial Distribution, Population Structures, Management, and Conservation [J]. Developments in Aquaculture and Fisheries Science, 2015, 39: 77-86.

[56] Zhang L, Cao S, Li Y, et al. Effect of Nd on subunits structure and electrochemical properties of super-stacking $PuNi_3$-type La-Mg-Ni-based alloys [J]. Journal of the Electrochemical Society, 2015, 162 (10): A2218-A2226.

[57] Du W, Zhang L, Li Y, et al. Phase Structure, Electrochemical properties and cyclic characteristic of a rhombohedral-type single-phase Nd_2MgNi_9 hydrogen storage alloy [J]. Journal of the Electrochemical Society, 2016, 163 (7): A1474-A1483.

[58] Wu C, Zhang L, Liu J, et al. Electrochemical characteristics of $La_{0.59}Nd_{0.14}Mg_{0.27}Ni_{3.3}$ alloy with rhombohedral-type and hexagonal-type A_2B_7 phases [J]. Journal of Alloys and Compounds, 2017, 693: 573-581.

[59] Wang W, Zhang L, Rodríguez-Pérez I A, et al. A novel AB_4-type RE-Mg-Ni-Al-based hydrogen storage alloy with high power for nickel-metal hydride batteries [J]. Electrochimica Acta, 2019, 317: 211-220.

[60] Li Y, Liu Z, Zhang G, et al. Novel A_7B_{23}-type La-Mg-Ni-Co compound for application on Ni-MH battery [J]. Journal of Power Sources, 2019, 441: 126667.

[61] Liu J, Zhu S, Chen X, et al. Superior electrochemical performance of La-Mg-Ni-based alloys with novel A_2B_7-A_7B_{23} biphase superlattice structure [J]. Journal of Materials Science & Technology, 2021, 80: 128-138.

4 层状超晶格 RE-Mg-Ni 合金中的元素作用

元素组成对材料的结构和性能都具有至关重要的影响。在 La-Mg-Ni 系合金中，Mg 对相组成的影响最为明显。此外，A 元素如 Ce、Pr、Nd、Gd 等稀土元素常用来部分取代 La，B 元素如 Co、Mn、Al 等过渡金属元素常用来部分取代 Ni，以提高 La-Mg-Ni 基储氢合金的储氢性能同时降低成本。因此，了解不同元素对 La-Mg-Ni 基储氢合金晶体结构和储氢性能的影响具有重要的实际意义。

4.1　Mg 元素作用

Mg 元素可以说是 La-Mg-Ni 基超晶格储氢合金中不可缺少的元素之一。实际上，三元 La-Mg-Ni 基储氢合金是由二元 La-Ni 基合金衍生而来的。对于 La_2Ni_7 合金，由于其 $[La_2Ni_4]$ 和 $[LaNi_5]$ 亚单元之间存在较大的体积差异（$V_{[La_2Ni_4]}$ = 96.35Å^3，$V_{[LaNi_5]}$ = 87.96~89.42Å^3[1,2]），氢原子只进入 $[La_2Ni_4]$ 亚单元或它们之间的边界，因此，在吸氢过程中，$[La_2Ni_4]$ 亚单元体积显著膨胀（47.7%），而 $[LaNi_5]$ 亚单元体积膨胀很小甚至收缩[1,3]。$[La_2Ni_4]$ 和 $[LaNi_5]$ 亚单元之间不同的氢化行为在两种亚单元的连接基面处产生显著的微应变，导致合金的粉碎/非晶化[4,5]，晶体结构的破坏最终引起容量的损失。而向合金中引入 Mg 元素后，这种情况得到了很大改善。由于 Mg 原子的原子半径（1.50Å）比 La 原子半径（1.87Å）小，因此 Mg 只能进入 La—La 键较短的 $[La_2Ni_4]$ 亚单元，其元素组成从 $[La_2Ni_4]$ 变为 $[(La,Mg)_2Ni_4]$，使得 $[A_2B_4]$（$V_{[A_2B_4]}$）亚单元体积减小，从而 $V_{[A_2B_4]}$（89.01Å^3）更接近 $V_{[LaNi_5]}$（87.62~88.57Å^3），于是合金吸氢时氢原子也会进入 $[AB_5]$ 亚单元，从而减小 $[A_2B_4]$ 和 $[AB_5]$ 亚单元在吸氢时的体积差，降低合金内部微应变[1]。可见，在 La-Mg-Ni 基储氢合金中，Mg 的作用是至关重要的，人们先后对 Mg 元素在该体系合金中的固溶度以及对其结构稳定性和储氢性能等多方面进行了研究。

首先，Mg 元素在这些超晶格结构中的含量可以达到多少呢？如果假设所有 $[La_2Ni_4]$ 亚单元中的 La 原子都可以被 Mg 取代，那么当 $[A_2B_4]$ 和 $[AB_5]$ 的比例分别为 1:1、1:2 和 1:3 时，其合金组成分别为 $LaMg_2Ni_9$、$LaMgNi_7$ 和 $La_3Mg_2Ni_{19}$，然而，除了 $LaMg_2Ni$[6]以外的其他两种化合物从未被报道过，目前报道的（5：19）和（2：7）相的最高 Mg 含量分别为 La_4MgNi_{19}[7] 和 La_3MgNi_{14}[8-11]，即在 [A_2B_4] 亚单元中，只有一半的 A 元素被 Mg 取代。Zhang 等发现，在 La-Mg-Ni 三元相图上，几乎所有测量点都位于一条直线上，如图 4-1 所示，也就是说，La 的比例保持在 16%～17%（原子数分数）范围内不变[12]，即 Mg 部分取代 La 的超晶格结构模型可以表示为 [$La_{2-z}Mg_zNi_4$]+[$LaNi_5$]，通用公式可写成 $La_{n+2-z}Mg_zNi_{5n+4}$，那么，La 的比例为 [$n+2-z$]/[$6 \cdot (n+1)$]，只有当 z 的值保持在 1 时，也就是 [A_2B_4] 为 [$LaMgNi_4$] 时，无论 n 的值是多少（即无论 [A_2B_4] 与 [AB_5] 比例是多少），La 的比例（原子数分数）才不会变化，且为 16.67%[12]，这说明，当 z = 1 时，倾向于形成超晶格结构合金相。Hayakawa 等对 (La, Mg)$_2$Ni$_7$ 和 (La, Mg)$_5$Ni$_{19}$ 相的 EDX 衍射分析表明，在 [La_2Ni_4] 亚单元中的 La 位点有一半被 Mg 占据，导致该层中 La 和 Mg 的原子比等于 1，他们认为这些结构中 Mg 的固溶范围很窄，这一系列化合物的通式可以用 [$LaMgNi_4$]+n[$LaNi_5$] 表示，即 $La_{n+1}MgNi_{5n+4}$。n = 2 对应 La_3MgNi_{14}，n = 3 对应 La_4MgNi_{19}，n = 4 对应 La_5MgNi_{24}[10]。这一结果被 DFT 理论计算所证实，即在伪二元 (La, Mg)Ni$_y$ 体系中，[La_2Ni_4] 亚单元中一半 La 位被 Mg 取代形成的化合物是稳定的[13]。Si 等在 $(Ca_{2-x}Mg_x)_2Ni_7$ 化合物中也报道了类似的结果，他们发现 Mg 在 $(Ca, Mg)_2Ni_7$ 相中的最大固溶度约为 x = 0.5[14]。然而，这一规则不适用于 [$La_{1-x}Mg_xNi_4$]+n[$LaNi_5$] 中 n = 0 和 1 的情况，在这两种情况下，La 可以被 Mg 完全取代，得到 n = 0 的化合物 $MgNi_2$ 和 n = 1 的化合物 $LaMg_2Ni_9$。值得注意的是，对于 n = 0，根据 x 的不同，结构变化从 x = 0 的四方 La_7Ni_{16} 型结构（La 的空位率为 12.5%（原子数分数））[15] 转变为 x = 0.44 或 1 时的立方 $MgCu_4Sn$ 型结构[16]，然后进一步转变为 x = 2 时的六方 $MgNi_2$ 型结构[17]。Mg 具有稳定超晶格结构的作用也可以从以下角度理解，在 La-Mg-Ni 基三元合金中发现了更复杂的超晶格结构，即 AB_4 相（1：4）[12,18-21] 和 A_7B_{23} 相（2：3）[22,23]，而至今未在 La-Ni 基二元合金中发现以上超晶格结构合金相。

由于 Mg 元素的选择性占位，其含量对合金的相组成具有显著影响。如上所述，Mg 只进入 [A_2B_4] 亚单元而几乎不进入 [AB_5] 亚单元，当 Mg 在 [A_2B_4] 亚单元中达到最高溶解度时（Mg 在 AB_3 型相中的最高溶解度为 [$MgNi_2$]），而对于更高 B 计量比的超晶格合金相，目前报道的最高溶解度为 [$LaMgNi_4$]、(La, Mg)Ni$_3$、(La, Mg)$_2$Ni$_7$ 和 (La, Mg)$_5$Ni$_{19}$ 相的元素组成为 $LaMg_2Ni_9$、La_3MgNi_{14} 和 La_4MgNi_{19} 相，其中 [$LaMgNi_4$]/[$LaNi_5$] 比分别为 1：1、1：2 和 1：3。如果合金中的 Mg 含量超过目标合金相的上限，则将出现其他具有较高 Mg 含量的相，而 Mg 含量较低，则容易出现 AB_5 相。例如，对于 $La_{2-x}Mg_xNi_7$（x = 0.40～0.60）合金，在 x = 0.48～0.50 范围内，合金中存在 2H-型和 2R-型 (La, Mg)$_2$Ni$_7$ 相，而当进一步提高到 x = 0.60 时，合金中出现了

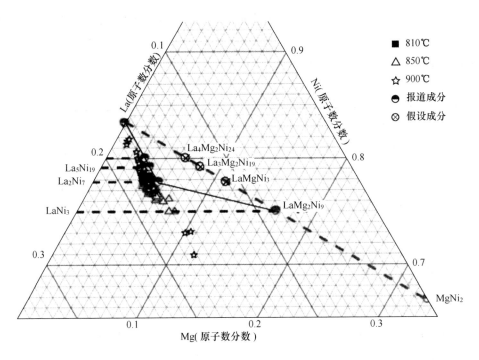

图 4-1　微探针分析(EPMA)得到的 810℃、850℃ 和 900℃ 下合成样品的化学成分的分布，报道的 RM_4、R_5M_{19} 和 R_2M_7 相的成分以及 Laves 相层内 Mg 完全取代 La 的假设成分

$[A_2B_4]$ 与 $[AB_5]$ 比例更高的 (La, Mg)Ni_3 相；相反，当降低到 $x = 0.40$ 时，合金中生成了 $LaNi_5$ 相[24]。Zhang 等在研究 $La_{2-x}Mg_xNi_{7.0}(x = 0.3 \sim 0.6)$ 合金的过程中也发现了类似的结果：当 $x = 0.3$ 时，合金中存在 (La, Mg)$_2Ni_7$ 主相以及少量 $LaNi_5$ 相；当 $x = 0.4$ 时，(La, Mg)$_2Ni_7$ 相丰度进一步上升，而 $LaNi_5$ 相丰度下降；当 $x = 0.5$ 时，合金中 (La, Mg)$_2Ni_7$ 相丰度达到最大值 96.8%，$LaNi_5$ 相则降低至 3.2%；但是当 Mg 含量进一步提升至 $x = 0.6$ 时，合金中的 (La, Mg)$_2Ni_7$ 相丰度却下降至 60.74%，而 $LaNi_5$ 相已完全消失，取而代之的是 39.26% 的 (La, Mg)Ni_3 相[11]。即使在 Mg 的溶解度范围内，由于 Mg 只进入 $[A_2B_4]$ 亚单元而几乎不进入 $[AB_5]$ 亚单元，其含量的增加也有利于生成 $[A_2B_4]$ 亚单元比例较高的合金相的生成。例如在 A_2B_7-AB_5 双相 $Ml_{1-x}Mg_xNi_{2.80}Co_{0.50}Mn_{0.10}Al_{0.10}$ 合金中，当由 $x = 0.08$ 升高到 $x = 0.24$ 时，合金中的 (La, Mg)Ni_3 相丰度由 63.42% 升高到 76.43%，而 $LaNi_5$ 相丰度则由 36.58% 下降至 23.57%，当由 $x = 0.24$ 进一步升高到 0.28 时，即 Mg 在 $[A_2B_4]$ 亚单元中的 A 占比高于一半时，(La, Mg)Ni_3 相丰度骤增至 85.51%[25]。

从 $[A_2B_4]$ 和 $[AB_5]$ 比例相同的 2H-型和 3R-型层状超晶格合金相来看，增加 Mg 的含量可以促进超晶格相由 2H-型向 3R-型相转变。例如，Férey 等发现，无 Mg 的二元 La_5Ni_{19} 合金中仅存在 2H-型 La_5Ni_{19} 相，而含 Mg 的 La_4MgNi_{19} 合金中则同时存在 2H-型和 3R-型 $(La,Mg)_5Ni_{19}$ 相[7]。在 A_2B_7 型合金中也发现了同样的情况：无 Mg 的二元 La_2Ni_7 合金中通常仅包含 2H-型 La_2Ni_7 相[1]，但是，在含 Mg 的 $La_{1.5}Mg_{0.5}Ni_7$ 合金中则可以同时观察到 2H-型和 3R-型 $(La,Mg)_2Ni_7$ 相[5,26,27]。Gal 等在 $La_{2-x}Mg_xNi_7$ （$x=0$、0.3、0.5、0.9）合金中发现，当 $x=0$ 时，合金中 2H-型 La_2Ni_7 相丰度为 98%，3R-型 La_2Ni_7 相丰度仅为 2%；当 $x=0.5$ 时，合金中 3R-型 $(La,Mg)_2Ni_7$ 相丰度提升至 67%，而 2H-型 $(La,Mg)_2Ni_7$ 相丰度降低至 33%[5]。同时，Cai 等在 $La_{1-x}Mg_xNi_{1.75}Co_{2.05}$ （$x=0.07$、0.08、0.10、0.13、0.15）合金中也发现，随着 Mg 含量由 $x=0.08$ 升高至 $x=0.15$，合金中 2H-型 $(La,Mg)_5Ni_{19}$ 相丰度由 34.8% 下降至 28.49%，而 3R-型 $(La,Mg)_5Ni_{19}$ 相丰度由 13.3% 升高到 28.81%[28]。以上现象可能是由于 Mg 原子的原子半径比 La 原子的原子半径小，半径较小的 A 元素有助于 3R-型相的形成，而半径较大的 A 元素则有助于 2H-型相的形成[2,29]。但是，如果合金中存在较为明显的不同超晶格结构合金相之间的转变，上述规律可能会受到影响，例如 Zhang 等在 $La_{2-x}Mg_xNi_7$ （$x=0.40\sim0.60$）合金的研究过程中发现，当由 $x=0.40$ 升高到 $x=0.50$ 时，合金中 2H-型 $(La,Mg)_2Ni_7$ 相丰度由 74.33% 下降到 50.06%，3R-型 $(La,Mg)_2Ni_7$ 相丰度由 18.16% 升高到 49.94%；而当进一步升高到 $x=0.60$ 时，合金中生成了 20.34% 的 3R-型 $(La,Mg)Ni_3$ 相，此时 2H-型 $(La,Mg)_2Ni_7$ 相丰度却上升至 77.62%，而 3R-型 $(La,Mg)_2Ni_7$ 相丰度却下降至 2.04%[24]，这种反常的现象很可能与 3R-型 $(La,Mg)Ni_3$ 相的生成有关。但对于 AB_3 型相，无论是在二元 $LaNi_3$ 合金中还是三元 $(La,Mg)Ni_3$ 合金中，一般仅存在 3R-型结构[7,30-32]。

从晶胞参数角度来看，由于 Mg 元素的原子半径（1.60Å）小于 La 元素的原子半径（1.87Å），随着 Mg 取代 La 含量的升高，合金中超晶格合金相的晶胞参数 a 值与 c 值以及晶胞体积 V 均呈下降趋势。但是，在同时含有超晶格合金相和 AB_5 型相的多相合金中，由于 AB_5 相中不含 Mg 元素（Mg 只取代超晶格结构 $[A_2B_4]$ 亚单元中的 La），其晶胞参数与晶胞体积几乎不变[11,33]。即使在同一超晶格结构中，由于 Mg 选择性取代 $[A_2B_4]$ 亚单元中的 La，因此 Mg 含量的增加对 $[A_2B_4]$ 和 $[AB_5]$ 亚单元的影响程度也是不同的。例如，对于 $La_{3-x}Mg_xNi_9$ 合金，随着 Mg 含量的增加，$[A_2B_4]$ 亚单元体积收缩比例高达 16%，而 $[AB_5]$ 亚单元体积收缩比例仅为 5%[33]。同样地，与 La_2Ni_7 合金相比，Mg 部分取代 La 后 $[A_2B_4]$ 亚单元（$[LaMgNi_4]$）体积减小 7.62%，而 $[AB_5]$ 亚单元体积仅减小了 0.38%~0.95%[1]。也是由于以上原因，加之超晶格结构的高度各向异性（仅沿 c 轴方向堆垛），Mg 元素对 a 轴和 c 轴上晶格参数的降低作用也具有很大不同。以 Pr_5Ni_{19} 相为例，Mg 部分取代 Pr 使 A_5B_{19} 型超晶格结构相的 a 轴减少

0.6%，而 c 轴减少约 1.5%，导致总体体积收缩约 2.6%[34]。这是由于当 Mg 取代 $[A_2B_4]$ 亚单元中的 A 元素时，$[AB_5]$ 亚单元在化学组成上几乎不受影响，而 $[A_2B_4]$ 和 $[AB_5]$ 亚单元通过基面（即 a 轴组成的平面）相连，因此 $[AB_5]$ 亚单元限制了 Mg 所引起的基面的收缩；相对而言，c 轴由于没有受到限制，Mg 引起的收缩较为明显。也由于 a 轴收缩比例较低，c 轴收缩比例较高，超晶格合金相的各向异性参数 c/a 的值也随 Mg 含量的升高而降低，而合金中的 AB_5 相由于没有 Mg 元素的进入，其各向异性参数 c/a 的值也几乎保持不变[11,24]。

进一步地，Denys 等通过中子衍射（PND）研究了 $La_{3-x}Mg_xNi_9$（$x = 0.5 \sim 2.0$）合金吸氢过程中的几何结构变化，结果表明，$[LaNi_5]$（$CaCu_5$ 型）和 $[La_{2-x}Mg_xNi_4]$（$MgZn_2$ 型）亚单元在 $x = 0.5 \sim 2.0$ 范围内均可被氢原子占据，且随着 Mg 含量的升高，$La_{3-x}Mg_xNi_9$ 氢化物中 $[La_{2-x}Mg_xNi_4\text{-H}]$ 亚单元的体积逐渐从 $x = 0.5$ 时的 116Å^3 减小到 $x = 2.0$ 时的 95Å^3；而对于 $[LaNi_5\text{-H}]$ 亚单元，这种趋势虽然不太明显，但是其体积也从 114Å^3 减小到 110Å^3[33]。此外，Mg 含量的影响还表现在合金吸氢后其相对体积 $\Delta V/V$ 的变化上。例如，$[LaNi_5]$ 亚单元吸氢后的膨胀范围很小，为 26% ~ 30%（最小时对应的氢化物为 $La_2MgNi_9H_{13}$，最大时对应的氢化物为 $LaMg_2Ni_9H_9$）；而 $La_{2-x}Mg_xNi_4$ 晶胞吸氢后的膨胀范围较大，为 16% ~ 27%（最大时对应的氢化物为 $La_2MgNi_9H_{13}$，最小时对应的氢化物为 $LaMg_2Ni_9H_9$）[33]。Liao 等对 $La_xMg_{3-x}Ni_9$（$x = 1.6 \sim 2.2$）合金吸氢过程的研究结果也表明，氢化物的形成过程伴随着 AB_3 型结构的各向同性膨胀，且随着 La 含量的增加，每个氢原子所引起的晶格体积膨胀量从 3.27Å^3 增加到 3.77Å^3[35]，表明 Mg 的增加有利于降低超晶格合金相氢化过程中产生的晶格膨胀。

从更微观的氢原子分布角度来看，对于 $La_{3-x}Mg_xNi_9$ 合金，在 $x = 0.5$、0.7、1.0、1.5 和 2.0 时，Mg 部分取代 La 对氢原子在 $[LaNi_5]$ 亚单元中的分布没有明显影响，在这些晶胞中，氢原子填充了三种类型的间隙位置：变形的八面体 $[La_2Ni_4]$、四面体 $[Ni_4]$ 和 $[(La,Mg)_2Ni_2]$，如图 4-2 所示。氢原子在 $[LaNi_5]$ 亚单元中的分布类似于在 $LaNi_5$ 合金饱和氢化物中的分布[33]。以 $La_{1.5}Mg_{1.5}Ni_9D_{11}$ 氘化物为例，其化学组成可以看成 $[LaNi_5D_{6.8}] + [La_{0.5}Mg_{1.5}Ni_4D_{4.3}]$，在 $[LaNi_5D_{6.8}]$ 亚单元中，D 原子的分布为：$[La_2Ni_4]$ 中有 2.48 个 D，$[Ni_4]$ 中有 0.75 个 D，$[(La,Mg)_2Ni_2]$ 中有 3.59 个 D[33]，这完全类似于氢化物 $LaNi_5D_{6.5}$（$[La_2Ni_4]$ 中有 2.68 个 D，$[Ni_4]$ 中有 0.78 个 D，$[La_2Ni_2]$ 中有 3.1 个 D）[36] 和 $LaNi_5D_{6.7}$（$[La_2Ni_4]$ 中有 3 个 D，$[Ni_4]$ 中有 0.83 个 D，$[La_2Ni_2]$ 中有 2.87 个 D）[37] 的晶体结构。相比而言，$[La_{2-x}Mg_xNi_4]$ 亚单元中 D 的原子分布和配位与 x 值有很大关系，随着 Mg 含量的增加，这些亚单元的间隙占用率逐渐降低，这说明不同化合物的氢间隙位置填充类型也不同[38]。

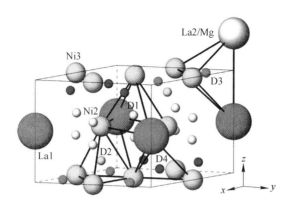

彩图

图 4-2　$La_{3-x}Mg_xNi_9D_{9.5\sim13.5}$ 晶体结构中［$LaNi_5$］亚单元中氢的分布[33]

此外，Denys 等通过不同 Mg 含量的 $La_{3-x}Mg_xNi_9D_{9.5\sim13.5}$（$x=0.5$、$0.7$、$1.0$、$1.5$、$2.0$）样品在室温和 D2 压力为 $0.35\sim2.5MPa$ 范围内的原位中子衍射，系统研究了 Mg 对 AB_3 型合金吸放氢结构稳定性的影响[33]。结果表明，当 x 超过 0.7 时，合金亚单元的抗非晶化能力增强，可以形成比较有序的氢化物结构，且氢化物可以保持最初晶胞的三角对称结构，晶胞中 a 轴和 c 轴的膨胀是很接近的，表明在形成氢化物的过程中，晶格膨胀是各向同性的；然而，在 x 小于 0.7 时，$La_{3-x}Mg_xNi_9$ 合金有明显的非晶化倾向，特别是在反复的吸放氢循环过程中[33]。但是，该非晶结构可以很容易地在低温退火过程中恢复为初始合金晶体结构，即使低至 $x=0.5$ 也可以实现以上转变；这与 $LaNi_3$ 二元合金的氢化物非晶态特性形成对比，$LaNi_3$ 氢化物真空加热后不会恢复为原来 $LaNi_3$ 的晶体结构，而是会分解为 $LaNi_5$ 和 LaH_2[33]，以上结果表明，Mg 元素可以通过调节［A_2B_4］和［AB_5］亚单元的相对体积来提高超晶格合金吸氢过程中的结构稳定性。但是，从吸氢量来看，当 $La_{3-x}Mg_xNi_9$ 合金的 $x\leqslant1.5$ 时，合金在室温和 $0.35\sim2.5MPa$ 氘气中可以达到饱和，然而 $LaMg_2Ni_9$ 合金即使在 $2.5MPa$，也只能部分氘化[33]，这说明虽然 Mg 对超晶格储氢合金的结构和吸放氢性能都有着至关重要的作用，但其含量还需适当，一旦［A_2B_4］亚单元形成 $MgNi_2$ 结构，由于其吸氢惰性，会导致合金吸氢困难。实际上，最初发现的三元层状超晶格 $LaMg_2Ni_9$ 合金的吸氢容量约为 0.3%[39]，而在 Mg 含量较低的情况下，$La_{1+x}Mg_{2-x}Ni_9$ 合金的储氢容量反而较高。此外，Denys 等还系统研究了镁对 AB_3 型 $La_{1-x}Mg_xNi_3$（$x=0\sim0.67$）合金储氢性能的影响，结果表明，富镁的 $LaMg_2Ni_9$ 合金与低镁的 $La_{2.3}Mg_{0.7}Ni_9$ 合金相比，吸放氢平台压增加了 1000 倍以上（从 $0.001MPa$ 到 $2MPa$），氢化物的热力学稳定性大幅下降，且 $La_{1-x}Mg_xNi_3$（$x=0\sim0.67$）合金的可逆储氢容量随 x 的增加而增加，当［A_2B_4］亚单元中 50% 的 La 被 Mg 取代形

成 La_2MgNi_9 时，合金的可逆储氢量达到最大值。

　　Mg 元素部分取代 La，改变层状超晶格 La-Mg-Ni 基合金的相结构和晶体结构，进而对其储氢性能有着至关重要的影响。例如，La-Mg-Ni 基合金 P-C-T 曲线的形状与平台压往往与 Mg 含量有关。这一方面是因为随着 Mg 含量的变化，合金中会生成不同含量的超晶格结构合金相以及 $LaNi_5$ 相，而以上合金相又具有不同的平台压力和储氢容量。例如，从 $La_{2-x}Mg_xNi_7$（$x=0$、0.3、0.5、0.9）合金的气固吸放氢 P-C-T 曲线（见图 4-3）可以看出，二元 La_2Ni_7 合金的 P-C-T 曲线形状最为复杂，在 $10^{-4} \sim 10$MPa 氢压范围内包含了数个储氢平台，且在 10MPa 压力下的最大储氢容量超过 12（单位分子式氢原子数）；但是，其放氢 P-C-T 曲线较吸氢曲线明显右移，这表明该合金在吸/放氢时存在一些不可逆的过程，且该合金在实际电化学窗口压力（$10^{-4} \sim 10^{-1}$MPa）下的可逆容量非常低[5]。当加入 Mg 元素后，三元合金 P-C-T 曲线的形状与二元合金形成鲜明的对比，平台变低且变得明显，但是，$La_{1.1}Mg_{0.9}Ni_7$ 合金的储氢容量较低，大概只有其余两个三元合金的 1/3，且该合金的平台压明显高于其余两个合金，这主要是因为在该合金中存在 36%（质量分数）的 $LaNi_5$ 相，而 $LaNi_5$ 相的吸/放氢平台高于超晶格结构相；虽然该合金含有 64%（质量分数）的 $(La,Mg)Ni_3$ 相，但是由于其在活化后发生非常严重的非晶化，导致 P-C-T 曲线测得的储氢容量较低[5]。$La_{1.7}Mg_{0.3}Ni_7$ 合金的储氢容量高于 $La_{1.1}Mg_{0.9}Ni_7$ 合金，但由于 Mg 含量不足，其平台却非常倾斜；相对而言，$La_{1.5}Mg_{0.5}Ni_7$ 合金的平台宽阔且平坦，其数值在实际电化学应用窗口压力内表现出来较好的应用前景，此时 Mg 在 A_2B_7 合金相中达到了最大固溶度，即 $[A_2B_4]$ 亚单元中有一半的 A 元素被 Mg 取代[5]。

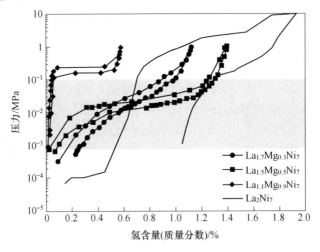

图 4-3　$La_{2-x}Mg_xNi_7$（$x=0$、0.3、0.5、0.9）合金的气固 P-C-T 曲线[5]

（阴影区域为实际电化学应用窗口压力）

此外，晶胞参数的减少通常也会导致吸放氢平台的变化，通常来说，晶胞参数减小，平台压升高，反正，平台压降低[40]。但是，Lemort 等的结果却与之相反，他们发现 Mg 部分取代 Pr 后虽然引起晶胞体积降低，却使得相应的氢化物的稳定性增强[34]。作者认为，可以将氢原子所在的间隙区体积作为最相关的参数，那么在 [A_2B_4] 亚单元中，氢的典型位点预计是由 2 个 A 和 2 个 B 原子组成的四面体 (A_2B_2 位点)，如果 A 原子只是 Pr 原子，4 个 AABB 原子组成的间隙体积约为 $2.9×10^4 Å^3$；而如果 1 个 Pr 被 1 个 Mg 取代，该间隙体积就会显著增加到 $6.2×10^4 Å^3$，如果 2 个 Pr 被 Mg 取代，间隙体积则会增加到 $1.19×10^5 Å^{3[34]}$，而这种间隙增加的影响远远大于晶胞体积的减少 (-2.6%)，因此 $Pr_{3.75}Mg_{1.25}Ni_{19}$ 和 $Pr_{1.5}Mg_{0.5}Ni_7$ 的晶胞体积虽然小于 Pr_5Ni_{19} 和 Pr_2Ni_7，但由于氢原子间隙体积增加，合金的吸/放氢平台降低，这种现象在 $AB_5^{[41]}$ 型合金和 Zr 基 Laves 相合金[42]中均有所报道。此外，Lemort 等还发现，相对于二元 Pr_5Ni_{19} 和 Pr_2Ni_7 合金，$Pr_{3.75}Mg_{1.25}Ni_{19}$ 和 $Pr_{1.5}Mg_{0.5}Ni_7$ 合金的吸氢容量更高[34]。这一方面是由于 Mg 的摩尔质量较小，Mg 的引入减轻了合金整体的质量；另一方面，Mg 的引入使得 [AB_5] 亚单元具备了吸氢能力，合金整体储氢容量提高。实际上，在 25~40℃的温度范围内，二元合金和相应的三元合金的 P-C-T 曲线的形状是非常不同的，三元合金表现出非常平坦的平台，Lemort 认为，Mg 不仅提高了储氢容量，还将其热力学性能调整到更适合实际应用的范围内[34]。但是，Lemort 等发现，Mg 的引入不利于合金活化，相对于二元 RE-Ni 合金，三元 RE-Mg-Ni 基合金活化较慢，作者认为这可以归因于活泼的镁元素容易被空气中的氧气氧化，导致合金相的表面钝化，但是在活化的同时进行温和的热处理 (80℃) 便可以克服这个问题[34]。

适量的 Mg 元素不但有利于层状超晶格合金的晶体结构和储氢性能提高，而且其引入可以降低相应 RE-Ni 二元超晶格合金相的包晶反应温度。主要原因有两个：第一，第三种元素的引入本身就可以降低包晶反应温度；第二，Mg 元素的熔点较低，对于降低相应相的包晶反应温度更为有利。Lemort 等发现，用 Mg 部分取代 Pr 可以使退火温度从 1100℃ (Pr_5Ni_{19}) 和 1000℃ (Pr_2Ni_7) 降到 900℃ ($Pr_{1.5}Mg_{0.5}Ni_7$ 和 $Pr_{3.75}Mg_{1.25}Ni_{19}$)，并使其退火时间从 35 天缩短到 20 天[34]。在实际生产中，降低热处理温度和时间都可以减少能耗，有利于节约时间和降低成本。然而，Mg 元素的蒸气压过高，在感应熔炼和后续热处理过程中容易挥发，对控制合金的 Mg 含量与相组成以及电极与电池性能的一致性带来较大困难；此外其挥发可能产生的粉尘甚至会引起爆炸，给工业化冶金制备合金带来很大的安全隐患并增加了制备成本；另外，镁元素性质十分活泼，较负的氧化-还原电位 (-2.363V) 使其在 KOH 电解液中易发生腐蚀，造成有效物质的损失，不利于合金电极的循环寿命。针对以上问题，研究者们一方面改进该类合金的制备技术，如熔炼过程中利用氩气保护[43-47]、不同条件的烧结技术[12,48]、高能球磨[49]等；另一方面用 Y 元素替代 Mg 元素，制备 La-Y-Ni 基储氢合金，在下一节中将详细进行讨论。

4.2　Y 元素作用

Y 元素与 Mg 元素的作用相似，可以提高 $AB_{3~4}$ 型层状超晶格储氢合金的结构稳定性，因此，Y 替代 Mg 被认为是解决层状超晶格储氢合金由于 Mg 易烧损造成的制备难题的措施之一，近年来人们围绕 Y 的作用特点展开了广泛研究[50,51]。例如，Hadjean 等对 $PuNi_3$ 型 LaY_2Ni_9 合金的研究表明，Y 原子择优占据 $[A_2B_4]$ 结构单元中的 $6c$ 位置，其室温下吸氢平台压（$9.09 \times 10^3 Pa$）和储氢容量（1.504%）与 RE_2MgNi_9（RE=La、Pr、Nd）合金相当，说明 Y 元素替代 Mg 元素是可行的，但其吸/放氢平台的滞后较大，且合金出现部分氢致非晶化现象[52]。王浩等研究了热处理对 $La_{0.33}Y_{0.67}Ni_{3.25}Mn_{0.15}Al_{0.1}$ 合金的影响，结果表明 950℃ 退火合金具有较为适宜的吸/放氢平台压（0.02~0.04MPa）和较高的放电容量（383.1mA·h/g），合金电极充放电循环第 100 次时的容量保持率（S_{100}）达到 88.6%[53]；赵磊等研究了 Y 部分取代 La 对退火态 $La_{1-x}Y_xNi_{3.25}Mn_{0.15}Al_{0.1}$ 合金微观组织结构、储氢行为和电化学性能的影响[54]。结果表明，合金由 Ce_2Ni_7 型合金主相、$PuNi_3$ 或 YNi_3 型相、Ce_5Co_{19} 型相以及 $LaNi_5$ 相组成，随着 Y 含量的升高，Ce_2Ni_7 型相丰度先升高后降低，$x=0.75$ 时合金基本为 Ce_2Ni_7 型单相结构；且由于 Y 的原子半径小于 La，随着 Y 取代 La 含量的增加，Ce_2Ni_7 型相的晶胞体积逐渐减小[54]。从合金的储氢特征来看，$x=0~0.25$ 合金的 P-C-T 曲线几乎没有平台，且易发生氢致非晶化，当 $x \geqslant 0.50$ 时，合金的氢致非晶化倾向得到抑制，且 P-C-T 曲线出现明显的吸/放氢平台[54]。以上 Y 取代 La 对合金相组成、晶体结构以及吸放氢特征的影响与 Mg 的作用非常相似[33,54]；当 x 在 0.5~1 的范围内时，合金的吸氢平台压为 0.026~0.097MPa，最大储氢量（质量分数）达到 1.418%~1.480%，且当 $x=0.50~0.75$ 时，合金具有较高的放电容量（376~381mA·h/g），100 周充放电循环后其容量保持率为 76%~85%[54]。研究者认为，Y 完全取代 Mg 的 A_2B_7 型 La-Y-Ni 基合金有望替代 La-Mg-Ni 基合金作为高容量层状超晶格结构储氢合金电极材料。但是，Guo 等对 $LaY_{2-x}Mg_xNi_9$（$x=0$、0.25、0.50、0.75、1.00）合金的循环稳定性、最大放电容量、微观组织演变、氢致非晶化、粉化以及形成能等的研究结果表明，Mg 部分取代 Y 使 LaY_2Ni_9 相丰度降低，$(La,Y)_2Ni_7$ 相丰度升高，LaY_2Ni_9 相向 $(La,Y)_2Ni_7$ 相的转变抑制合金的粉化，提高其循环稳定性[55]。特别地，作者通过非晶形成判据（P_{HS}）证实，一定的 Mg 取代 Y 可以抑制合金的氢致非晶化，有利于合金的循环稳定性，$LaY_{1.25}Mg_{0.75}Ni_9$ 合金表现出较好的综合电化学性能，其最大放电容量为 308.4mA·h/g，循环 100 次后容量保持率为 69.0%[55]，因此，对于不同的合金体系，Mg 和 Y 共同存在可能产生更好的效果，Y 含量的调控是一个关键因素。

下面系统地从 Y 的含量对合金的相组成、晶体结构以及吸放氢性能方面分别进行讨论。目前已有的关于 Y 元素的优化改性大多集中在 A_2B_7 型合金[54,56,57]，少量存在于 AB_2[58] 及 AB_3[51,59] 型合金。

在 A_2B_7 型 La-Y-Ni 基合金中，Y 部分取代 La 通常会促进超晶格合金相尤其是 A_2B_7 型相的生成，同时抑制 AB_5 型相的生成。例如，Liu 等发现，在 $La_{3-x}Y_xNi_{9.7}Mn_{0.5}Al_{0.3}$（$x$=1、1.5、1.75、2、2.25、2.5）合金中，随着由 x=1 升高到 x=2.5，Ce_2Ni_7 相丰度由 22.43% 升高到 89.42%，而 $LaNi_5$ 相丰度由 8.15% 下降至 0.88%[51]；在 $La_{0.80-x}Y_xMg_{0.20}Ni_{2.85}Mn_{0.10}Co_{0.55}Al_{0.10}$（$x$=0、0.05、0.10）合金中，随着 Y 含量的升高，$(La,Mg)_2Ni_7$ 相丰度由 59.5%（x=0）升高到 75.7%（x=1），而 $LaNi_5$ 相丰度则由 40.5%（x=0）下降到 24.3%（x=1）。Liu 等在 $La_{1-x}Y_xNi_{3.25}Mn_{0.15}Al_{0.1}$（$x$=0、0.25、0.50、0.67、0.75、0.85、1.00）合金中同样发现，Y 元素有利于促进 Ce_2Ni_7 相含量的升高，当由 x=0 升高到 x=0.75 时，合金中 Ce_2Ni_7 相丰度由 39.56% 升高到 100%；但是，当进一步升高到 x=0.85 和 x=1.00 时，Ce_2Ni_7 相丰度却分别下降到 62.54% 和 56.72%，同时，合金中生成了不同含量的 YNi_3 相[56]。据 Hadjean 等报道，在 LaY_2Ni_9 合金中 Y 原子择优占据 $[A_2B_4]$ 结构单元中 $6c$ 位点[52]，那么以上相结构的变化很可能与 Y 的选择性占位和在超晶格结构中的固溶度有关。然而，对于 A 元素比较复杂的 AB_3 型 $La_{0.65-x}Y_xMg_{1.32}Ca_{1.03}Ni_9$（$x$=0、0.05、0.20、0.40、0.60）合金，Y 元素对于 AB_3 相的生成却有抑制作用，随着 Y 含量的升高，合金中 $(La,Mg,Ca)_3Ni_9$ 相丰度由 73%（x=0）下降至 48%（x=0.60），且 $LaNi_5$ 相丰度则由 21%（x=0）提升至 52%（x=0.60）[60]。可见，Y 对于 $[A_2B_4]$ 亚单元的选择性可能弱于 Mg，这一点在 AB_2 合金体系中也有一定的体现，例如对于 AB_2-AB_5 双相 $La_{0.8-x}Ce_{0.2}Y_xMgNi_{3.4}Co_{0.4}Al_{0.1}$（$x$=0、0.05、0.1、0.15、0.2）合金，当由 x=0 升高到 x=0.2 时，合金中的 $LaMgNi_4$ 相丰度变化甚微（只增加了 3%）[58]。

此外，与 Mg 元素相似，Y 元素同样有助于促进 2H-型 A_2B_7 相向 3R-型 A_2B_7 相的转变。例如，Gao 等研究了 Y 元素的含量对 $La_{0.83-x}Y_xMg_{0.17}Ni_{3.1}Co_{0.3}Al_{0.1}$（$x$=0~0.6）合金相组成的影响，其晶体学参数列于表 4-1 中[57]。可见，当 x=0.2 时，合金中 2H-型 A_2B_7 相丰度为 92.43%，3R-型 A_2B_7 相丰度为 4.85%；但是当升高到 x=0.6 时，合金中 2H-型 A_2B_7 相丰度下降到 53.88%，而 3R-型 A_2B_7 相丰度则大幅升高到 43.57%[57]，这与 Y 元素的原子半径（1.80Å）小于 La 元

素的原子半径（1.87Å）有关，半径较小的元素更倾向于 3R-型超晶格合金相的生成[1,7]。

表 4-1 $La_{0.83-x}Y_xMg_{0.17}Ni_{3.1}Co_{0.3}Al_{0.1}(x=0\sim0.6)$ 合金的相丰度和晶体结构参数[57]

合金	相结构	含量（质量分数）/%	晶胞参数			
			$a/Å$	$c/Å$	$V/Å^3$	c/a
$x=0$	Ce_2Ni_7	52.87	5.069	24.543	546.1	4.84
	Gd_2Co_7	7.75	5.068	36.720	816.8	7.25
	$CaCu_5$	39.38	5.044	4.012	88.4	0.80
$x=0.2$	Ce_2Ni_7	92.43	5.030	24.302	532.4	4.83
	Gd_2Co_7	4.85	5.004	36.109	783.1	7.22
	$CaCu_5$	2.72	5.002	3.982	86.3	0.80
$x=0.6$	Ce_2Ni_7	53.88	4.973	24.147	517.2	4.86
	Gd_2Co_7	43.57	4.972	36.269	775.1	7.29
	$CaCu_5$	2.54	4.958	3.928	83.6	0.79

此外，由于 Y 元素的原子半径较小，在层状超晶格合金中，随着 Y 含量的升高，晶胞参数减小。图 4-4 为 $La_{3-x}Y_xNi_{9.7}Mn_{0.5}Al_{0.3}$（$x=1$、1.5、1.75、2、2.25、2.5）合金的 XRD 衍射图谱[51]，可以看出，随着 Y 含量的升高，XRD 衍射峰逐渐向高角度方向移动，表明合金中主相的晶胞参数逐渐下降，与精修得到的结果相一致，见表 4-1[51]。但由表 4-1 还可以看出，对于 AB_5 型合金相，其晶胞参数 a 和 c 都是先升高后降低的，在 $x=1.75$ 处达到最大值[51]，这可能与 Y 在超晶格合金相和 AB_5 型合金相之间的选择性分布有关。

层状超晶格合金的相组成和晶胞参数随 Y 含量的变化直接影响合金的储氢性能，突出表现在 P-C-T 曲线的特征上。图 4-5 为 $La_{3-x}Y_xNi_{9.7}Mn_{0.5}Al_{0.3}$（$x=1$、1.5、1.75、2、2.25、2.5）合金的 P-C-T 曲线[51]，可以看出，当 $x=1$ 时，合金的放氢平台压最高，且其平台宽度最窄，表明储氢量较低；当 $x=1.5\sim2.5$ 时，合金拥有两个放氢平台，其中较高的平台随着 Y 含量的升高而升高，这主要是因为 Y 元素原子半径较小，在其替代 La 元素后，合金的晶胞体积下降，且在吸/放氢时的晶格应变能增加；而较低的平台随着 Y 含量的增加先升高后降低[51]。通常认为，在合金的 P-C-T 曲线中的多平台现象主要由不同结构的合金相或者同一相形成不同的氢化物造成，具体到该合金，作者指出，其主相含量随着 Y 含量升高，由 Gd_2Co_7 相向 Ce_2Ni_7 相转化，但是不同平台的长度却几乎保持不变，这表

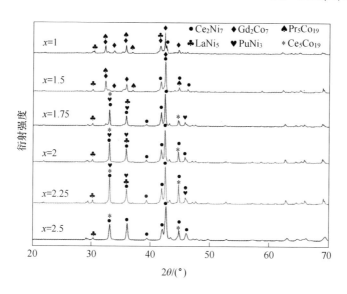

图 4-4 $La_{3-x}Y_xNi_{9.7}Mn_{0.5}Al_{0.3}(x=1、1.5、1.75、2、2.25、2.5)$
合金的 XRD 衍射图谱[51]

明双平台现象主要由 Ce_2Ni_7 相的不同氢化物产生[51]。相对而言，AB_2 型 $La_{0.8-x}Ce_{0.2}Y_xMgNi_{3.4}Co_{0.4}Al_{0.1}(x=0、0.05、0.1、0.15、0.2)$ 合金双平台产生的原因与之不同，如图 4-6 所示，图中较低和较高的平台分别对应合金中的 $LaMgNi_4$ 相和 $LaNi_5$ 相，随着 Y 含量的升高，$LaNi_5$ 相对应的高平台的平台变短，这与合金中 $LaNi_5$ 相丰度下降的趋势相一致[58]。

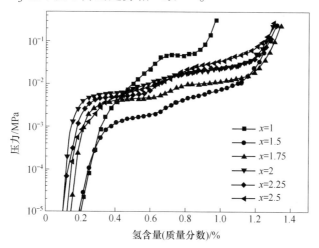

图 4-5 $La_{3-x}Y_xNi_{9.7}Mn_{0.5}Al_{0.3}(x=1、1.5、1.75、2、2.25、2.5)$
合金的 P-C-T 曲线[51]

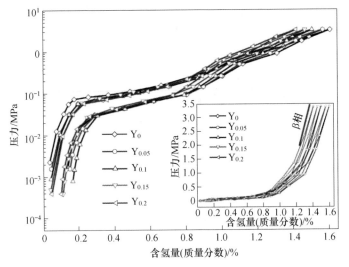

彩图

图 4-6　$La_{0.8-x}Ce_{0.2}Y_xMgNi_{3.4}Co_{0.4}Al_{0.1}(x=0、0.05、0.1、0.15、0.2)$

合金的 P-C-T 曲线[58]

    Y 元素部分取代 La 元素不仅影响超晶格储氢合金的 P-C-T 曲线形状，对于合金电极的最大放电容量与循环稳定性同样有着较大的影响，这也与合金的相组成和晶体结构密切相关。例如，$La_{0.83-x}Y_xMg_{0.17}Ni_{3.1}Co_{0.3}Al_{0.1}(x=0\sim0.6)$ 合金的最大放电容量随 Y 含量的增加先升高后降低，当 Y 含量由 $x=0.1$ 升高到 $x=0.2$ 时，其最大放电容量由 372mA·h/g 升高到 400.6mA·h/g；但在 x 升高到 0.6 的过程中，合金的最大放电容量下降至 254mA·h/g[57]。与 $x=0$ 的合金相比，$x=0.2$ 的合金的最大放电容量较高的原因是后者相对于前者 A_2B_7 型相丰度由 60.62% 显著升高到 97.28%，并且 A_2B_7 型相的理论储氢容量高于 $LaNi_5$ 型相。但是当 Y 含量继续升高时，合金放电容量下降的原因可能是由于 Y 元素的原子半径较小，导致合金晶胞体积下降，而氢原子主要分布在储氢合金的四面体间隙和八面体间隙，超过 $x=0.2$ 时，其间隙体积变小，某些位点可能失去了容纳氢原子的能力。但是，Zhang 等在 AB_2-AB_5 双相 $La_{0.8-x}Ce_{0.2}Y_xMgNi_{3.4}Co_{0.4}Al_{0.1}$ （$x=0、0.05、0.1、0.15、0.2$）合金中却发现，随着由 $x=0$ 升高到 $x=0.2$，合金的最大放电容量却是下降的，从其相丰度可以看出，随着 Y 含量的增加合金中 $LaMgNi_4$ 相丰度仅由 78.6% 升高到 81.3%[58]，变化非常微小，因此晶胞参数的减小可能成为其主导因素，引起容量的降低。

    此外，对于 $La_{0.83-x}Y_xMg_{0.17}Ni_{3.1}Co_{0.3}Al_{0.1}(x=0\sim0.6)$ 合金，当由 $x=0$ 升高到 $x=0.2$ 时，其循环 100 周的容量保持率 S_{100} 由 74.8% 提升至 85%，作者认为，这是由于 Y 增加了合金的抗氧化/腐蚀[57]，除此之外的一个原因可能是 AB_5 相

含量的降低，研究表明，AB_5 型合金相和超晶格合金相在吸氢后的体积膨胀比例具有较大差异，因此引起合金内部应力增加和晶体结构的破坏[61]。但是，Y 部分取代 La 的不利因素在于较小的晶胞体积会增加合金在电化学吸放氢过程中的应变能，从而降低合金的抗粉碎能力，不利于循环稳定性[61-63]，但是从结果来看这点在 $x = 0.2$ 以前并不是关键因素，然而，随着继续提升至 $x = 0.6$，S_{100} 下降至 38%，在 $x = 0.2$ 以后，合金的相组成变化并不明显，因此晶胞参数的作用可能凸显出来。

层状超晶格合金中 Y 元素的含量对于其高倍率放电（HRD）性能也具有较大影响。Liu 等发现，$La_{0.80-x}Y_xMg_{0.20}Ni_{2.85}Mn_{0.10}Co_{0.55}Al_{0.10}$（$x = 0$、0.05、0.10）合金电极在 298K 温度条件下，随着由 $x = 0.00$ 升高到 $x = 0.10$，合金在 1800mA/g 放电电流密度下的 HRD 由 23.6% 升高到 39.7%[56]，可见，Y 元素的添加有助于合金电极 HRD 性能的提升。对该组合金进一步研究表明，随着 Y 含量的升高，合金电极的极化电阻 R_p 逐渐下降，对应交换电流密度 I_0 逐渐增加，这表明合金电极表面的电催化活性随着 Y 元素的取代而有所提升；且随着 Y 含量的升高，合金的氢扩散系数 D 也升高，进一步证明了 Y 对于合金电极动力学性能的积极作用。

Yan 等比较了 AB_3 型、A_2B_7 型和 A_5B_{19} 型 $La_{0.33}Y_{0.67}(Ni,Mn,Al)_{3\sim3.8}$ 合金的结构和电化学性能[64]，结果表明，以上三种合金都具有多相结构：AB_3 型合金主要由 LaY_2Ni_9 和 Ce_2Ni_7 相组成，A_2B_7 型合金由 Ce_2Ni_7 和 Gd_2Co_7 相组成，A_5B_{19} 型合金中含有 Ce_5Co_{19}、Gd_2Co_7、Ce_2Ni_7 和 $LaNi_5$ 相；在相同温度下，三种合金的平台压力依次为 AB_3 型 < A_2B_7 型 < A_5B_{19} 型；三种合金的氢化物生成焓变 ΔH 绝对值随 B 比例的升高而降低，表明氢化物稳定性降低，以上规律与 La-Mg-Ni 基合金一致[61,64]。A_2B_7 型和 A_5B_{19} 型 La-Y-Ni 基合金具有良好的活化性能，相比而言，A_2B_7 型 La-Y-Ni 基合金的最大放电容量较高，为 385.7mA·h/g，其储氢量也较大，为 1.48%，超过了 AB_5 型合金的理论放电容量；A_2B_7 型和 A_5B_{19} 型合金均具有较好的循环稳定性，300 次循环后的容量保持率分别为 76.6% 和 75.8%，这与 La-Mg-Ni 基合金不同，后者随着 B 比例的升高而升高；三种层状超晶格 La-Y-Ni 基合金电极的 HRD 都小于 $LaNi_5$ 型合金[64]。

4.3 Ce 元素作用

Ce 元素是紧跟 La 之后的稀土元素，原子序数为 58，相对原子质量为 140.12，略高于 La，Ce 的原子半径为 1.82Å，小于 La 的原子半径（1.87Å）。在 La-Mg-Ni 基合金体系中，Ce 元素常用于部分取代 La 元素，其中，目前已有的相

关研究大多集中于 $AB_{3.5}$ 型层状超晶格合金[65-68]，此外还涉及 AB_3[69] 和 $AB_{3.8}$[70] 型合金。下面将从 Ce 元素对 La-Mg-Ni 基合金的相组成、晶体结构以及吸放氢性能等方面的影响进行讨论。

在 La-Mg-Ni 基层状超晶格合金中，Ce 部分取代 La 后，通常引起合金中 AB_5 相含量升高，超晶格合金相含量降低。例如，Zhang 等对 $AB_{3.3}$ 型 $La_{0.7-x}Ce_xMg_{0.3}Ni_{2.8}Co_{0.5}$($x=0.1$、$0.2$、$0.3$、$0.4$、$0.5$) 合金的研究发现，随着由 $x=0.1$ 升高到 $x=0.5$，合金中 $La(La,Mg)_2Ni_9$ 相丰度由 76.54% 下降到 53.06%，而 AB_5 相丰度却由 21.21% 升高到 43.23%[69]。Shen 等发现，在 $AB_{3.5}$ 型 $La_{0.8-x}Ce_xMg_{0.2}Ni_{3.5}$ 合金中，随着 Ce 元素取代 La，从 $x=0$ 升高到 $x=0.2$，$(La,Mg)_2Ni_7$ 相丰度从 68.48% 下降到 48.99%，而 AB_5 相丰度则从 24.87% 升高到 39.03%[71]。Lv 等对 $La_{0.75-x}Ce_xMg_{0.25}Ni_{3.0}Co_{0.5}$($x=0$、$0.05$、$0.1$、$0.15$、$0.2$) 合金的结构研究表明，合金主要由 $(La,Mg)Ni_3$、$(La,Mg)_2Ni_7$ 和 $LaNi_5$ 三相组成，随着 Ce 含量的增加，$(La,Mg)Ni_3$ 和 $(La,Mg)_2Ni_7$ 相丰度降低，$LaNi_5$ 相丰度升高[67]。同样地，Gao 等发现 A_2B_7-AB_5 双相合金 $La_{0.43}Ce_{0.2}Gd_{0.2}Mg_{0.17}Ni_{3.1}Co_{0.3}Al_{0.1}$ 比 $La_{0.63}Gd_{0.2}Mg_{0.17}Ni_{3.1}Co_{0.3}Al_{0.1}$ 合金中的 $LaNi_5$ 相丰度高出近 10%[68]。但是，许剑轶等在 $AB_{3.8}$ 型 $La_{0.8-x}Ce_xMg_{0.2}Ni_{3.8}$($x=0$、$0.1$、$0.3$、$0.5$) 合金中发现了不一样的结果：当 $x=0$ 时，合金中存在 A_2B_7、A_5B_{19} 和 AB_5 型相，Ce 元素的加入使 A_2B_7 随着型相完全消失，A_5B_{19} 型相丰度升高，而 AB_5 型相丰度急速下降，在整个 Ce 元素的 x 取代范围内，$(La,Mg)_5Ni_{19}$ 相丰度由 25.31% ($x=0$) 升高到 74.96% ($x=0.5$)，而 AB_5 型相丰度则由 61.45% 降低到 25.04%[66]。而 Pan 等则在 $AB_{3.5}$ 型 $La_{0.7-x}Ce_xMg_{0.3}Ni_{2.875}Mn_{0.1}Co_{0.525}$($x=0\sim0.7$) 合金中发现，随着由 $x=0$ 升高到 $x=0.7$，合金中 $LaNi_5$ 相丰度由 47.48% 下降至 27.91%，而 $La(La,Mg)_2Ni_9$ 相丰度由 51.16% 升高到 71.31%[65]。Ce 对于相组成影响的不一致可能与合金的元素组成、化学计量比以及处理方法有关。

由于 Ce 元素的原子半径较 La 元素小，随着 La-Mg-Ni 基合金中 Ce 元素含量的升高，合金中各相的晶胞体积通常呈下降趋势。例如在 $(La_{0.7}Mg_{0.3})_{1-x}Ce_xNi_{2.8}Co_{0.5}$($x=0\sim0.20$) 合金中，随着 Ce 含量的增加，$(La,Mg)Ni_3$ 相的晶胞参数 a 和 c 均线性减小，引起其晶胞体积 V 从 557.31Å³ ($x=0$) 减小到 545.17Å³ ($x=0.20$)，而各向异性参数 c/a 几乎保持不变 (4.75~4.76)[70]；但是，对于 $LaNi_5$ 相，虽然整体的晶胞体积随 Ce 含量的增加而减小，但是在晶胞参数 a 减小的同时，c 可能呈增大趋势，使得各向异性参数 c/a 变大，以上现象在 $(La_{0.7}Mg_{0.3})_{1-x}Ce_xNi_{2.8}Co_{0.5}$($x=0\sim0.20$)[70]、$La_{0.7-x}Ce_xMg_{0.3}Ni_{2.8}Co_{0.5}$($x=0.1$、$0.2$、$0.3$、$0.4$、$0.5$)[69] 和 $La_{0.7-x}Ce_xMg_{0.3}Ni_{2.875}Mn_{0.1}Co_{0.525}$($x=0\sim0.7$)[65] 合金中都有报道。$LaNi_5$ 相的以上变化可能与 Ce 在其 $2c$ 和 $3g$ 位置的选

择性占位有关。但是也有报道显示，随着 Ce 取代 La 含量的增加，$LaNi_5$ 相的晶胞参数 a 和 c 都呈现减小趋势，例如 $La_{0.8-x}Ce_xMg_{0.2}Ni_{3.8}$（$x=0$、0.1、0.3、0.5）[66]、$La_{0.75-x}Ce_xMg_{0.25}Ni_{3.0}Co_{0.5}$（$x=0$、0.05、0.1、0.15、0.2）[67] 和 $La_{0.43-x}Ce_xGd_{0.2}Mg_{0.17}Ni_{3.1}Co_{0.3}Al_{0.1}$（$x=0$、0.2）[68] 合金。对 $LaNi_5$ 相晶胞参数影响的不同可能与其元素组成和 Ce 在 $LaNi_5$ 相中的相对含量有关。

Ce 元素对 La-Mg-Ni 基合金相组成和晶胞参数等微观结构的显著影响决定了其储氢性能的变化。首先，合金中超晶格相和 $LaNi_5$ 相的晶胞体积随 Ce 含量的增加呈下降趋势，这一方面导致合金相用于储氢的晶格间隙变小，其储氢位点不能充分利用，储氢容量下降，另一方面晶胞体积的减小使氢原子进入晶格的驱动力上升，氢化物稳定性降低，平台压升高。例如，对 $La_{0.7-x}Ce_xMg_{0.3}Ni_{2.8}Co_{0.5}$（$x=0.1$、0.2、0.3、0.4、0.5）和 $La_{0.7-x}Ce_xMg_{0.3}Ni_{2.875}Mn_{0.1}Co_{0.525}$（$x=0\sim0.7$）合金的研究发现，其电化学吸放氢平台压随着 Ce 含量的升高逐渐升高，并且平台也变得狭窄且倾斜，其相应的储氢容量（H/M）分别由 0.952 和 1.15 下降到 0.117 和 0.15[65,69]。对 $La_{0.8-x}Ce_xMg_{0.2}Ni_{3.5}$ 合金的研究也发现，其电化学放氢容量由 $x=0$ 的 390.5mA·h/g 降低到 $x=0.2$ 的 303.9mA·h/g[71]。

在层状超晶格合金中，Ce 元素的含量对其循环稳定性同样有着显著的影响，主要表现在如下几方面：首先，Ce 元素可以通过晶体结构的变化影响合金的结构稳定性，如前所述，合金的晶胞体积随 Ce 元素含量的增加而减小，导致合金储氢容量降低，那么由氢原子进出晶格引起的体积变化减小，相应的晶格应力降低，合金的粉化程度下降，循环寿命提高[65,69]；其次，Ce 元素可以通过引起相组成的变化影响合金的结构稳定性，如前所述，随着 Ce 含量的升高，通常合金中超晶格相丰度下降，$LaNi_5$ 相丰度上升，而 $LaNi_5$ 相吸/放氢循环稳定性要高于超晶格合金相，而且，由于 $LaNi_5$ 相的 Ni 比例较高，其在碱性电解液中的腐蚀速度要明显慢于超晶格相[26,72]；但是需要注意的是，由于 $LaNi_5$ 相吸放氢的膨胀比例与超晶格相有较大差异，以超晶格相为主向的合金中如果 $LaNi_5$ 相明显增加，对其结构稳定性可能会有不利影响[26]。再次，从 Ce 元素本身的化学性质来看，由于在碱性电解液中 Ce^{3+} 离子可以被氧化成 Ce^{4+} 离子，它们在合金表面形成致密的 CeO_2 膜，可以较好地抑制合金进一步氧化，从而减缓活性物质的损失，提高合金的循环稳定性。例如，$La_{0.7-x}Ce_xMg_{0.3}Ni_{2.8}Co_{0.5}$（$x=0.1$、0.2、0.3、0.4、0.5）合金的容量保持率 S_{70} 随着 Ce 含量的升高从 56.4%（$x=0.1$）升高到 87.3%（$x=0.5$）[71]；$(La_{0.7}Mg_{0.3})_{1-x}Ce_xNi_{2.8}Co_{0.5}$（$x=0\sim0.20$）合金的容量保持率由 $x=0$ 时的 52.0% 升高到 $x=0.2$ 时的 63.6%[70]。虽然 $La_{0.7-x}Ce_xMg_{0.3}Ni_{2.875}Mn_{0.1}Co_{0.525}$（$x=0\sim0.7$）合金中超晶格 $La(La,Mg)_2Ni_9$ 相丰度随着 Ce 含量的升高而升高，$LaNi_5$ 相丰度降低，合金电极在放电电流密度为 60mA/g 时的容量衰减率仍然呈现单调递减的趋势[65]。此外，Lv 等还发现，$La_{0.75-x}Ce_xMg_{0.25}Ni_{3.0}Co_{0.5}$ 合金中 $(La,Mg)_2Ni_7$ 主相主衍射峰的半峰宽由 0.231$(x=0)$ 单调增加至 0.281$(x=0.2)$，说明合金晶粒得到了细化，抗粉化能力增强[27,67]，作者通过合金电极的 Tafel 极化曲线证实了合金的抗氧化能力随 x 的增加而增强[67]。

通常认为，Ce 元素有利于合金的快速放氢能力（高倍率放电性能，HRD），主要原因有以下几点：首先，Ce 元素含量的增加使合金氢化物稳定性减弱，有利于快速放氢反应，提高合金电极的高倍率放电能力；其次，随着 Ce 含量的升高，通常会引起合金中 $LaNi_5$ 相丰度的升高，$LaNi_5$ 相不仅作为储氢介质，而且由于其 Ni 含量较高还可以作为催化剂加速电荷在合金表面的转移。但是在实际研究结果中，通常发现随着 Ce 含量的增加合金的高倍率放电性能先升高后降低，这可能与 Ce 表面的氧化层以及晶胞体积减小限制了氢元素的快速扩散有关。例如，Zhang 等发现，$La_{0.7-x}Ce_xMg_{0.3}Ni_{2.8}Co_{0.5}$($x=0.1$、0.2、0.3、0.4、0.5) 合金在 1200mA/g 的放电电流密度下，HRD 性能由 55.4%$(x=0.1)$ 升高到 67.5%$(x=0.3)$，随后却又下降到 52.1%$(x=0.5)$[69]。通过计算交换电流密度和氢的扩散系数作者发现，Ce 的增加有利于金属电解质界面的电荷转移过程而不利于氢化物在合金本体中的氢扩散过程。作者推测，前者是由于 $LaNi_5$ 相的催化作用，而后者是因为晶胞体积过小，氢的扩散受阻[69]。Pan 等在 $La_{0.7-x}Ce_xMg_{0.3}Ni_{2.875}Mn_{0.1}Co_{0.525}$($x=0\sim0.5$) 合金中同样发现，HRD 性能随着 Ce 含量的增加先升高后降低，且在 $x=0.3$ 时达到最大值[65]。进一步研究表明，交换电流密度，阳极电流密度均随着 Ce 含量的升高先升高后降低，在 $x=0.3$ 时达到最大值，而阻抗则在 $x=0.3$ 时达到一个最小值。Lv 等对 $La_{0.75-x}Ce_xMg_{0.25}Ni_{3.0}Co_{0.5}$($x=0$、0.05、0.1、0.15、0.2) 合金的高倍率放电性能变化趋势的研究结果与上述二者一致，其在 $x=0.1$ 时取得最大值[67]。

此外，Zhang 等对 $La_{0.7-x}Ce_xMg_{0.3}Ni_{2.8}Co_{0.5}$($x=0.1\sim0.5$) 合金的低温放电性能进行了研究[69]，结果表明，当工作温度较低时，合金电极的放电容量会受到较大的影响，当温度在 233K 时，交换电流密度 I_0 的值在 23.0~23.6mA/g 之间，几乎不随 Ce 含量的变化而变化；但氢的扩散系数 D 却随着 Ce 含量的升高显著下降，这表明 Ce 会降低合金内部的氢在低温下的扩散能力，从而不利于合金的低温放电性能。沈向前等发现，当工作温度为 233K 时，$La_{0.8-x}Ce_xMg_{0.2}Ni_{3.5}$($x=0\sim0.2$) 合金的放电容量随 Ce 含量的增加先升高后降低[73]，在 $x=0.10$ 时达到最大值（195.2mA·h/g），随着 x 增大到 0.20 其放电容量减小到 120.4mA·h/g；作者认为，Ce 的少量替代有利于合金电极的低温放电性能，因为 Ce 含量较低时并不会引起合金明显的晶格畸变，且 Ce 有利于提高合金的平台压，降低金属氢化物的稳定性，因此有利于合金放氢。

但是，当合金电极的工作温度较高时，Ce 含量的升高会引起合金平台压过高，超出合金的吸氢压力范围，使得合金在常压下无法吸氢，放电容量下降。例如，在 $x=0$ 时 $La_{0.8-x}Ce_xMg_{0.2}Ni_{3.5}$ 合金在 333K 下的放电容量为 298K 下的 92.7%，而在 $x=0.2$ 时，合金在 333K 下的放电容量仅为 298K 下的 80.5%[71]。

4.4　Pr、Nd、Gd 等稀土元素作用

Pr、Nd、Gd 三种元素均为稀土元素，其原子半径比较相近，分别为 1.83Å、1.82Å 和 1.80Å，略小于 La 原子半径（1.87Å）；三者的相对原子质量也比较相近，分别为 140.9、144.2 和 157.2，略高于 La 原子的相对原子质量（138.9）。研究者们常采用以上三种元素部分取代 La，从而优化合金的相结构和储氢性能。

对于 Pr、Nd、Gd 稀土元素部分取代 La 在合金相组成的影响方面，主要有两种观点，一种观点认为，上述元素有利于 $LaNi_5$ 相的生成。例如，Pan 等对 AB_3-AB_5 双相 $La_{0.7-x}Pr_xMg_{0.3}Ni_{2.45}Co_{0.75}Mn_{0.1}Al_{0.2}$（$x=0.0\sim0.3$）合金的研究结果表明，随着 Pr 含量的增加，$(La,Mg)Ni_3$ 相丰度由 69.48%（$x=0$）降低到 40.52%（$x=0.3$），而 $LaNi_5$ 相丰度由 30.52% 升高到 59.48%[74]；Liu 等对 $La_{0.8-x}Pr_xMg_{0.2}Ni_{3.4}Al_{0.1}$（$x=0$、0.1、0.2、0.3）合金的研究表明，$(La,Mg)_5Ni_{19}$ 相丰度随着 Pr 取代 La 而逐渐增加，而 $(La,Mg)_2Ni_7$ 相丰度逐渐降低，$LaNi_5$ 相在 x 达到 0.3 之前变化不大，丰度一直维持在 3.4% 以下，当 x 达到 0.3 时，$LaNi_5$ 相丰度增加到 6.4%[75]。Zhang 等研究了 Nd 部分取代 La 对铸态和退火态 $La_{0.8-x}Nd_xMg_{0.2}Ni_{3.15}Co_{0.2}Al_{0.15}$（$x=0$、0.1、0.2、0.3、0.4）合金相组成的影响，结果表明，合金主要由 $(La,Mg)_2Ni_7$ 相和 $LaNi_5$ 相以及少量的 $LaNi_3$ 和 $NdNi_5$ 相组成，随着 Nd 取代 La 含量的增加，铸态和退火态合金均表现出 $(La,Mg)_2Ni_7$ 相含量降低和 $LaNi_5$ 相含量升高的变化趋势[76]。同样地，对于 $La_{1.5-x}Gd_xMg_{0.5}Ni_7$（$0\leqslant x\leqslant1.5$）合金，当 x 从 0 升高到 0.25 时，合金中 A_2B_7 型相含量（质量分数）从 88.9% 略微升高到 91.6%，而 $LaNi_5$ 相含量略有降低，但是当 x 取代量进一步升高时，合金中 $LaNi_5$ 相含量明显增加，当 La 完全由 Gd 取代时，合金中的 $LaNi_5$ 相含量（质量分数）从 $x=0$ 时的 8% 升高到了 40%，而 A_2B_7 型相含量（质量分数）降低到 60%[77]。Zhang 等在对 A_2B_7-AB_5 双相 $La_{0.8-x}M_xMg_{0.2}Ni_{3.35}Al_{0.1}Si_{0.05}$（$M=Sm$、Nd、Pr；$x=0\sim0.4$）合金的研究中同样发现，随着 Sm、Pr 和 Nd 元素含量的升高，合金中 $(La,Mg)_2Ni_7$ 的相丰度下降，而 $LaNi_5$ 的相丰度上升，但是，其相丰度的变化有限，仅从未取代的 72.65%（A_2B_7 相）和 27.35%（AB_5 相）转变为约 65%（A_2B_7 相）和 35%（AB_5 相），三种元素的影响非常相似[78]。

另一种观点则相反，认为半径较小的 Pr、Nd 和 Gd 三种元素更容易进入超晶格结构中的 $[A_2B_4]$ 亚单元，从而有利于 $[A_2B_4]$ 与 $[AB_5]$ 亚单元比例较高的合金相的生成。例如，Li 等对 $La_{0.8}Gd_xMg_{0.2}Ni_{3.15}Co_{0.25}Al_{0.1}$（$x=0\sim0.4$）合

金的研究表明，当 $x=0$ 时，合金是由（La,Mg）$_5$Ni$_{19}$ 和（La,Mg）$_2$Ni$_7$ 相组成；当 $x=0.1$ 时，合金中（La,Mg）$_2$Ni$_7$ 相含量升高，（La,Mg）$_5$Ni$_{19}$ 相含量降低；而当 x 升高到 0.2 时，合金中（La,Mg）$_5$Ni$_{19}$ 相消失，出现了（La,Mg）Ni$_3$ 相和（La,Mg）$_7$Ni$_{16}$ 相。随着 Gd 含量的继续升高，（La,Mg）$_2$Ni$_7$ 相丰度降低，（La,Mg）Ni$_3$ 和（La,Mg）$_7$Ni$_{16}$ 相丰度升高，同时合金中出现了 La$_2$MgNi$_9$ 相，而当 x 升高到 0.4 时，合金中（La,Mg）$_2$Ni$_7$ 相完全消失[79]。从以上一系列变化可以看出，随着 Gd 取代 La 含量的升高，合金相逐渐向 A/B 高的方向偏移，也就是在超晶格结构中［A$_2$B$_4$］与［AB$_5$］的比例升高，这进一步说明 Gd 相对于 La 具有进入［A$_2$B$_4$］亚单元的倾向，从而有利于［A$_2$B$_4$］比例较高的超晶格合金相的生成。Xue 等研究了 A$_5$B$_{19}$ 体系 La$_3$RMgNi$_{19}$（R = La、Pr、Nd、Sm、Gd、Y）合金不同温度退火后 A 元素部分取代 La 对合金相结构的影响，结果表明，无论是铸态合金还是在 1023 ~ 1223K 退火后 24h 后的合金，R = La 合金的相组成均为 LaNi$_5$、Gd$_2$Co$_7$、Ce$_2$Ni$_7$、Ce$_5$Co$_{19}$ 和 Pr$_5$Co$_{19}$ 相，Gd 部分取代 La 后，合金中超晶格相含量均有所升高，而 LaNi$_5$ 相含量明显降低[80]，Pr 元素和 Nd 元素部分取代 La 后，合金中 A$_2$B$_7$ 相丰度明显增加，A$_5$B$_{19}$ 相有所降低，LaNi$_5$ 相丰度变化不大[80]。M. Balcerzak 等对 La$_{1.52-x}$Pr$_x$Mg$_{0.5}$Ni$_7$（$x=0$ ~ 1）和 La$_{1.52-x}$Nd$_x$Mg$_{0.5}$Ni$_7$（$x=0$ ~ 1）合金的研究结果表明，合金中 A$_2$B$_7$ 主相的含量都在 93% 以上，Pr 的加入使合金中出现了少量的 AB$_3$ 相和 AB$_2$ 相，Nd 的加入使合金中 A$_2$B$_7$ 相丰度略有提高，A$_5$B$_{19}$ 相丰度略有降低[81]，以上两种变化都说明 Pr 和 Nd 部分取代 La 后，促进［A$_2$B$_4$］与［AB$_5$］亚单元比例较高的合金相的生成。

　　但是，Gao 等的研究结果与以上两种观点均不同，作者发现，与 La$_{0.83}$Mg$_{0.17}$Ni$_{3.35}$Al$_{0.15}$ 合金相比，La$_{0.63}$Gd$_{0.2}$Mg$_{0.17}$Ni$_{3.35}$Al$_{0.15}$ 合金中 Ce$_2$Ni$_7$ 和 Gd$_2$Co$_7$ 型相的总丰度从 61.30% 显著升高到 86.03%，同时 Gd$_2$Co$_7$ 型相与 Ce$_2$Ni$_7$ 型相的比例也有所升高，CaCu$_5$ 型相丰度也从 4.51% 升高到 10.92%，而 PuNi$_3$ 型和 Pr$_5$Co$_{19}$ 型相却相应减少[82]。

　　此外，大多数研究结果都表明，元素半径较小的稀土元素部分取代 La 后，有利于合金中 3R 相的生成。例如，在 La$_{0.43}$RE$_{0.2}$Gd$_{0.2}$Mg$_{0.17}$Ni$_{3.1}$Co$_{0.3}$Al$_{0.1}$（RE = La、Ce、Pr、Nd、Gd）合金中，元素的取代对 A$_2$B$_7$ 型相中的 Gd$_2$Co$_7$ 和 Ce$_2$Ni$_7$ 两者相对含量影响很大，Gd$_2$Co$_7$ 占比为 La<Pr<Nd<Gd，从 RE = La 时的 0.33% 提高到 RE = Gd 时的 28.4%，而 Ce$_2$Ni$_7$ 相含量（质量分数）由 95.73% 降低到 66.10%[68]，即随着取代元素原子半径的减小，3R-型 A$_2$B$_7$ 相含量升高。Zhao 等同样在 A$_5$B$_{19}$ 体系的 La$_{0.60}$M$_{0.20}$Mg$_{0.20}$Ni$_{3.80}$（M = La、Pr、Nd、Gd）合金中发现，La$_{0.80}$Mg$_{0.20}$Ni$_{3.80}$ 合金为 Pr$_5$Co$_{19}$ 单相结构，但在该母体合金中，按照原子半径由大到小依次添加 Pr、Nd、Gd 三个元素后，合金中 Pr$_5$Co$_{19}$ 相丰度开始下降，Ce$_5$Co$_{19}$ 相丰度开始上升，并在 Gd 元素添加后，La$_{0.60}$Gd$_{0.20}$Mg$_{0.20}$Ni$_{3.80}$ 合金

为 Ce_5Co_{19} 单相结构，这主要是因为 Pr、Nd、Gd 三个元素的原子半径分别为 1.83Å、1.82Å、1.80Å，小于 La 元素的原子半径 1.87Å，而较小的原子半径更有利于促进 Ce_5Co_{19}-(3R) 相结构的生成[83]。以上研究结果与 Mg 和 Y 等元素部分取代 La 的研究结果相一致。

从晶体结构参数来看，在 La-Mg-Ni 基合金中加入原子半径较小的 Pr、Nd、Gd 三种元素后，对于合金相的晶格参数、晶胞体积以及亚单元体积都会有较大的影响，通常认为，合金的相晶格参数和晶胞体积会随着取代元素原子半径的减小而减小。例如，在 AB_3-AB_5 双相 $La_{0.7-x}Pr_xMg_{0.3}Ni_{2.45}Co_{0.75}Mn_{0.1}Al_{0.2}$（$x=0\sim0.3$）合金中，晶胞参数 a 和 c 以及两个合金相的晶胞体积均随着 Pr 部分取代 La 含量的升高呈现减小趋势[74]；在 $La_3REMgNi_{19}$（RE＝La、Pr、Nd、Sm、Gd、Y）系列合金中，RE＝Pr、Nd、Sm、Gd 和 Y 合金的晶胞参数均小于 RE＝La 的晶胞参数，且随着 R 元素原子半径的减小，合金中各相的晶胞参数均呈现减小趋势[80]。进一步地，Liu 等基于一系列 A_2B_7 型单相 $La_{0.60}RE_{0.15}Mg_{0.25}Ni_{3.45}$ 储氢合金，研究了不同稀土元素对层状超晶格合金晶体结构的影响[84]，结果表明，由于 Pr（1.83Å）和 Nd（1.82Å）的原子半径非常接近，RE＝Pr 合金和 RE＝Nd 合金的晶格参数也非常相似，而 Gd（1.80Å）元素的原子半径较小，因此 R＝Gd 合金的晶格参数小于其他两种合金；此外，作者发现，$[A_2B_4]$ 和 $[AB_5]$ 两种亚单元的体积差按照 Pr＞Nd＞Gd 的顺序依次减小，但是前者减小的程度较快，而不含取代元素的合金 $[A_2B_4]$ 亚单元的体积大于 $[AB_5]$，当以 15% 的 Gd 替换 La 时，两个亚单位的体积几乎相等，作者推测，这种亚单元体积差异的减小是由于 Pr、Nd 和 Gd 元素更倾向于进入 A—A 键较短的 $[A_2B_4]$ 亚单元中取代 La 元素，从而减小 $[A_2B_4]$ 亚单元体积，使两种亚单元体积更为接近，而由于 Gd 在三种元素中具有最小的半径，它对 $[A_2B_4]$ 亚单元的倾向性更明显，其影响更加显著，因此该合金中 $[A_2B_4]$ 和 $[AB_5]$ 亚单元的体积更为接近。作者进一步通过第一性原理证明了 Gd 元素更倾向于进入 $[A_2B_4]$ 亚单元，并指出，与 Mg 元素相似，Gd 在 $[A_2B_4]$ 和 $[AB_5]$ 之间的这种选择性占位也是由于 $[A_2B_4]$ 亚单元中的 A—A 键比 $[AB_5]$ 亚单元的 A—A 键短，计算结果还表明，随着 Gd 取代 La 含量的增加，$[A_2B_4]$ 和 $[AB_5]$ 亚单元体积都减小，但 $[A_2B_4]$ 的变化速度更快，最终减小了 $[A_2B_4]$ 和 $[AB_5]$ 之间的体积差异（$\Delta V_{[A_2B_4]-[AB_5]}$）[85]。

从以上分析可以看出，在 La-Mg-Ni 基层状超晶格合金中，Pr、Nd、Gd 等稀土元素部分取代 La 对合金的相组成与晶胞参数都具有显著影响，以上结构的变化进而影响其储氢性能。

首先，Pr、Nd、Gd 等稀土元素部分取代 La 通常使合金相的晶胞参数降低，导致合金吸放氢平台压升高，氢化物稳定性降低。例如，对 $La_{0.60}RE_{0.15}Mg_{0.25}Ni_{3.45}$

（RE＝Pr、Nd、Gd）合金的研究表明，合金在吸/放氢过程中焓变绝对值的顺序为 Pr<Nd<Gd，相应的合金的平台压升高，与取代元素原子半径减小相一致[84]。此外，合金的平台压还与稀土元素部分取代 La 元素所引起的相转变有关，Li 等发现，对于 $La_{0.80-x}Nd_xMg_{0.20}Ni_{3.20}Co_{0.20}A_{10.20}(x=0.2\sim0.6)$ 合金，当 x 升高到 0.60 时，平衡压力急剧升高，作者认为这可以归因于 $LaNi_5$ 相的增加，其平台压力略高于 La_2Ni_7 相[86]。而对于 $La_{0.8}Gd_xMg_{0.2}Ni_{3.15}Co_{0.25}Al_{0.1}(x=0\sim0.4)$ 合金，$x=0$ 和 $x=0.1$ 时合金电极由于相组成相似，其平台电压几乎相同，而当 $x=0.2$ 时，随着 Gd 含量的增加，合金电极的平台电压变负，作者认为这是由于出现了化学计量比较小的 $(La,Mg)_7Ni_{16}$ 相和 La_2MgNi_2 相，其放电平台压低于 $(La,Mg)_2Ni_7$ 相和 $(La,Mg)_5Ni_{19}$ 相[79]。同时作者发现，随着 x 从 0 增加到 0.4 时，合金电极的放电平台变得更加陡峭，作者认为这是由于合金发生了一定程度的非晶化[79]。

此外，Pr、Nd、Gd 等稀土元素部分取代 La 通常会引起合金气固储氢和电化学储氢容量的降低。例如，对于 $La_{0.7-x}Pr_xMg_{0.3}Ni_{2.45}Co_{0.75}Mn_{0.1}Al_{0.2}(x=0\sim0.3)$ 合金，当 x 从 0.00 增加到 0.30 时，由于 $(La,Mg)Ni_3$ 相丰度的降低和 $LaNi_5$ 相丰度的升高，其最大放电容量从 366mA·h/g 下降到 346mA·h/g[74]。对 $La_{0.8}Gd_xMg_{0.2}Ni_{3.15}Co_{0.25}Al_{0.1}(x=0\sim0.4)$ 合金的研究表明，合金电极的最大放电容量首先从 375.7mA·h/g$(x=0)$ 略微升高到 385.2mA·h/g$(x=0.1)$，但是随着 Gd 含量的继续升高，其放电容量显著降低到 253.5mA·h/g$(x=0.4)$[79]。作者认为上述容量变化的原因如下：首先，$x=0.1$ 的合金电极具有较高的放电容量是因为 $(La,Mg)_2Ni_7$ 相丰度升高，$(La,Mg)_5Ni_{19}$ 相丰度降低；然而，当 $x=0.2$ 时，出现了 $(La,Mg)Ni_3$ 型相，其放电容量与 $(La,Mg)_2Ni_7$ 相相差不大，但 $(La,Mg)_2Ni_7$ 相中的 Mg 含量降低，从而降低了该合金相本身的放电性能，因此，合金电极的放电容量明显降低；当 $x=0.3$ 时，合金电极放电容量进一步降低可归因于 $(La,Mg)_7Ni_{16}$ 型相和 La_2MgNi_2 型相的丰度随 Gd 含量的增加呈线性升高趋势，由于 Mg 含量较高，化学计量比较小，两者的放电性能均低于 $(La,Mg)_2Ni_7$ 相[79]。编者认为，电化学容量降低的另一个原因可能是由于合金中合金相的 A 比例过高，降低了其催化活性，而且还使得平台压较低，因此放电容量显著下降。以上观点与 $La_{0.80-x}Nd_xMg_{0.20}Ni_{3.20}Co_{0.20}A_{10.20}(x=0.2\sim0.6)$ 合金的研究结果相一致。研究表明，在以上合金中随着 Nd 含量的升高，其最大放电容量从 290mA·h/g$(x=0.20)$ 增加到 374mA·h/g$(x=0.30)$，随后下降到 338mA·h/g $(x=0.60)$，作者认为，由于 $LaNi_5$ 相中元素 Ni 的含量较大，电催化活性较高，虽然 $LaNi_5$ 相的储氢能力相对较低，但 $LaNi_5$ 相不仅可以储氢，还可以作为 Ni 侧较低的合金相的氢化/脱氢催化剂，因此，微量增加 $LaNi_5$ 含量有利于合金容量的增加，但是过量后则会因 $LaNi_5$ 相的储氢能力较低而降低合金的整体储氢容量[86]。此外，晶胞体积的减小也会引起一些储氢位点失去储氢能力，储氢容量降低，不过变化程度不是很明显。例如对于单相 $La_{0.75-x}Gd_xMg_{0.25}Ni_{3.5}$（$x=0$、0.05、0.1、0.15）合金，当 x 从 0.00 增加到 0.15 时，合金的最大放电容量从 391mA·h/g 降低到 386mA·h/g[85]；同样地，单相 Pr_5Co_{19} 型 $La_{0.80}Mg_{0.20}Ni_{3.80}$ 合金在 303K 下的储氢容量为 1.75%，而 $La_{0.60}Gd_{0.20}Mg_{0.20}Ni_{3.80}$ 合金只有 1.61%，其放电容量也由前者的 365mA·h/g 降低到后者的 353mA·h/g[83]。对于含有 $(La,Mg)_2Ni_7$ 和 $LaNi_5$ 相的 $La_{0.60}R_{0.20}Mg_{0.20}(NiCoMnAl)_{3.5}$ 合金，Pr 和 Nd 取代 La 后其气固储氢容量和电化学储氢容量都有所降低，作者认为，这主要是由于晶胞体积减小造成的[87]。

相反，Pr、Nd、Gd 等稀土元素部分取代 La，通常对合金的循环稳定性具有积极影响。例如，$La_{0.7-x}Pr_xMg_{0.3}Ni_{2.45}Co_{0.75}Mn_{0.1}Al_{0.2}$（$x=0\sim0.3$）合金循环 100 周的容量保持率随着 Pr 含量的增加，由 77.7%（$x=0$）提高到了 81.1%（$x=0.3$），作者认为这与 $(La,Mg)Ni_3$ 相和 $LaNi_5$ 相的相对含量以及在不同 Pr 含量下二者晶胞体积的变化有关[74]。此外，如果元素能够在表面生成氧化膜，将会阻止电解液的进一步腐蚀，从而降低合金活性物质的损失，进而提高其循环稳定性。例如，随着 Nd 部分取代 La，铸态和退火态的 $La_{0.8-x}Nd_xMg_{0.2}Ni_{3.15}Co_{0.2}Al_{0.15}$（$x=0$、0.1、0.2、0.3、0.4）合金充放电 100 周的循环稳定性分别从 64.98% 和 76.60% 显著提高到 85.17% 和 96.84%，这一方面是因为合金中 $(La,Mg)_2Ni_7$ 相含量的降低和 $LaNi_5$ 相含量的升高，另一方面是 Nd 元素能够在合金表面生成氧化层，防止合金进一步腐蚀[76]。Li 等同样发现，用 Pr 和 Nd 代替 La 后，$La_{0.60}RE_{0.20}Mg_{0.20}(NiCoMnAl)_{3.5}$ 合金的循环寿命曲线斜率变小，表明循环寿命得到了提高，尤其是 Nd 部分取代 La 后，第 100 周的容量保持率从 79.8% 增加到 93.2%，作者认为这一方面是由于 Nd 取代能抑制合金元素的氧化，另一方面也有助于合金的原始组织在充放电循环过程中保持结构稳定[76]。然而，Li 等对 $La_{0.8}Gd_xMg_{0.2}Ni_{3.15}Co_{0.25}Al_{0.1}$（$x=0\sim0.4$）合金电极的研究表明，其 100 周的循环稳定性从 77.9%（$x=0$）提高到 82.9%（$x=0.1$），随后又持续下降，最终到 64.8%（$x=0.4$）[79]。作者对合金 30 次充放电循环后电解质中 La 和 Mg 的含量进行了测试，结果表明，当 $x=0.1$ 时，电解液中 Mg 含量达到最小值，说明活性物质损失较小，有利于提高合金电极的循环寿命；但随着 Gd 含量的进一步增加，电解液中 Mg 含量增加，作者认为这可能是由于出现了 Mg 含量较高的 $(La,Mg)Ni_3$、$(La,Mg)_7Ni_{16}$ 和 La_2MgNi_2 相，这些相在电解液中更容易被腐蚀；但是，电解质中 La 的含量却随着 Gd 含量的增加不断降低，说明 Gd 的加入可以有效地抑制 La 在电解质中的溶解[79]。此外，Liu 等研究发现，适量的稀土元素由于可以使超晶格合金相中的 $[LaNi_5]$ 亚单元体积与 $[LaMgNi_4]$ 亚单元体积变得接近甚至相等，从而降低二者在吸放氢过程中的不匹配，减小其连接基面的应力,从而提高合金的结构稳定性[79]。Liu 等发现,$La_{0.60}Pr_{0.15}Mg_{0.25}Ni_{3.45}$ 合金相对于 $La_{0.60}Gd_{0.15}Mg_{0.25}Ni_{3.45}$ 合金在吸放氢过程中产生的应力较低,合金粉化较轻,作者认为这是由于前者的 $[LaNi_5]$ 亚单元体积与 $[LaMgNi_4]$ 亚单元体积之比为 1.0006,非常接近于 1,意味着两种亚单元在吸放氢过程中不会因为两种亚单元初始体积的不一致造成二者的非同步膨胀/收缩现象[85]。进一步地,Liu 等通过 $La_{0.75}Mg_{0.25}Ni_{3.5}$ 和 $La_{0.60}Gd_{0.15}Mg_{0.25}Ni_{3.5}$ 合金在电化学吸放氢过程中的晶体结构变化,发现在整个充/放电过程中,$La_{0.60}Gd_{0.15}Mg_{0.25}Ni_{3.5}$ 合金的 $\Delta V_{[A_2B_4]-[AB_5]}$ 比原始合金低得多;$La_{0.75}Mg_{0.25}Ni_{3.5}$ 氢固溶体相的最大 $\Delta V_{[A_2B_4]-[AB_5]}$ 值达到 $10\mathring{A}^3$,而 $La_{0.60}Gd_{0.15}Mg_{0.25}Ni_{3.5}$ 合金的最大 $\Delta V_{[A_2B_4]-[AB_5]}$ 值低于 $5\mathring{A}^3$;$La_{0.75}Mg_{0.25}Ni_{3.5}$ 氢化物相的 $\Delta V_{[A_2B_4]-[AB_5]}$ 值介于 $1 \sim 3\mathring{A}^3$ 之间,而 $La_{0.60}Gd_{0.15}Mg_{0.25}Ni_{3.5}$ 氢化物相的 $\Delta V_{[A_2B_4]-[AB_5]}$ 值低于 $1\mathring{A}^{3[85]}$。作者指出,$La_{0.60}Gd_{0.15}Mg_{0.25}Ni_{3.5}$ 合金体积不匹配程度较小是由于 $[A_2B_4]$ 和 $[AB_5]$ 亚单元的初始体积相等,因此它们能更同步地吸放氢;相比而言,对于 $La_{0.75}Mg_{0.25}Ni_{3.5}$ 合金,$[A_2B_4]$ 亚单元体积大于 $[AB_5]$ 亚单元体积,$[A_2B_4]$ 亚单元在较低的氢气压力(更低的电压)下吸放氢,这意味着 $[A_2B_4]$ 亚单元在充电期间比 $[AB_5]$ 亚单元膨胀早,而在放电期间则收缩较晚,导致整个充/放电过程中 $[A_2B_4]$ 的亚单元体积更大[85]。相应地,$La_{0.60}Gd_{0.15}Mg_{0.25}Ni_{3.5}$ 合金在吸放氢过程中受到的应力影响较小,粉化程度较低,晶体结构保持完好,100 周的循环稳定性从 $La_{0.75}Mg_{0.25}Ni_{3.5}$ 合金的 82.1% 提高到 $La_{0.60}Gd_{0.15}Mg_{0.25}Ni_{3.5}$ 合金的 88.2%[85]。

此外,Pr、Nd、Gd 等稀土元素部分取代 La,通常会使超晶格合金的动力学性能提高,这主要与以下几个因素有关:第一,通常以上稀土元素部分取代 La 会使合金的晶胞体积减小,氢化物稳定性降低,放氢速率加快。例如,A_2B_7 单相 $La_{0.75-x}Gd_xMg_{0.25}Ni_{3.5}$($x = 0$、0.05、0.1、0.15)合金 1500mA/g 的高倍率放电性能(HRD_{1500})从 48.2%($x = 0$)升高到 52.4%($x = 0.15$)[85];$La_{0.60}R_{0.20}Mg_{0.20}Ni_{3.80}$(R = La、Pr、Nd、Gd)合金的 HRD_{1500} 性能分别从 R = La 的 48.19% 提高到 R = Pr、Nd 和 Gd 的 49.30%、55.25% 和 66.87%,与取代元素半径的减小相一致[83]。第二,稀土元素部分取代 La,会引起合金相组成的变化,从而影响合金的高倍率放电性能。例如。当 x 在 0.2~0.5 范围内,$La_{0.80-x}Nd_xMg_{0.20}Ni_{3.20}Co_{0.20}A_{10.20}$ 合金的交换电流密度从 154.0mA/g 增加到 189.5mA/g,作者认为,这是具有较高电催化活性的 $LaNi_5$ 相含量升高的结果[86]。然而,Li 等发现,对于 $La_{0.8}Gd_xMg_{0.2}Ni_{3.15}Co_{0.25}Al_{0.1}$($x = 0 \sim 0.4$)合金,Gd 含量的升高降低了合金电极的高倍率放电能力,其 HRD_{900} 先从 81.2%($x = 0$)轻微下降到 80.5%($x = 0.1$),随后显著下降到 64.1%($x = 0.4$)[79]。作者进一步研究了合金的表面电荷转移速率和氢在合金本体中的扩散速率,结果表明,合金表面的电荷转移速率先升高后降低，在 $x = 0.1$ 处达到最大值[79]。作者认为，在碱性电解液中，合金表面的腐蚀产物因其电阻比合金基体高而产生了降低电荷转移速度的影响，适当的 Gd 添加量（$x = 0.1$）可以提高合金电极的抗腐蚀能力，这意味着合金表面的腐蚀产物 $La(OH)_3$ 和 $Mg(OH)_2$ 的含量降低[79,88]，从而电极导电性提高，电荷转移速度加快；而当 $x \geq 0.2$ 时，合金中出现了 $(La, Mg)Ni_3$、$(La, Mg)_7Ni_{16}$ 和 La_2MgNi_2 相，这些 Mg 含量较高的合金相在碱性电解质中易被氧化，因此，合金表面氧化物含量增加，导致电荷转移电阻的增加和电荷转移速度的降低[79]。此外，随着 Gd 含量的增加，氢在该组合金本体中的扩散速率先减小后增大，作者认为这与相边界可以为氢的扩散提供通道进而促进氢原子的解离有关：当 x 从 0 增加到 0.1 时，$(La, Mg)_5Ni_{19}$ 型相的丰度降低，$(La, Mg)_2Ni_7$ 型相的丰度升高，因此相界面面积减小，氢扩散系数减小；而随着 Gd 含量的进一步升高（$x \geq 0.2$），合金体中析出的 $(La, Mg)Ni_3$、$(La, Mg)_7Ni_{16}$ 和 La_2MgNi_2 相分散分布，可提供更大的相界面面积，提高合金的氢扩散能力[79]。

4.5　Al 元素作用

Al 元素属于过渡金属元素，可以用来部分取代 La-Mg-Ni 基超晶格合金中 B 的 Ni 元素。Al 元素的原子半径（1.43Å）远大于 Ni 元素的原子半径（1.24Å），Al 元素部分取代 Ni 元素对合金的相组成与电化学性能都具有显著的影响。

就相组成而言，Al 元素的添加，通常会显著促进合金中 $LaNi_5$ 相的生成，不利于超晶格相的生成[89-93]。例如，Liu 等研究了 Al 元素对于 $La_{0.80}Mg_{0.20}Ni_{2.95}Co_{0.70-x}Al_x$（$x = 0$、0.05、0.10、0.15）合金相结构的影响[89]，发现随着 $x = 0$ 升高至 $x = 0.15$，合金中 $LaNi_5$ 相丰度升高，从 10.9% 升高到 24.2%，而 $(La, Mg)_2Ni_7$ 相丰度下降；Liu 等认为，以上相结构的变化与 Al 元素的选择性分布密切相关，通过 SEM 表征可以发现，Al 元素在 $LaNi_5$ 相中的原子含量几乎是 $(La, Mg)_2Ni_7$ 相的 4 倍，说明 Al 元素部分取代 Ni 后，主要形成 $LaNi_5$ 相，而非 $(La, Mg)_2Ni_7$ 相[89]。此外，Gao 等在含有 AB_3 型相、A_2B_7 型相和 AB_5 型相的 $La_{0.63}Gd_{0.2}Mg_{0.17}Ni_{3.0-x}Co_{0.3}Al_x$（$x = 0$、0.1、0.2、0.3、0.4）合金中同样发现，随着 Al 元素含量的升高，$LaNi_5$ 相含量单调增加；但是，在 $x = 0$ 到 $x = 0.1$ 的范围内，A_2B_7 型相含量变化不大，而 AB_3 型相含量显著下降，在 x 从 0.1 升高到 0.2 的过程中，AB_3 型相和 A_2B_7 型相都呈现显著下降趋势，$LaNi_5$ 相含量（质量分数）升高了 26%；而在 x 从 0.2 升高到 0.4 的变化过程中，A_2B_7 型相含量（质量分数）从 57.2% 显著降低到 24.4%，但是 AB_3 型相含量（质量分数）仅变化了 2%[92]。从以上变化可以推测，Al 元素在含量较低时首先影响的是 A 含量较高的超晶格相，随着其含量的升高，对其他超晶格合金相的影响逐渐增强。Li 等在 $La_{0.6}Gd_{0.2}Mg_{0.2}Ni_{3.0}Co_{0.5-x}Al_x(x=0\sim0.5)$ 合金中发现，随着 Al 元素含量的升高，合金中 $(La,Mg)_2Ni_7$ 相丰度由 91.09%$(x=0)$ 下降至 89.31% $(x=0.1)$，随后迅速下降至 37.98%$(x=0.5)$，$LaNi_5$ 相丰度由 3.11%$(x=0)$ 上升至 46.76%$(x=0.5)$[91]；值得注意的是，合金中 $(La,Mg)Ni_3$ 相丰度也由 5.80%$(x=0)$ 逐渐上升至 15.26%$(x=0.5)$，其相组成的变化趋势如图 4-7 所示。Li 等认为随着 Al 元素含量的升高，合金中 $(La,Mg)_2Ni_7$ 相变得不稳定，并逐渐分解为 $LaNi_5$ 相与 $(La,Mg)Ni_3$ 相[91]；此外，笔者认为，$(La,Mg)Ni_3$ 相丰度的升高还与 $LaNi_5$ 相丰度升高过大有关，消耗了大量 B 元素，因此剩余的合金相中 A 元素与 B 元素比例便会高于原来的 $2:7$，再加上原有的 $(La,Mg)Ni_3$ 相含量（质量分数）只有 5.80%，于是 $(La,Mg)Ni_3$ 相丰度有所上升。

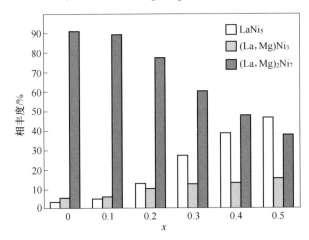

图 4-7 $La_{0.6}Gd_{0.2}Mg_{0.2}Ni_{3.0}Co_{0.5-x}Al_x(x=0\sim0.5)$ 合金相组成图[91]

在 La-Mg-Ni 基超晶格合金中添加 Al 元素，除了会影响合金的相组成，对于合金中各相的晶胞参数也会有较大的影响。例如，$La_{0.80}Mg_{0.20}Ni_{2.95}Co_{0.70-x}Al_x$ $(x=0、0.05、0.10、0.15)$ 合金中，$(La,Mg)_2Ni_7$ 相与 $LaNi_5$ 相的晶格参数和晶胞体积均随着 Al 元素含量的升高而变大，这主要是因为 Al 元素的原子半径较 Ni 大；值得注意的是，$LaNi_5$ 相晶胞体积的增加速度远高于 $(La,Mg)_2Ni_7$ 相（见图 4-8）[89]，这也间接证明了 Al 元素部分取代 Ni 元素主要形成 $LaNi_5$ 相，使得该合金相中原子半径较大的 Al 含量升高更为明显，晶胞参数变化幅度更大。此外，从 Li 等研究的 $La_{0.6}Gd_{0.2}Mg_{0.2}Ni_{3.0}Co_{0.5-x}Al_x(x=0\sim0.5)$ 合金得出的晶格参数也可以计算出，随着 x 从 0 升高到 0.5，合金中 $LaNi_5$ 相的 c/a 值从 0.7915 单调升高到 0.7993[91]。Gao 等在 $La_{0.63}Gd_{0.2}Mg_{0.17}Ni_{3.0-x}Co_{0.3}Al_x$ $(x=0.0、0.1、0.2、0.3、0.4)$ 合金中发现，$LaNi_5$ 相的各向异性 c/a 值是随着 Al 取代 Ni 含量的升高而升高的，而且作者指出，$LaNi_5$ 相中 c/a 比值的增加与吸放氢循环过程中较低的粉碎率有关[92]。实际上，研究者们发现，对于 AB_5 型非超晶格合金，较大原子半径的元素部分取代 Ni 后，其 $LaNi_5$ 相的 c/a 值也会变大。Chen 等基于 AB_5 型 $LaNi_{5-x}Mn_x$（$x=0$、0.25、0.5、0.75、1）合金，对该现象进行了较为深入的研究，Chen 等发现，随着 Mn 部分取代 Ni 含量的增加，其各向异性值 c/a 从 0.7945（$x=0$）增大到 0.8002（$x=1$），说明 Mn 部分取代 Ni 对 c 轴的影响大于对 a 轴的影响；作者进一步基于 AB_5 型晶胞原子排列的几何特征对该现象进行了解释，如图 4-9 和表 4-2 所示：Chen 等指出，在 $LaNi_5$ 晶胞内，$1a$ 和 $2c$ 之间的距离小于 $1a$ 与 $3g$ 之间的距离，$2c$ 位原子之间的距离也小于 $3g$ 位原子之间的距离，此外，$z=0$ 平面的原子排列比 $z=1/2$ 平面的原子排列更紧凑，因此原子半径较大的元素倾向于进入原子排列较为疏松，键长较长的 $3g$ 位置，从而对 c 轴的影响较大[94]。

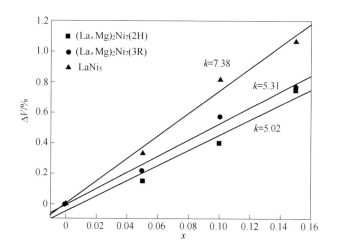

图 4-8　$La_{0.80}Mg_{0.20}Ni_{2.95}Co_{0.70-x}Al_x$（$x=0$、0.05、0.10、0.15）
合金中合金相的晶胞体积随 Al 含量的变化趋势[89]

表 4-2　$LaNi_5$ 合金中不同原子间的键长

键　合	距离/Å	标　记
$1a$-$3g$	3.202	图 4-9（b）
$1a$-$2c$	3.104	图 4-9（c）-1
$2c$-$2c$	2.475	图 4-9（c）-2
$3g$-$3g$	2.506	图 4-9（d）
$2c$-$3g$	2.464	图 4-9（e）

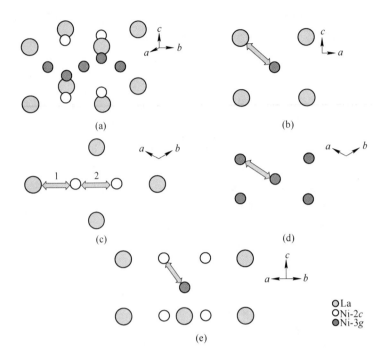

图 4-9 $LaNi_5$ 合金晶体结构(a)中原子在 $a=0$ 面(b)、$z=0$ 面(c)、
$z=1/2$ 面(d)和(110)晶面(e)上的原子排列情况[94]

超晶格合金中 Al 元素的含量对其储氢性能也具有至关重要的影响。例如，对于 $La_{0.80}Mg_{0.20}Ni_{2.95}Co_{0.70-x}Al_x$（$x=0$、0.05、0.10、0.15）合金，由于其多相结构的相界面有助于氢原子的释放，该合金有着良好的活化性能[89]；随着 Al 元素部分取代 Ni 元素含量的升高，该系列合金的最大放电容量逐渐下降。这主要是因为合金中 $LaNi_5$ 相含量显著升高，而 $(La,Mg)_2Ni_7$ 相含量显著下降，且 $(La,Mg)_2Ni_7$ 相的理论储氢容量要明显高于 $LaNi_5$ 相；此外，Al 元素的加入减缓了该系列合金的容量衰减速率，在循环 100 周后，合金的容量保持率 S_{100} 由 73.1%（$x=0$）升高到 86.7%（$x=0.15$），且在循环 150 周后，合金的容量保持率 S_{150} 由 61.9%（$x=0$）升高到 81.3%（$x=0.15$）[89]。对合金的相结构分析表明，循环后合金基本保持原有的结构，只有一定程度的晶粒细化和氧化/腐蚀；进一步对合金的粉化和氧化的研究结果表明，$x=0.15$ 合金的粉化程度远低于原始合金，表明 Al 的加入缓解了合金吸放氢过程中引起的合金粉化[89]。对合金吸氢后的晶体结构变化研究结果表明，吸氢后 $x=0.15$ 合金的膨胀率小于原始合金，作者认为，这与前者晶胞参数较大有关[89]。此外，Liu 等发现合金浸泡在 KOH 电解液中很快便可以在合金表面生成致密氧化层，防止合金在反复吸放氢过程中的进一步氧化，这也有效提升了合金的循环稳定性[89]。Al 的加入延缓了合金在碱

性电解液中持续的腐蚀/氧化，不但可以降低活性物质的消耗，缓解放电容量的降低，还可以通过减轻合金电极的金属元素在碱性溶液中的氧化，从而延缓电子转移电阻的升高和氢的扩散，减轻合金电极电化学动力学性能的衰退[89]。

与以上研究结果不同，Li 等在对 $La_{0.6}Gd_{0.2}Mg_{0.2}Ni_{3.0}Co_{0.5-x}Al_x$（$x=0\sim0.5$）合金的研究中发现，随着 Al 元素含量的升高，其 100 周的容量保持率先升高后降低。Li 等认为，Al 元素可以使合金中各相的晶胞体积变大，减小其充/放电过程中各相的晶胞体积变化率，所以当 $x=0.1$ 时容量保持率最好；但是，由于 $LaNi_5$ 相、$(La,Mg)_2Ni_7$ 相以及 $(La,Mg)Ni_3$ 相在充/放电（吸/放氢）过程中的变化率（膨胀/收缩率）不同，且 Al 元素的添加后，越来越多的 $(La,Mg)_2Ni_7$ 主相转变为 $LaNi_5$ 相与 $(La,Mg)Ni_3$ 相，这使得合金相之间晶胞的非同步变化的影响更为明显，增加了合金内部应力，从而加速了合金在循环过程中的粉化，所以当 $x>0.1$ 时，该系列合金的循环稳定性开始下降[91]。

Al 元素的添加，对 La-Mg-Ni 基合金的 HRD 性能同样有着显著的影响。例如对于 $La_{0.80}Mg_{0.20}Ni_{2.95}Co_{0.70-x}Al_x$（$x=0$、0.05、0.10、0.15）合金，随着 Al 元素含量的升高，其 HRD 先升高后降低，且在 $x=0.05$ 时达到最大值；作者认为这主要是因为 $x=0.05$ 时合金中的 $LaNi_5$ 相丰度升高，对于合金放氢反应起到了催化作用；但是，随着 Al 元素含量的进一步升高，合金中各相的晶胞体积进一步变大，平台压降低，合金氢化物稳定性升高，不利于快速放氢，所以当超过 $x=0.05$ 时，HRD 性能逐渐下降[89]。此外，Liu 等还研究了合金动力学性能随循环周数的变化，结果表明，合金的高倍率放电性能在循环至 50 周时达到最大值，随后开始衰减，相应地，其交换电流密度和极限电流密度在合金循环 150 周期间也呈现先升高后降低的趋势；Al 元素的加入对 I_0 的衰减具有一定的缓和作用；原始合金的 I_L 在循环初期较高，但是随着循环的进行，$x=0.5$ 时合金的 I_L 在循环 $50\sim150$ 周时便超过了原始合金。然而，$La_{0.6}Gd_{0.2}Mg_{0.2}Ni_{3.0}Co_{0.5-x}Al_x$（$x=0\sim0.5$）合金的 HRD_{900} 却随着 Al 元素含量的升高由 79.3%（$x=0$）下降至 60.5%（$x=0.5$），其交换电流密度 I_0 也由 309.1mA/g（$x=0$）下降至 259.2mA/g（$x=0.5$）[91]。作者认为，这主要是因为合金的表面 Al 的氧化层增加，降低了合金电极表面的电荷转移速率；而氢的扩散系数 D_0 却是随着 Al 元素含量的升高而升高，且在 $x=0.5$ 达到最大值，作者认为这主要是因为合金中的 $LaNi_5$ 相与 $(La,Mg)Ni_3$ 相丰度升高，产生更多的相界面，为氢的释放提供了通道[91]。相比于氢的扩散速率，$La_{0.6}Gd_{0.2}Mg_{0.2}Ni_{3.0}Co_{0.5-x}Al_x$ 合金的电荷转移速率是合金大电流放电能力的限制因素。Gao 等在 $La_{0.63}Gd_{0.2}Mg_{0.17}Ni_{3.0-x}Co_{0.3}Al_x$（$x=0$、0.1、0.2、0.3、0.4）合金中也发现，该系列合金的 HRD 性能随着 Al 元素含量的升高而降低，且电极合金表面的交换电流密度随 Al 元素含量升高而下降，对于 HRD 性能的降低影响起到主导作用[92]。

4.6　Mn 元素作用

Mn 元素也常用来部分取代 La-Mg-Ni 基超晶格合金中的 Ni 元素，其原子半径（1.32Å）虽比 Al（1.43Å）小，但明显大于 Ni（1.24Å）。Mn 元素部分取代 Ni 对于合金的相组成与晶体结构同样具有显著的影响。

与 Al 元素相似，通常情况下，Mn 元素部分取代 Ni 有助于 LaNi$_5$ 相的生成。例如，Pan 等对 La$_{0.4}$Ce$_{0.3}$Mg$_{0.3}$Ni$_{2.975-x}$Mn$_x$Co$_{0.525}$（$x = 0.1 \sim 0.4$）合金的研究发现，随着 Mn 元素含量的升高，该系列合金中的 La(La, Mg)$_2$Ni$_9$ 相丰度由 62.86%（$x = 0.1$）下降至 51.88%（$x = 0.4$），而 LaNi$_5$ 相则由 35.76%（$x = 0.1$）升高到 47.34%（$x = 0.4$）[95]。Zhang 等对于 La$_{0.7}$Mg$_{0.3}$Ni$_{2.975-x}$Co$_{0.525}$Mn$_x$（$x = 0$、0.1、0.2、0.3、0.4）合金的研究表明，其主相同样为 La(La, Mg)$_2$Ni$_9$ 相与 LaNi$_5$ 相，且 La(La, Mg)$_2$Ni$_9$ 相丰度随着 Mn 元素取代 Ni 元素含量的升高从 71.32%（$x = 0$）降低到 60.35%（$x = 0.4$），而 LaNi$_5$ 相丰度则从 28.68%（$x = 0$）升高到 39.65%（$x = 0$）[96]。值得注意的是，Li 等对 La$_{0.6}$Gd$_{0.2}$Mg$_{0.2}$Ni$_{3.15-x}$Co$_{0.25}$Al$_{0.1}$Mn$_x$（$x = 0 \sim 0.3$）合金的研究发现，该系列合金包含（La, Mg)$_2$Ni$_7$ 相、（La, Mg)Ni$_3$ 相和 LaNi$_5$ 相，随着 Mn 元素含量的升高，（La, Mg)$_2$Ni$_7$ 相丰度由 87.89%（$x = 0$）下降至 77.14%（$x = 0.3$），而（La, Mg)Ni$_3$ 相和 LaNi$_5$ 相丰度分别由 7.84%（$x = 0$）和 4.27%（$x = 0$）升高到 11.55%（$x = 0.3$）和 11.31%（$x = 0.3$）[97]，由此可见，在 La-Mg-Ni 基合金中添加 Mn 元素，在促进 LaNi$_5$ 相生成的同时，也会导致 A/B 较低的合金相的生成或含量的增加，以平衡合金整体的元素组成。以上研究结果与 Al 部分取代 Ni 的 La$_{0.6}$Gd$_{0.2}$Mg$_{0.2}$Ni$_{3.0}$Co$_{0.5-x}$Al$_x$（$x = 0 \sim 0.5$）合金相似，随着 Al 元素含量的升高，合金中（La, Mg)$_2$Ni$_7$ 相丰度迅速下降，而 LaNi$_5$ 和（La, Mg)Ni$_3$ 相丰度均有所升高。此外，由于 Mn 元素的原子半径较 Ni 大，随着合金中 Mn 部分取代 Ni 含量的升高，合金中各相的晶格参数与晶胞体积明显升高[95-97]。

Mn 元素含量的变化对 La-Mg-Ni 基超晶格合金的储氢性能具有显著影响，对性能的影响同样是通过改变合金的相组成和晶胞参数实现的。例如，Pan 等对 La$_{0.4}$Ce$_{0.3}$Mg$_{0.3}$Ni$_{2.975-x}$Mn$_x$Co$_{0.525}$（$x = 0.1 \sim 0.4$）合金在 298K 下的 P-C-T 曲线的研究表明，随着 Mn 元素含量的升高，合金的气固储氢容量略有降低，但其吸放氢平台压却明显下降，这主要是由于 Mn 的添加增大了合金相的晶胞体积[95]。电化学性能研究结果表明，随着 Mn 元素含量的升高，合金的最大放电容量呈现先升高后降低的趋势，且在 $x = 0.4$ 时达到最大值，作者认为这是由于 Mn 含量较低时合金的平台压力高于电化学窗口（0.001 ~ 0.1MPa），导致电化学容量低于理论储氢量，因此随着平台压的降低，其电化学容量升高[95]。Zhang 等对

$La_{0.7}Mg_{0.3}Ni_{2.975-x}Co_{0.525}Mn_x(x=0、0.1、0.2、0.3、0.4)$ 合金 $P\text{-}C\text{-}T$ 曲线的研究结果同样表明，其平台压随着 Mn 含量的升高而下降，且平台更为倾斜；此外，该系列合金的储氢容量由 $0.868(x=0)$ 先升高到 $0.912(x=0.3)$，随后下降到 $0.836(x=0.4)$，作者认为，平台压的下降对储氢容量的上升具有一定的促进作用，这可能是由于在相同外部压力的条件下，对于平台压较低的合金，其外部压力与平衡压力之间的压力差更大，驱动力更大；但是随着 Mn 含量的继续增加，理论储氢量较低的 $LaNi_5$ 相含量升高，理论储氢量较高的 $(La,Mg)Ni_3$ 相含量降低，导致合金的储氢容量下降[96]。相应地，该系列合金的电化学容量也呈现先升高后下降的趋势[96]。

较多的研究结果表明，Mn 的加入不利于 La-Mg-Ni 基合金的循环稳定性。Pan 等发现，在 $La_{0.4}Ce_{0.3}Mg_{0.3}Ni_{2.975-x}Mn_xCo_{0.525}(x=0.1\sim0.4)$ 合金中，随着 Mn 含量的增加，容量衰减速率增加，循环寿命逐渐降低[95]。Zhang 等也发现，在 $La_{0.7}Mg_{0.3}Ni_{2.975-x}Co_{0.525}Mn_x(x=0、0.1、0.2、0.3、0.4)$ 合金中，Mn 含量的升高对其循环稳定性具有不利影响，主要是 Mn 在碱性电解液中稳定性差导致的[96]。但是，Li 等对 $La_{0.6}Gd_{0.2}Mg_{0.2}Ni_{3.15-x}Co_{0.25}Al_{0.1}Mn_x(x=0\sim0.3)$ 合金循环稳定性的研究发现，其容量保持率呈现先升高后降低的趋势，首先由 83.7% $(x=0)$ 升高到 $89.8\%(x=0.1)$，随后下降到 $80.4\%(x=0.3)$。作者分析了 Mn 和 Mg 元素在电解液中的含量，结果表明，随着 Mn 元素含量的升高，电解液中溶解的 Mg 元素含量显著下降，而 Mn 元素含量逐渐升高，这表明通过 Mn 元素的牺牲可以对 Mg 元素的氧化溶解起到一定的作用[97]。此外，Li 等发现，充放电循环 20 周后，$x=0.1$ 的合金颗粒裂纹较其他合金最少，这表明适当的 Mn 含量（$x=0.1$）可以提高合金颗粒的抗粉化能力[97]。以上不同的作用结果可能与合金本身的元素组成关系较大。

Mn 元素部分取代 Ni 元素对 La-Mg-Ni 基合金的 HRD 性能也有至关重要的影响。例如，对于 $La_{0.4}Ce_{0.3}Mg_{0.3}Ni_{2.975-x}Mn_xCo_{0.525}(x=0.1\sim0.4)$ 合金，随着 Mn 元素含量的升高，其 HRD_{1000} 由 $65.6\%(x=0.1)$ 先提升至 $74.9\%(x=0.3)$ 随后下降至 $63.2\%(x=0.4)$[95]，其交换电流密度 I_0 和极限电流密度 I_L 也呈现先升高后降低的趋势[95]。Zhang 等发现 $La_{0.7}Mg_{0.3}Ni_{2.975-x}Co_{0.525}Mn_x(x=0、0.1、0.2、0.3、0.4)$ 合金的 HRD 性能也在 $x=0.3$ 时达到最大值[96]。Zhang 等认为 HRD 性能最初上升的原因是随着 Mn 含量的升高，合金中 $LaNi_5$ 相丰度升高，对于 $(La,Mg)Ni_3$ 相的吸放氢催化作用增强；并且随着 Mn 溶解于电解液中，合金电极表面的 Ni 含量增加，也有助于对合金电极催化作用的增强；而 HRD 性能下降原因则是随着 Mn 含量的进一步升高，合金中 Ni 的总含量下降，降低了 Ni 对于合金整体的催化效果[96]。

4.7 Co 元素作用

Co 元素与 Ni 元素相邻，原子半径（1.26Å）略大于 Ni(1.24Å)，Co 元素可以说是稀土基储氢合金中必不可少的元素之一，这是因为适量 Co 元素的添加通常可以提高稀土基储氢合金的循环稳定性，这是由于 Co 可以降低稀土基储氢合金晶格的吸氢膨胀率[98-101]。据 Willems 等报道，AB$_5$ 型 LaNi$_{5-x}$Co$_x$ 合金每吸收一个 H 原子的单位晶胞膨胀从 3.5($x=0$) 降低到 2.5($x=3$)，合金的循环寿命得到相应提高[102]。因此，广大研究人员针对 Co 元素对 La-Mg-Ni 基超晶格储氢合金的微观结构和对储氢性能的影响进行了大量研究[98,103-109]。

可能由于 Co 元素的原子半径与 Ni 较为相近，Co 元素部分取代 Ni 对 La-Mg-Ni 基合金相丰度的影响并没有 Al 元素和 Mn 元素那么统一（大量研究表明 Al 和 Mn 部分取代 Ni 更倾向于生成 AB$_5$ 型相），而是受到其他因素的影响较大，如合金的整体元素组成等。例如，Lv 等在对 La$_{0.75}$Mg$_{0.25}$Ni$_{3.5-x}$Co$_x$($x=0$、0.2、0.5) 合金的研究中发现，该系列合金主要包含（LaMg）Ni$_3$、（LaMg）$_2$Ni$_7$ 和 LaNi$_5$ 这三种相结构，随着 Co 元素部分取代 Ni 元素，合金中（LaMg）$_2$Ni$_7$ 相丰度下降，LaNi$_5$ 相丰度升高，而（LaMg）Ni$_3$ 相丰度先升高后降低[108]。Liu 等在对（LaMg）Ni$_3$-LaNi$_5$ 双相 La$_{0.7}$Mg$_{0.3}$Ni$_{3.4-x}$Mn$_{0.1}$Co$_x$($x=0\sim1.6$) 合金的研究中发现，随着 Co 含量的升高，（LaMg）Ni$_3$ 相丰度先由 78.9%($x=0$) 升高到 82.55%($x=0.75$)，随后又下降到 75.82%($x=1.6$)；而该合金中 LaNi$_5$ 相丰度则由 21.06%($x=0$) 下降至 17.41%($x=0.75$)，随后又升高至 24.13%($x=1.6$)[103]。此外，在 Wei 等研究的 A$_5$B$_{19}$ 型（La$_{0.85}$Mg$_{0.15}$）$_5$Ni$_{19-x}$Co$_x$($x=3.25\sim11.25$) 合金中，随着 Co 元素含量的升高，合金中的（La,Mg）$_5$Ni$_{19}$ 相丰度首先由 43.29%($x=3.25$) 升高到 93.2%($x=5.25$)，随后又下降到 45.54%($x=9.25$)[109]。值得注意的是，当 $x=9.25$ 时，该系列合金中开始出现（LaMg）$_2$Ni$_7$ 相[109]。已有研究人员发现，Co 元素在超晶格合金相中的 [A$_2$B$_4$] 和 [AB$_5$] 亚单元中分布并不均匀，且更倾向于占据 [AB$_5$] 亚单元的位点以及 [AB$_5$] 亚单元和 [A$_2$B$_4$] 亚单元之间的边界处的位点[106]。所以在 Wei 等研究的该系列合金中，Co 元素的添加，有利于促进（La,Mg）$_5$Ni$_{19}$ 相的生成，但是在合金中添加过量的 Co 元素则会造成（La,Mg）$_5$Ni$_{19}$ 相分解为 LaNi$_5$ 相与（LaMg）$_2$Ni$_7$ 相。上文中 La$_{0.75}$Mg$_{0.25}$Ni$_{3.5-x}$Co$_x$（$x=0$、0.2、0.5）和 La$_{0.7}$Mg$_{0.3}$Ni$_{3.4-x}$Mn$_{0.1}$Co$_x$($x=0\sim1.6$) 合金中 LaNi$_5$ 相含量的升高同样与 Co 元素在超晶格合金相中的选择性占位相关，这种选择性占位受元素的原子半径影响很大，通常元素原子半径越大，选择性占位倾向越大，相对于 Al 和 Mn 元素，Co 元素的原子半径较小，且与被部分取代的 Ni 元素较为接近，因此该选择性占位倾向较小，且随着 Co 含量在 [AB$_5$] 亚单元中的升高，选择性占位倾向可能更弱，多余的 Co 可能更倾向于分布在 [A$_2$B$_4$] 亚单元中，因此随着 Co 含量的增加 La-Mg-Ni 基合金相组成的变化通常并非单调变化，或者有中间相生成。此外，Co 元素由于原子半径稍大于 Ni 元素，在 La-Mg-Ni 基合金中 Co 部分取代 Ni，合金中各合金相的晶格参数与晶胞体积呈现升高趋势[103,104]。

对合金储氢性能的研究结果表明，在 La-Mg-Ni 基合金中 Co 元素的含量对合金 P-C-T 曲线的平台压力和形状都具有较大的影响。图 4-10 为 La$_{0.75}$Mg$_{0.25}$Ni$_{3.5-x}$Co$_x$(x = 0、0.2、0.5) 合金在 298K 温度下的 P-C-T 曲线[108]，从图中可以看出，当 x = 0.2 时，合金的最大储氢容量较高，达到 1.14H/M，并且其平台区域宽度也比其余合金的 P-C-T 曲线平台要宽，这表明添加适量的 Co 元素有助于提高合金的储氢容量。作者认为，这主要因为当 x = 0.2 时，合金中含有较高丰度的 (LaMg)Ni$_3$ 相，而该合金相的理论储氢容量高于 LaNi$_5$ 相和 (LaMg)$_2$Ni$_7$ 相；而对于更为平坦的平台区域，作者认为是适量的 Co 使合金中各合金相的丰度得到调节，从而得到了适当的相边界，这些相边界可以作为在合金吸氢过程中释放应力的缓冲区域，从而降低了合金内部应力[108,110]，据报道，储氢合金吸放氢平台的形状与合金内应力大小密切相关，即应力越小，平台越平坦[111]。

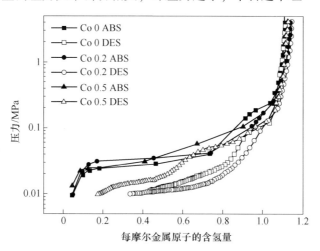

图 4-10 La$_{0.75}$Mg$_{0.25}$Ni$_{3.5-x}$Co$_x$(x = 0、0.2、0.5)合金在 298K 下的 P-C-T 曲线图

图 4-11 为 A$_5$B$_{19}$ 型 (La$_{0.85}$Mg$_{0.15}$)$_5$Ni$_{19-x}$Co$_x$(x = 3.25~11.25) 合金在 298K 下的 P-C-T 曲线图[109]。从图 4-11 中可以看出，合金 P-C-T 曲线的形状差异较大，这同样与合金中 Co 含量的变化引起的合金相结构与相丰度的变化密切相关。合金的 P-C-T 曲线有两个平台，作者报道，其中较高的平台对应的是 LaNi$_5$ 相，而较低的平台则对应的是 (LaMg)$_5$Ni$_{19}$ 相[109]，因此，较高平台的宽度随 LaNi$_5$

相的升高而增加，较低平台的宽度随 $(LaMg)_5Ni_{19}$ 相的升高而增加。当 $x = 5.25$ 时，合金的储氢容量较高，为 1.47%，这主要是因为此时合金含有较高相丰度的 $(LaMg)_5Ni_{19}$ 相[109]。此外，随着 Co 元素含量的升高，合金 P-C-T 曲线的平台压逐渐下降，这是由于合金相的晶胞体积增大[109]。

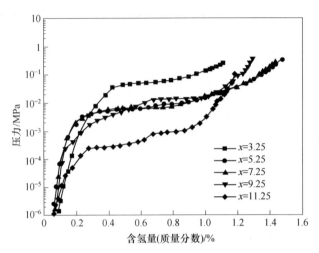

图 4-11　$(La_{0.85}Mg_{0.15})_5Ni_{19-x}Co_x(x = 3.25 \sim 11.25)$ 合金在 298K 温度下的 P-C-T 曲线图[109]

Co 元素对于 La-Mg-Ni 基储氢合金的电化学性能同样具有显著影响。Lv 等对 $La_{0.75}Mg_{0.25}Ni_{3.5-x}Co_x(x = 0$、$0.2$、$0.5)$ 合金的研究表明，随着 Co 元素含量的升高，合金的最大放电容量升高[108]。这可能由以下两方面原因造成：首先，合金中各合金相的晶胞体积随着 Co 含量的升高而增大，储氢位点得到较为充分的利用，有利于储氢容量的升高；其次，$LaNi_5$ 相含量的升高也使得合金充/放电过程中的催化作用增强。但是，当 $x = 0.2$ 时合金充/放电循环 100 周的容量保持率为 63.7%，高于 $x = 0.5$ 合金 (60%)[108]。作者认为，$x = 0.2$ 合金的循环稳定性之所以要高于 $x = 0.5$ 合金，主要有以下几个原因：首先，$x = 0.2$ 合金的各向异性参数 c/a 值要高于 $x = 0.5$ 合金，较大的 c/a 会使氢位点之间的距离更近，质子的跳跃路径更短，从而使氢原子更容易进出晶格，降低晶格应力和跨相界的能垒，从而降低合金吸/放氢循环过程中的粉化[72,108,112,113]；其次，$x = 0.2$ 合金的晶粒要比 $x = 0.5$ 合金细，增强了合金的强度和韧性，从而提高了其抗粉碎能力[108,114]；最后，氢原子进入晶格间隙引起的晶格应力被认为是导致合金粉化的重要驱动力，进而导致循环性能衰减[115,116]，$x = 0.2$ 合金适当的相丰度可以在 $(LaMg)_2Ni_7$、$LaNi_5$ 和 $(LaMg)Ni_3$ 相之间形成适当的相边界作为缓冲区域，释放合金吸氢过程中的内部应力[111]，同时也为氢原子扩散提供了良好的通道，有助于降低晶格应变能[110,117-120]，提高合金的抗腐蚀性能[108]。

对 A_5B_{19} 型（$La_{0.85}Mg_{0.15}$）$_5Ni_{19-x}Co_x$（$x=3.25\sim11.25$）合金的研究表明，合金的最大放电容量先由 297.05mA·h/g（$x=3.25$）升高到 394.44mA·h/g（$x=5.25$），随后下降到 314.8mA·h/g（$x=11.25$）。这主要是因为当 $x=5.25$ 时，合金中的（La,Mg）$_5Ni_{19}$ 相丰度较高，$LaNi_5$ 相丰度较低[109]，而前者的理论储氢容量高于后者，这种变化趋势与上文报道的该合金的气固储氢性能结果一致。对合金的循环性能研究发现，当大于 $x=3.25$ 时，合金循环 100 周的容量保持率显著升高，但随后有所下降[109]。从该系列合金的腐蚀电势 E_{corr} 上也可以发现，其值先由 -0.9353V（$x=3.25$）升高到 -0.9055V（$x=7.25$），随后下降[109]。这表明适当的 Co 替代 Ni 可以提高合金的耐腐蚀性能，但 Co 含量的进一步提高却有不利影响。

在 La-Mg-Ni 基合金中添加 Co 元素，对于合金的 *HRD* 性能也有着较大的影响。Liu 等对 $La_{0.7}Mg_{0.3}Ni_{3.4-x}Mn_{0.1}Co_x$（$x=0\sim1.60$）合金的研究表明，随着 Co 元素含量的升高，合金的 HRD_{1500} 由 56.7%（$x=0$）升高到 69.2%（$x=0.75$），但随后下降到 40.5%（$x=1.60$）[98]。作者进一步研究了合金的动力学性能，结果表明，合金的极化电阻 R_p 由 114.9mΩ（$x=0$）下降至 78.8mΩ（$x=0.75$），随后升高至 114.8mΩ（$x=1.60$）。作者认为，极化电阻 R_p 在 $x=0\sim0.75$ 时下降的主要原因是 Co 和 Ni 形成的 Ni/Co 网具有较高的电催化活性；而随后极化电阻上升是由于 Co 氧化物在合金电极表面形成的氧化层的钝化作用[98]。该系列合金的交换电流密度 I_0 也呈现先升高后降低的趋势，且在 $x=0.75$ 时达到最大值[98]。这说明随着 Co 含量的增加，合金表面的电荷转移速率先加快后减慢，其原因与造成极化电阻变化的原因一致。此外，该系列合金的极限电流密度和氢的扩散系数都呈现先升高后降低的趋势，这表明氢原子在合金本体中的扩散速率先升高后降低。作者认为，氢扩散速率上升的原因主要是合金电极表面 Co 和 Ni 混合物形成的 Ni/Co 网络具有较高的活性，但随后下降的原因主要有以下几点：首先，随着 c/a 的增加，氢位点变得更近，晶胞内的氢原子相互吸引作用增强；其次，合金表面氧化层的增加，间接增加了合金内部到表面氢扩散的难度[98]。Wei 等对（$La_{0.85}Mg_{0.15}$）$_5Ni_{19-x}Co_x$（$x=3.25\sim11.25$）合金的动力学性能研究也得到了类似的结果，即随着 Co 元素含量的升高，合金的 *HRD* 性能先升高后降低，当 $x=5.25$ 时，动力学性能最好[98]。该系列合金的交换电流密度随着 Co 含量的升高而单调下降，这表明合金的电催化活性不断降低，而氢扩散系数 D 的变化趋势为先升高后降低[98]。根据这两个参数的变化规律可知，氢原子在合金本体中的扩散速率对 *HRD* 性能起到决定作用。

综上所述，在 La-Mg-Ni 基合金中添加 Co 元素，对于合金的相组成与相丰度都具有显著影响。由于 Co 元素在合金中的分布不均，其添加有利于 [AB_5] 亚单元比例较高的超晶格合金相以及 $LaNi_5$ 相的生成。由于 Co 元素的原子半径略大于 Ni 原子，Co 部分取代 Ni 后合金中各合金相的晶胞参数与晶胞体积增大。由于 Co 元素的加入，改变了合金的相组成与相丰度，合金的储氢性能和电化学性能也都产生了显著变化，适当的 Co 含量有助于综合储氢性能和电化学性能的提高。

4.8 其他过渡金属作用

除了 Co、Mn、Al 之外，其他过渡金属元素，例如 Fe、Cu、Sn 等也常用来进行 La-Mg-Ni 基层状超晶格储氢合金的元素优化。它们对合金的晶体结构和电化学性能都具有重要影响。

Fe 元素由于价格便宜，常用来部分取代合金中价格较高的金属元素如 Co 元素。Hao 等研究了 Fe 部分取代 Co 对 $La_{0.74}Mg_{0.26}Ni_{2.55}Co_{0.65-x}Fe_x$ ($x=0$、0.10、0.20、0.30) 合金相结构和电化学性能的影响。结果表明，原始合金主要由 $(La,Mg)_2Ni_7$ 相和 $(La,Mg)_5Ni_{19}$ 相组成，随着 Fe 元素含量的升高，$(La,Mg)_5Ni_{19}$ 相含量升高，$(La,Mg)_2Ni_7$ 相含量降低，且合金中出现了 $LaNi_5$ 相[121]。由于 Fe 元素的原子半径（1.27Å）大于 Co 元素的原子半径（1.26Å），合金的晶格参数和晶胞体积均随着 Fe 取代 Co 含量的升高而变大[121]。相似地，Fe 部分取代 Ni 也会引起晶胞体积的增大，例如，铸态和淬火态 $La_{0.7}Mg_{0.3}Co_{0.45}Ni_{2.55-x}Fe_x$ ($x=0\sim0.4$) 合金中的两个主相 $LaNi_5$ 和 $(La,Mg)Ni_3$ 的晶格参数和晶胞体积均随着 Fe 含量的增加而变大[122]。此外，Zhang 等通过 SEM 分析发现 Fe 部分取代 Ni 还有利于合金晶粒的细化[122]。虽然 Fe 元素的价格较低，但是其加入通常会对 La-Mg-Ni 基合金的容量和高倍率放电性能带来不利影响。例如，$La_{0.74}Mg_{0.26}Ni_{2.55}Co_{0.65-x}Fe_x$ ($x=0$、0.10、0.20、0.30) 合金的最大放电容量从 $x=0$ 时的 410mA·h/g 降低到 $x=0.30$ 时的 369mA·h/g[121]，作者认为最大放电容量的下降可归因于合金相丰度和成分的变化[121]。此外，合金的高倍率放电性能由 51.5%（$x=0$）显著下降到 15.8%（$x=0.30$），但是，适当含量的 Fe 部分取代 Co 有助于提高合金的循环寿命，作者认为这是由于合金相的晶胞体积增大，降低了合金吸氢后的膨胀率，从而降低粉碎。$La_{0.74}Mg_{0.26}Ni_{2.55}Co_{0.65-x}Fe_x$ ($x=0$、0.10、0.20、0.30) 合金循环 100 周的容量保持率从 $x=0$ 时的 68.5% 升高到 $x=0.10$ 时的 82.3%[121]。Moussa 等研究了 AB_5 型 $MmNi_{3.55}Mn_{0.4}Al_{0.3}Co_{0.75-x}Fe_x$ 合金中 Fe 部分取代 Co 对合金循环稳定性的影响，同样发现合金的循环寿命得到延长[123]。

Wei 等通过对 $La_4MgNi_{17.5}M_{1.5}$ 合金的研究，比较了 Co、Fe、Mn 三种元素对 La-Mg-Ni 基合金微观结构和电化学性能的影响。结果表明，三种合金均为 AB_5 型相和 A_5B_{19} 型相组成的多相结构，M=Fe 时合金中 AB_5 型相丰度最高，达到 68.4%，而 M=Co 和 Mn 时，AB_5 型相丰度仅在 25%~28% 之间[124]。这表明过渡金属元素的原子半径并非决定其选择性进入 LaNi$_5$ 合金相或者超晶格相中 [LaNi$_5$] 亚单元的唯一因素，其他因素例如电荷排布等对其占位也会产生很大影响。此外，La$_4$MgNi$_{17.5}$M$_{1.5}$(M=Co、Fe、Mn) 合金中各合金相的胞体积大小依次为 Co<Fe<Mn，与这些元素的原子半径大小（Co=1.26Å，Fe=1.27Å，Mn=1.32Å）相一致[124]。电化学测试表明，合金电极的最大放电容量依次为 Fe<Co<Mn，作者认为，这一结果可能与合金的相丰度和晶胞体积的变化有关：A$_5$B$_{19}$ 型相的理论储氢容量高于 AB$_5$ 型相，且较大的晶胞体积有利于氢原子进入合金[125]，因此 M=Mn 合金的放电容量最高。M=Fe 合金的循环稳定性较差，充放电 100 周的容量保持率仅为 58.7%[124]，这与以往报道的结果不同[126-128]，作者通过 SEM 观察发现，M=Fe 合金较低的循环稳定性是由于合金粉化严重，且严重的粉化使更大的表面暴露在电解液中，加速活性物质的氧化腐蚀[124]。此外，电化学 P-C-T 曲线的平台压高低顺序为 Co>Fe>Mn，这与合金晶胞体积增大的变化趋势相一致[124]。电化学动力学性能研究结果表明，在 900mA/g 放电电流下，M=Fe 合金具有较好的高倍率放电性能，其 HRD_{900} 达到 93.58%[124]，进一步研究表明，适量添加 Co 可以提高合金电极的交换电流密度，有利于氢原子在合金本体中的扩散[124]，与以上 La$_{0.74}$Mg$_{0.26}$Ni$_{2.55}$Co$_{0.65-x}$Fe$_x$(x=0、0.10、0.20、0.30) 合金的研究结果不同[121]。

Liao 等通过考察 Co、Mn、Fe、Al、Cu 和 Sn 元素部分取代 Ni 对 La$_2$Mg(Ni$_{0.95}$M$_{0.05}$)$_9$(M=Co、Mn、Fe、Al、Cu、Sn) 合金微观组织结构和电化学性能影响，对 B 元素的作用做了更全面的研究[129]。结果表明，以上元素部分取代 Ni 不会改变合金的主相结构，合金的主相均为六方型 PuNi$_3$ 型相，M=Mn、Fe、Al 合金中出现了 LaNi$_5$ 杂相，M=Cu、Sn 合金中出现了 LaNi 或 LaNiSn 杂相[129]。Co、Mn、Fe、Al 和 Cu 元素对 La$_2$MgNi$_9$ 中 Ni 的部分取代使合金晶胞体积增大，La$_2$Mg(Ni$_{0.95}$M$_{0.05}$)$_9$(M=Ni、Co、Mn、Fe、Al、Cu) 合金主相 PuNi$_3$ 型相的晶胞体积大小依次为 Ni<Co<Cu<Fe<Mn<Al，与取代元素原子半径的相对大小基本一致。然而，虽然 Sn 元素的原子半径在这些元素中是最大的，但 Sn 对 Ni 的部分取代却使主相 PuNi$_3$ 型相的晶胞体积略有减小，作者认为这一结果可能是由于 Sn 主要进入了 LaNiSn 第二相[129]。此外，尽管合金主相的晶胞体积经历了从 531.6Å^3(M=Sn) 到 549.9Å^3(M=Al) 的变化，所有合金的各向异性参数 c/a 值几乎保持不变，保持在 4.81~4.85 之间[129]。

对 La$_2$Mg(Ni$_{0.95}$M$_{0.05}$)$_9$(M=Ni、Co、Mn、Fe、Al、Cu) 合金储氢性能研究结果表明，Co、Cu、Fe 或 Mn 部分取代 Ni 导致了 P-C-T 曲线平台压力降低，而 Sn 部分取代使得合金平台压升高[129]；进一步研究表明，合金的晶胞体积与其氢化物平台压的对数呈线性关系，平台压的对数随晶胞体积的增加而线性降低，这与先前报道的 AB$_3$ 型合金[130]和大多数 AB$_5$ 型合金[131]的情况一致。此外，作者发现，M＝Co 和 M＝Cu 合金的储氢容量略低于 M＝Ni，而 M＝Mn、Fe、Al 和 Sn 合金的储氢容量明显降低。进一步研究表明，在 $La_2Mg(Ni_{0.95}M_{0.05})_9$（M＝Ni、Co、Mn、Fe、Al、Cu）合金中，晶胞体积增大，平衡氢压降低，储氢容量减小[129]。

对 $La_2Mg(Ni_{0.95}M_{0.05})_9$（M＝Ni、Co、Mn、Fe、Al、Cu）合金电化学性能的研究结果表明，除 M＝Al 合金外，所有合金均可在 3 周循环内便可达到最大容量，而 M＝Al 合金需要 5 周循环[129]。其他过渡金属部分取代 Ni 导致合金放电容量不同程度地降低。M＝Co 合金的放电容量下降幅度较小，而 M＝Cu、Fe、Mn 和 Sn 合金的放电容量下降幅度较大[129]。放电容量顺序为：Cu（369.1mA·h/g）＞Mn（364.6mA·h/g）＞Fe（348.7mA·h/g）＞Sn（321.5mA·h/g）。以上结果与 P-C-T 曲线的 H/M 值相一致[129]。但是，在以上合金中，M＝Al 合金的放电容量很低，说明合金中有大量的氢不能在常温常压下释放出来。

对 $La_2Mg(Ni_{0.95}M_{0.05})_9$（M＝Ni、Co、Mn、Fe、Al、Cu）合金的动力学性能研究结果表明，M＝Mn、Co、Sn 合金电极在 800mA/g 放电电流密度下的 HRD（HRD_{800}）在 71.6%～76.5%之间，略低于 M＝Ni 合金电极的 79.7%；而 M＝Al、Fe、Cu 合金电极的 HRD_{800} 很低，只有 33.6%～45%，$La_2Mg(Ni_{0.95}M_{0.05})_9$（M＝Ni、Co、Mn、Fe、Al、Cu）合金的 HRD_{800} 顺序为 Sn＞Co＞Mn＞Cu＞Fe＞Al[129]。进一步研究表明，M＝Al、Fe、Cu 合金的交换电流密度 I_0 较小，极化电阻 R_p 较大，因此高倍率放电性能较差，作者认为这是由于在合金表面形成了氧化物或氢氧化物层[129]；M＝Co 和 M＝Mn 合金电极具有较大的交换电流密度，作者认为可能是由于 Co 良好的电催化活性以及 Mn 易溶解于碱性电解液中，从而产生多孔表面，增大了合金电极的活性表面积[129]。$La_2Mg(Ni_{0.95}M_{0.05})_9$（M＝Ni、Co、Mn、Fe、Al、Cu）合金的氢扩散系数 D 在（1.18～7.57）×10^{-10} cm²/s 范围内，D 值的大小顺序为 Al＜Mn＜Fe＜Cu＜Co＜Ni＜Sn，D 值主要受 M 元素部分取代 Ni 对合金氢化物稳定性的影响，通常随着合金平衡氢压力的增加而增加[129]。总体而言，M 部分取代 Ni，导致电极反应的电催化活性降低，氢在合金本体中的扩散速率降低，而对于 M＝Sn 合金，其 LaNiSn 第二相的存在增加了相界面，氢原子在合金本体中的扩散率较高。

对 $La_2Mg(Ni_{0.95}M_{0.05})_9$（M＝Ni、Co、Mn、Fe、Al、Cu）合金的动力学性能研究结果表明，M＝Sn 合金循环 100 周的容量保持率（S_{100}）相对较低（60.0%），与 M＝Ni 合金电极几乎相同（60.6%）；而其他合金的循环稳定性均有不同程度的提高：M＝Mn 和 M＝Co 合金电极的 S_{100} 为 62.5%～64.2%，而 M＝Cu 和 M＝Fe 合金电极的 S_{100} 约为 68.5%；M＝Al 合金电极的循环稳定性最好，S_{100} 为 75.7%[129]。作者从 Ni/MH 电极容量衰减的两个主要因素，即表面钝化膜（氧化物、氢氧化物）和氢化物相中氢的摩尔体积 V_H[131] 方面对合金的循环稳定性进行了详细的分析：作者认为，对于 M＝Ni 合金电极，循环过程中容量的衰减主要是由于合金表面形成了 La(OH)$_3$ 和 Mg(OH)$_2$，并且由于合金氢化物的 V_H 较大，加速了合金衰减速率，具有较大 V_H 的合金电极在每次充放电循环中会经历较大的晶格膨胀和收缩，引起结构破坏和衰退[35]；对于 M＝Co、Mn、Cu 和 Fe 合金循环稳定性的提高作者归因于其相对于较小的 V_H；对于 M＝Sn 合金，其较高的容量衰减速率可能是由于合金中含有 LaNiSn 第二相，导致合金粉化程度较高，从而在反复充放电循环中产生更大的表面积，增加电解液对合金颗粒的氧化腐蚀；对于 V_H 较大的 M＝Al 合金，其较好的循环稳定性可能是由于 Al 在合金表面形成了保护膜（氧化物、氢氧化物）。

目前，虽然人们对元素作用已经进行了大量和较为深入的研究，考虑到 La-Mg-Ni 基储氢合金类型丰富，结构复杂，元素的最佳组合和含量配比及其与合金相结构和性能之间的联系还有待系统研究和总结规律。

参 考 文 献

[1] Denys R V, Riabov A B, Yartys V A, et al. Mg substitution effect on the hydrogenation behaviour, thermodynamic and structural properties of the La$_2$Ni$_7$-H (D)$_2$ system [J]. Journal of Solid State Chemistry, 2008, 181 (4): 812-821.

[2] Buschow K H J, Van Der Goot A S. The crystal structure of rare-earth nickel compounds of the type R$_2$Ni$_7$ [J]. Journal of the Less Common Metals, 1970, 22 (4): 419-428.

[3] Yartys V A, Riabov A B, Denys R V, et al. Novel intermetallic hydrides [J]. Journal of Alloys and Compounds, 2006, 408-421: 273-279.

[4] Denys R V, Riabov A B, Yartys V A, et al. Hydrogen storage properties and structure of La$_{1-x}$Mg$_x$(Ni$_{1-y}$Mn)$_3$ intermetallics and their hydrides [J]. Journal of Alloys and Compounds, 2007, 446-447: 166-172.

[5] Gal L, Charbonnier V, Zhang J, et al. Optimization of the La substitution by Mg in the La$_2$Ni$_7$ hydride-forming system for use as negative electrode in Ni-MH battery [J]. International Journal of Hydrogen Energy, 2015, 40 (47): 17017-17020.

[6] Kadir K, Sakai T, Uehara I. Synthesis and structure determination of a new series of hydrogen storage alloys: RMg$_2$Ni$_9$ (R = La, Ce, Pr, Nd, Sm and Gd) built from MgNi$_2$ Laves-type layers alternating with AB$_5$ layers [J]. Journal of Alloys and Compounds, 1997, 115: 121.

[7] Férey A, Cuevas F, Latroche M, et al. Elaboration and characterization of magnesium-substituted La$_5$Ni$_9$ hydride forming alloys as active materials for negative electrode in Ni-MH battery [J]. Electrochimica Acta, 2009, 257 (1-2): 1710-1714.

[8] Akiba E, Hayakawa H, Kohno T. Crystal structures of novel La-Mg-Ni hydrogen absorbing alloys [J]. Journal of Alloys and Compounds, 2006, 408-412: 280-283.

[9] Kohno T, Yoshida H, Kawashima F, et al. Hydrogen storage properties of new ternary system alloys: La$_2$MgNi$_9$, La$_5$Mg$_2$Ni$_{23}$, La$_3$MgNi$_{14}$ [J]. Journal of Alloys and Compounds, 2000,

311 (2): L5-L7.

[10] Hayakawa H, Akiba E, Gotoh M, et al. Crystalstructures of La-Mg-Ni$_x$ ($x = 3-4$) system hydrogen storage alloys [J]. MATERIALS TRANSACTIONS, 2005 (46): 1393-1401.

[11] Zhang F, Luo Y, Wang D, et al. Structure and electrochemical properties of La$_{2-x}$Mg$_x$Ni$_{7.0}$ ($x = 0.3-0.6$) hydrogen storage alloys [J]. Journal of Alloys and Compounds, 2007, 439 (1-2): 181-188.

[12] Zhang J, Villeroy B, Knosp B, et al. Structural and chemical analyses of the new ternary La$_5$MgNi$_{24}$ phase synthesized by Spark Plasma Sintering and used as negative electrode material for Ni-MH batteries [J]. International Journal of Hydrogen Energy, 2012, 37 (6): 5225-5233.

[13] Crivello J C, Zhang J, Latroche M. Structural stability of AB$_y$ phases in the (La, Mg)-Ni system obtained by density functional theory calculations [J]. The Journal of Physical Chemistry C, 2011, 115 (51): 25470-25478.

[14] Si T Z, Pang G, Zhang Q A, et al. Solid solubility of Mg in Ca$_2$Ni$_7$ and hydrogen storage properties of (Ca$_{2-x}$Mg$_x$)Ni$_7$ alloys [J]. International Journal of Hydrogen Energy, 2009, 34 (11): 4833-4837.

[15] Klimyenko A V, Seuntjens J, Miller L L, et al. Structure of LaNi$_{2.286}$ and the La Ni system from LaNi$_{1.75}$ to LaNi$_{2.50}$ [J]. Journal of the Less Common Metals, 1988, 114 (1): 133-141.

[16] Kadir K, Noréus D, Yamashita I. Structural determination of AMgNi$_4$ (where A = Ca, La, Ce, Pr, Nd and Y) in the AuBe$_5$ type structure [J]. Journal of Alloys and Compounds, 2002, 345 (1-2): 140-143.

[17] Komura Y, Tokunaga K. Structural studies of stacking variants in Mg-base Friauf-Laves phases [J]. Acta Crystallographica Section B, 1980, 36 (7): 1548-1554.

[18] Ozaki T, Kanemoto M, Kakeya T, et al. Stacking structures and electrode performances of rare earth-Mg-Ni-based alloys for advanced nickel-metal hydride battery [J]. Journal of Alloys and Compounds, 2007, 446-447: 620-624.

[19] Wang W, Guo W, Liu X, et al. The interaction of subunits inside superlattice structure and its impact on the cycling stability of AB$_4$-type La-Mg-Ni-based hydrogen storage alloys for nickel-metal hydride batteries [J]. Journal of Power Sources, 2020, 445: 227273.

[20] Wang W, Zhang L, Rodríguez-Pérez I A, et al. A novel AB$_4$-type RE-Mg-Ni-Al-based hydrogen storage alloy with high power for nickel-metal hydride batteries [J]. Electrochimica Acta, 2019, 317: 211-220.

[21] Zhang L, Wang W, Rodríguez-Pérez I A, et al. A new AB$_4$-type single-phase superlattice compound for electrochemical hydrogen storage [J]. Journal of Power Sources, 2018, 401: 102-110.

[22] Li Y, Liu Z, Zhang G, et al. Novel A$_7$B$_{23}$-type La-Mg-Ni-Co compound for application on Ni-MH battery [J]. Journal of Power Sources, 2019, 441: 126667.

[23] Liu J, Zhu S, Chen X, et al. Superior electrochemical performance of La-Mg-Ni-based alloys

with novel A_2B_7-A_7B_{23} biphase superlattice structure [J]. Journal of Materials Science & Technology, 2021, 80: 128-138.

[24] Zhang L, Han S, Li Y, et al. Effect of Magnesium on the crystal transformation and electrochemical properties of A_2B_7-type metal hydride alloys [J]. Journal of The Electrochemical Society, 2014, 161 (12): A1844-A1850.

[25] Li Y, Han S, Li J, et al. Study on phase structure and electrochemical properties of $Ml_{1-x}Mg_xNi_{2.80}Co_{0.50}Mn_{0.10}Al_{0.10}(x=0.08, 0.12, 0.20, 0.24, 0.28)$ hydrogen storage alloys [J]. Electrochimica Acta, 2007, 52 (19): 5945-5949.

[26] Liu J, Han S, Li Y, et al. Effect of crystal transformation on electrochemical characteristics of La-Mg-Ni-based alloys with A_2B_7-type super-stacking structures [J]. International Journal of Hydrogen Energy, 2013, 38 (34): 14903-14911.

[27] Liu J, Han S, Li Y, et al. Cooperative effects of Sm and Mg on electrochemical performance of La-Mg-Ni-based alloys with A_2B_7 and A_5B_{19}-type super-stacking structure [J]. International Journal of Hydrogen Energy, 2015, 40 (2): 1116-1127.

[28] Cai X, Wei F, Xu X, et al. Influence of magnesium content on structure and electrochemical properties of $La_{1-x}Mg_xNi_{1.75}Co_{2.05}$ hydrogen storage alloys [J]. Journal of Rare Earths, 2016, 34 (12): 1235-1240.

[29] Zhang Q, Zhao B, Fang M, et al. $(Nd_{1.5}Mg_{0.5})Ni_7$-based compounds: structural and hydrogen storage properties [J]. Inorg Chem, 2012, 51 (5): 2976-2983.

[30] Buschow K H, Van Mal H H. Phase relations and hydrogen absorption in the lanthanum-nickel system [J]. Journal of the Less Common Metals, 1972, 29 (2): 203-210.

[31] Nwakwuo C C, Holm T, Denys R V, et al. Effect of magnesium content and quenching rate on the phase structure and composition of rapidly solidified La_2MgNi_9 metal hydride battery electrode alloy [J]. Journal of Alloys and Compounds, 2013, 555: 201-208.

[32] Virkar A V, Raman A. Crystal structures of AB_3 and A_2B_7 rare earth-nickel phases [J]. Journal of the Less Common Metals, 1969, 18 (1): 59-66.

[33] Denys R V, Yartys V A. Effect of magnesium on the crystal structure and thermodynamics of the $La_{3-x}Mg_xNi_9$ hydrides [J]. Journal of Alloys and Compounds, 2011, 509: S540-S548.

[34] Lemort L, Latroche M, Knosp B, et al. Elaboration and characterization of new pseudo-binary hydride-forming phases $Pr_{1.5}Mg_{0.5}Ni_7$ and $Pr_{3.75}Mg_{1.25}Ni_9$: a comparison to the binary Pr_2Ni_7 and Pr_5Ni_{19} ones [J]. The Journal of Physical Chemistry C, 2011, 115 (39): 19437-19444.

[35] Liao B, Lei Y Q, Chen L X, et al. Effect of the La/Mg ratio on the structure and electrochemical properties of $La_xMg_{3-x}Ni_9$ ($x=1.6-2.2$) hydrogen storage electrode alloys for nickel-metal hydride batteries [J]. Journal of Power Sources, 2004, 129 (2): 358-367.

[36] Latroche M, Joubert J M, Percheron-Guégan A, et al. Neutron diffraction study of the deuterides of the over-stoichiometric compounds $LaNi_{5+x}$ [J]. Journal of Solid State Chemistry, 2004, 177 (4-5): 1219-1229.

[37] Lartigue C, Percheron-Guegan A, Achard J C, et al. Hydrogen (deuterium) ordering in the β-$LaNi_5D_{x>5}$ phases: a neutron diffraction study [J]. Journal of the Less Common Metals,

1985, 113 (1): 127-148.

[38] Denys R V, Yartys V A, Webb C J. Hydrogen in La$_2$MgNi$_9$D$_{13}$: the role of magnesium [J]. Inorg Chem, 2012, 51 (7): 4231-4238.

[39] Kadir K, Sakai T, Uehara I. Structural investigation and hydrogen storage capacity of LaMg$_2$Ni$_9$ and (La$_{0.65}$Ca$_{0.35}$)(Mg$_{1.32}$Ca$_{0.68}$)Ni$_9$ of the AB$_2$C$_9$ type structure [J]. Journal of Alloys and Compounds, 2000, 302 (1-2): 112-117.

[40] Achard J C, Percheron-Guegan A, Diaz H, et al. Proc. 2nd Int. Congress on Hydrogen in Metals 1E12 [C], 1977: 599-604.

[41] Zhu Z, Zhu S, Lu H, et al. Stability of LaNi$_5$-Co alloys cycled in hydrogen—part 1 evolution in gaseous hydrogen storage performance [J]. International Journal of Hydrogen Energy, 2019, 44 (29): 15159-15172.

[42] Percheron-Guégan A, Lartigue C, Achard J C. Correlations between the structural properties, the stability and the hydrogen content of substituted LaNi$_5$ compounds [J]. Journal of the Less Common Metals, 1985, 109 (2): 287-309.

[43] Liao B, Lei Y Q, Lu G L, et al. The electrochemical properties of La$_x$Mg$_{3-x}$Ni$_9$ (x = 1.0 - 2.0) hydrogen storage alloys [J]. Journal of Alloys and Compounds, 2003, 746: 746-749.

[44] Kataoka R, Goto Y, Kamegawa A, et al. High-pressure synthesis of novel hydride in Mg-Ni (-H) System [J]. Materials Transactions, 2006, 47 (8): 1957-1960.

[45] Zhai T T, Yang T, Yuan Z M, et al. An investigation on electrochemical and gaseous hydrogen storage performances of as-cast La$_{1-x}$Pr$_x$MgNi$_{3.6}$Co$_{0.4}$ (x = 0 - 0.4) alloys [J]. International Journal of Hydrogen Energy, 2014, 39: 14282-14287.

[46] Young K, Ouchi T, Shen H, et al. Hydrogen induced amorphization of LaMgNi$_4$ phase in metal hydride alloys [J]. International Journal of Hydrogen Energy, 2015, 40 (29): 8941-8947.

[47] Ma Z, Zhu D, Wu C, et al. Effects of Mg on the structures and cycling properties of the LaNi$_{3.8}$ hydrogen storage alloy for negative electrode in Ni/MH battery [J]. Journal of Alloys and Compounds, 2015, 620: 149-155.

[48] Liu J, Han S, Han D, et al. Enhanced cycling stability and high rate dischargeability of (La,Mg)$_2$Ni$_7$-type hydrogen storage alloys with (La,Mg)$_5$Ni$_{19}$ minor phase [J]. Journal of Power Sources, 2015, 287: 237-246.

[49] Tian X, Yun G, Wang H, et al. Preparation and electrochemical properties of La-Mg-Ni-based La$_{0.75}$Mg$_{0.25}$Ni$_{3.3}$Co$_{0.5}$ multiphase hydrogen storage alloy as negative material of Ni/MH battery [J]. International Journal of Hydrogen Energy, 2014, 39: 8474-8481.

[50] Zhou S, Zhang X, Wang L, et al. Effect of element substitution and surface treatment on low temperature properties of AB$_{3.42}$-type La-Y-Ni based hydrogen storage alloy [J]. International Journal of Hydrogen Energy, 2021, 46: 3414-3424.

[51] Liu Y, Yuan H, Guo M, et al. Effect of Y element on cyclic stability of A$_2$B$_7$-type La-Y-Ni-based hydrogen storage alloy [J]. International Journal of Hydrogen Energy, 2019, 44 (39): 22064-22073.

[52] Baddour-Hadjean R, Pereira-Ramos J P, Latroche M, et al. New ternary intermetallic compounds belonging to the R-Y-Ni (R = La, Ce) system as negative electrodes for Ni-MH batteries [J]. Journal of Alloys and Compounds, 2002, 330-332: 782-786.

[53] 王浩, 罗永春, 邓安强, 等. 退火温度对无镁 La-Y-Ni 系 A_2B_7 型合金相结构和电化学性能的影响 [J]. 无机材料学报, 2018, 33 (4): 434-440.

[54] 赵磊, 罗永春, 邓安强, 等. 无镁超点阵结构 A_2B_7 型 $La_{1-x}Y_xNi_{3.25}Mn_{0.15}Al_{0.1}$ 合金的储氢和电化学性能 [J]. 高等学校化学学报, 2018, 39 (9): 1993-2002.

[55] Guo Y, Shi Y, Yuan R, et al. Inhibition mechanism of capacity degradation in Mg-substituted $LaY_{2-x}Mg_xNi_9$ hydrogen storage alloys [J]. Journal of Alloys and Compounds, 2021, 873: 159826.

[56] Liu Z, Yang S, Li Y, et al. Improved electrochemical kinetic performances of La-Mg-Ni-based hydrogen storage alloys with lanthanum partially substituted by yttrium [J]. Journal of Rare Earths, 2015, 33 (4): 397-402.

[57] Gao Z, Yang Z, Li Y, et al. Improving the phase stability and cycling performance of Ce_2Ni_7-type RE-Mg-Ni alloy electrodes by high electronegativity element substitution [J]. Dalton Trans, 2018, 47 (46): 16453-16460.

[58] Zhang Y, Zhang W, Yuan Z, et al. Structures and electrochemical hydrogen storage properties of melt-spun RE-Mg-Ni-Co-Al alloys [J]. International Journal of Hydrogen Energy, 2017, 42 (20): 14227-14245.

[59] Xin G, Yuan H, Yang K, et al. Promising hydrogen storage properties of cost-competitive La (Y)-Mg-Ca-Ni AB_3-type alloys for stationary applications [J]. RSC Advances, 2016, 6 (26): 21742-21748.

[60] Lim K L, Liu Y, Zhang Q A, et al. Effects of partial substitutions of cerium and aluminum on the hydrogenation properties of $La_{0.65-x}Ce_xCa_{1.03}Mg_{1.32}Ni_{9-y}Al_y$ alloy [J]. International Journal of Hydrogen Energy, 2014, 39 (20): 10537-10545.

[61] Liu J, Li Y, Han D, et al. Electrochemical performance and capacity degradation mechanism of single-phase La-Mg-Ni-based hydrogen storage alloys [J]. Journal of Power Sources, 2015, 300: 77-86.

[62] Yasuoka S, Ishida J, Kishida K, et al. Effects of cerium on the hydrogen absorption-desorption properties of rare earth-Mg-Ni hydrogen-absorbing alloys [J]. Journal of Power Sources, 2017, 346: 56-62.

[63] Zhang L, Han S, Han D, et al. Phase decomposition and electrochemical properties of single phase $La_{1.6}Mg_{0.4}Ni_7$ alloy [J]. Journal of Power Sources, 2014, 268: 575-583.

[64] Yan H, Xiong W, Wang L, et al. Investigations on AB_3, A_2B_7 and A_5B_{19}-type La Y Ni system hydrogen storage alloys [J]. International Journal of Hydrogen Energy, 2017, 42 (4): 2257-2264.

[65] Pan H, Jin Q, Gao M, et al. Effect of the cerium content on the structural and electrochemical properties of the $La_{0.7-x}Ce_xMg_{0.3}Ni_{2.875}Mn_{0.1}Co_{0.525}$ ($x=0-0.5$) hydrogen storage alloys [J]. Journal of Alloys and Compounds, 2004, 373 (1-2): 237-245.

[66] 许剑轶，张国芳，胡峰，等. La-Mg-Ni 系 A_5B_{19} 超晶格负极材料相结构及电化学性能 [J]. 材料工程，2020，48（2）：46-52.

[67] Lv W, Yuan J, Zhang B, et al. Influence of the substitution Ce for La on structural and electrochemical characteristics of $La_{0.75-x}Ce_xMg_{0.25}Ni_3Co_{0.5}$（$x=0$, 0.05, 0.1, 0.15, 0.2 at.%) hydrogen storage alloys [J]. Journal of Alloys and Compounds, 2018, 730: 360-368.

[68] Gao Z. Synergistic effects of light rare earth element and Gd on the electrochemical performances of Ce_2Ni_7-type La-Mg-Ni-based alloys [J]. International Journal of Electrochemical Science, 2019, 14: 7220-7231.

[69] Zhang X B, Sun D Z, Yin W Y, et al. Effect of La/Ce ratio on the structure and electrochemical characteristics of $La_{0.7-x}Ce_xMg_{0.3}Ni_{2.8}Co_{0.5}$（$x=0.1-0.5$) hydrogen storage alloys [J]. Electrochimica Acta, 2005, 50（9）: 1957-1964.

[70] Dong Z, Ma L, Wu Y, et al. Microstructure and electrochemical hydrogen storage characteristics of $(La_{0.7}Mg_{0.3})_{1-x}Ce_xNi_{2.8}Co_{0.5}$（$x=0-0.20$) electrode alloys [J]. International Journal of Hydrogen Energy, 2011, 36（4）: 3016-3021.

[71] Shen X Q, Chen Y G, Tao M D, et al. The structure and high-temperature（333K) electrochemical performance of $La_{0.8-x}Ce_xMg_{0.2}Ni_{3.5}$（$x=0.00-0.20$) hydrogen storage alloys [J]. International Journal of Hydrogen Energy, 2009, 34（8）: 3395-3403.

[72] Young K, Ouchi T, Huang B. Effects of annealing and stoichiometry to（Nd,Mg)（Ni,Al)$_{3.5}$ metal hydride alloys [J]. Journal of Power Sources, 2012, 215（215）: 152-159.

[73] 沈向前，陈云贵，陶明大，等. $La_{0.8-x}Ce_xMg_{0.2}Ni_{3.5}$（$x=0-0.20$) 贮氢合金电极的低温放电性能 [J]. 稀有金属材料与工程，2009，38（2）：237-241.

[74] Pan H, Ma S, Shen J, et al. Effect of the substitution of PR for LA on the microstructure and electrochemical properties of $La_{0.7-x}Pr_xMg_{0.3}Ni_{2.45}Co_{0.75}Mn_{0.1}Al_{0.2}$（$x=0.0-0.3$) hydrogen storage electrode alloys [J]. International Journal of Hydrogen Energy, 2007, 32（14）: 2949-2956.

[75] Liu J, Han S, Li Y, et al. Effect of Pr on phase structure and cycling stability of La-Mg-Ni-based alloys with A_2B_7-and A_5B_{19}-type superlattice structures [J]. Electrochimica Acta, 2015, 184: 257-263.

[76] Zhang Y H, Hou Z H, Li B W, et al. Electrochemical hydrogen storage characteristics of as-cast and annealed $La_{0.8-x}Nd_xMg_{0.2}Ni_{3.15}Co_{0.2}Al_{0.1}Si_{0.05}$（$x=0-0.4$) alloys [J]. Transactions of Nonferrous Metals Society of China, 2013, 23（5）: 1403-1412.

[77] Nowak M, Balcerzak M, Jurczyk M. Hydrogen storage and electrochemical properties of mechanically alloyed $La_{1.5-x}Gd_xMg_{0.5}Ni_7$（$0 \leqslant x \leqslant 1.5$) [J]. International Journal of Hydrogen Energy, 2018, 43（18）: 8897-8906.

[78] Zhang Y H, Li P X, Yang T, et al. Effects of substituting La with M（M=Sm, Nd, Pr) on electrochemical hydrogen storage characteristics of A_2B_7-type electrode alloys [J]. Transactions of Nonferrous Metals Society of China, 2014, 24（12）: 4012-4022.

[79] Li R, Wan J, Wang F, et al. Effect of non-stoichiometry on microstructure and electrochemical performance of $La_{0.8}Gd_xMg_{0.2}Ni_{3.15}Co_{0.25}Al_{0.1}$（$x=0-0.4$) hydrogen storage

alloys [J]. Journal of Power Sources, 2016, 301: 229-236.

[80] Xue C, Zhang L, Fan Y, et al. Phase transformation and electrochemical hydrogen storage performances of La_3RMgNi_{19} (R = La, Pr, Nd, Sm, Gd and Y) alloys [J]. International Journal of Hydrogen Energy, 2017, 42 (9): 6051-6064.

[81] Balcerzak M, Nowak M, Jurczyk M. The influence of Pr and Nd substitution on hydrogen storage properties of mechanically alloyed $(La,Mg)_2Ni_7$-type alloys [J]. Journal of Materials Engineering and Performance, 2018, 27: 6166-6174.

[82] Gao Z, Geng Y, Lin Z, et al. Synergistic effects of Gd and Co on the phase evolution mechanism and electrochemical performances of Ce_2Ni_7-type La-Mg-Ni-based alloys [J]. Dalton Trans, 2020, 49 (1): 156-163.

[83] Zhao Y, Zhang S, Liu X, et al. Phase formation of Ce_5Co_{19}-type super-stacking structure and its effect on electrochemical and hydrogen storage properties of $La_{0.60}M_{0.20}Mg_{0.20}Ni_{3.80}$ (M = La, Pr, Nd, Gd) compounds [J]. International Journal of Hydrogen Energy, 2018, 43 (37): 17809-17820.

[84] Liu J, Cheng H, Han S, et al. Hydrogen storage properties and cycling degradation of single-phase $La_{0.6}OR_{0.15}Mg_{0.25}Ni_{3.45}$ alloys with A_2B_7-type superlattice structure [J]. Energy, 2020, 192: 116617.

[85] Liu J, Chen X, Xu J, et al. A new strategy for enhancing the cycling stability of superlattice hydrogen storage alloys [J]. Chemical Engineering Journal, 2021, 418 (3): 129395.

[86] Li Y, Han S, Li J, et al. The effect of Nd content on the electrochemical properties of low-Co La-Mg-Ni-based hydrogen storage alloys [J]. Journal of Alloys and Compounds, 2008, 458 (1-2): 357-362.

[87] Li Y, Han D, Han S, et al. Effect of rare earth elements on electrochemical properties of La-Mg-Ni-based hydrogen storage alloys [J]. International Journal of Hydrogen Energy, 2009, 34 (4): 1399-1404.

[88] Monnier J, Chen H, Joiret S, et al. Latroche. Identification of a new pseudo-binary hydroxide during calendar corrosion of $(La,Mg)_2Ni_7$-type hydrogen storage alloys for nickel-metal hydride batteries [J]. Journal of Power Sources, 2014, 266: 162-169.

[89] Liu J, Han S, Li Y, et al. Effect of Al incorporation on the degradation in discharge capacity and electrochemical kinetics of La-Mg-Ni-based alloys with A_2B_7-type super-stacking structure [J]. Journal of Alloys and Compounds, 2015, 619: 778-787.

[90] Young K, Ouchi T, Wang L, et al. The effects of Al substitution on the phase abundance, structure and electrochemical performance of $La_{0.7}Mg_{0.3}Ni_{2.8}Co_{0.5-x}Al_x$ (x = 0, 0.1, 0.2) alloys [J]. Journal of Power Sources, 2015, 279: 172-179.

[91] Li R, Xu P, Zhao Y, et al. The microstructures and electrochemical performances of $La_{0.6}Gd_{0.2}Mg_{0.2}Ni_{3.0}Co_{0.5-x}Al_x$(x = 0−0.5) hydrogen storage alloys as negative electrodes for nickel/metal hydride secondary batteries [J]. Journal of Power Sources, 2014, 270: 21-27.

[92] Gao Z. Phase Structure and electrochemical performances of $La_{0.63}Gd_{0.2}Mg_{0.17}Ni_{3.0-x}Co_{0.3}Al_x$ (x = 0.0, 0.1, 0.2, 0.3, 0.4) alloys [J]. International Journal of Electrochemical

Science, 2019, 14: 8382-8392.

[93] Jiang L, Zou Z W, Pei Q M, et al. Structure and hydrogen storage properties of AB$_3$-type Re$_2$Mg(Ni$_{0.7-x}$ Co$_{0.2}$ Mn$_{0.1}$ Al$_x$)$_9$ ($x = 00.04$) alloys [J]. Materials for Renewable and Sustainable Energy, 2019, 8 (2): 1-9.

[94] Chen X, Xu J, Zhang W, et al. Effect of Mn on the long-term cycling performance of AB$_5$-type hydrogen storage alloy [J]. International Journal of Hydrogen Energy, 2021, 46 (42): 21973-21983.

[95] Pan H, Jin Q, Gao M, et al. An electrochemical study of La$_{0.4}$Ce$_{0.3}$Mg$_{0.3}$Ni$_{2.975-x}$Mn$_x$Co$_{0.525}$ ($x = 0.1 - 0.4$) hydrogen storage alloys [J]. Journal of Alloys and Compounds, 2004, 376 (1-2): 196-204.

[96] Zhang X B, Sun D Z, Yin W Y, et al. Effect of Mn content on the structure and electrochemical characteristics of La$_{0.7}$Mg$_{0.3}$Ni$_{2.975-x}$Co$_{0.525}$Mn$_x$ ($x = 0-0.4$) hydrogen storage alloys [J]. Electrochimica Acta, 2005, 50 (14): 2911-2918.

[97] Li R, Yu R, Liu X, et al. Study on the phase structures and electrochemical performances of La$_{0.6}$Gd$_{0.2}$Mg$_{0.2}$Ni$_{3.15-x}$Co$_{0.25}$Al$_{0.1}$Mn$_x$ ($x = 0-0.3$) alloys as negative electrode material for nickel/metal hydride batteries [J]. Electrochimica Acta, 2015, 158: 89-95.

[98] Liu Y, Pan H, Gao M, et al. Effect of Co content on the structural and electrochemical properties of the La$_{0.7}$ Mg$_{0.3}$ Ni$_{3.4-x}$ Mn$_{0.1}$ Co$_x$ hydride alloys: II. electrochemical properties [J]. Journal of Alloys and Compounds, 2004, 376 (1-2): 304-313.

[99] Pan H, Ma J, Wang C, et al. Effect of Co content on the kinetic properties of the MlNi$_{4.3-x}$Co$_x$Al$_{0.7}$ hydride electrodes [J]. Electrochimica Acta, 1999, 44 (23): 3977-3987.

[100] Vogt T, Reilly J J, Johnson J R, et al. Site preference of cobalt and deuterium in the structure of a complex? AB$_5$ alloy electrode: a neutron powder deffraction study [J]. Journal of The Electrochemical Society, 1999, 146 (1): 15-19.

[101] Sakai T, Oguro K, Miyamura H, et al. Some factors affecting the cycle lives of LaNi$_5$-based alloy electrodes of hydrogen batteries [J]. Journal of the Less Common Metals, 1990, 161 (2): 193-202.

[102] Willems J J G. Metal hydride electrodes stability of LaNi$_5$-related compounds [J]. Philips J. Res., 1984, 147 (1-2): 231.

[103] Liu Y, Pan H, Gao M, et al. Effect of Co content on the structural and electrochemical properties of the La$_{0.7}$Mg$_{0.3}$Ni$_{3.4-x}$Mn$_{0.1}$Co$_x$ hydride alloys: I. the structure and hydrogen storage [J]. Journal of Alloys and Compounds, 2004, 376 (1-2): 296-303.

[104] Liao B, Lei Y Q, Chen L X, et al. Effect of Co substitution for Ni on the structural and electrochemical properties of La$_2$Mg(Ni$_{1-x}$Co$_x$)$_9$($x = 0.1 - 0.5$) hydrogen storage electrode alloys [J]. Electrochimica Acta, 2004, 50 (4): 1057-1063.

[105] Wang D, Luo Y, Yan R, et al. Phase structure and electrochemical properties of La$_{0.67}$Mg$_{0.33}$Ni$_{3.0-x}$Co$_x$($x = 0.0$, 0.25, 0.5, 0.75) hydrogen storage alloys [J]. Journal of Alloys and Compounds, 2006, 413 (1-2): 193-197.

[106] Zhang F, Luo Y, Sun K, et al. Effect of Co content on the structure and electrochemical

properties of $La_{1.5}Mg_{0.5}Ni_{7-x}Co_x$ ($x=0$, 1.2, 1.8) hydrogen storage alloys [J]. Journal of Alloys and Compounds, 2006, 424 (1-2): 218-224.

[107] Dong X, Zhang Y, Lv F, et al. Investigation on microstructures and electrochemical performances of $La_{0.75}Mg_{0.25}Ni_{3.5}Co_x$ ($x=0-0.6$) hydrogen storage alloys [J]. International Journal of Hydrogen Energy, 2007, 32 (18): 4949-4956.

[108] Lv W, Shi Y, Deng W, et al. Microstructural evolution and performance of hydrogen storage and electrochemistry of Co-added $La_{0.75}Mg_{0.25}Ni_{3.5-x}Co_x$ ($x=0$, 0.2, 0.5) alloys [J]. Progress in Natural Science: Materials International, 2017, 27 (4): 424-429.

[109] Wei F, Cai X, Zhou J, et al. Effect of Higher Cobalt on Super Lattice Structure and Electrochemical Properties of $(La,Mg)_5(Ni,Co)_{19}$ Hydrogen Storage Alloys [J]. Journal of The Electrochemical Society, 2019, 166 (14): A3154-A3161.

[110] Taizhong H, Zhu W, Jitian H, et al. Study on the structure and hydrogen storage characteristics of as-cast $La_{0.7}Mg_{0.3}Ni_{3.2}Co_{0.35-x}Cu_x$ alloys [J]. International Journal of Hydrogen Energy, 2010, 35 (16): 8592-8596.

[111] Li P, Hou Z, Yang T, et al. Structure and electrochemical hydrogen storage characteristics of the as-cast and annealed $La_{0.8-x}Sm_xMg_{0.2}Ni_{3.15}Co_{0.2}Al_{0.1}Si_{0.05}$ ($x=0-0.4$) alloys [J]. Journal of Rare Earths, 2012, 30 (7): 696-704.

[112] Makarova O L, Goncharenko I N, Bourée F. Oscillating dependence between magnetic and chemical orderings in the frustrated Laves hydrides RMn_2H_x (R=Lu, Tm, Er) [J]. Physical Review B, 2003, 67 (13): 134418.

[113] Young K, Ouchi T, Fetcenko M A. Pressure-composition-temperature hysteresis in C14 Laves phase alloys: part 1. simple ternary alloys [J]. Journal of Alloys and Compounds, 2009, 480 (2): 428-433.

[114] Xiangqian S, Yungui C, Mingda T, et al. The structure and 233K electrochemical properties of $La_{0.8-x}Nd_xMg_{0.2}Ni_{3.1}Co_{0.25}Al_{0.15}$ ($x=0.0-0.4$) hydrogen storage alloys [J]. International Journal of Hydrogen Energy, 2009, 34 (6): 2661-2669.

[115] Fetcenko M A, Ovshinsky S R, Reichman B, et al. Recent advances in NiMH battery technology [J]. Journal of Power Sources, 2007, 165 (2): 544-551.

[116] Chu H L, Qiu S J, Sun L X, et al. The improved electrochemical properties of novel La-Mg-Ni-based hydrogen storage composites [J]. Electrochimica Acta, 2007, 52 (24): 6700-6706.

[117] Zhang Y H, Chen L C, Yang T, et al. The electrochemical hydrogen storage performances of Si-added La-Mg-Ni-Co-based A_2B_7-type electrode alloys [J]. Rare Metals, 2015, 34 (8): 569-579.

[118] Cheng L F, Wang Y X, Wang R B, et al. Microstructure and electrochemical investigations of $La_{0.76-x}Ce_xMg_{0.24}Ni_{3.15}Co_{0.245}Al_{0.105}$ ($x=0$, 0.05, 0.1, 0.2, 0.3, 0.4) hydrogen storage alloys [J]. International Journal of Hydrogen Energy, 2009, 34 (19): 8073-8078.

[119] Zhang Y H, Shang H W, Cai Y, et al. Impacts of melt spinning and element substitution on electrochemical characteristics of the La-Mg-Ni-based A_2B_7-type alloys [J]. Advances in

Materials Physics and Chemistry, 2012, 2 (4): 78-83.

[120] Lv W, Shi Y, Deng W, et al. Effect of Mg substitution for La on microstructure, hydrogen storage and electrochemical properties of $La_{1-x}Mg_xNi_{3.5}$ ($x = 0.20$, 0.23, 0.25) alloys [J]. Progress in Natural Science: Materials International, 2016, 26 (2): 177-181.

[121] Hao J, Han S, Li Y, et al. Effects of Fe-substitution for cobalt on electrochemical properties of La-Mg-Ni-based alloys [J]. Journal of Rare Earths, 2010, 28 (2): 290-294.

[122] Zhang Y H, Rafiud D, Li B W, et al. Influence of the substituting Ni with Fe on the cycle stabilities of as-cast and as-quenched $La_{0.7}Mg_{0.3}Co_{0.45}Ni_{2.55-x}Fe_x$ ($x = 0-0.4$) electrode alloys [J]. Materials Characterization, 2010, 61 (3): 305-311.

[123] Ben Moussa M, Abdellaoui M, Mathlouthi H, et al. Electrochemical properties of the $MmNi_{3.55}Mn_{0.4}Al_{0.3}Co_{0.75-x}Fe_x$ ($x = 0.55$ and 0.75) compounds [J]. Journal of Alloys and Compounds, 2008, 458 (1-2): 410-414.

[124] Wei F S, Cai X, Zhang Y, et al. Structure and electrochemical properties of $La_4MgNi_{17.5}M_{1.5}$ (M = Co, Fe, Mn) hydrogen storage alloys [J]. International Journal of Electrochemical Science, 2017, 12: 429-439.

[125] Shi H, Han S, Jia Y, et al. Investigations on hydrogen storage properties of $LaMg_{8.52}Ni_{2.23}M_{0.15}$ (M = Ni, Cu, Cr) alloys [J]. Journal of Rare Earths, 2013, 31 (1): 79-84.

[126] Zhang Y H, Wang G Q, Dong X P, et al. Effect of substituting Co with Fe on the cycle stabilities of the as-cast and quenched AB_5-type hydrogen storage alloys [J]. Journal of Power Sources, 2005, 148: 105-111.

[127] Liu B Z, Li A M, Fan Y P, et al. Phase structure and electrochemical properties of $La_{0.7}Ce_{0.3}Ni_{3.75}Mn_{0.35}Al_{0.15}Cu_{0.75-x}Fe_x$ hydrogen storage alloys [J]. Transactions of Nonferrous Metals Society of China, 2012, 22 (11): 2730-2735.

[128] Fan Y, Peng X, Liu B, et al. Microstructures and electrochemical hydrogen storage performances of $La_{0.75}Ce_{0.25}Ni_{3.80}Mn_{0.90}Cu_{0.30}(V_{0.81}Fe_{0.19})_x$ ($x = 0-0.20$) alloys [J]. International Journal of Hydrogen Energy, 2014, 39 (13): 7042-7049.

[129] Liao B, Lei Y Q, Chen L X, et al. A study on the structure and electrochemical properties of $La_2Mg(Ni_{0.95}M_{0.05})_9$ (M = Co, Mn, Fe, Al, Cu, Sn) hydrogen storage electrode alloys [J]. Journal of Alloys and Compounds, 2004, 376 (1-2): 186-195.

[130] Chen J, Takeshita H T, Tanaka H, et al. Hydriding properties of $LaNi_3$ and $CaNi_3$ and their substitutes with $PuNi_3$-type structure [J]. Journal of Alloys and Compounds, 2000, 302 (1-2): 304-313.

[131] Reilly J J. Metal Hydride Electrodes [M]. Weinheim: Handbook of Battery Materials, 2011.

5 层状超晶格 RE-Mg-Ni 合金的失效行为

5.1 镍氢电池负极合金失效的原因

循环稳定性是衡量储氢合金性能的重要指标。通常采用循环一定周期后的可逆吸放氢容量同最大可逆吸放氢容量的比值，即容量的保持率 $S_n = C_n/C_{max}$，来表示气态储氢循环稳定性的高低[1-3]。储氢合金用作镍氢电池负极材料，其电化学循环稳定性则采用反复充放电过程中电化学放电容量的保持率来表示。电化学循环稳定性也会采用放电容量下降到某一值或者某一比例，所能耐受的充放电次数来表示[4]。

负极储氢合金在充放电过程中有效吸放氢能力的降低是造成镍氢电池容量衰减的重要原因。对合金失效机制的认识是从材料和电池制造方面改善镍氢电池循环稳定性的基础。造成负极储氢合金失效的原因可以分为外在因素和内在因素。其中，外在因素主要指电极合金在电池碱性电解液中的腐蚀溶解和氧化。对于单纯气态吸放氢过程，外在原因还包括杂质气体，例如 CO、H_2O 等对合金的毒化。由于这里讨论的是充放电过程中的失效行为，因此不考虑毒化作用。内在因素则主要指合金在吸放氢/充放电循环过程中有效吸氢相结构发生变化造成的吸放氢/充放电能力衰减，主要包括吸氢相的氢致非晶化和歧化[1-5]。

5.1.1 氢致非晶化

氢致非晶化（hydrogen induced amorphization，简称 HIA）即合金吸氢后失去晶态结构而转变为非晶的现象[6,7]。根据热力学经典理论，体系混乱度增加，熵值增大，有利于吉布斯自由能降低。尽管如此，低温下晶体合金的内能更小，因此晶态是稳定的。通常可以通过快速凝固，冻结液态（非晶态），从动力学上获得非晶[8]。也可以通过引入大量缺陷（例如辐照损伤或者长时间球磨），使晶态的内能升高，当缺陷太高时也会形成非晶态。Yeh 等首先在 Zr_3Rh 体系中发现了氢致非晶现象[9]，随后很多化合物也被发现具有这种性质，包括 $L1_2$、DO_{19}、C15、C23、$B8_2$、$PuNi_3$ 等多种结构类型。通常来说，非晶态是一种亚稳态，但氢致非晶化这种逆反应的确发生，这也引起了研究者的关注。Aoki 等对 C15 型 AB_2 化合物吸氢过程中的热分析表明，晶态氢化物转变为非晶态是放热的[10]。另外，对晶态和非晶态氢化物间隙尺寸的研究发现非晶态氢化物的间隙尺寸大于氢原子稳定存在的最小经验尺寸 0.4Å[11]，而晶态氢化物小于此值。上述事实说明吸氢后非晶态氢化物的稳定性要大于晶态氢化物，两者的自由能差是氢致非晶转变的驱动力。

　　研究者根据氢致非晶化的发生进程将 HIA 分为两种类型：一种为热激活的渐进模式；另一种为应变诱导的突发模式[7,10]。第一种类型的合金吸氢后需要一定的时间和温度才会发生氢致非晶化。这类合金在低温下吸氢后保持晶态，需要一定程度提高温度才会发生非晶化，进一步提高温度会发生歧化反应分解为更为稳定的单质氢化物[10]。大部分 C15 型 $REFe_2$（RE＝Sm、Gd、Tb、Dy、Ho）化合物都属于这种类型。如图 5-1（a）所示，$TbFe_2$ 在接近 200℃ 下吸氢仍会形成晶态氢化物，但随温度升高发生氢致非晶化（接近 300℃），温度继续升高氢化物发生歧化分解为 REH_2 和 Fe[10]。第二种类型氢致非晶化不需要首先形成晶态氢化物作为过渡，即使在很低的温度吸氢也转变为非晶。大部分 C15 型 $RENi_2$ 化合物和 $CeFe_2$ 都属于这种类型。例如 $CeFe_2$ 即使在 -76℃ 下吸氢也转变为非晶，但随温度升高非晶氢化物发生歧化反应分解，如图 5-1（b）所示[12]。

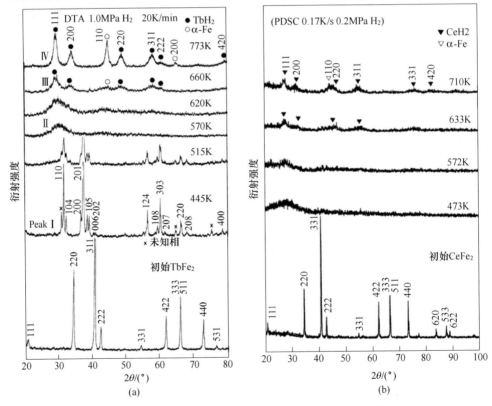

图 5-1　$TbFe_2$[10]（a）和 $CeFe_2$[12]（b）在不同温度下吸氢后的 XRD

　　研究认为，第一种类型的氢致非晶化需要在一定温度下发生的原因是结构转变需要金属原子的短程扩散和重排[9]。低温下原子难以扩散所以保持晶态，而在更高温度时原子可以发生长程扩散因此发生歧化而分解。即，氢致非晶是动力学因素造成一种中间产物。而对于第二种类型，一般认为是由于吸氢后晶格畸变过大导致失去周期对称性而产生无序状态的非晶[12,13]。但也有研究发现两种模式并非完全固定，在低的氢压下更倾向于第一种类型，但在足够高的氢压下会由于畸变过大直接导致晶格崩塌，而直接发生氢致非晶化[13]。需要注意的是，氢致非晶化的过程和模式还取决于吸氢量的多少和化合物相本身的性质。尽管对第一种模式的研究发现其在低温下可以形成晶态氢化物，但不同温度下吸氢量的多少往往未被关注。不论是哪种模式，氢致非晶化的发生都必然同吸氢量有关[14]。因此，晶格畸变实际上是造成非晶化的根本原因。

　　由于氢致非晶化并非在所有晶体结构中都被发现，因此可以肯定的是晶体结构是导致发生氢致非晶化的首要因素。研究认为不同金属间化合物结构的热力学稳定性可能是氢致非晶化能否发生的关键因素[14]。但对于不同晶体结构是否发生氢致非晶化的判据还不清楚。C15 型 Laves-AB_2 型结构由于具有潜在的吸氢能力，因此对该体系氢致非晶化行为的研究较为系统[10-18]。虽然在 C15-AB_2 体系中很多合金被发现存在 HIA 现象，但也有些合金吸氢后仍然保持晶态，这说明 HIA 不仅同结构类型有关。对一系列 $REFe_2$ 和 $RENi_2$ 化合物的研究发现化合物的形成焓的绝对值越大（负值），分解温度越高，发生氢致非晶化的倾向越小[14]。研究还认为氢致非晶化倾向还同化合物本身的弹性模量有关，低的弹性模量会在吸氢后造成更大的晶格膨胀，从而更容易发生氢致非晶化。AB_2 型化合物是尺寸因素化合物，构成密堆的理想 A/B 原子半径比为 1.225[8]。研究发现当原子半径比 A/B 大于 1.37 就会发生氢致非晶化，因此将原子尺寸因素作为 AB_2 型化合物是否发生氢致非晶化的最重要判据[9]。尽管上述两种观点着眼的材料参数不同，但实际都能够反映化合物晶体结构的稳定性。通过调整化学成分可以调整 AB_2 型化合物的结构稳定性，是抑制氢致非晶化的重要途径。

　　由于 Laves-AB_2 型结构发生氢致非晶后最终会发生分解，因此早期的研究对氢致非晶同储氢性能变化的关系并不关注。理论上，氢致非晶化涉及结构的转变，因此必然会对储氢性能造成影响。关于同一成分的晶态合金和非晶态合金储氢能力的报道结果并不唯一。其影响因素较为复杂，这同合金的成分和其中相结构构成，特别是吸氢相的含量与成分有关。但不论何种成分，非晶合金相较晶态合金的重要特征是非晶合金没有吸放氢平台，且随吸氢量增加氢压快速升高[19-21]，典型的例子如图 5-2 所示[19]。晶体合金氢化物中氢原子占据一种或者几种间隙位置。每种间隙位置的几何环境完全一致，即完全等价的位置，因此氢原子占据后的势能完全一致。这是合金在吸放氢过程中存在稳定平台的重要保证。但是对于非晶态合金，由于没有晶态的长程有序，仅存在短程有序，因此不存在类似晶态一样环境完全一致的间隙位置。氢原子在非晶态合金中首先占据亲和力更大的间隙，进而逐步占据热力学上稳定性更低的间隙位置。这样导致非晶合金的平台非常倾斜。对 AB_2 型合金氢致非晶后氢化物结构的研究也发现部分氢原子占据在由全部 A 中 RE 原子组成的间隙[10]。由于 A 原子同氢原子的亲和力更大，热力学上更加稳定，但反之氢化物则更难分解。

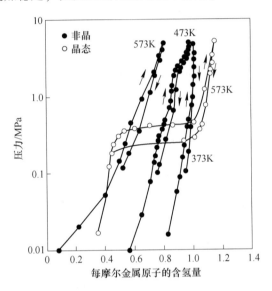

图 5-2   晶态和非晶态 $Zr_{50}Ni_{50}$ 合金的 *P-C-T* 曲线

　　失去平台可能不会影响合金的最大吸氢能力。但氢致非晶化后部分占据过于稳定间隙位置的氢原子较难释放，会造成可逆吸放氢能力的降低。此外，对于电化学充放电反应，平台压对应着电池的平衡电位。平衡氢压太高，难以充电，从约 −0.93V 起，大部分电荷被消耗在气态氢的生成上。而平衡氢压过低，放电容量也很小，电极平衡电位正移使金属相发生氧化。因此理想的平衡氢压位于 $1 \times 10^4 Pa \sim 5 \times 10^5 Pa$[2,4]。过高和过低的平台压将分别导致合金难以充电和放电，从而降低合金可逆电化学容量。这也是 RE-Ni 二元合金中很多化合物电化学容量极低的原因。例如，$LaNi_3$ 吸氢可以形成 $LaNi_3H_{4.5}$[22]，理论电化学容量为 380mA·h/g。然而 Wang 等对 $LaNi_3$ 进行电化学测试发现合金没有放电平台，放电容量不超过 200mA·h/g[23]。同样的现象见于二元的 La_5Ni_{19}，合金没有平台，放电容量不超过 50mA·h/g，远低于气固相测得的理论电化学容量[24]。

　　二元 La-Ni 合金中，除了 AB_5 型相，其他几种化合物都会发生较为严重的氢致非晶化。虽然研究发现 Mg 的加入抑制了氢致非晶化的产生[25]，但过低的 Mg

含量仍然会出现氢致非晶化。例如，研究发现 $La_xMg_{3-x}Ni_9$ 合金能够形成晶态氢化物的临界 Mg 含量是 0.7[26]。但实际研究表明三元或者多元 $PuNi_3$ 型的合金在吸放氢循环过程中仍会发生严重的氢致非晶化，导致可逆电化学充放电容量大幅降低[27,28]。二元 La-Ni 层状合金的氢致非晶化被认为同吸氢后严重的各相异性畸变有关，氢原子主要占据在 $[A_2B_4]$ 单元，造成 $[A_2B_4]$ 单元体积膨胀远大于 $[AB_5]$ 单元[29-32]。例如，研究发现当 $LaNi_3$ 少量吸氢且只存在于 $[A_2B_4]$ 单元时，氢化物能够保持晶态；但是进一步吸氢，氢原子进入 $[AB_5]$ 单元后即发生非晶化[29]。结构上，通常认为降低 RE-Mg-Ni 体系氢致非晶倾向的思路一是减少 $[A_2B_4]$ 结构单元的比例，即发展 B 中比例更高的相结构（例如 A_5B_{19}、AB_4 等）；另外也有研究者提出通过调整 $[A_2B_4]$ 和 $[AB_5]$ 两种结构单元的体积，来协调吸氢后不均衡的晶格畸变。例如，Fang 等提出 AB_3 型结构中的 $[A_2B_4]$ 和 $[AB_5]$ 单元体积分别小于 $89.2Å^3$ 和 $88.3Å^3$，则具有较好的结构稳定性，能够可逆吸放氢，并成功开发了能够可逆气态吸放氢的 $Nd_{0.33}Er_{0.67}Ni_3$ 合金[33]。

5.1.2 歧化

所谓歧化指的是合金在反复的吸放氢循环过程中不能保持本身的晶体结构，发生分解的现象[1]。很多化合物相在吸氢后会发生歧化现象。Mg_2Cu 是其中的典型例子，吸氢后 Mg_2Cu 分解为 $MgCu_2$ 和 MgH_2[34,35]。很有趣，该反应放氢后还能够可逆形成 Mg_2Cu。一些 RE-Mg 化合物（如 RE_2Mg_{17}）吸氢后歧化为 REH_x 和 MgH_2，但放氢后无法可逆[36]。除了上述吸氢即刻发生歧化的情况以外，一些化合物在吸氢初期不会发生明显的歧化，但在长时间吸放氢循环后会缓慢发生歧化。这种现象几乎在所有储氢合金中都会有不同程度的存在。以典型的储氢化合物 $LaNi_5$ 为例，在经过数百次循环吸放氢后会逐渐发生歧化形成 LaH_2 和 Ni[37-41]。这是因为热力学上后者更加稳定。可以简单将上述歧化类型分为两类，前者为直接型歧化，后者为渐进型歧化，这里讨论后一种类型的歧化（本文中的歧化没有特殊说明均指渐进型歧化）。

歧化由于造成吸氢相的结构变化，因此必然会影响储氢性能。以 $LaNi_5$ 为例，由于分解为过于稳定的 LaH_2 和不吸氢的 Ni，合金的可逆吸放氢能力降低。图 5-3（a）是 $LaNi_5$ 气态吸放氢循环过程中的容量衰退，经过 100 次循环后容量会降低约 10%[38]。专门关于歧化的研究并不多。通常认为歧化与氢致非晶化类似，都跟化合物相本身的结构稳定性有关。通常容易发生氢致非晶化的结构往往也伴随歧化发生。除了晶体结构类型以外，歧化还同相结构的化学组成有密切关系。例如 $CaNi_5$ 在气态吸放氢循环使用两年后容量衰退达 50%[1]。在 $LaNi_5$ 中采用 Al 或 Sn 部分替代 Ni 可以显著提高合金的结构稳定性，如图 5-3（b）所示[38]。歧化后由于形成更稳定的结构，因此该过程并不可逆。但在一定条件则有可能恢复，例如在一定温度下退火可以一定程度恢复吸氢能力[1]。

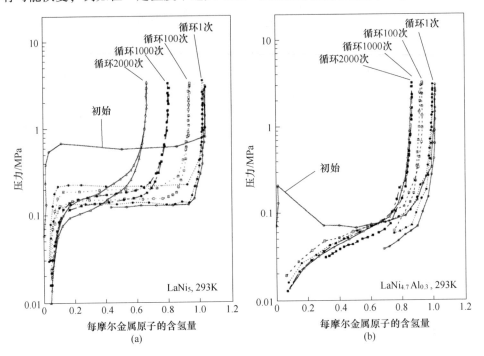

图 5-3 合金在气态吸放氢过程中的容量衰退[38]

(a) LaNi$_5$；(b) LaNi$_{4.7}$Al$_{0.3}$

诸多研究发现 RE-Mg-Ni 合金在吸放氢循环过程中也会发生较为明显的歧化。Zhang 等报道 Ce$_2$Ni$_7$ 型的 La$_{1.6}$Mg$_{0.4}$Ni$_7$ 合金在循环后会歧化分解形成纳米晶 Ni 和 LaNi$_5$ 相[42]。Xin 等报道 AB$_3$ 型的 La$_{0.65}$Mg$_{1.32}$Ca$_{1.03}$Ni$_9$ 合金在 2000 次气态吸放氢循环后会部分分解为 AB$_5$ 型相和 MgNi$_2$[43]。总体上，RE-Mg-Ni 合金的歧化也同晶体结构类型密切相关。歧化后分解转变为热力学上更加稳定的相。由于 Ni 或者 MgNi$_2$ 都不具备吸氢或室温吸氢的能力，因此歧化也会造成该系合金容量的衰退，特别是气固态吸放氢循环稳定性的降低。

5.1.3 腐蚀

镍氢电池的电极在 KOH 水溶液中工作，碱性溶液对储氢合金的负极有一定的腐蚀作用。这导致电极合金发生腐蚀，形成氧化物或者氢氧化物，并部分溶解入电解液[44-46]。对于 AB$_5$ 型合金，电解液腐蚀主要会使 A 中 RE 形成 RE(OH)$_3$（见图 5-4）[46]，并使 B 元素（例如 Ni）在电解液中溶解。AB$_2$ 型电极合金通常含有 BCC 固溶体相和 C14 型 Laves 相。研究表明在电解液中 C14 型 Laves 相更容易被腐蚀溶解，造成合金电化学容量的衰退[47,48]。有效吸放氢元素和化合物的腐蚀造成容量衰减。此外，表面氧化层的覆盖会阻碍充放电过程中的扩散速率，不利于动力学性能。

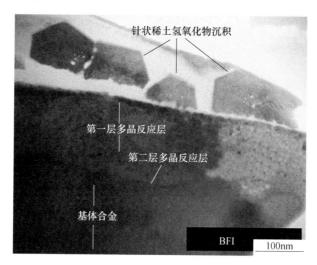

图 5-4　AB$_5$ 型合金表面腐蚀形成的 RE(OH)$_3$[46]

对于 RE-Mg-Ni 系合金，其中的 RE 和 Mg 都是较为容易腐蚀的元素。对 La-Mg-Ni 合金电化学循环后的物相分析发现了明显的 Mg(OH)$_2$ 和 La(OH)$_2$ 相，说明碱性溶液对合金浸蚀严重。对循环后合金表面成分的分析也发现了 Mg 的氧化物，氧化层呈松散的凝胶状，不能阻止氧化向合金内部的进一步发展[49,50]。图 5-5 是 La$_{1.5}$Mg$_{0.5}$Ni$_7$ 合金在 KOH 水溶液中浸泡后的表面形貌，可以观察到大

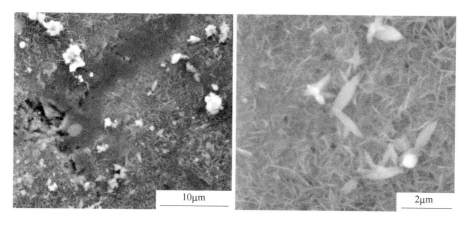

图 5-5　La-Mg-Ni 合金电化学循环后的腐蚀产物

量较为松散的针、条状腐蚀产物。另外，合金在循环过程中会形成许多表面裂纹，合金粒度也显著减小，加速腐蚀反应的表面积[49-54]。有研究者认为 Mg 的加入导致合金更容易被氧化，合金整个失效过程分为三步：粉化、镁氧化；镁、镧的氧化；全部的氧化和钝化[53]。Zhao 课题组研究发现 Mg 的腐蚀主要发生在充放电循环的初期阶段，而稀土的腐蚀则始终伴随整个过程，且在循环过程中逐渐加强[55]。

5.1.4 粉化

粉化是储氢合金的常见现象，指储氢合金在吸放氢过程中合金颗粒逐渐粉碎，转变为更细粉末的过程。粉化产生的原因在于吸放氢过程中晶格反复地膨胀/收缩造成畸变，引起合金开裂[1,44-46,48]。通常认为粉化同合金在吸放氢后的体积膨胀程度有关。以 LaNi$_5$ 为例，吸氢后的体积膨胀可达 24%，粉化十分严重。降低体积膨胀比例有利于改善合金的粉化程度。此外，研究发现 AB$_5$ 型合金的粉化程度同合金的硬度密切相关，高硬度合金存在更严重的粉化倾向。

对于气固相储氢，粉化不会造成储氢能力的衰退。但在利用容器装填合金时应该注意吸氢后合金体积膨胀导致容器受力。同时也要注意粉化后的细粉对管路和其他零部件的堵塞等问题[1]。然而对于电化学储氢，特别是镍氢电池负极合金而言，粉化是造成电化学容量衰退的关键因素。这是因为粉化后合金颗粒表面积增大，大大加速了合金的腐蚀。图 5-6 是研究报道的 AB$_5$ 型合金电化学循环次数同合金体积膨胀之间的关系[46]。可以看出随着体积膨胀增大，合金的循环稳定性快速降低。尽管加入具有钝化性质的合金元素可以提高合金本身的耐腐蚀性，但这往往一定程度恶化了合金放电动力学性能。因此抑制合金粉化是改善镍氢电池负极合金循环稳定性的关键。

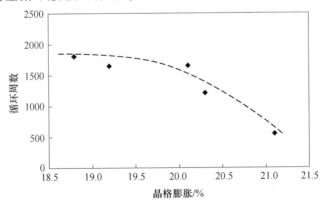

图 5-6 AB$_5$ 型合金电化学充放电循环过程中的体积膨胀变化[46]

成分优化是提高合金抗粉化能力的最常用方法。在 LaNi$_5$ 中添加 Mn、Cu、Co、Al 等元素，特别是 Co 能够有效降低合金粉化[1,2,56,57]。添加 Co 后合金的体积膨胀大大降（例如 LaNi$_{2.5}$Co$_{2.5}$ 吸氢后的体积膨胀仅有 14%[57]），并有利于降低合金的硬度。这是 AB$_5$ 型合金能够成功应用于镍氢电池负极材料的关键。除此之外，相组成也是影响储氢合金粉化的重要因素。绝大部分 RE-Mg-Ni 合金呈多相组织。有研究认为多相合金体积变化的差别可能是加速粉化的原因之一[58]。多相合金在吸放氢过程中裂纹可能会优先从相界处产生，然后在较脆的第二相中扩展[59]。但在 AB$_5$ 型合金中，也有通过引入第二相提高合金抗粉化性能的报道[60]。对于 RE-Mg-Ni 合金，也有研究报道一定均匀分布的较软第二相可以吸收应变从而减缓合金粉化[61]。通过组织控制调控吸放氢造成的组织应力和开裂倾向是改善合金粉化行为的可能思路，但总体上相关研究工作并不广泛。

5.2 典型 La-Mg-Ni 合金的失效行为特征

自 20 世纪末 RE-Mg-Ni 合金被报道以来，虽然研究发现该系合金的电化学容量要明显高于传统 AB$_5$ 型合金，但该系合金相较 AB$_5$ 型合金更容易发生电化学容量的衰退[62-64]。提高 RE-Mg-Ni 合金的循环稳定性是该系合金应用亟待解决的问题。

La-Mg-Ni 合金是 RE-Mg-Ni 体系的原型合金。后续合金成分的优化均是在 La-Mg-Ni 合金的基础上进行，其中的稀土元素也均以 La 为主。研究原型合金的失效行为，对后续在其基础上有针对性地进行成分和组织调控有积极的作用。La-Mg-Ni 合金的循环稳定性同其成分和组织结构息息相关，不同相结构的失效行为特征并不尽相同。为此，诸多研究工作对不同相结构的失效特征进行了细致探索。

5.2.1 La-Mg-Ni 合金电化学循环后的失效行为特征

利用高频感应熔炼制备了计量比为 AB$_3$、A$_2$B$_7$ 和 A$_5$B$_{19}$ 的三种典型合金：La$_2$MgNi$_9$，La$_{1.5}$Mg$_{0.5}$Ni$_7$ 和 La$_4$MgNi$_{19}$，并分别在 870℃、900℃和 920℃的温度下保温 6h。三种合金的相结构类型和含量见表 5-1。随着 B 计量比的提高，(La,Mg)Ni$_2$ 相逐渐消失，LaNi$_5$ 相的含量逐渐增加，合金的主相分别为 AB$_3$、A$_2$B$_7$ 和 A$_5$B$_{19}$型相。

表 5-1 合金的相结构含量（质量分数）　　　　　　（%）

合　金	MgCu$_4$Sn	PuNi$_3$	Ce$_2$Ni$_7$	Gd$_2$Co$_7$	Ce$_5$Ni$_{19}$	Pr$_5$Co$_{19}$	CaCu$_5$
La$_2$MgNi$_9$	4.1	61.4	13.6	20.5	—	—	0.5

合 金	$MgCu_4Sn$	$PuNi_3$	Ce_2Ni_7	Gd_2Co_7	Ce_5Ni_{19}	Pr_5Co_{19}	$CaCu_5$
$La_{1.5}Mg_{0.5}Ni_7$	—	11.1	32.6	21.9	16.3	13.5	4.6
La_4MgNi_{19}	—	—	22.8	10.7	27.5	15.3	23.7

图 5-7（a）是三种合金的 $P\text{-}C\text{-}T$ 曲线，合金的气态储氢性能数据见表 5-2。$La_{1.5}Mg_{0.5}Ni_7$ 合金的气态吸氢量最高，而 La_2MgNi_9 和 La_4MgNi_{19} 合金中由于分别含有一定的（La，Mg）Ni_2 和 $LaNi_5$，吸氢量略低。总体来看，三种合金的最大吸氢量接近，但可逆吸氢量却有较大的差异。随 B 计量比的增加，合金的可逆吸氢

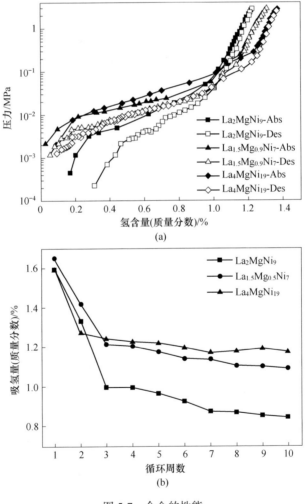

图 5-7 合金的性能

（a）$P\text{-}C\text{-}T$ 曲线；（b）电化学循环容量

量逐渐升高。储氢合金的可逆吸放氢能力一方面同其吸放氢热力学有关，另外也由合金在吸放氢过程中的结构变化决定。三种合金的放氢平台同样随 B 计量比的增加而升高，这说明氢化物的稳定性是逐渐降低的。La$_2$MgNi$_9$ 合金吸氢后氢化物的热力学稳定性最大，更加难以放氢。此外，三种合金的滞后效应也有较明显的差异，La$_2$MgNi$_9$ 合金吸放氢平台的滞后最大，放氢平台也最为倾斜。对合金电化学性能的测试表明，La$_{1.5}$Mg$_{0.5}$Ni$_7$ 合金具有最大的放电容量，其次是La$_2$MgNi$_9$ 合金，而 La$_4$MgNi$_{19}$合金的最大放电容量最低，如图 5-7（b）所示，具体数据见表 5-2。La$_{1.5}$Mg$_{0.5}$Ni$_7$ 合金的循环稳定性最好，而另两种合金的循环稳定性基本相当。总体上，La$_{1.5}$Mg$_{0.5}$Ni$_7$ 合金具有更优良的综合电化学性能。

表 5-2 合金的储氢性能

合 金	最大吸氢量 /%	可逆放氢量 /%	最大放电容量. /mA·h·g^{-1}	100 次放电容量 /mA·h·g^{-1}	容量保持率 /%
La$_2$MgNi$_9$	1.594	1.15	350.8	246.6	70.3
La$_{1.5}$Mg$_{0.5}$Ni$_7$	1.619	1.275	365.5	275.4	75.4
La$_4$MgNi$_{19}$	1.572	1.443	332.1	232.6	70.1

对 La$_2$MgNi$_9$、La$_{1.5}$Mg$_{0.5}$Ni$_7$ 和 La$_4$MgNi$_{19}$合金电化学 100 次循环后的形貌观察均发现，循环后颗粒棱角基本消失，合金颗粒表面被腐蚀产物包裹，同时有明显的裂纹存在。其中 La$_2$MgNi$_9$ 合金电化学循环前后的颗粒形貌如图 5-8 所示。对循环后颗粒的能谱分析表明，合金颗粒中存在较为显著的氧元素谱峰，如图5-8（c）所示。很显然，合金电化学循环过程中发生了粉化并有明显的腐蚀。对循环后合金物相的分析也表明 ［见图 5-9（a）］，三种合金的物相中出现了明显的腐蚀产物的衍射峰。经过对照，发现合金的腐蚀产物主要为 La（OH）$_3$ 和 Mg（OH）$_2$，另外还含有一定的 La$_2$O$_3$。这同文献中关于 La-Mg-Ni 合金电化学循环后腐蚀行为的报道结果—致[53-55]。

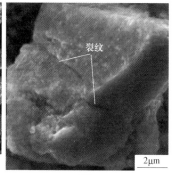

(a)　　　　　　　　　　　　(b)

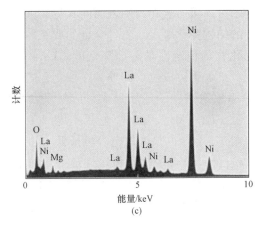

图 5-8　La_2MgNi_9 合金电化学循环前后的分析

（a）循环前的颗粒形貌；（b）循环后的颗粒形貌；（c）循环后的能谱分析

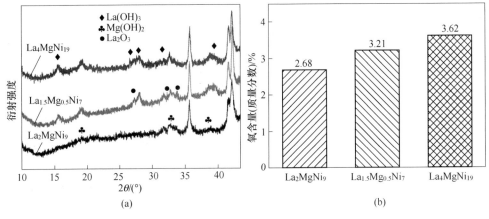

图 5-9　三种合金电化学循环后的对比

（a）XRD 谱线；（b）氧含量（质量分数）

对电化学循环后的 La_2MgNi_9 合金的透射电镜分析表明合金腐蚀后形成了粗条状（图 5-10 中标记为 1）、细针状（图 5-10 中标记为 2）和点粒状（图 5-10 中标记为 3）三种腐蚀产物。其中后两种腐蚀产物通常呈现交错分布的状态，典型形貌如图 5-10（a）和（b）所示。对粗条状腐蚀产物的形貌和电子衍射分析发现其上分布有明暗相间的衬度。电子衍射表明粗针状腐蚀产物由多晶衍射环和衍射斑点构成，如图 5-10（e）和（f）所示。对衍射斑点标定的结果发现它们属于 La_2O_3 的 [101] 晶带轴，而衍射环属于 $La(OH)_3$ 的多晶衍射，如图 5-10（e）所示。这样可以确定粗条状腐蚀产物为 La_2O_3 和 $La(OH)_3$ 的混合。对 $La(OH)_3$ 衍射环进行暗场分析表明，$La(OH)_3$ 呈点状或片状分布在 La_2O_3 基体上，如

图 5-10（f）所示。图 5-10（g）是点状和细针状混合腐蚀产物的形貌和电子衍射。点状腐蚀产物较小，尺寸从几个到几十个纳米，总体上呈凝胶状分散在粗大的 La_2O_3 和 $La(OH)_3$ 之间，如图 5-10（g）所示。对其电子衍射的分析表明，它们表现为多晶衍射环，经对照其符合 MgO 和 $Mg(OH)_2$ 的多晶衍射，如图 5-10（h）所示。图 5-10（i）是点状腐蚀产物进一步放大的高分辨晶面条纹像，其尺寸符合 MgO 的（200）面，表明这些点状的腐蚀产物为 MgO。通过排除可以推断细针状腐蚀产物为 $Mg(OH)_2$。

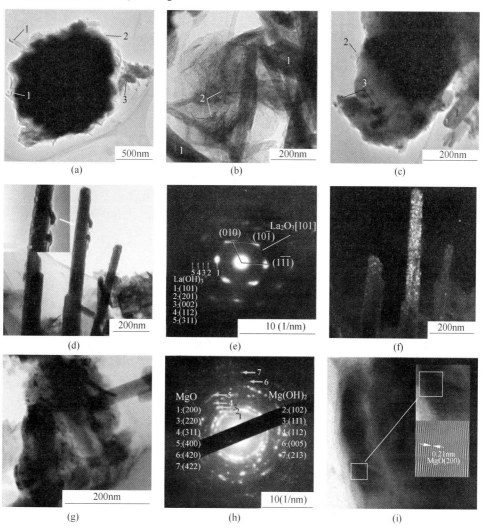

图 5-10　电化学循环后 La_2MgNi_9 合金的 TEM 形貌

（a）~（c）不同类型的腐蚀产物；（d）~（f）粗条状腐蚀产物的形貌和电子衍射；
（g）~（i）点状和细针状腐蚀产物的形貌和电子衍射

　　从三种腐蚀产物的形貌可见，La_2O_3 和 $La(OH)_3$ 最为粗大，也是数量最多的腐蚀产物，这同 XRD 分析的结果是一致的。说明电化学循环后合金中 La 的腐蚀最严重。点状的 MgO 分布于 $Mg(OH)_2$ 之间并更加贴近合金的表面，其数量也较少，这可能是其在 XRD 中未被探测到的原因。Liu 等研究了 La-Mg-Ni-Co 合金的失效行为，并认为合金中的 Mg 最易被腐蚀，形成的腐蚀产物疏松不能钝化[53]。上述实验结果也发现，$Mg(OH)_2$ 呈现疏松的凝胶状包围了合金颗粒，显然它们并不能形成致密的腐蚀层，因此难以起到合金颗粒不被进一步腐蚀的作用。

　　对比三种合金电化学循环后的物相变化可知，La_2MgNi_9 合金中腐蚀产物的衍射峰是最弱的，说明其腐蚀程度最轻。对循环后三种合金氧含量的分析也吻合这一结果，电化学循环后 La_2MgNi_9 合金的氧含量最低，$La_{1.5}Mg_{0.5}Ni_7$ 合金次之，而 La_4MgNi_{19} 合金的氧含量最高，结果如图 5-9（b）所示。从合金腐蚀产物的分析可知，活泼 La、Mg 元素的反应是造成 La-Mg-Ni 合金腐蚀的重要原因。La_2MgNi_9 含有最高的（La+Mg）/Ni 元素比，因此理论上具有最严重的腐蚀倾向。但令人疑惑的是，这却与上述的实验结果相悖，Mg 含量最高的 La_2MgNi_9 合金电化学循环后的腐蚀却表现得最轻。这与三种合金电化学循环稳定性的测试结果也不能吻合，腐蚀最轻的 La_2MgNi_9 合金的电化学循环稳定性却最差。

　　由于储氢电极合金在电化学循环过程中的腐蚀除了同其本身的耐腐蚀性有关以外，还会受到合金粉化和结构变化因素的影响，在合金的电化学循环过程中上述作用将同时发生。具体的影响在下述的工作中将进一步阐述。

5.2.2　La-Mg-Ni 合金的本征腐蚀和粉化行为

　　为了排除粉化对合金腐蚀的促进作用，将合金破碎后均通过 75μm（200 目）筛分以保证粒度的一致，采用浸泡腐蚀实验的方法来研究合金本征的腐蚀行为。浸泡实验的溶液同合金电化学实验中的电解液相同，为 6mol/L 的 KOH。为了缩短腐蚀实验所用的时间，样品置于高低温试验箱中在 60℃ 下浸泡 15 天。

　　图 5-11 是 La_2MgNi_9 合金颗粒浸泡后的形貌和能谱分析，其他两种合金浸泡后的形貌和能谱分析同其类似。能谱分析表明样品表面含有大量的氧元素，证明合金腐蚀严重。合金表面被一层腐蚀产物包裹，其典型形貌呈条棒状，在粗大的条棒之间还分布有细小的针状产物，这同合金电化学循环后的透射电镜观察到的形貌一致。对比电化学循环后合金的表面形貌可以发现，浸泡腐蚀后的腐蚀产物要更明显，这是因为 60℃ 的浸泡实验加速了合金的腐蚀。

　　对三种合金粉末浸泡后 X 射线衍射谱线的分析发现，主要的腐蚀产物为 $La(OH)_3$，如图 5-12 所示。三种合金浸泡后 $La(OH)_3$ 的衍射峰均十分明显。La_2MgNi_9 合金腐蚀后存在并不太明显的 $Mg(OH)_2$，而其他两种合金中几乎难以观察到 $Mg(OH)_2$ 存在。需要注意的是，粉末浸泡后的腐蚀产物同合金电化学循

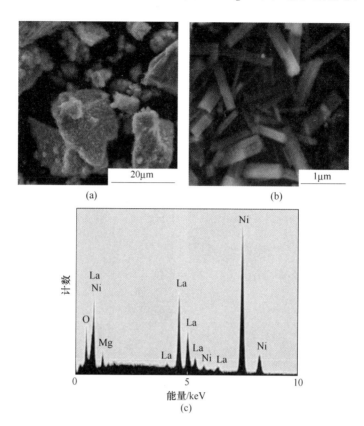

图 5-11 La$_2$MgNi$_9$ 合金的浸泡实验

（a）（b）表面形貌；（c）能谱分析

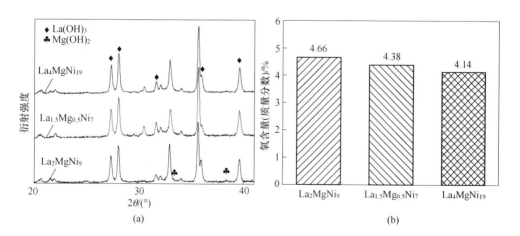

图 5-12 三种合金浸泡实验

（a）XRD 谱线；（b）氧含量（质量分数）

环后测定的物相有一定的差异，即浸泡后的绝大部分腐蚀产物为 La(OH)$_3$，仅有少量的 Mg(OH)$_2$，未检测到 La$_2$O$_3$。然而电化学循环后合金的腐蚀产物虽然仍然以 La(OH)$_3$ 最为显著，但其他两种腐蚀产物同样明显存在。

为了进一步验证合金腐蚀产物的结构特征，对其进行了透射电镜分析，如图 5-13 所示。浸泡腐蚀后粗条状腐蚀产物的尺寸要大于电化学循环后的产物，这同前述的扫描电镜形貌对比是一致的，说明浸泡后合金的腐蚀更为严重。虽然粗条状腐蚀产物的形貌未有明显变化，但其电子衍射却同电化学循环后存在较大差异。电化学循环后合金腐蚀产物的形貌为 La$_2$O$_3$ 的基体上分布着点、片状的

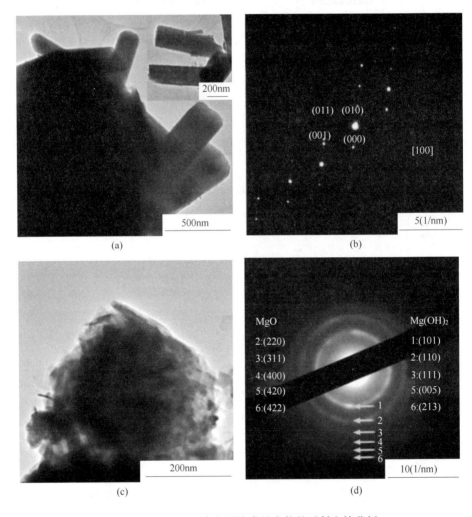

图 5-13 La$_2$MgNi$_9$ 合金浸泡腐蚀产物的透射电镜分析

(a) 粗条状腐蚀产物的明场像形貌；(b) 粗条状腐蚀产物的选区电子衍射；
(c) 细条状腐蚀产物的明场像形貌；(d) 细条状腐蚀产物的选区电子衍射

La(OH)$_3$。而浸泡腐蚀后粗条状腐蚀产物的电子衍射呈现规则的单晶衍射，通过标定属于 La(OH)$_3$ 的 [100] 晶带轴。浸泡后腐蚀产物的变化说明，随着腐蚀的加重，La$_2$O$_3$ 转变为 La(OH)$_3$。由此可以推断合金中的 La 首先被腐蚀产生 La$_2$O$_3$，而 La(OH)$_3$ 依附在多孔、条棒状的 La$_2$O$_3$ 上形核并长大，并最终发展为主要的腐蚀产物。这也是浸泡腐蚀后仅有明显的 La(OH)$_3$ 的 XRD 衍射峰的原因。此外，TEM 下也观察到了明显的点状和细针状混合在一起的 MgO 和 Mg(OH)$_2$，如图 5-13 (c) 和 (d) 所示，说明浸泡实验中同样存在 Mg 的腐蚀。

此外，腐蚀形貌表明两种合金的腐蚀程度在微区的分布并不均匀，这说明不同相的腐蚀程度存在差异。对 La$_{1.5}$Mg$_{0.5}$Ni$_7$ 合金的能谱分析也发现腐蚀严重区域中含有较高 Mg，面扫描分析也表明合金中 Mg 含量较高区域的氧含量均较高，如图 5-14 所示。这些实验事实均表明，富 Mg 相的腐蚀更为严重。

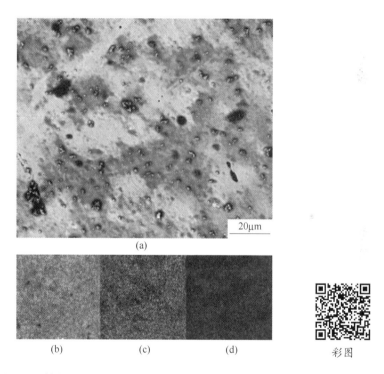

图 5-14 铸态 La$_{1.5}$Mg$_{0.5}$Ni$_7$ 合金浸泡腐蚀后的能谱面扫描

(a) 背散射电子像形貌；(b) La 元素的分布；(c) Mg 元素的分布；(d) O 元素的分布

总体上，形貌和物相的分析均发现 La 的腐蚀产物占主导地位，说明 La 的腐蚀是造成合金腐蚀的重要原因。此外，富 Mg 相均表现出更严重的腐蚀倾向，说明 Mg 是加速合金腐蚀的元素。而且 La 和 Mg 的腐蚀产物均较为疏松，不能形成致密的保护膜。通过这些实验事实，可以推断含 La 和 Mg 比例较高的相将更容易腐蚀，反之其本征耐腐蚀性应提高。由于 La-Mg-Ni 体系中各相的 La 和 Mg 含量随化合物相中 B 计量比的增加而减小，因此各相的本征耐腐蚀性也应随 B 计量比增加而提高。$LaNi_5$ 相由于含有最低比例的 La 和 Mg，因而具有最佳的耐腐蚀性。对三种合金粉末样品浸泡后的氧含量分析也表明氧含量随合金中 B 计量比增加而降低［见图 5-12（b）］，再次证明三种合金的本征耐腐蚀性与其中含有的易腐蚀的 La 和 Mg 元素的比例成反比，即 La_4MgNi_{19}>$La_{1.5}Mg_{0.5}Ni_7$>La_2MgNi_9。进一步地，La-Mg-Ni 体系中不同相的本征耐腐蚀性也同其计量比成反比，即 AB_5>A_5B_{19}>A_2B_7>AB_3。

储氢合金在电化学循环过程中的腐蚀除了同其本征的耐腐蚀性相关，还会受合金粉化的影响。浸泡实验的结果表明 La_2MgNi_9 合金的本征耐腐蚀性较差，但电化学循环后 La_2MgNi_9 合金的腐蚀却最轻。如此相悖的结果很可能同合金在充放电过程中粉化程度的差异有关。为了准确表征合金的粉化倾向，将三种合金分别进行 30 次气态循环，然后测试其循环前后的粒度保持率。

三种合金循环后的粒度保持率如图 5-15（a）所示，由图中可知三种合金的粉化倾向表现为 La_4MgNi_{19}>$La_{1.5}Mg_{0.5}Ni_7$>La_2MgNi_9，即合金的粉化倾向同其计量比成正比。需要注意的是，La_4MgNi_{19} 合金的粒度降低同 $La_{1.5}Mg_{0.5}Ni_7$ 合金相差不大，但 La_2MgNi_9 合金的粒度降低却显著小于其他两种合金。合金充放电过程中的粉化会降低合金颗粒尺寸，从而显著加速合金的腐蚀。三种合金粉化特征也同前述的实验结果吻合，即 La_2MgNi_9 合金的本征耐腐蚀性较差，但其抗粉化能力最佳，因此在电化学循环后的腐蚀反而最轻。

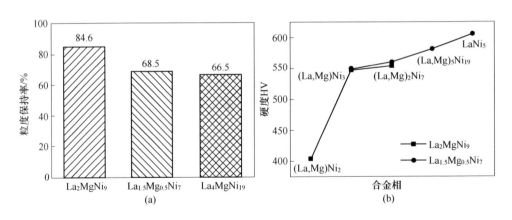

图 5-15 合金气态循环后的粒度保持率（a）和不同相的显微硬度（b）

储氢合金粉化的主要原因在于吸放氢过程中体积的膨胀收缩造成大量显微裂纹，循环过程中裂纹不断发展从而产生粉化。通常认为合金的粉化倾向同其吸放氢过程中的体积膨胀程度有关，大的体积膨胀会增加合金的粉化倾向[44-46]。

表 5-3 是文献报道的 La-Mg-Ni 合金中不同相吸氢后的体积变化，通过这些报道的数据可以发现该系合金中不同化合物相在吸氢后的体积膨胀基本类似。La_2MgNi_9 相的体积膨胀甚至还大于 $LaNi_5$ 相。显然，各相的体积膨胀程度同三种合金粉化倾向的实验结果并不完全吻合。

表 5-3 文献中关于不同 La-Mg-Ni 相吸氢后的体积变化

合金	$La_{2.3}Mg_{0.7}Ni_9$[26]	La_2MgNi_9[26]	$LaMg_2Ni_9$[26]	$La_{1.5}Mg_{0.5}Ni_7$[65]	$La_{1.63}Mg_{0.37}Ni_7$[31]	La_4MgNi_{19}[66]	$LaNi_5$[44]
$\Delta V/V$	27.1	26.7	23	25.2	25.6	25.3	24

除了吸氢后的体积变化，粉化行为也同化合物本身的力学性能密切相关[44,56]。在相同的体积膨胀下，韧性越好的合金，吸氢后的粉化程度越小。储氢合金通常较为硬脆，直接测量其韧性较为困难。以往的研究通常利用硬度间接表征储氢合金的抗粉化倾向[44,56,59]。尽管硬度并不直接等同于材料的韧性，但通常高硬度对应着较大的脆性。对 AB_5 和 AB_2 型储氢合金的研究也都表明，合金的硬度同其循环稳定性有密切的关联；硬度越低的合金，其粉化程度越小，电化学循环稳定性越好[44,56,59]。因此，对退火 $La_{1.5}Mg_{0.5}Ni_7$ 和 La_2MgNi_9 合金中不同的化合物相进行了显微硬度测试。每种相分别选取三个不同区域，最终硬度取其平均值。两种合金中不同相的硬度变化如图 5-15（b）所示。可以发现，随合金中 B 计量比的增加其显微硬度呈升高的趋势，同合金的粉化趋势一致。需要注意的是，$(La,Mg)Ni_3$、$(La,Mg)_2Ni_7$ 和 $(La,Mg)_5Ni_{19}$ 相的显微硬度虽然逐渐增加，但其差别并不显著。明显的是，$(La,Mg)Ni_2$ 相的硬度值显著低于其他相，而 $LaNi_5$ 相的硬度明显高于其他相。总体上，硬度变化的趋势同合金的粉化倾向是吻合的。含有一定较软相 $(La,Mg)Ni_2$ 的 La_2MgNi_9 合金的抗粉化能力较好，而含有最多 $LaNi_5$ 相的 La_4MgNi_{19} 合金更容易粉化。

5.2.3 La-Mg-Ni 合金的相结构稳定性及其对储氢性能的影响

储氢合金的结构稳定性指的是合金在吸放氢过程中保持合金本身晶体结构的能力。氢致非晶化和歧化是吸放氢过程中结构失稳的两种主要情况。氢致非晶化同晶体结构类型密切相关，并可能对电极合金的放电性能造成不容忽视的影响。因此，有必要关注 La-Mg-Ni 体系中不同相结构的结构稳定性特征及其对合金气态和电化学储氢性能的影响。

图 5-16 是 La_2MgNi_9，$La_{1.5}Mg_{0.5}Ni_7$ 和 La_4MgNi_{19} 三种合金经过 10 次气态吸放氢循环后的 XRD 衍射谱线。循环后三种合金的衍射峰明显宽化，背底有明显的增加，部分衍射峰消失。这说明其晶态特征遭到了一定程度的破坏，结构畸变严重。三种合金的晶态特征随 B 计量比增加而增强，说明其结构稳定性亦是如此

趋势。La_2MgNi_9 合金循环后残留的衍射峰在其他两种循环后的合金中也存在。通过前面的结构分析可知，三种初始合金中均存在的相结构类型是 A_2B_7 型相。因此，La_2MgNi_9 合金中残留的衍射峰也应属于 A_2B_7 型相。但相比 A_2B_7 型相初始的衍射谱线，此处的衍射峰明显左移，说明晶胞发生膨胀，说明这些衍射峰属于 A_2B_7 型相的氢化物。同报道的 $(La,Mg)_2Ni_7H_x$ 的衍射峰进行比对（ICSD：245831），发现实验中衍射峰集体右移后能够较好同报道的结果匹配，因此进一步验证了残留衍射峰为 A_2B_7 型相的氢化物。相对饱和 $(La,Mg)_2Ni_7H_x$ 的衍射峰，实验中衍射峰右移的原因在于经过 2h 的真空脱氢后氢化物中的大部分氢原子已经释放。但即使如此，仍有部分氢原子过于稳定不能放出。

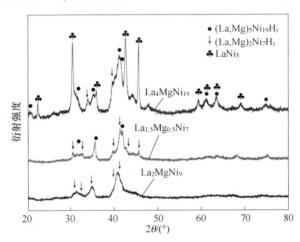

图 5-16 三种合金气态循环后的 XRD 谱线

La_2MgNi_9 合金中原有的 $(La,Mg)Ni_2$ 和 $(La,Mg)Ni_3$ 相的衍射峰均消失，表明这两种相吸氢后失去了原有的晶态特征。循环后 $La_{1.5}Mg_{0.5}Ni_7$ 合金的衍射峰除了发现 $(La,Mg)_2Ni_7H_x$ 存在以外，还存在同 $(La,Mg)_5Ni_{19}H_x$ 匹配的衍射峰[66]。类似地，其中 $(La,Mg)_5Ni_{19}H_x$ 的晶胞参数同样小于标准氢化物的参数，说明大部分氢原子已经释放，但仍有部分氢原子十分稳定地存在于 $(La,Mg)_5Ni_{19}$ 相中。La_4MgNi_{19} 合金除了含有 $(La,Mg)_2Ni_7H_x$ 和 $(La,Mg)_5Ni_{19}H_x$ 以外，还有较为明显的 $LaNi_5$。$LaNi_5$ 的衍射峰较为锋锐，且其晶胞参数同标准卡片中的结构基本接近，说明该相没有显著的结构畸变发生。显然 $LaNi_5$ 能够可逆地吸放氢，并在 10 次循环后保持其原有的结构特征。

对 La_2MgNi_9 合金循环后的 TEM 分析发现了大量的已经非晶化的合金颗粒，其典型形貌如图 5-17（a）所示。从形貌上看，合金颗粒内部分布有大量尺寸仅有几个纳米的质点。该颗粒的衍射特征除了表现为明显的非晶晕环以外，还有部分多晶衍射环存在，属于 $LaNi_5$、Ni、LaH_3 和 MgH_2。由于这些质点的尺寸过于细小、含量也不高，因此在 XRD 中并没有明显的衍射峰发现。这说明 La_2MgNi_9 合金在发生氢致非晶的同时，还伴随有歧化发生。除了非晶态的颗粒，合金循环后还发现存在晶态的 $LaNi_5$ 颗粒，如图 5-17（c）和（d）所示。这说明 La_2MgNi_9 合金退火后还有一定的 $LaNi_5$ 相残留，显然其数量极低，因此在 XRD 和显微分析中未被发现。循环后 $LaNi_5$ 颗粒的内部十分"干净"，未发现有其他

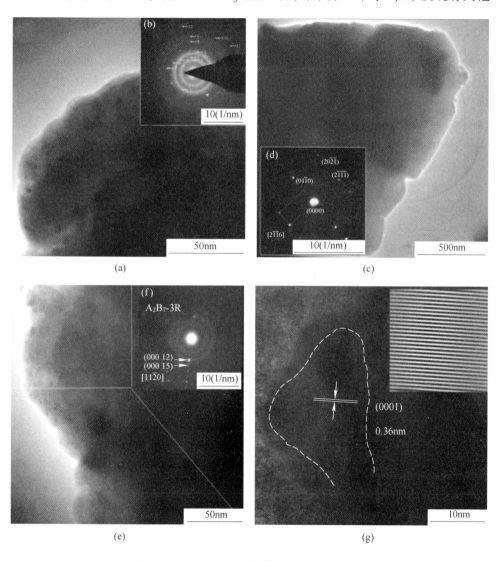

图 5-17　La_2MgNi_9 合金循环后的 TEM 分析

（a）氢致非晶相的明场像；（b）氢致非晶相的电子衍射；（c）$LaNi_5$ 的明场像形貌；
（d）$LaNi_5$ 对应的电子衍射；（e）部分晶态合金的形貌；
（f）A_2B_7-3R 对应的电子衍射；（g）A_2B_7-3R 对应的高分辨像

质点存在。衍射分析也表明 LaNi$_5$ 颗粒的晶体结构十分完整。这同前述的 XRD 结果是一致的，即 LaNi$_5$ 相在气态循环中可以稳定保持其结构。此外，在循环后的 La$_2$MgNi$_9$ 中发现有非晶和尺寸较大晶态组织混合的合金颗粒，如图 5-17（e）~（g）所示。衍射分析表明，颗粒大部分为非晶态，但还有较为明显的衍射斑点，对其标定为 A$_2$B$_7$-3R 结构。高分辨形貌分析也表明该晶态区域属于 A$_2$B$_7$-3R 结构。在非晶区域同样存在大量尺寸极细的质点。这些实验现象说明循环后的 La$_2$MgNi$_9$ 合金中 A$_2$B$_7$ 相同样发生了氢致非晶-歧化，但其程度要小于 AB$_3$ 型相。这也同 XRD 的结果吻合，即循环后还存在部分 A$_2$B$_7$ 相氢化物的衍射峰。

综合 XRD 和 TEM 的表征结果，可以得出（La,Mg）Ni$_2$ 和（La,Mg）Ni$_3$ 相在循环过程中发生了氢致非晶化，其晶态特征基本消失，同时伴随歧化分解为 LaNi$_5$、Ni、LaH$_3$ 和 MgH$_2$；（La,Mg）$_2$Ni$_7$ 相同样发生了氢致非晶化，但还保留了部分晶态特征。根据 XRD 的衍射谱线可以推测（La,Mg）$_5$Ni$_{19}$ 相也发生了部分非晶化。总体上该体系中化合物相的结构稳定性随其 B 计量比增加而增强。除了 LaNi$_5$ 能够可逆地吸放氢并稳定保持其结构特征以外，三元相不能完全脱氢，因此最终以非晶/非晶氢化物和部分晶态氢化物的形式存在。

氢致非晶化对合金吸放氢能力的影响可以通过 P-C-T 曲线的变化评估，如图 5-18（a）所示。同第一次的 P-C-T 曲线相比，三种合金第二次 P-C-T 曲线的平台均发生了明显的倾斜，储氢量也显著降低。三种合金的最大吸氢量有较为明显的差异，其趋势为 La$_4$MgNi$_{19}$>La$_{1.5}$Mg$_{0.5}$Ni$_7$>La$_2$MgNi9。La$_4$MgNi$_{19}$合金的初次吸氢量最低，但第二次吸氢后转为最高，这同三种合金的结构稳定性趋势相同。显然，氢致非晶会降低合金的储氢能力，同时破坏其吸放氢平台。同样对三种合金进行了 10 次的气态循环实验，并测定了吸氢量的变化，如图 5-18（b）所示。结果表明，气态循环过程中合金的储氢量均发生了显著的降低，其中前两次的吸氢量同 P-C-T 测试的结果基本一致。经过 10 次的气态吸放氢循环，三种合金（计量比逐渐增加）的容量保持率分别为 52.9%、65.5%、73.3%。显然，储氢容量的保持同其结构稳定性变化趋势吻合。需要注意的是，三种合金的容量衰退主要集中在前两次，在随后的几次循环中衰退变得缓慢。这也说明合金的结构失稳主要集中在循环前期发生，在随后的循环过程中容量较为缓慢地降低，其原因可能是歧化在后续的循环中逐渐发展所致。对非晶态储氢合金的研究表明，非晶态较其晶态合金的可逆储氢能力降低，其重要原因在于非晶态氢化物难以完全脱氢[20,21]。前述的实验也表明，La$_2$MgNi$_9$ 合金初次的 P-C-T 放氢曲线较短，而且滞后最为严重。第二次 P-C-T 放氢曲线倾斜严重，同时滞后仍然十分明显。放氢曲线末端的平衡压低至 0.002MPa 左右，难以脱氢。此外三种合金气态循环后的衍射峰发生了明显的左移，也表明合金相中应残留部分氢难以放出。

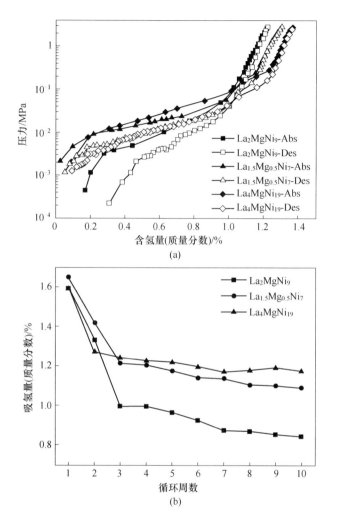

图 5-18 三种合金的气态吸放氢性能
（a）第 2 次吸放氢的 P-C-T 曲线；（b）气态循环过程中吸氢量的变化

　　对三种合金气态循环后的样品进行了热分析，结果如图 5-19 所示。结果发现三种循环后合金在 130～150℃之间均出现了一个吸热峰［见图 5-19 (a)］，同时伴随着重量的降低［见图 5-19 (b)］。三种合金重量降低的数值同气态循环测试中合金最大吸氢量与放氢量之间的差值基本一致。显然，加热过程中合金发生了脱氢。这一方面再次证明了氢致非晶后氢化物的热力学稳定性过高，需要提高温度才能释氢。此外，对比三种合金的吸热峰值可以发现，吸热峰温度随合金计量比的增加而降低。这也说明氢致非晶倾向严重的合金更加难以脱氢，其放氢温度更高。气态循环后 La$_2$MgNi$_9$ 合金在 300℃下脱氢退火后的 XRD 谱线［见

图5-19（c）]表明退火后合金的晶态结构得到了明显恢复，这说明加热脱氢可以一定程度上消除氢致非晶化。这同以往的研究结果相似，即对氢致非晶后合金进行高温的退火处理能够不同程度地恢复其晶态特征[1,67-69]。

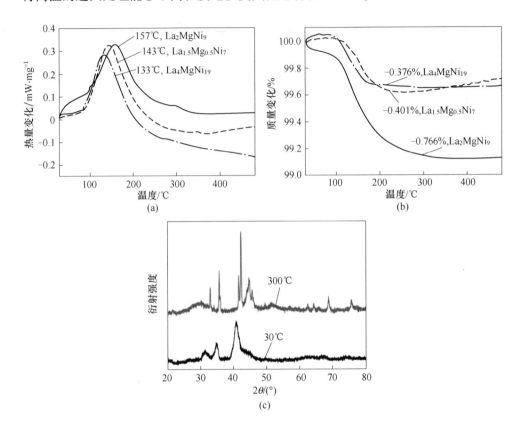

图 5-19　三种合金气态循环后的热分析

(a) 热量变化；(b) 重量变化；

(c) 气态循环后 La_2MgNi_9 合金 30℃ 和 300℃ 下脱氢后的 XRD 谱线

为了明确氢致非晶对合金电化学性能的影响程度，测试了三种合金 10 次气态循环后样品的电化学放电曲线，如图 5-20 所示，具体数据见表 5-4。结果发现，气态循环后 La_2MgNi_9 合金的放电容量仅有 299mA·h/g，明显低于其初始放电容量。这说明氢致非晶和歧化会强烈降低合金的电化学性能。气态循环后 $La_{1.5}Mg_{0.5}Ni_7$ 合金的放电容量为 341mA·h/g，同样低于其初始容量。不同的是，气态循环后 La_4MgNi_{19} 合金的放电容量反而略微高于其初始容量，其原因可能是由于气态循环后使合金颗粒尺寸降低，从而有利于电化学反应动力学所致。三种合金气态循环后电化学容量的衰退规律同其结构稳定性是一致的。La_2MgNi_9 合金的氢致非晶-歧化倾向最大，循环后的气态和电化学储氢能力均显著降低。而 La_4MgNi_{19} 合金的结构稳定性较好，虽然其气态储氢能力有一定降低，但并不影响电化学放电能力。

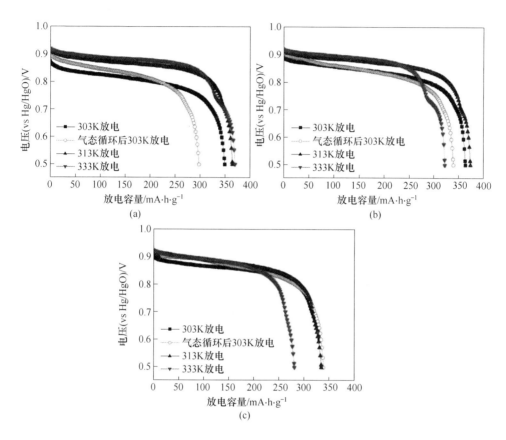

图 5-20　不同条件下的放电曲线

（a）La_2MgNi_9 合金；（b）$La_{1.5}Mg_{0.5}Ni_7$ 合金；（c）La_4MgNi_{19} 合金

表 5-4　三种合金的放电容量　　　　　　　　　　（mA·h/g）

合　金	初始（30℃）	气态循环后	循环后（40℃）	循环后（60℃）
La_2MgNi_9	350.8	299.1	365.9	370.8
$La_{1.5}Mg_{0.5}Ni_7$	366.3	341.8	376.6	324.5
La_4MgNi_{19}	332.1	340.6	336.4	282.4

考虑到合金氢致非晶后通过加热可以得到恢复，同样测试了三种合金在

40℃和60℃下的放电曲线，结果同样如图 5-20 和表 5-4 所示。40℃下三种合金的放电容量较 30℃均有少量的提高。其原因可能是 La-Mg-Ni 合金的放氢平台较低，适当升高温度使放电平台提高，合金更容易放电。另外，温度提高也有利于氢致非晶后氢化物的放氢，从而一定程度上提高了放电容量。La_2MgNi_9 合金的氢致非晶最严重，温度升高后放电容量的提高也最显著。不同的是，60℃下 La_2MgNi_9 合金的放电容量仍然得到了提高。但 $La_{1.5}Mg_{0.5}Ni_7$ 和 La_4MgNi_{19} 合金的放电容量均显著降低。

　　通常情况下，镍氢电池在较高温度下的放电容量会低于常温下的放电容量，其原因在于高温提高了合金的充放电平台，一方面合金难以充满，另一方面合金的自放电十分严重。对 AB_5 型合金高温性能的研究表明，常规合金在 60℃下的放电容量均会发生不同程度的降低[70-72]。对于 La-Mg-Ni 系合金高温性能的研究同样表明高温不利于合金的放电。Shen 等报道 La/Ce-Mg-Ni 合金在 60℃下的最大放电容量显著恶化[73]。Guo 等发现 $La_{0.60}Nd_{0.15}Mg_{0.25}Ni_{3.3}Si_{0.10}$ 合金在 70℃时的放电容量较常温放电容量下降[74]。根据 La_2MgNi_9 合金的气态吸氢量（1.58%）反推得放电容量应高于目前的测量值，至少同 $La_{1.5}Mg_{0.5}Ni_7$ 合金相当（$La_{1.5}Mg_{0.5}Ni_7$ 合金的气态吸氢量约 1.6%）。但实际上，由于氢致非晶效应较为严重，La_2MgNi_9 合金的可逆放氢能力明显低于 $La_{1.5}Mg_{0.5}Ni_7$ 合金，因此其放电容量也更低。La_2MgNi_9 合金在 60℃下放电容量升高的原因一方面同高温下非晶氢化物放氢能力的提高有关。根据 van't Hoff 平衡方程，氢化物的热力学稳定性随温度增加而降低，那么氢致非晶氢化物中部分结合过于稳定的氢原子在高温下将得以释出，也就是说非晶氢化物过高的稳定性将得到缓解。对 La_2MgNi_9 合金 60℃下 *P-C-T* 曲线的测试也表明，虽然合金的最大吸氢量降低，但其放氢量却得到提高，同时合金的吸放氢滞后也得到明显改善，如图 5-21（a）所示。此外，La_2MgNi_9 合金高温放电能力提高的原因还在于氢致非晶后氢化物稳定性的提高有利于抑制合金的自放电性能，从而保持了高温下的放电容量。

　　气态循环 10 次后 La_2MgNi_9 合金的电化学放电能力虽然显著低于其初始值，但容量保持率为 85.4%，还是要高于单纯气态容量的保持率（52.9%）。其他两种更亦是如此，说明氢致非晶化对合金电化学储氢能力的影响要低于对气态吸氢量的作用。但需要注意的是，同直接电化学循环过程中的容量衰减相比，氢致非晶对电化学储氢能力的影响仍然十分剧烈。合金电化学循环过程中的容量衰退除了会受结构变化的影响以外，还会由于腐蚀/氧化作用而加剧。因此同样结构变化情况下，电化学循环后的容量衰退理应更低。但 La_2MgNi_9 合金经过 100 次电化学循环后的容量保持率为 70%，要远高于气态循环 10 次后的气态和电化学容量保持率。显然，合金在电化学充放电过程中的结构失稳会弱于相同次数的气态循环过程。对 La_2MgNi_9 合金直接电化学循环 10 次和 100 次后样品的 XRD 分析

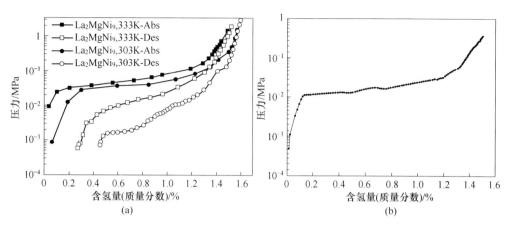

图 5-21　La$_2$MgNi$_9$ 合金的 *P-C-T* 曲线

（a）不同温度条件；（b）缓慢充氢条件

发现，电化学循环 10 次后合金的结构未发生显著变化，衍射峰仅有部分宽化，如图 5-22 所示。这说明，电化学充放电初期合金的晶态结构未被破坏，仅有一定晶格畸变发生。但对电化学循环 100 次样品的 XRD 分析发现，其衍射峰有部分已经消失。从衍射峰的数量和宽化程度看，电化学循环 100 次样品晶态结构的破坏程度较气态吸放氢 1 次样品严重。因此推断，该样品很可能也发生了氢致非晶。

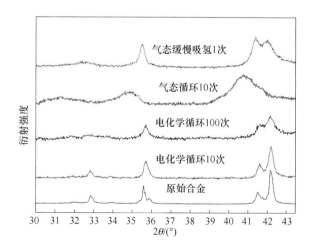

图 5-22　不同充氢和循环过程中 La$_2$MgNi$_9$ 合金的结构变化

为了进一步验证电化学循环后合金的结构特征，对电化学循环 100 次的样品进行了 TEM 分析，如图 5-23 所示。明场像中可以明显观察到电化学循环过程中腐蚀产物，同时颗粒内部存在大量纳米级别的黑色质点，如图 5-23（a）和（b）所示。合金颗粒的选区电子衍射呈现非晶光晕、多晶衍射环和单晶衍射斑点的混合花样。对单晶衍射斑点的暗场像分析发现单晶衍射来自颗粒中较大的点状质点，应为腐蚀产物。非晶光晕表明合金基体为非晶态，即电化学循环 100 次后合金已经发生了氢致非晶，这同 XRD 的结果是一致的。多晶衍射环同气态循环后合金中的衍射环类同，应为歧化相质点的衍射花样。对该合金颗粒的高分辨分析也发现其形貌为非晶基体上分布着大量尺寸仅有几个纳米的晶态质点，如图 5-23（e）所示。纳米晶态质点的晶面间距尺寸符合 $LaNi_5$、Ni、LaH_3 和 MgH_2 的晶面参数，表明了歧化的发生。结合前面关于气态循环后氢致非晶和歧化对合金电化学性能的影响可知，电化学循环过程中的氢致非晶和歧化必然也会降低合金的放电能力。三种合金中 La_2MgNi_9 合金的结构稳定性最差，这是造成其电化学循环过程中容量衰退的重要原因，也是 La_2MgNi_9 合金电化学循环过程中的腐蚀较轻，但容量却保持最低的原因。

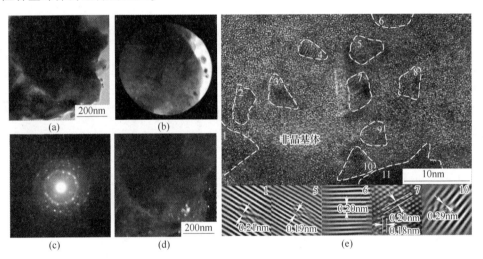

图 5-23 La_2MgNi_9 合金 100 次电化学循环后的 TEM 分析

（a）明场像；（b）选区衍射选取的区域；（c）选区电子衍射；（d）暗场像；（e）高分辨像

上述实验事实还表明，La-Mg-Ni 合金在电化学循环过程中同样发生了氢致非晶和歧化。但同气态循环相比，电化学充放电过程中合金结构的失稳显然更缓慢。合金吸氢后的结构变化除了同其本身的结构稳定性有关以外，还与充氢的条件，包括充氢量、充氢速度和充氢温度有关。有工作研究了 AB_3 和 A_2B_7 型 La-Mg-Ni 合金在气态循环下的衰退规律，同样发现气态循环下合金的衰退要快于电化学充放电循环[67]。同时，作者发现高温下气态循环合金结构的畸变更加严重，因此储氢能力的衰退较室温更快；并推测电化学循环过程中合金本征容量衰退较慢的原因在于电化学充放电过程中热量传导较快, 不会引起热量累计造成高温所致[67]。但前述实验结果表明, 在较高的温度下有利于合金氢致非晶氢化物的放氢, 其放电容量是提升的。除此之外, 电化学反应和气态反应的区别还在于充氢速度的不同。电化学充放电过程通常需要几个小时完成, 太快的充电会因动力学原因造成合金充电量不足, 因此电化学过程的充氢速度要慢于气态合金。为了明确充氢速度是否对合金结构变化存在影响, 对 La_2MgNi_9 合金采用小步进行充电, 实验中充氢的步长设定为 0.02MPa 每步。慢充下合金的吸氢曲线如图 5-21 (b) 所示, 合金的吸氢量 (质量分数) 为 1.5%, 同常规充氢下的吸氢量基本相同, 这样就排除了吸氢量对合金结构的影响。对慢充后合金的结构进行了 XRD 分析, 结果如图 5-22 所示。很明显, 慢充后合金结构的晶态特征要好于 1 次快充合金, 同样要好于电化学循环 100 次的合金。虽然慢充合金的衍射峰宽化明显, 但衍射峰的数量要多于快充和电化学循环后的合金, 说明形成了晶态的氢化物。

缓慢充氢能够形成晶态氢化物的原因很可能同充氢过程中合金晶体结构畸变的弛豫有关。氢在储氢合金间隙位置的存在可以看作是点缺陷, 因此必然引起结构的畸变。理论上, 在相同充氢量下, 不同充氢速度对晶体结构的总体畸变应没有影响, 但会影响畸变后的结构弛豫。快速充氢后合金结构的畸变来不及通过弛豫回复, 因此导致晶格的崩塌, 从而产生非晶化。反之, 缓慢充氢使结构弛豫有足够时间进行, 结构畸变得到松弛, 因此减缓了氢致非晶化。这样, 电化学循环过程中合金的充氢 (充电) 过程较为缓慢, 因此氢致非晶的发展也是一个逐渐进行的过程。而在气态循环过程中, 10 次循环后氢致非晶和歧化已经十分严重。此外, 合金的吸氢量降低在前两次最为显著。这说明气态吸氢过程中, 氢致非晶在循环初期即明显发生。对比两种储氢方式, 电化学循环过程中的氢致非晶随循环逐渐加重, 而气态吸氢后却直接发生。

除了充氢速度以外, Li 等报道研究了氢压和温度对 $La_{1.6}Mg_{0.4}Ni_7$ 合金吸氢过程中氢致非晶化进程的影响[75]。如图 5-24 所示, 在 0.2MPa 下吸氢后, 首先出现的是 $LaNi_5H_x$。在 0.5MPa 下吸氢后, 会形成晶态的 La-Mg-Ni 相的氢化物 (如图 5-24 (a) 中的梅花形标注)。新出现的衍射峰同合金中原有相的衍射峰均不同, 推断应是三元相的氢化物。但当在 3MPa 的氢压下吸氢后, 氢化物的衍射峰消失, 仅有 $LaNi_5$ 和 $LaNi_5H_6$ 的衍射峰存在。即氢压升高, 吸氢量增多, 其晶态特征消失。此外, 研究了不同温度的影响。在 200℃、3MPa 氢压下吸氢后的 XRD 谱线同在常温 3MPa 下吸氢的谱线十分相似, 如图 5-24 (b) 所示。虽然高温下衍射峰的宽化更明显, 但值得注意的是, 高温下存在部分低温谱线中没有出现的衍射峰。这说明高温吸氢后合金的晶态特征优于低温, 而衍射峰的宽化可能是部分新出现的衍射峰重合导致的。相反地, 在 0℃、0.5MPa 氢压下吸氢后合金中主要的晶态结构为 $LaNi_5H_6$，而 La-Mg-Ni 三元相及其氢化物的衍射峰几乎消失。这同常温同等氢压下吸氢后的结构变化有较大差异，说明合金的氢致非晶在低温下变得更加严重。研究同样报道了在高温下放氢有利于晶态特征的恢复。

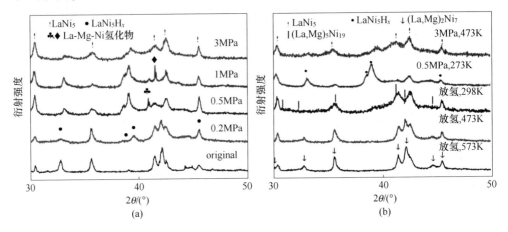

图 5-24　$La_{1.6}Mg_{0.4}Ni_7$ 合金在不同氢压和温度下吸氢后的 XRD 谱线[75]

(a) 不同压力下吸氢；(b) 不同温度吸氢和放氢

5.3　多相组织和制备工艺对 RE-Mg-Ni 合金失效行为的影响

5.3.1　多相组织对合金失效行为的影响

显微组织是决定材料性能的重要因素。不论采用熔炼、快淬还是烧结等制备方法，RE-Mg-Ni 合金通常包含三种以上的相结构，其相组成及含量也会随成分和制备工艺的不同而变化。对于气固态循环，通常认为合金的循环稳定性随相结构类型和含量呈现近似线性或者趋势一致的变化。例如，Lim 等研究了 AB_5 和 AB_3 型合金复合材料的气固态吸放氢循环稳定性，发现随 AB_5 型合金含量的提高，循环稳定性始终得到提高[76]。但对于电化学循环，多相组织的失效较为复杂，并非简单的循环稳定性较好的相所占比例越多，合金循环稳定性越好。例如，Huang 等研究了不同比例 A_2B_7 和 AB_5 型合金混合后的电化学性能，发现合金的循环稳定性并不随两相含量的变化呈线性关系[77]。Li 等研究发现添加 Al 后会促进 AB_5 型相含量的提高，但循环稳定性却呈现先增加后降低的趋势[78]。这是因为多相组织下，相结构类型、含量和显微形貌都会影响合金的失效行为特征。尽管通过显微组织优化能够改善 RE-Mg-Ni 合金的电化学循环稳定性，但目前的研究还不够系统。这一方面在于调控 RE-Mg-Ni 合金显微组织的方法较为单一，另一方面也在于多相组织影响因素复杂性对研究方法提出了挑战。

多相合金在电池电解液中的腐蚀不仅仅同各种相本身的耐腐蚀性有关，还同多相组织的交互作用有关。通常认为多相合金的腐蚀较单相合金更为严重。这是因为多相合金中不同相之间的电极电位不同，而构成腐蚀原电池，即产生电偶腐蚀。电偶腐蚀会使电极电位较低的相加速腐蚀，而抑制电位较高相的腐蚀。因此有研究者认为复相体系下的 RE-Mg-Ni 合金多相间的电位差将导致电化学腐蚀，Mg 的加入降低了电极电位，促进富 Mg 相的腐蚀[79]。图 5-25 是通过原子力显微镜开尔文探针得到的 $La_{1.5}Mg_{0.5}Ni_7$ 合金表面不同相表面电势的分布。可以看出 AB_5 型相的表面电势明显高于含 Mg 的三元相，而 A_2B_7 和 A_5B_{19} 型相的表面电势相差不大，如图 5-25（b）所示。根据电偶腐蚀的原理，电势相差较大相的组合会加速其中电势较低相的腐蚀。这种效果不仅在单纯腐蚀环境中发生，特别是在充放电过程中还伴随不同相之间充放电过程的先后差异，因此非常复杂。但也需要注意的是，相结构的电极电位同样随成分、内部畸变等因素而变化。

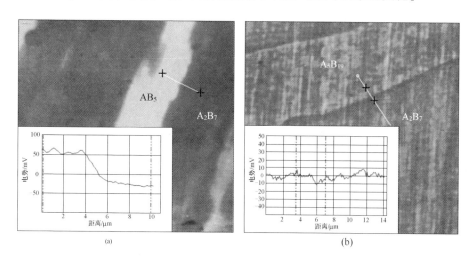

图 5-25 $La_{1.5}Mg_{0.5}Ni_7$ 合金的表面电势

（a）AB_5 相和 A_2B_7 相；（b）A_2B_7 和 A_5B_{19} 相

研究表明，RE-Mg-Ni 合金的粉化行为也同其多相组织息息相关。合金吸氢后的粉化同畸变程度以及合金本身的力学性质有关。通常，较硬相的粉化会更加严重。多相组织会影响裂纹形成和扩展，从而影响粉化程度，但目前还没有系统研究。Liu 等发现多相 La-Mg-Ni 合金在吸氢体积膨胀差异较大的相之间会易发开裂并加速粉化[58]。韩树民课题组研究发现，降低 AB_5 型相的含量有利于提高合金循环稳定性，原因在于 AB_5 型相与三元相之间的晶格膨胀程度有很大差异，增

加 AB_5 型相会加剧多相组织的粉化[80,81]。Gao 等发现在多相合金中裂纹优先从相界处产生，然后在较脆的第二相中扩展[32]。Tang 等发现均匀分布的较软第二相可以吸收应变防止合金粉化[61]。图 5-26 是铸态 La_2MgNi_9 合金块状样品，进行部分充电试验后的表面形貌。合金在部分充电后表面即产生明显的裂纹，其中大部分裂纹分布在 $LaNi_5$ 相中（图中的深色衬度）。这同前述的研究结果是吻合的（见 5.2.2 节），说明合金中的 $LaNi_5$ 相是较易开裂的相。除此之外，形貌观察中显微裂纹往往在 $(La,Mg)Ni_2$ 相处终止。$(La,Mg)Ni_2$ 相具有最低的显微硬度，为其中的软相。这表明合金中较软相的开裂倾向较少，同时可能起到了一定阻止裂纹增殖的作用。

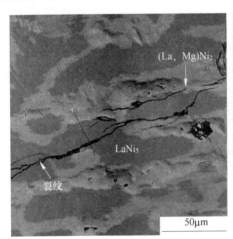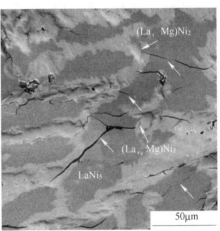

图 5-26　铸态 La_2MgNi_9 合金部分充电后的表面形貌

5.3.2　退火和快淬对 RE-Mg-Ni 合金电化学循环稳定性的影响

制备和热处理工艺调控是改善合金电化学循环稳定性的重要途径。根本上，制备工艺和热处理的作用在于其对成分和显微组织的优化。对于储氢合金，热处理主要是指后续的退火处理。退火几乎是所有储氢合金生产过程中的必要环节，对合金的性能有显著的改善作用。快淬作为一种非平衡的材料制备方法，广泛用于大块非晶合金的制取。快淬也是细化组织、改变相结构类型的有效方法。在储氢合金的生产中，快淬也被用于 AB_5 型合金的制备，并被发现具有提高合金循环稳定性的有益作用[82-84]。

5.3.2.1　退火对 RE-Mg-Ni 合金电化学循环稳定性的影响

RE-Mg-Ni 合金在退火过程中会伴随合金内应力释放、原子扩散和偏聚、晶粒长大、相变等一系列过程[1,2]。特别是研究发现 RE-Mg-Ni 合金在退火过程中会发生一系列包晶反应的逆反应[85-87]，是调控相组成的有效方法。此外，退火能够均匀成分，消除晶格应力和缺陷，因此几乎无一例外的研究结果都表明退火有利于 RE-Mg-Ni 合金的循环稳定性[88-93]。其中的原因首先在于合金中不利相结构，包括 AB_2 和 AB_5 型相含量的降低或消除。其次，退火可以均匀组织和成分。从腐蚀电化学角度，成分和组织分布均匀能够大大降低腐蚀原电池的产生，从而提高合金的本征耐腐蚀性。图 5-27 是铸态和退火态 $La_{1.5}Mg_{0.5}Ni_7$ 合金在碱性溶液中浸泡后的表面形貌对比，可以明显看出铸态合金的腐蚀更加严重，区域差别性也更加明显。此外，退火能够降低合金的内应力，这对于耐腐蚀和抗粉化能力的提高均有促进作用。退火过程中较大内应力会加速粉化，而退火后畸变降低，可以改善材料本身的断裂韧性。

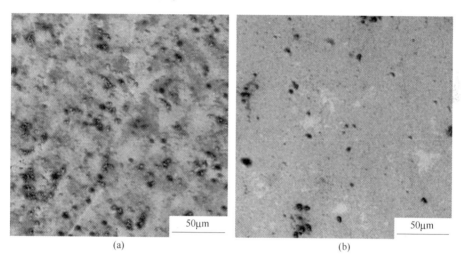

(a)　　　　　　　　　　　　　　　(b)

图 5-27　$La_{1.5}Mg_{0.5}Ni_7$ 合金浸泡后的表面形貌

（a）铸态；（b）退火态

需要注意的是，退火对合金循环稳定性促进的效果除了同退火工艺有关以外，还同合金成分体系有关。不同成分合金适宜的退火工艺会有所变化。不同相结构的成分也会对失效行为特征造成影响。此外，过高的退火温度或过长的退火时间可能导致 Mg 等易挥发元素的损耗[90]，这将造成合金成分的变化，从而也会影响合金的相组成和性能。

5.3.2.2　快淬对 RE-Mg-Ni 合金电化学循环稳定性的影响

对于 RE-Mg-Ni 系合金，快淬被报道是调控显微组织的有效手段[94-100]。例如，Nwakwuo 等研究了快淬 La_2MgNi_9 合金的显微组织，通过 Mg 含量和快淬工艺的配合能够获得组织均匀、近乎单相的合金[100]。此外，尽管快淬会降低 RE-

Mg-Ni 合金的放电能力，但能显著提高合金的电化学循环稳定性[94-99]。

　　Li 等采用快淬分别于转速为 5m/s，10m/s 和 15m/s 的水冷铜辊上制备了 La_4MgNi_{19} 合金，并研究了不同冷却速度对组织和电化学性能的影响[101]。结果发现快淬冷速的提高抑制了其中 A_5B_{19} 型相的形成，有利于 $LaNi_5$ 相含量的提高，并显著细化了晶粒尺寸。快淬合金的放电容量随冷速的提高呈现降低的趋势，但其循环稳定性逐渐升高，如图 5-28（a）所示。同样对快淬合金进行了退火处理，结果发现退火使快淬合金的放电容量不同程度地提高，但所有退火合金的循环稳定性均有所降低，如图 5-28（b）所示。

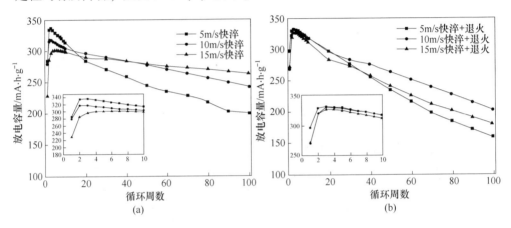

图 5-28　合金的放电性能[101]
(a) 快淬合金；(b) 退火合金

　　对铜辊转速为 10m/s 的快淬及其退火 La_4MgNi_{19} 合金失效行为进行了分析。对电化学循环后快淬和快淬-退火合金氧含量的分析表明快淬-退火合金循环后的氧含量更高，结果见表 5-5。这些实验结果均表明快淬-退火合金在电化学循环中遭受了更为严重的腐蚀，因此其循环稳定性更差。但对浸泡后两种合金氧含量的测试表明快淬合金浸泡后的氧含量高于快淬-退火合金，结果同样列在表 5-5。这说明退火处理有利于合金本征耐腐蚀性的提高。对两种合金分别进行了 30 次的气态吸放氢循环，发现快淬合金的粒度几乎没有减小，粒度保持率高达 98.6%。这说明快淬合金具有优异的抗粉化性能。退火后合金的粒度保持率降低到 82.5%，与原始快淬合金相比粒度下降明显，说明对快淬合金进行退火处理使其抗粉化能力减弱。Zhang 等也报道快淬合金循环稳定性提高的原因在于细晶的抗粉化能力得到提升[102]。显然，快淬-退火合金在电化学循环过程中更严重的腐蚀是由于合金更严重的粉化造成的。退火后合金抗粉化能力降低的原因可能同退火过程中晶界处形成的第二相质点使晶界脆化有关[103]。但系统的研究仍有待于进一步开展。

表 5-5 快淬和退火 La₄MgNi₁₉合金的氧含量及粒度分析[98,103]

合金	循环后氧含量(质量分数)/%	浸泡后氧含量(质量分数)/%	初始尺寸/μm	循环后尺寸/μm	粒度保持率/%
快淬	1.67	2.35	61.31	60.43	98.6
退火	1.94	2.09	57.75	47.62	82.5

5.4 合金元素替代对 RE-Mg-Ni 合金失效行为的影响

元素替代是改善 RE-Mg-Ni 合金组织结构和储氢性能的重要思路,但其影响较为复杂。合金元素的加入会对不同化合物相的本征失效特征造成不同的影响。这些作用包括:改变晶胞体积膨胀和强韧性能,从而影响合金粉化倾向;改变本征耐腐蚀性或形成致密钝化膜,从而影响合金的耐腐蚀性。除此之外,由于不同合金元素在不同相结构中的固溶倾向不同,因此元素替代几乎都会改变合金的显微组织,从而影响合金的失效特征。对于 RE-Mg-Ni 体系的元素替代研究,基本借鉴了 AB₅ 型合金元素改性的经验。但由于晶体结构和显微组织的不同,在 AB₅型合金中替代效果明显的元素不一定会适用于 RE-Mg-Ni 系的三元化合物相。

5.4.1 A 元素替代对 RE-Mg-Ni 合金失效行为的作用

根据经典储氢合金的定义,A 元素为吸氢元素,B 元素为非吸氢元素。对于 RE-Mg-Ni 合金,A 元素通常认为是轻稀土元素,另外还有碱土金属 Mg 或者 Ca。这不仅因为两类元素均为吸氢元素,同时根据晶体结构的分析,Mg 或者 Ca 在 RE-Mg-Ni 合金中占据的位置同 RE 原子相同(选择性占据了部分 RE 原子的位置)。

根据目前的研究结果,La 是 RE-Mg-Ni 合金中保证吸氢能力最重要的元素,相对其他稀土元素,La 系合金具有较高的电化学容量。同时,La 的储量较大,因此成本较低。采用其他稀土元素部分或者全部替代 La 通常会导致合金放电能力不同程度地降低。然而由于 La 是稀土元素中性质最活泼的元素[104],较容易被腐蚀而失效,因此单纯采用 La 的合金循环稳定性还不能达到实际应用的要求。采用不同稀土元素对 La 进行替代能够不同程度提高合金的循环稳定性,是提高合金循环稳定性的有效途径。

5.4.1.1 Mg 对 RE-Mg-Ni 合金失效行为的作用

Mg 是 RE-Mg-Ni 合金区别于二元合金最重要的添加元素。研究发现 Mg 仅占据 [A₂B₄] 单元的 A 位置,尽管不是在所有 A 位置随机占位,但在 [A₂B₄] 单元中占位是随机的[24-26]。若 AB_3 相中 $[A_2B_4]$ 单元的 A 位置全部为 Mg 占据，则可形成 $REMg_2Ni_9$。但实际上除了少数采用工艺控制的烧结等较为特殊的制备方法，通过最常用的熔炼几乎无法获得 $REMg_2Ni_9$，Mg 在 AB_3 相中的比例通常不超过 RE_2MgNi_9。对于 A_2B_7 相，照上述理论可以形成 $REMgNi_7$，然而实际报道的最高 Mg 含量只达到 $RE_{1.5}Mg_{0.5}Ni_7$，A_5B_{19} 则是 RE_4MgNi_{19}（理论上可达 $RE_3Mg_2Ni_{19}$）。也就是说，三元相结构中的 Mg 含量上限大致仅为 $[A_2B_4]$ 单元中 A 位置的一半。这其中的原因还不清楚。随着合金中 Mg 含量的降低，三元相中 Mg 含量还会低于上述的比例。

Mg 能够强烈改变合金的吸放氢热力学。图 5-29 是一系列不同 Mg 含量单相 $(La,Mg)Ni_3$ 合金在 20℃下的吸放氢 P-C-T 曲线[26]。随 Mg 含量增加，晶胞体积线性降低，吸放氢平台显著升高，反之降低。初期的研究表明，$LaMg_2Ni_9$ 的气固相吸氢量（0.3%）[104] 和电化学容量（68.4mA·h/g）[105] 都很低。后续 Denys 等发现 $LaMg_2Ni_9$ 在极高氢压下可吸氢 1.3%，$LaMg_2Ni_9$ 的吸氢平台高达 12.2MPa[26]。过高的吸氢平台使得电化学反应难以充电，导致 $LaMg_2Ni_9$ 的电化学容量很低。$(La,Mg)Ni_3$ 体系中吸氢量最多的是 La_2MgNi_9[105,106]，其吸氢平台压为 0.0095MPa（20℃），吸氢的焓值为 −35kJ/mol。从热力学角度上，La_2MgNi_9 较为适宜镍氢电池的电化学充放电反应，确实其放电容量也高达 400mA·h/g。过低的 Mg 含量同样不利于电化学性能，这是因为合金平台压过低，很难放电。例如，$La_{1.5}Mg_{0.5}Ni_9$ 的气固相吸氢量虽然同 La_2MgNi_9 相似[26]，但电化学容量只有 160mA·h/g[105]。对于 A_2B_7 和 A_5B_{19} 型结构，电化学性能较好的 Mg 含量大致为 $RE_{1.5}Mg_{0.5}Ni_7$ 和 RE_4MgNi_{19}。部分单相 La-Mg-Ni 合金的气态和电化学性能见表 5-6。

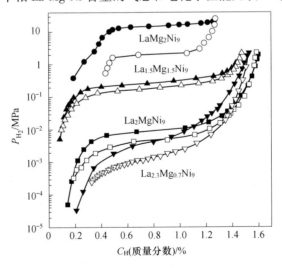

图 5-29 不同 Mg 含量单相 AB_3 型合金的 P-C-T 曲线[26]

表 5-6　部分单相合金的储氢性能

合　　金	结　构	平台压力/MPa	温度/K	气态吸氢量（质量分数）/%	理论放电容量/mA·h·g^{-1}	实际放电容量/mA·h·g^{-1}
LaNi$_5$[75]	CaCu$_5$	0.2	298	1.37	367	320
LaMg$_2$Ni$_9$[26]	PuNi$_3$	0.0045	293	1.58	423	403
La$_{1.5}$Mg$_{1.5}$Ni$_9$[26]	PuNi$_3$	0.18	293	1.4	375	335
La$_{1.5}$Mg$_{0.5}$Ni$_7$[30]	Cc$_2$Ni$_7$	约 0.015	298	1.42	380	389.5
La$_{1.63}$Mg$_{0.37}$Ni$_7$[31]	Ce$_2$Ni$_7$	0.007	303	1.34	359	—
La$_4$MgNi$_{19}$[24]	Pr$_5$Co$_{19}$+Ce$_5$Co$_{19}$	0.02	298	1.56	418	340
La$_4$MgNi$_{19}$[107]	Pr$_5$Co$_{19}$+Ce$_5$Co$_{19}$	约 0.02	298	约 1.5	约 400	—

Mg 对 RE-Mg-Ni 合金的循环稳定性至关重要。Mg 最重要的作用是能够提高合金的结构稳定性。尽管氢致非晶同晶体结构类型有着根本的关系，但 RE-Mg-Ni 体系中添加 Mg 都显著提高了合金的结构稳定性，从而具有相对二元合金可逆的吸放氢能力和电化学充放电能力。然而，Mg 加入也会造成合金耐腐蚀性的降低。特别是当 Mg 含量过高会形成 AB$_2$ 型相，甚至 Mg$_2$Ni 相等富 Mg 相，更加加剧了合金的腐蚀。总体上看 Mg 是 RE-Mg-Ni 合金中不可或缺的元素，Mg 也必须达到足够的含量才能够具有较好的充放电能力和循环稳定性。Mg 含量的改变不仅显著影响合金热力学特征，还会影响相组成及相对量，而最佳的 Mg 固溶度依合金成分而改变，通常选取 A 计量比的 1/5～1/3。过高和过低的 Mg 含量都不利于合金的电化学容量和循环寿命[108,109]。原则上，在通过其他元素替代提高合金结构稳定性的基础上，可以适当降低 Mg 含量，但这需要多种成分的优化配合。

5.4.1.2　Y、Ce 和 Nd 对 RE-Mg-Ni 合金失效行为的作用

Ce 是较高丰度的稀土元素，因此采用 Ce 部分替代 La 的研究也受到了研究者的关注。研究表明 Ce 替代 La 后会显著降低合金的晶胞参数，提高合金吸放氢平台[110-113]。过量 Ce 加入会显著降低合金的放电能力，因此需要仔细控制 Ce 的添加量。关于 Ce 替代对合金循环稳定性的研究表明，Ce 能够提高合金的循环稳定性，但效果并不明显。其作用可能是合金耐腐蚀性的提高。但同时需要注意的是，Ce 替代后合金循环稳定性提高的前提是放电容量的降低。通常认为合金放电容量的降低会有利于合金循环稳定性，而单纯 Ce 对合金循环稳定性的作用还不明朗。也有研究表明，Ce 加入后不利于合金的电化学循环稳定性，这是因为 Ce 会促进 AB$_2$ 型相形成，加剧了合金的粉化[112]。

Nd 是为数不多能够保持 RE-Mg-Ni 合金电化学容量而又能提高合金循环稳定性的稀土元素。Du 等研究对比了 La_2MgNi_9 和 Nd_2MgNi_9 合金的电化学性能，结果表明两者的放电容量分别是 399mA·h/g 和 370mA·h/g，但电化学循环 100 次后的容量保持率则分别为 79% 和 92%，其原因主要在于 Nd_2MgNi_9 合金吸放氢后的体积膨胀更小，粉化倾向更低[114]。此外，Nd 还能够显著提高合金的结构稳定性[115,116]。Zhang 等通过控制感应熔炼和退火工艺获得了单相的 $Nd_{0.80}Mg_{0.20}Ni_{3.58}$ 合金，Nd 和单相组织共同作用可以提高合金的结构稳定性和抗粉化能力，合金最大放电容量可达 334mA·h/g（电流密度为 60mA·h/g），经过 100 次循环后容量保持率高达 94.7%[117]。

Y 是稀土元素中非镧系的两种元素之一（另一种是 Sc），是地壳丰度较大的稀土元素，同时相对原子序数也较低。因此，采用 Y 替代可能在资源利用和质量储能密度提高方面起到积极作用。近年来，采用 Y 替代 Mg 受到研究者的关注[118-122]。研究表明无 Mg 的 La-Y-Ni 系合金同样能够形成层状堆垛结构，并较单纯的二元合金有显著提高的电化学性能。Y 原子占据 $[A_2B_4]$ 结构单元中 Mg 的位置。但由于 Y 元素同镧系元素较为相近的化学性能，其固溶度要高于 Mg。可以更容易地通过改变 Y 的含量来调控合金的晶体结构和储氢热力学行为。尽管相较二元合金，添加 Y 后能够显著提高合金的结构稳定性，但研究表明 Y 的作用没有 Mg 显著[122]。然而，研究发现 Y 的耐腐蚀性更好，因此有利于合金的电化学循环稳定性[120]。

对 Y、Ce、Nd 全部替代 La 的 A_2B_7 型 $Y_{1.5}Mg_{0.5}Ni_7$、$Ce_{1.5}Mg_{0.5}Ni_7$ 和 $Nd_{1.5}Mg_{0.5}Ni_7$ 合金电化学性能和失效行为进行了研究[123,124]。结果发现，不同稀土元素对合金相结构类型的影响非常显著。相对来看，$Nd_{1.5}Mg_{0.5}Ni_7$ 合金的相组成与 $La_{1.5}Mg_{0.5}Ni_7$ 合金更加相似；$Ce_{1.5}Mg_{0.5}Ni_7$ 合金中 AB_2 型相的含量很高，但 A_2B_7 型相的含量较低；而 $Y_{1.5}Mg_{0.5}Ni_7$ 合金中含有较多的 AB_3 和 AB_5 型相。三种合金的放电曲线如图 5-30（a）所示。$Nd_{1.5}Mg_{0.5}Ni_7$ 合金的最大放电容量约为 230mA·h/g，但需要经过超过 40 次的活化才能达到最大容量。同 $La_{1.5}Mg_{0.5}Ni_7$ 合金相比，$Nd_{1.5}Mg_{0.5}Ni_7$ 合金的放电容量和活化性能均较差，但其电化学循环稳定性较好，经过 100 次循环后合金的放电容量仍保持为 220mA·h/g。$Ce_{1.5}Mg_{0.5}Ni_7$ 和 $Y_{1.5}Mg_{0.5}Ni_7$ 合金几乎不能放电，其放电容量仅有 20mA·h/g 左右。后两种合金的循环稳定性较好，循环过程中容量几乎没有变化。但考虑到两种合金极低的放电容量，其循环稳定性也没有实际的参考价值。

对三种合金 P-C-T 曲线的测试结果如图 5-30（b）和（c）所示。结果表明，$Ce_{1.5}Mg_{0.5}Ni_7$ 和 $Y_{1.5}Mg_{0.5}Ni_7$ 合金的吸氢平台高达 11MPa 以上，接近 $La_{1.5}Mg_{0.5}Ni_7$

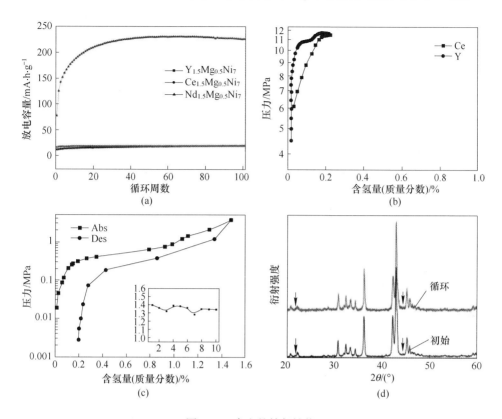

图 5-30 合金的储氢性能

（a）放电循环曲线；（b）$Y_{1.5}Mg_{0.5}Ni_7$ 和 $Ce_{1.5}Mg_{0.5}Ni_7$ 合金的 *P-C-T* 曲线；

（c）$Nd_{1.5}Mg_{0.5}Ni_7$ 合金的 *P-C-T* 曲线；（d）$Nd_{1.5}Mg_{0.5}Ni_7$ 合金循环前后的 XRD 分析

合金（约 0.04MPa）的 300 倍。这说明 Y 和 Ce 强烈改变了合金的吸氢热力学，合金氢化物的稳定性非常低，难以吸氢。$Nd_{1.5}Mg_{0.5}Ni_7$ 合金具有平坦的吸放氢平台，其吸氢能力虽然低于 $La_{1.5}Mg_{0.5}Ni_7$ 合金，但仍可达 1.48%。$Nd_{1.5}Mg_{0.5}Ni_7$ 合金的吸氢平台同样高于 $La_{1.5}Mg_{0.5}Ni_7$ 合金，约为 0.4MPa。虽然理论上该合金的放电容量应该能够突破 300mA·h/g，但实际结果却远低于理论值。其原因在于，$Nd_{1.5}Mg_{0.5}Ni_7$ 合金 *P-C-T* 曲线后段的吸氢压力已经高达 1MPa，而开口三电极实验理论的吸氢平台应低于 0.1MPa[4]，高于此值氢原子将形成氢气逸出。因此，$Nd_{1.5}Mg_{0.5}Ni_7$ 合金如此高的吸氢平台会造成电化学过程中难以充电，导致合金实际的放电能力较低。同样的，$Ce_{1.5}Mg_{0.5}Ni_7$ 和 $Y_{1.5}Mg_{0.5}Ni_7$ 合金高达 10MPa 以上的吸氢平台使合金不能充电，因此几乎没有放电能力。

通常，元素替代后合金的吸放氢平台可以经验性地通过替代原子的半径评估[1]。小的原子半径会降低合金的晶胞体积，从而使平台压升高。La、Y、Ce、

Nd 单质的原子半径分别为 1.87Å、1.80Å、1.82Å、1.82Å[104]。Y 的原子半径最小，其晶胞参数也最小，因此其平台压也最高（$P\text{-}C\text{-}T$ 上其平台略高于 Ce 合金）。值得注意的是，Ce 和 Nd 的原子半径相同，但从晶体结构的分析结果看，$Ce_{1.5}Mg_{0.5}Ni_7$ 合金中各相的晶胞参数低于 $Nd_{1.5}Mg_{0.5}Ni_7$ 合金。化合物相的晶胞参数同其成分、晶体结构和结合能有关。考虑含 Ce 和 Nd 单质的原子半径相同、化合物相的晶体结构相同，那么两者晶胞参数的差异应该在于化合物原子结合能的差异，结合能力越强其晶胞参数越小。因此，可以得出 Ce 替代后合金的结构稳定性应更好。化合物相的稳定性越高，其氢化物也越难形成。这也同 $P\text{-}C\text{-}T$ 测试中 $Ce_{1.5}Mg_{0.5}Ni_7$ 合金更加难以吸氢的结果是吻合的。

对 $Nd_{1.5}Mg_{0.5}Ni_7$ 合金进行了 10 次的气态吸放氢循环，循环过程中吸氢量的变化如图 5-30（c）中的插图所示。结果表明，合金循环过程中合金最大吸氢量仅有少量的降低，明显高于 $La_{1.5}Mg_{0.5}Ni_7$ 合金。对合金吸放氢循环后的结构进行了测试，如图 5-30（d）所示。$Nd_{1.5}Mg_{0.5}Ni_7$ 合金吸放氢循环后的结构基本没有变化，衍射峰仅有轻微的宽化。而且合金中 AB_2 型的衍射峰在循环后仍可以分辨，这说明通过 Nd 和 Mg 联合替代 La 后，能够显著提高 AB_2 型相的结构稳定性。对 $NdMgNi_4$ 的吸放氢性能的研究发现，$NdMgNi_4$ 能够形成晶态的 $NdMgNi_4H_4$，同时具有较好的可逆吸放氢平台[125]。这也同上述实验结果吻合，即 $NdMgNi_4$ 在吸放氢循环过程中能够保持其晶态特征。虽然没有测定 Ce、Y 合金循环过程中的性能和结构变化，但通过上述关于三种合金结合能力的分析，可以推断 Ce、Y 替代应该能够更好地提高三元合金相的结构稳定性。对二元 RE-Ni 合金吸放氢过程中结构稳定性的研究表明，虽然 $CeNi_2$ 吸氢后仍然存在氢致非晶现象，但其热力学稳定性要高于 $LaNi_2$[126]。Aono 等研究了 $YMgNi_4$ 的吸放氢性能，发现 $YMgNi_4$ 吸氢后同样能够形成晶态的氢化物[127]。这也同上述的推断结果吻合，通过 A 稀土元素和 Mg 的加入能够显著提高 AB_2 型相的结构稳定性。

对三种合金进行了浸泡实验，图 5-31 是合金浸泡后的物相。$Y_{1.5}Mg_{0.5}Ni_7$ 浸泡后的腐蚀产物主要为 $Y(OH)_3$，从其衍射峰强度上看 $Y(OH)_3$ 的含量并不高，要明显低于 $La_{1.5}Mg_{0.5}Ni_7$ 合金浸泡后生成的 $La(OH)_3$。说明 Y 替代 La 后有利于合金本征耐腐蚀性的提高。不同的是，$Ce_{1.5}Mg_{0.5}Ni_7$ 合金浸泡后的腐蚀产物不再是 $Ce(OH)_3$，而是 CeO_2。但合金腐蚀后 CeO_2 的衍射峰十分显著，显然 $Ce_{1.5}Mg_{0.5}Ni_7$ 合金的腐蚀过程不同于其他 A 元素替代的合金。从腐蚀产物的结果看，Ce 替代后对合金耐腐蚀性的改善没有 Y 明显。$Nd_{1.5}Mg_{0.5}Ni_7$ 合金腐蚀后存在明显的腐蚀产物，其中最主要的是 $Nd(OH)_3$，其次还发现存在 Nd_2O_3 和 MgO_2，同

$La_{1.5}Mg_{0.5}Ni_7$ 合金浸泡后的物相类似。对浸泡后 Y、Ce、Nd 三种合金的氧含量（质量分数）分析结果分别是 2.29%、3.17%、4.32%。总体上，$Nd_{1.5}Mg_{0.5}Ni_7$ 合金的氧含量要远高于其他两种合金，同浸泡 $La_{1.5}Mg_{0.5}Ni_7$ 合金的氧含量基本相当；$Ce_{1.5}Mg_{0.5}Ni_7$ 合金介于三者中间，表明其对合金耐腐蚀性的改善有一定的作用；而 $Y_{1.5}Mg_{0.5}Ni_7$ 合金的本征耐腐蚀性最好。

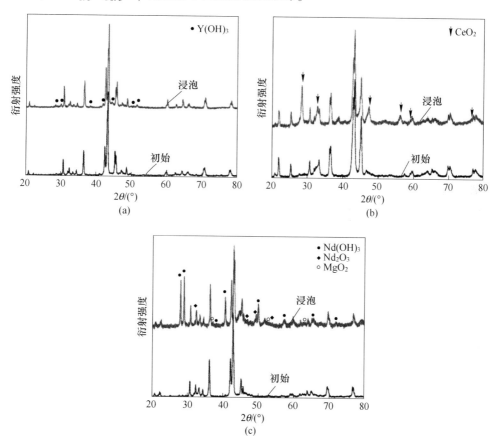

图 5-31 合金浸泡实验后的 XRD 谱线

（a）$Y_{1.5}Mg_{0.5}Ni_7$；（b）$Ce_{1.5}Mg_{0.5}Ni_7$；（c）$Nd_{1.5}Mg_{0.5}Ni_7$

5.4.1.3 其他 A 元素对 RE-Mg-Ni 合金失效行为的作用

采用 Pr 替代 La 可以提高合金的循环稳定性，但储氢容量降低并不明显。例如，研究报道 La_4MgNi_{19} 和 Pr_4MgNi_{19} 合金的放电容量分别为 $334mA \cdot h/g$ 和 $338mA \cdot h/g$，电化学循环 100 次后的容量保持率分别为 79% 和 86%[128]。La_2MgNi_9 和 Pr_2MgNi_9 的放电容量分别为 $360mA \cdot h/g$ 和 $342mA \cdot h/g$，化学循环

100 次后的容量保持率分别为 66% 和 86%[129]。对单相 La$_4$MgNi$_{19}$ 和 Pr$_4$MgNi$_{19}$ 合金电化学循环后的物相分析发现，La(OH)$_3$ 和 Pr(OH)$_3$ 的占比分别为 24% 和 8%，说明 Pr 有利于合金本征耐腐蚀性的提高。此外，Pr 替代后的体积膨胀更小，抗粉化性能也得到提高。

　　研究发现 Gd 同样具有提高合金循环稳定性的作用。研究利用粉末烧结的方法制备了单相 La$_{0.60}$Gd$_{0.20}$Mg$_{0.20}$Ni$_{3.80}$ 合金（Ce$_5$Co$_{19}$ 型），放电容量达 353mA·h/g，而循环 100 次后的容量保持高达 93.58%[130]。理论计算表明 Gd 替代后能够提高合金的结合能，从而提高合金的结构稳定性[130]。研究者从稀土元素的原子半径和电负性两个方面考虑（稀土元素的电负性和原子半径分布如图 5-32 所示），认为 Gd 是较为适合的 A 替代元素[131]。这是因为 Gd 的原子半径小于 La，可以起到进一步调节 [A$_2$B$_4$] 和 [AB$_5$] 结构单元体积匹配的作用。通过适当控制 Gd 的含量，两种结构单元可以获得近乎相同的体积，从而降低了吸放氢过程中不协调膨胀，有利于结构稳定性和抗粉化能力。此外，Gd 具有较高的电负性，更加稳定，从而有利于合金的本征耐腐蚀性提高。

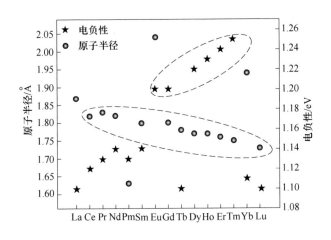

图 5-32　不同稀土元素的原子半径和电负性[131]

　　除此之外，有诸多研究考虑了 Sm 部分替代 La 的作用。Zhang 等研究发现 La$_{0.8-x}$Sm$_x$Mg$_{0.2}$Ni$_{3.35}$Al$_{0.1}$Si$_{0.05}$ 合金随 Sm 替代增加，合金的放电容量虽然先增加后降低，但电化学循环稳定性始终得到提升；Sm 能够细化合金晶粒，有利于抗粉化能力提高是合金循环稳定性提高的重要原因[132]。Liu 等研究也发现 Sm 替代能够细化晶粒，有利于合金电化学循环稳定性的提高[133]。Guo 等研究 LaY$_2$Ni$_{9.7}$Mn$_{0.5}$Al$_{0.3}$ 和 LaSm$_{0.3}$Y$_{1.7}$Ni$_{9.7}$Mn$_{0.5}$Al$_{0.3}$ 合金的电化学循环稳定性，发现 Sm 部分替代 Y 后能够提高合金的晶胞参数，从而有利于合金的抗粉化能力，并降低了腐蚀倾向[134]。通过优化 Sm 和 Mg 含量，$La_{0.35}Sm_{0.40}Mg_{0.25}(NiCoMnAl)_{3.35}$ 合金最大放电容量达到 353mA·h/g，经过 540 次循环后容量仍能保持 80%[135]。

总体上，采用其他稀土元素替代 La 后通常可以一定程度提高 RE-Mg-Ni 合金的循环稳定性，但也不同程度会牺牲合金的放电能力。La 是稀土元素中电负性最低，也是最容易被腐蚀的元素，因此采用其他稀土元素替代应该能够提高合金的本征耐腐蚀能力。此外，La 的原子半径较大，$[A_2B_4]$ 和 $[AB_5]$ 结构单元的体积差别也最大，而采用其他稀土元素替代能够不同程度降低这种结构差别，这会有利于合金吸放氢过程中的畸变，从而有利于合金的抗粉化能力。

不能忽视的是，元素替代的作用会受到相结构组成的显著影响，因此同制备特别是热处理工艺密切相关。文献[136]对比了 $La_{0.8-x}M_xMg_{0.2}Ni_{3.35}Al_{0.1}Si_{0.05}$（M = La、Pr、Nd、Sm）合金，表明 Pr、Nd、Sm 部分替代 La 会不同程度提高 AB_5 型相的含量。文献[137]研究了 La_3RMgNi_{19}（R = La、Pr、Nd、Sm、Gd、Y）合金的相组成和储氢性能，发现原子半径相对更小的 Sm、Gd、Y 替代后，合金退火会更倾向于形成 A_5B_{19} 型相；而原子半径相对更大的 La、Pr、Nd 会形成更多的 AB_5 型相。相似的结果也见于对 $La_{0.75}R_{0.05}Mg_{0.20}Ni_{3.40}Al_{0.10}$（R = La、Nd、Sm）合金的报道[138]。文献[139]研究了不同退火工艺对添加 Sm 的 $La_{0.60}Sm_{0.15}Mg_{0.25}Ni_{3.4}$ 合金相组成和电化学性能的影响，经过 950℃ 保温 24h 后能够形成单一 A_2B_7 型相的组织，合金放电容量达到 380mA·h/g，循环 100 次后的容量保持高达 87.7%。

Nd、Pr 对合金放电能力的影响相对较小。Sm、Gd 和 Y 对合金的放电容量影响更大，这是因为其原子半径更小，很容易使平台升高，造成难以需要仔细控制其含量[140]。Ce 虽然同 La 原子半径的差距相对较小，但对合金放电容量的恶化随含量提高会十分显著，这可能跟 Ce 的电负性过低有关，但确切的原因还不清楚。一些不同 A 元素替代后的合金性能总结于表 5-7 中。

5.4.2 B 元素替代对 RE-Mg-Ni 合金失效行为的作用

B 元素替代同样对 RE-Mg-Ni 合金的循环稳定性至关重要。RE-Mg-Ni 合金中通常需要采用 Co、Al、Mn 等金属元素部分替代 Ni。此外，也有利用 W[50,146]、Cr[147]、Cu[148] 等元素替代 Ni 的研究。通常减少 Ni 含量会降低合金的放电容量或者高倍率放电能力，因此 B 元素替代量需要仔细控制。此外，同 A 元素相似的是，加入 B 元素一方面会改变合金本身的储氢能力和稳定性，同时也会影响合金的相结构组成和显微组织，因此其作用也需要综合考虑。

表 5-7 一些 A 元素替代合金的性能

元素	合金	容量	容量保持率/%	循环次数	元素	合金	容量	容量保持率/%	循环次数
Ce	$La_{0.6}Ce_{0.1}Mg_{0.3}Ni_{2.8}Co_{0.5}$[110]	367.5	56.4	70	Pr	Pr_2MgNi_9[129]	342	86.3	100
	$La_{0.5}Ce_{0.2}Mg_{0.3}Ni_{2.8}Co_{0.5}$[110]	101.3	79.3	70		Nd_2MgNi_9[129]	341	84.5	100
	$(La_{0.7}Mg_{0.3})Ni_{2.8}Co_{0.5}$[111]	387.0	52.0	100		$La_{0.80}Mg_{0.20}Ni_{3.80}$[130]	365	82.41	100
	$(La_{0.7}Mg_{0.3})_{0.95}Ce_{0.05}Ni_{2.8}Co_{0.5}$[111]	382.9	55.7	100		$La_{0.60}Pr_{0.20}Mg_{0.20}Ni_{3.80}$[130]	354	84.2	100
	$(La_{0.7}Mg_{0.3})_{0.9}Ce_{0.1}Ni_{2.8}Co_{0.5}$[111]	370.8	60.0	100		$La_{0.60}Nd_{0.20}Mg_{0.20}Ni_{3.80}$[130]	353	89.05	100
	$(La_{0.7}Mg_{0.3})_{0.8}Ce_{0.2}Ni_{2.8}Co_{0.5}$[111]	322.5	63.6	100		$La_{0.60}Gd_{0.20}Mg_{0.20}Ni_{3.80}$[130]	353	93.58	100
	$(La_{0.5}Nd_{0.5})_{0.85}Mg_{0.15}Ni_{3.3}Al_{0.2}$[112]	342	96.9	25		$La_{0.60}Pr_{0.15}Mg_{0.25}Ni_{3.45}$[141]	1.44%	79.8	100
	$((La_{0.5}Nd_{0.5})_{0.9}Ce_{0.1})_{0.85}Mg_{0.15}Ni_{3.3}Al_{0.2}$[112]	335	95.1	25		$La_{0.60}Nd_{0.15}Mg_{0.25}Ni_{3.45}$[141]	1.43%	81.8	100
	$((La_{0.5}Nd_{0.5})_{0.8}Ce_{0.2})_{0.85}Mg_{0.15}Ni_{3.3}Al_{0.2}$[112]	336	91.6	25		$La_{0.60}Gd_{0.15}Mg_{0.25}Ni_{3.45}$[141]	1.43%	89.5	100
	$((La_{0.5}Nd_{0.5})_{0.6}Ce_{0.4})_{0.85}Mg_{0.15}Ni_{3.3}Al_{0.2}$[112]	249	87.2	25		$La_{0.8}Pr_0Mg_{0.2}Ni_{3.4}Al_{0.1}$[142]	385	85.1	100
	$La_{0.75}Mg_{0.25}Ni_3Co_{0.5}$[113]	约380	62.39	100		$La_{0.7}Pr_{0.1}Mg_{0.2}Ni_{3.4}Al_{0.1}$[142]	380	87.9	100
	$La_{0.55}Ce_{0.20}Mg_{0.25}Ni_3Co_{0.5}$[113]	约250	84.94	100		$La_{0.6}Pr_{0.2}Mg_{0.2}Ni_{3.4}Al_{0.1}$[142]	377	90.7	100
Pr	La_4MgNi_{19}[128]	334	79	100		$La_{0.5}Pr_{0.3}Mg_{0.2}Ni_{3.4}Al_{0.1}$[142]	373	86.6	100
	Pr_4MgNi_{19}[128]	338	86.1	100		$La_{0.6}Pr_{0.1}Mg_{0.3}Ni_{2.45}Co_{0.75}Mn_{0.1}Al_{0.2}$[143]	358.9	77.8	80
	La_2MgNi_9[129]	360	66.1	100		$La_{0.45}Pr_{0.25}Mg_{0.3}Ni_{2.45}Co_{0.75}Mn_{0.1}Al_{0.2}$[143]	349.7	81.1	80

续表 5-7

元素	合金	容量	容量保持率/%	循环次数
Nd	Nd_2MgNi_9[115]	1.02 H/M	约93	50
	Gd_2MgNi_9[115]	0.95 H/M	约92	50
	Er_2MgNi_9[115]	0.79 H/M	约87	50
	Nd_3MgNi_{14}[116]	1.06 H/M	约97	50
	Gd_3MgNi_{14}[116]	1.03 H/M	约96.5	50
	Er_3MgNi_{14}[116]	0.92 H/M	约96.2	50
	La_2MgNi_9[114]	399.4	79.0	100
	Nd_2MgNi_9[114]	370.6	92.1	100
	$Nd_{0.80}Mg_{0.20}Ni_{3.58}$/铸态[117]	240	约82	100
	$Nd_{0.80}Mg_{0.20}Ni_{3.58}$/1025℃退火[117]	约310	约90	100
	$Nd_{0.80}Mg_{0.20}Ni_{3.58}$/1130℃退火[117]	334	94.7	100
	$Nd_{0.80}Mg_{0.20}Ni_{3.58}$/1135℃退火[117]	311	约88	100
	$La_{0.6}Nd_{0.1}Mg_{0.3}Ni_{2.45}Co_{0.75}Mn_{0.1}Al_{0.2}$[144]	372.7	78.4	100
	$La_{0.45}Nd_{0.25}Mg_{0.3}Ni_{2.45}Co_{0.75}Mn_{0.1}Al_{0.2}$[144]	362	81.3	100
Gd	$La_{0.75}Mg_{0.25}Ni_{3.5}$[131]	391	82.1	100

元素	合金	容量	容量保持率/%	循环次数
Gd	$La_{0.70}Gd_{0.05}Mg_{0.25}Ni_{3.5}$[131]	388	84.5	100
	$La_{0.65}Gd_{0.10}Mg_{0.25}Ni_{3.5}$[131]	389	86.7	100
	$La_{0.60}Gd_{0.15}Mg_{0.25}Ni_{3.5}$[131]	386	88.2	100
	$La_{0.65}Gd_{0.10}Mg_{0.25}Ni_{3.50}$/铸态[55]	343	78.0	100
	$La_{0.65}Gd_{0.10}Mg_{0.25}Ni_{3.50}$/800℃退火24h[55]	343	80.0	100
	$La_{0.65}Gd_{0.10}Mg_{0.25}Ni_{3.50}$/900℃退火24h[55]	344	82.1	100
	$La_{0.65}Gd_{0.10}Mg_{0.25}Ni_{3.50}$/950℃退火24h[55]	343	81.2	100
	$La_{0.65}Gd_{0.10}Mg_{0.25}Ni_{3.50}$/957℃退火24h[55]	355	82.8	100
	$La_{0.65}Gd_{0.10}Mg_{0.25}Ni_{3.50}$/957℃退火48h[55]	386	88.4	100
Sm	$La_{0.8}Mg_{0.2}Ni_{3.65}$[133]	367	72.6	100
	$La_{0.7}Sm_{0.15}Mg_{0.15}Ni_{3.35}$[133]	347	83.4	100
	Sm_2MgNi_9[140]	283	72.5	50
	La_4MgNi_{19}[137]	367.0	70.9	100
	$La_3PrMgNi_{19}$[137]	350.1	79.3	100
	$La_3NdMgNi_{19}$[137]	340.0	83.5	100

续表 5-7

元素	合金	容量	容量保持率/%	循环次数	元素	合金	容量	容量保持率/%	循环次数
Sm	$La_3SmMgNi_{19}$[137]	312.0	93.3	100	Y	$LaY_2Ni_{10.6}Mn_{0.5}Al_{0.3}$[119]	362.1	75.8	300
	$La_3GdMgNi_{19}$[137]	295.3	91.6	100		$La_{0.83}Mg_{0.17}Ni_{3.1}Co_{0.3}Al_{0.1}$[120]	342.0	74.8	100
	La_3YMgNi_{19}[137]	279.8	92.3	100		$La_{0.73}Y_{0.1}Mg_{0.17}Ni_{3.1}Co_{0.3}Al_{0.1}$[120]	372.0	85.0	100
	$LaY_2Ni_{9.7}Mn_{0.5}Al_{0.3}$[134]	386.6	89.48	100		$La_{0.63}Y_{0.2}Mg_{0.17}Ni_{3.1}Co_{0.3}Al_{0.1}$[120]	400.6	84.7	100
	$LaY_{1.7}Sm_{0.3}Ni_{9.7}Mn_{0.5}Al_{0.3}$[134]	382.5	92.08	100		$La_{0.53}Y_{0.3}Mg_{0.17}Ni_{3.1}Co_{0.3}Al_{0.1}$[120]	383.0	74.5	100
	$La_{0.64}Sm_{0.08}Nd_{0.08}Mg_{0.20}Ni_{3.64}Al_{0.10}$/900℃退火[145]	349	86.1	100		$La_{0.43}Y_{0.4}Mg_{0.17}Ni_{3.1}Co_{0.3}Al_{0.1}$[120]	352.0	61.1	100
	$La_{0.64}Sm_{0.08}Nd_{0.08}Mg_{0.20}Ni_{3.64}Al_{0.10}$/995℃退火[145]	371	89.4	100		$La_{0.33}Y_{0.5}Mg_{0.17}Ni_{3.1}Co_{0.3}Al_{0.1}$[120]	333.0	48.2	100
	$La_{0.8}Sm_{0.2}Mg_{0.2}Ni_{3.35}Al_{0.1}Si_{0.05}$[132]	374.9	72.8	100		$La_{0.23}Y_{0.6}Mg_{0.17}Ni_{3.1}Co_{0.3}Al_{0.1}$[120]	254.0	38.0	100
	$La_{0.7}Sm_{0.1}Mg_{0.2}Ni_{3.35}Al_{0.1}Si_{0.05}$[132]	393.4	约78	100		$LaY_1Mg_1Ni_9$[122]	224.7	93.1	100
	$La_{0.4}Sm_{0.4}Mg_{0.2}Ni_{3.35}Al_{0.1}Si_{0.05}$[132]	360.2	89.4	100		$LaY_{1.25}Mg_{0.75}Ni_9$[122]	308.4	69.0	100
	$LaY_{8.2}Ni_{8.2}Mn_{0.5}Al_{0.3}$[119]	321.4	47.6	300		$LaY_{1.50}Mg_{0.50}Ni_9$[122]	362.4	44.8	100
	$LaY_2Ni_{9.7}Mn_{0.5}Al_{0.3}$[119]	385.7	76.6	300		$LaY_{1.75}Mg_{0.25}Ni_9$[122]	332.9	44.8	100
						LaY_2Ni_9[122]	278.7	46.9	100

注：表中未标注的容量单位为放电容量 mA·h/g。

5.4.2.1 Co 对 RE-Mg-Ni 合金失效行为的作用

Co 是 AB_5 型合金中非常重要的合金元素, 起到抑制合金粉化的关键作用, 正是由于 Co 的添加才使 AB_5 型合金能够获得实用性[56]。早期 Kohno 等发现 Co 替代的 La-Mg-Ni 系合金同样具有很高的电化学容量, $La_{0.7}Mg_{0.3}Ni_{2.8}Co_{0.5}$ 电化学容量达 $410mA \cdot h/g$, $La_{0.67}Mg_{0.33}Ni_{2.5}Co_{0.5}$ 达 $387mA \cdot h/g$[149]。Liao 等[150] 系统研究了 Co 含量对 AB_3 型合金性能的影响, 发现随 Co 含量的增加, 晶胞参数增加, 吸放氢过程中体积的变化减小。另外, 提高 Co 含量使得平台压降低但倾斜加剧, 电化学容量略有增加后降低; 高倍放电能力降低, 循环稳定性持续增加, 这是 Co 使合金体积膨胀降低抑制合金粉化造成的。Wang 等[151] 发现 AB_3 型合金循环寿命随 Co 添加先降低后增加, 并认为 Co 的替代必须达到一定比例才能起到积极的作用, 而合金高倍放电能力随 Co 的增加而提高。对于 A_2B_7 型合金, Zhang 等[152] 发现循环寿命随 Co 含量的增加而降低, Co 在 A_2B_7 型结构中只存在于 [AB_5] 单元中, 这与 Mg 元素恰恰相反, 并认为这种选择性占位会加剧晶胞膨胀的不均匀性从而使粉化更加严重。

Li 等通过熔炼退火制备了不同 Co 含量的 AB_3 型 $La_2Mg(Ni_{0.90}Co_{0.10})_9$、$La_2Mg(Ni_{0.85}Co_{0.15})_9$、$La_2Mg(Ni_{0.80}Co_{0.20})_9$ 合金[123,153]。随 Co 含量的提高, 合金的吸放氢平台均呈现增加的趋势, 如图 5-33 (a) 所示。三种合金的最大吸氢量 (质量分数) 基本相当, 均超过了 1.6%。其数值同未加 Co 的单纯合金 La_2MgNi_9 合金相当, 说明 Co 替代没有削弱合金的气态储氢能力。需要注意的是, $La_2Mg(Ni_{0.90}Co_{0.10})_9$ 合金的放氢量明显低于其他两种合金, 而且平台的滞后也较严重。$La_2Mg(Ni_{0.90}Co_{0.10})_9$ 合金的可逆放氢容量 (质量分数) 仅有 1.1% 左右, 同 La_2MgNi_9 合金相当。但 $La_2Mg(Ni_{0.85}Co_{0.15})_9$ 和 $La_2Mg(Ni_{0.80}Co_{0.20})_9$ 的可逆放氢量 (质量分数) 却高达 1.5%。这说明 Co 替代有利于合金可逆吸氢量的提高。三种合金的放电活化和循环性能如图 5-33 (b) 所示, $La_2Mg(Ni_{0.80}Co_{0.20})_9$ 的容量保持率为 79%, 而 $La_2Mg(Ni_{0.90}Co_{0.10})_9$ 合金的容量保持率为 70%。很明显, Co 能提高合金的电化学循环稳定性。

气态循环试验表明 $La_2Mg(Ni_{0.80}Co_{0.20})_9$ 合金在 10 次循环过程中均保持了较高的吸氢量, 说明其可逆吸氢能力较好, 如图 5-34 (a) 所示。而 $La_2Mg(Ni_{0.90}Co_{0.10})_9$ 合金的吸氢量在第二次就发生了明显的降低, 在随后的循环过程中也表现出了缓慢降低的趋势。XRD 分析表明两种合金循环后的衍射峰均发生了左移, 说明晶胞体积增大, 其原因可能是部分氢难以释放造成的, 如图 5-34 (b) 所示。$La_2Mg(Ni_{0.90}Co_{0.10})_9$ 样品衍射峰左移得更为明显, 说明其氢化物的稳定性要高于 $La_2Mg(Ni_{0.80}Co_{0.20})_9$ 合金。这也是 $La_2Mg(Ni_{0.90}Co_{0.10})_9$ 合金 P-C-T 测试中合金可逆放氢能力较低的原因之一。$La_2Mg(Ni_{0.90}Co_{0.10})_9$ 样品循环

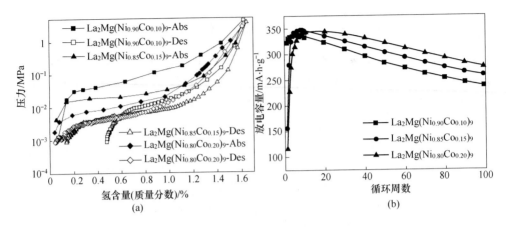

图 5-33 三种合金的储氢性能

(a) $P\text{-}C\text{-}T$ 曲线; (b) 放电曲线

后 AB$_3$ 型相的衍射峰强度发生了明显降低, 说明该相的晶态特征在循环过程中遭受了破坏。对于 La$_2$Mg(Ni$_{0.80}$Co$_{0.20}$)$_9$ 样品, 循环后合金的衍射谱线除了峰位左移, 基本保持不变。其中 A$_7$B$_{23}$ 相的衍射峰也清晰可辨, 说明 A$_7$B$_{23}$ 相的结构稳定较好。总体上, La$_2$Mg(Ni$_{0.80}$Co$_{0.20}$)$_9$ 样品结构稳定性提高的原因一方面在于 Co 替代降低了其中 AB$_3$ 型相的含量, 另外 La$_2$Mg(Ni$_{0.80}$Co$_{0.20}$)$_9$ 样品中所有衍射峰的宽化程度均低于 La$_2$Mg(Ni$_{0.90}$Co$_{0.10}$)$_9$ 样品, 说明 Co 替代后合金相在吸放氢循环过程中的结构畸变减弱。

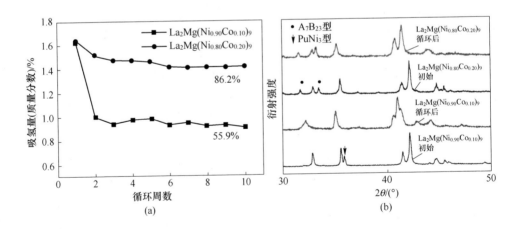

图 5-34 La$_2$Mg(Ni$_{0.90}$Co$_{0.10}$)$_9$ 和 La$_2$Mg(Ni$_{0.80}$Co$_{0.20}$)$_9$ 合金

(a) 气态循环过程中吸氢量的变化; (b) 循环前后的 XRD

关于 Mg 对 La-Mg-Ni 系化合物结构稳定性的研究发现, Mg 加入后层状结构中［A_2B_4］和［AB_5］单元的体积均发生了缩小，但［A_2B_4］单元的体积缩小更显著；Mg 替代后两种结构单元的体积相当，从而使得结构更加稳定[29-31]。然而 Co 替代后合金晶胞体积是增大的，这同 Mg 相反，但同样起到了增加化合物结构稳定性的作用。其原因很可能同 Co 在化合物中的选择性占位有关。有报道发现替代后 Co 仅占据在［AB_5］结构单元，如此则会增大［AB_5］结构单元的体积，这样同样能够起到缩小［A_2B_4］和［AB_5］单元体积差距的作用，从而使结构更加稳定。

对 $La_2Mg(Ni_{0.90}Co_{0.10})_9$ 和 $La_2Mg(Ni_{0.80}Co_{0.20})_9$ 合金进行了浸泡腐蚀实验，对浸泡样品 XRD 的分析表明 $La_2Mg(Ni_{0.90}Co_{0.10})_9$ 合金浸泡后存在较为明显的 $La(OH)_3$ 衍射峰，除此之外还发现了 $Mg(OH)_2$ 存在，如图 5-35 所示。$La_2Mg(Ni_{0.80}Co_{0.20})_9$ 合金浸泡后腐蚀产物的衍射峰要明显弱于 $La_2Mg(Ni_{0.90}Co_{0.10})_9$ 合金，其中仅发现了 $La(OH)_3$ 衍射峰的存在。这说明 $La_2Mg(Ni_{0.80}Co_{0.20})_9$ 样品的本征耐腐蚀性要好于 $La_2Mg(Ni_{0.90}Co_{0.10})_9$ 样品。其原因：一方面在于 $La_2Mg(Ni_{0.80}Co_{0.20})_9$ 样品中 AB_3 型相的含量低于 $La_2Mg(Ni_{0.90}Co_{0.10})_9$ 样品；另一方面，虽然 $La_2Mg(Ni_{0.90}Co_{0.10})_9$ 样品中的腐蚀产物较 $La_2Mg(Ni_{0.80}Co_{0.20})_9$ 样品更明显，但相比未合金化的三种 La-Mg-Ni 合金，$La_2Mg(Ni_{0.90}Co_{0.10})_9$ 样品中 $La(OH)_3$ 衍射峰还是明显减弱。这说明 Co 替代后起到了钝化 La-Mg-Ni 合金从而减缓腐蚀的效果，而加入 Co 后形成较稳定的钝化膜在 AB_5 型合金中也被报道[8]。对两种合金浸泡后的氧含量分析也表明，$La_2Mg(Ni_{0.90}Co_{0.10})_9$ 合金中的氧含量（质量分数 2.41%）要明显高于 $La_2Mg(Ni_{0.80}Co_{0.20})_9$ 合金（质量分数 1.19%），但其值均低于未合金化的 La_2MgNi_9、$La_{1.5}Mg_{0.5}Ni_7$ 和 La_4MgNi_{19} 合金，如图 5-12 (b) 所示。

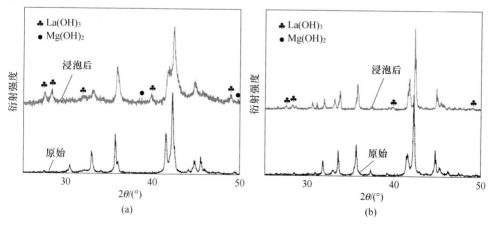

图 5-35 浸泡腐蚀后的 XRD 谱线

（a）$La_2Mg(Ni_{0.90}Co_{0.10})_9$；（b）$La_2Mg(Ni_{0.80}Co_{0.20})_9$

为了分析 Co 添加对合金粉化性能的影响，对 $La_2Mg(Ni_{0.90}Co_{0.10})_9$ 和 $La_2Mg(Ni_{0.80}Co_{0.20})_9$ 合金进行了 30 次气态吸放氢实验，测定了循环前后合金的粒度变化。发现 $La_2Mg(Ni_{0.80}Co_{0.20})_9$ 样品的粒度保持率（68.6%）要明显低于 $La_2Mg(Ni_{0.90}Co_{0.10})_9$ 样品（82.6%）。$La_2Mg(Ni_{0.80}Co_{0.20})_9$ 合金粉化加剧的原因，一方面可能由于其中粉化倾向较小的 AB_3 型相的含量降低；另一方面，$La_2Mg(Ni_{0.80}Co_{0.20})_9$ 样品的粉化倾向大于 La_2MgNi_9 合金，同 $La_{1.5}Mg_{0.5}Ni_7$ 合金基本相当。但需要注意的是，$La_{1.5}Mg_{0.5}Ni_7$ 合金中含有相当数量的易粉化的 AB_5 型相，而 $La_2Mg(Ni_{0.80}Co_{0.20})_9$ 合金中几乎没有 AB_5 型相存在。这说明 Co 添加后还是恶化了合金的抗粉化能力。虽然添加 Co 在 AB_5 型合金中能够显著提高合金的抗粉化性能，但在含 Mg 的三元相中 Co 却起到相反的作用。有研究者认为 Co 在 A_2B_7 型相中只占据在 ［AB_5］结构单元，从而加剧了 ［AB_5］ 和 ［A_2B_4］ 结构单元之间的不协调膨胀，因此导致更严重的粉化[67]。综合关于 Co 替代后合金的失效行为可以发现，虽然 Co 加入量的增加不利于合金的抗粉化性能，但有利于合金的结构稳定性和耐腐蚀性。因此这些影响的综合作用下，提高 Co 含量对合金的电化学稳定性起到了促进的作用。

5.4.2.2　Al 和 Zn 对 RE-Mg-Ni 合金失效行为的作用

Al 在 AB_5 型合金中同样是提高循环寿命的重要元素。Sun 等发现 RE-Mg-Ni 合金添加 Al 同样起到了增加循环稳定性的作用，并发现 Al 可以降低粉化同时在表面形成具有保护作用的氧化膜[49]。Tang 等[61] 发现随着 Al 含量的增加，合金平台压和储氢容量降低，但是循环稳定性增加显著。Al 除了形成表面致密的保护膜防止腐蚀以外，还降低了合金的显微硬度，增加了合金的延展性，从而防止合金粉化提高寿命。Dong 等研究了 Co、Al 共同替代对合金性能的影响，结果发现虽然电化学容量有一定降低但是循环寿命得到显著的改善，这是 Co、Al 分别起到了防止粉化和腐蚀所致[154]。Al 除了对合金失效行为有直接作用，还会强烈改变合金的相结构组成。研究发现 Al 倾向于在 AB_5 型相中固溶，因此随着 Al 含量的增加，AB_5 型相的含量会显著增加[154-156]。过量添加 Al 由于形成大量 AB_5 相，合金中剩余部分的 Mg 含量高于其设计成分，还会形成富 Mg 相。

采用感应熔炼退火制备了 $La_2Mg(Ni_{0.90}Al_{0.10})_9$、$La_2Mg(Ni_{0.85}Al_{0.15})_9$、$La_2Mg(Ni_{0.80}Al_{0.20})_9$ 合金[123]，发现 Al 含量提高会导致 $LaMg_2Ni$ 和 La_2MgNi_2 相的形成。由于该两种相在常温下很难吸放氢[157,158]，因此 Al 含量提高使合金的吸氢和放电能力急剧降低。Al 对合金结构稳定性和抗粉化能力并未有明显作用，但对合金的本征耐腐蚀性确实有提高作用。图 5-36 是 $La_2Mg(Ni_{0.90}Al_{0.10})_9$ 和

$La_2Mg(Ni_{0.80}Al_{0.20})_9$ 合金浸泡后的 XRD 谱线。类似于 La_2MgNi_9 合金，两种合金浸泡后主要的腐蚀产物是 $La(OH)_3$，也发现了 La_2O_3 和 $Mg(OH)_2$ 的存在。对比发现，$La_2Mg(Ni_{0.80}Al_{0.20})_9$ 样品中腐蚀产物的衍射峰明显低于 $La_2Mg(Ni_{0.90}，Al_{0.10})_9$ 样品，说明 $La_2Mg(Ni_{0.80}Al_{0.20})_9$ 样品的本征耐腐蚀性更好。氧含量的分析表明 $La_2Mg(Ni_{0.80}Al_{0.20})_9$ 样品浸泡腐蚀后的氧含量（质量分数 1.94%）明显低于 $La_2Mg(Ni_{0.90}Al_{0.10})_9$ 样品（质量分数 2.24%），而 $La_2Mg(Ni_{0.90}Al_{0.10})_9$ 样品浸泡后的氧含量也低于 La_2MgNi_9 合金，这些实验现象都说明添加 Al 有利于合金本征耐腐蚀性的提高。

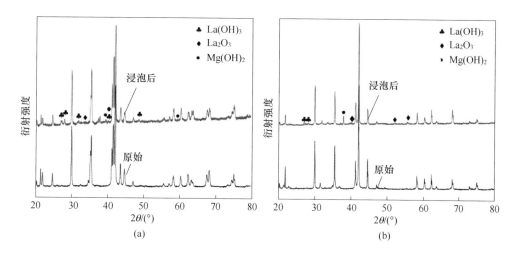

图 5-36　合金浸泡腐蚀后的 XRD 谱线
（a）$La_2Mg(Ni_{0.90}Al_{0.10})_9$；（b）$La_2Mg(Ni_{0.80}Al_{0.20})_9$

加入 Zn 在 AB_5 型合金的研发过程中就被发现能够显著影响合金的储氢性能。Rozdżyńska-Kielbi 等报道 $LaNi_5$ 加入 Zn 增大了 AB_5 型相的晶胞参数，降低了合金的气态吸氢能力[39]。Wang 等发现 Zn 能够在 $MlNi_{3.8}Co_{0.5}Mn_{0.4}Al_{0.3}Zn_x$ 合金表明形成有效的氧化膜，并有利于合金的电化学循环稳定性[40]。Tang 等发现 Zn 的加入改变了 $Ml(NiCoMgAl)_{5.1-x}Zn_x$ 合金的相组成，并有利于合金的循环稳定性[159]。对于 La-Mg-Ni 系合金，罗永春等发现 Zn 同样能够提高 A_2B_7 型合金的电化学循环稳定性[160]。

研究发现适当添加 Zn 能够获得较高含量的 A_2B_7 型相（相丰度约80%），但随 Zn 含量的增加 AB_5 型相的含量显著提高[161]。同 Al 类似的是，Zn 在 AB_5 型相中的含量明显高于其他相，说明 Zn 倾向于在 AB_5 型结构中固溶。图 5-37（a）是 $La_2Mg(Ni_{0.90}Zn_{0.10})_9$ 和 $La_2Mg(Ni_{0.80}Zn_{0.20})_9$ 合金的 P-C-T 曲线。$La_2Mg(Ni_{0.90}Zn_{0.10})_9$ 合金最大吸氢量（质量分数）为 1.38%，但

$La_2Mg(Ni_{0.80}Zn_{0.20})_9$ 合金由于含有较多 AB_2 型相（室温的储氢能力仅有1%[162]），以及 Zn 添加后氢化物稳定性提高导致合金放氢困难，因此气态和电化学容量都显著降低。

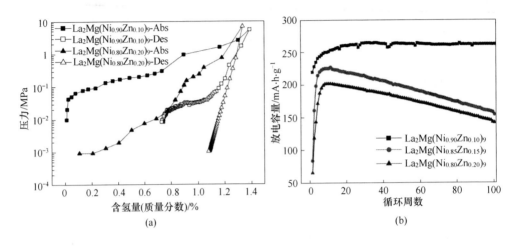

图 5-37　$La_2Mg(Ni_{0.90}Zn_{0.10})_9$ 和 $La_2Mg(Ni_{0.80}Zn_{0.20})_9$ 合金

(a) $P\text{-}C\text{-}T$ 曲线；(b) 放电性能

值得注意的是，$La_2Mg(Ni_{0.90}Zn_{0.10})_9$ 合金的放电容量虽然低于 La_2MgNi_9 合金，但展现出了十分优异的电化学循环稳定性，经过 100 次电化学循环，其容量保持率高达 94%，如图 5-37 (b) 所示。对合金失效行为的分析表明，Zn 有利于提高 A_2B_7 型相的结构稳定性[161]。对浸泡试验后 $La_2Mg(Ni_{0.90}Zn_{0.10})_9$ 和 $La_2Mg(Ni_{0.80}Zn_{0.20})_9$ 合金氧含量和 XPS 的分析表明，$La_2Mg(Ni_{0.90}Zn_{0.10})_9$ 合金浸泡后的氧含量（质量分数 0.46%）要远低于单纯 La-Mg-Ni 合金以及其他合金化后的合金，这说明 Zn 加入显著提高了 A_2B_7 型相的本征耐腐蚀性。$La_2Mg(Ni_{0.80}Zn_{0.20})_9$ 合金 Zn 含量更高，但其腐蚀更为严重（氧质量分数为2.57%），其主要原因在于其中富 Mg 的 AB_2 型相的含量也显著增加。从两种合金 XPS 谱线中 Zn $2p_{2/3}$ 峰的形状和结合能峰位来看（见图 5-38），其处于 ZnO 和 $Zn(OH)_2$ 的特征能级峰之间，由此可以判断合金表面的 Zn 元素以 ZnO 和 $Zn(OH)_2$ 的形式存在。$Zn(OH)_2$ 钝化膜较为致密，能够有效起到防止腐蚀发展的作用[162-164]。这可能是 Zn 提高合金本征耐腐蚀性的主要原因。

5.4.2.3　其他 B 元素对 RE-Mg-Ni 合金失效行为的作用

Mn 是 AB_5 型合金中经常添加的合金元素。Mn 同 Ni 元素的化学性能相对接近，因此对储氢量的影响并不显著。Mn 较 Ni 的原子半径更大，能够起到调节合

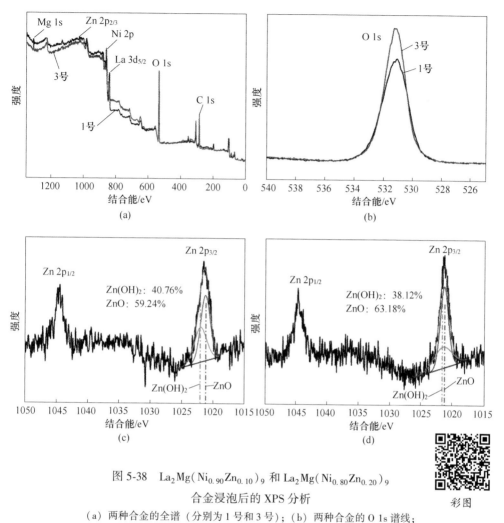

图 5-38　$La_2Mg(Ni_{0.90}Zn_{0.10})_9$ 和 $La_2Mg(Ni_{0.80}Zn_{0.20})_9$

合金浸泡后的 XPS 分析

（a）两种合金的全谱（分别为 1 号和 3 号）；（b）两种合金的 O 1s 谱线；
（c）$La_2Mg(Ni_{0.90}Zn_{0.10})_9$ 合金的 Zn 2p 谱线；（d）$La_2Mg(Ni_{0.80}Zn_{0.20})_9$ 合金的 Zn 2p 谱线

金储氢热处理的作用，提高氢化物的热力学稳定性，可以调节充放电的效率[165,166]。在 RE-Mg-Ni 合金添加 Mn 也被广泛重视和研究。Liu 等研究了 Mn 对于 AB_3 型合金电化学性能的作用，发现适当添加有利于合金放电容量和循环稳定性的提高[167]。Nowak 等研究发现 Mn 替代会有利于 3R 结构的 A_2B_7 型相含量提高，Mn 会降低合金的放电容量，但适当采用 Mn 替代能够提高合金的循环稳定性，但 Mn 含量过高反而会同时恶化放电容量和循环稳定性[168]。同样地，诸多研究结果都表明过量添加 Mn 对合金放电容量和循环稳定性都会产生负面效果[169-172]。

　　与在 AB_5 型合金中类似，Mn 对 RE-Mg-Ni 合金电化学性能的重要作用在于调节吸放氢热力学。但需要注意的是，针对不同的成分体系，Mn 添加的效果并不相同。Mn 会降低合金的平台压，在一定成分体系下会提高充电的效率从而提高合金电化学容量[173]。但过低的平台会使放电困难，反而不利于放电容量的提高[169,170]。此外，诸多研究都报道 Mn 添加有利于合金的高倍率放电性能[165,167,174,175]。然而针对电化学循环稳定性的报道却并不统一。有研究结果发现适量 Mn 有利于合金的电化学循环稳定性，其原因可能是合金耐腐蚀和抗粉化能力的提高[171-173,176]。但也有研究发现 Mn 添加对合金的电化学循环稳定性没有积极作用，甚至会恶化电化学循环稳定性[174-177]。其原因可能是 Mn 相较 Ni 更容易被电解液腐蚀并溶解。总体上 Mn 对 RE-Mg-Ni 合金的相结构组成和电化学性能的影响不似 Al 那样剧烈，适当采用 Mn 可以提高合金的综合电化学性能。

　　在其他 B 元素中，Fe 是为数不多少量替代后对合金放电容量影响不大，但又能提高合金循环稳定性的元素[178,179]。Fe 的优势还在于价格相对便宜，有利于合金成本的控制。有研究者认为 Fe 替代 Ni 后合金相结构的晶胞参数变大，因此有利于降低吸放氢过程中的晶格畸变，从而会提高合金的抗粉化性能[179,180]。Fe 同样可以调节合金的吸放氢热力学性能。但 Fe 含量过高会恶化合金的放电能力和高倍放电性能[179-182]。除此之外，Fe 会促进 AB_5 型相的形成[180,181,184]，还有报道会形成其他金属间化合物[184]。

　　除了以上的元素以外，还有部分工作采用 Cu、Cr、Si 等元素进行了替代研究。采用 Cu 能够提高 RE-Mg-Ni 合金的循环稳定性，但会恶化合金的放电容量[148,178,185-187]。电化学腐蚀研究发现 Cu 替代能够提高合金的耐腐蚀性，同时也有利于提高合金的抗粉化能力[187]。Cr 也被报道能够提高合金的电化学循环稳定性，但会造成放电容量的显著降低[147,188]。一些采用 B 元素替代合金的电化学性能数据可以参照表 5-8。总体上，常用的 B 替代元素都是同 Ni 性质类似的过渡族金属元素。对于其他类型的金属元素，从材料学的角度很难与 Ni 形成固溶，从而会形成其他的金属间化合物。从合金放电能力的角度，无疑 Ni 是最佳的 B 元素。但在采用 A 联合替代的情况下（例如 Y 会强烈提高合金的平台），采用其他 B 元素有利于提高充放电的效率，从而能够提高合金的电化学放电能力。此外，同 A 元素相同的是，B 元素替代会不同程度影响合金的相结构组成，或许对其显微形貌、晶粒尺寸也会造成不同程度的影响，这对于合金电化学性能和循环稳定性都有不可忽视的作用。因此，合金元素的作用同合金制备及相结构组成的控制需要综合考虑和调控。

表5-8 一些B元素替代合金的性能

元素	合金	容量/(mA·h·g⁻¹)	容量保持率/%	循环次数
Mn	$La_{0.75}Mg_{0.25}Ni_{3.5}Mn_{0.0}$[170]	383.1	72.1	100
	$La_{0.75}Mg_{0.25}Ni_{3.45}Mn_{0.05}$[170]	376.2	79.7	100
	$La_{0.75}Mg_{0.25}Ni_{3.40}Mn_{0.10}$[170]	370.2	81.9	100
	$La_{0.75}Mg_{0.25}Ni_{3.35}Mn_{0.15}$[170]	370.1	77.4	100
	$La_{0.75}Mg_{0.25}Ni_{3.30}Mn_{0.20}$[170]	370.1	76.1	100
	$Y_{0.75}La_{0.25}Ni_{3.50}Mn_{0.00}$[173]	231.9	67.1	100
	$Y_{0.75}La_{0.25}Ni_{3.40}Mn_{0.10}$[173]	315.4	75.5	100
	$Y_{0.75}La_{0.25}Ni_{3.35}Mn_{0.15}$[173]	367.4	74.9	100
	$Y_{0.75}La_{0.25}Ni_{3.30}Mn_{0.20}$[173]	336.3	74.1	100
	$La_2Mg_{0.9}Al_{0.1}Ni_{7.5}Co_{1.5}Mn_{0.0}$[169]	398.1	81.5	100
	$La_2Mg_{0.9}Al_{0.1}Ni_{7.2}Co_{1.5}Mn_{0.3}$[169]	371.1	86.9	100
	$La_2Mg_{0.9}Al_{0.1}Ni_{6.9}Co_{1.5}Mn_{0.6}$[169]	352.2	78.0	100
	$La_2Mg_{0.9}Al_{0.1}Ni_{6.6}Co_{1.5}Mn_{0.9}$[169]	316.2	84.1	100
	$La_{1.5}Mg_{0.5}Ni_{7.0}Mn_{0.0}$[168]	304	54.9	50
	$La_{1.5}Mg_{0.5}Ni_{6.8}Mn_{0.2}$[168]	284	65.0	50
	$La_{1.5}Mg_{0.5}Ni_{6.7}Mn_{0.3}$[168]	300	65.7	50
	$La_{1.5}Mg_{0.5}Ni_{6.6}Mn_{0.4}$[168]	282	54.5	50
	$La_{1.5}Mg_{0.5}Ni_{6.5}Mn_{0.5}$[168]	271	53.8	50
	$La_{0.6}Gd_{0.2}Mg_{0.2}Ni_{3.15}Co_{0.25}Al_{0.1}Mn_{0.0}$[176]	385.1	83.7	100
Mn	$La_{0.6}Gd_{0.2}Mg_{0.2}Ni_{3.05}Co_{0.25}Al_{0.1}Mn_{0.1}$[176]	391.2	89.8	100
	$La_{0.6}Gd_{0.2}Mg_{0.2}Ni_{2.95}Co_{0.25}Al_{0.1}Mn_{0.2}$[176]	385.5	85.4	100
	$La_{0.6}Gd_{0.2}Mg_{0.2}Ni_{2.85}Co_{0.25}Al_{0.1}Mn_{0.3}$[176]	375.6	80.4	100
	$La_{0.7}Mg_{0.3}Ni_{2.55}Co_{0.45}Mn_{0.0}$[167]	342.6	51.1	60
	$La_{0.7}Mg_{0.3}Ni_{2.45}Co_{0.45}Mn_{0.1}$[167]	360.6	48.7	60
	$La_{0.7}Mg_{0.3}Ni_{2.25}Co_{0.45}Mn_{0.3}$[167]	368.9	54.1	60
	$La_{0.7}Mg_{0.3}Ni_{2.05}Co_{0.45}Mn_{0.5}$[167]	333.5	54.0	60
	$La_{0.6}Nd_{0.15}Mg_{0.25}Ni_{3.3}$[177]	394.5	81.3	200
	$La_{0.6}Nd_{0.15}Mg_{0.25}Ni_{3.2}Mn_{0.1}$[177]	396.3	79.6	200
	$La_{0.6}Nd_{0.15}Mg_{0.25}Ni_{3.2}Al_{0.1}$[177]	392.7	86.5	200
Fe	$La_{0.7}Mg_{0.3}Ni_{2.875}Co_{0.525}Mn_{0.0}$[166]	337.6	50.2	70
	$La_{0.7}Mg_{0.3}Ni_{2.775}Co_{0.525}Mn_{0.1}$[166]	342.2	50.1	70
	$La_{0.7}Mg_{0.3}Ni_{2.575}Co_{0.525}Mn_{0.3}$[166]	356.0	49.7	70
	$La_{0.7}Mg_{0.3}Ni_{2.475}Co_{0.525}Mn_{0.4}$[166]	326.6	49.6	70
	$La_2Mg(Ni_{0.95}Ni_{0.05})_9$[178]	397.5	60.6	100
	$La_2Mg(Ni_{0.95}Al_{0.05})_9$[178]	185.4	75.7	100
	$La_2Mg(Ni_{0.95}Co_{0.05})_9$[178]	394.2	62.5	100
	$La_2Mg(Ni_{0.95}Cu_{0.05})_9$[178]	369.1	68.6	100
	$La_2Mg(Ni_{0.95}Fe_{0.05})_9$[78]	348.7	68.5	100

续表 5-7

元素	合金	容量/mA·h·g⁻¹	容量保持率/%	循环次数	元素	合金	容量/mA·h·g⁻¹	容量保持率/%	循环次数
Fe	$La_2Mg(Ni_{0.95}Mn_{0.05})_9$ [178]	364.6	64.2	100		$La_{0.67}Mg_{0.33}Ni_{2.25}Co_{0.75}$ [151]	391.6	70.6	70
	$La_{0.74}Mg_{0.26}Ni_{2.55}Co_{0.65}Fe_{0.0}$ [180]	410	68.5	200		$La_{1.5}Mg_{0.5}Ni_7Co_{0.0}$ [152]	394.5	84.7	70
	$La_{0.74}Mg_{0.26}Ni_{2.55}Co_{0.55}Fe_{0.1}$ [180]	401	82.3	200		$La_{1.5}Mg_{0.5}Ni_{5.8}Co_{1.2}$ [152]	391.4	81.1	70
	$La_{0.74}Mg_{0.26}Ni_{2.55}Co_{0.35}Fe_{0.3}$ [180]	368	82.3	200		$La_{1.5}Mg_{0.5}Ni_{5.2}Co_{1.8}$ [152]	405.6	68.9	70
	$La_{0.75}Mg_{0.25}Ni_{3.5}Fe_{0.0}$ [183]	383.9	73.7	100		$La_2Mg(Ni_{0.9}Co_{0.1})_9$ [153]	337.8	70.1	100
	$La_{0.75}Mg_{0.25}Ni_{3.4}Fe_{0.1}$ [183]	365.3	74.8	100	Co	$La_2Mg(Ni_{0.85}Co_{0.15})_9$ [153]	347.6	74.4	100
	$La_{0.75}Mg_{0.25}Ni_{3.2}Fe_{0.3}$ [183]	340.9	70.1	100		$La_2Mg(Ni_{0.8}Co_{0.2})_9$ [153]	347.1	79.1	100
	$La_{0.7}Zr_{0.1}Mg_{0.2}Ni_{2.75}Co_{0.75}Fe_{0.0}$ [184]	359.5	44.5	100		$(La_{0.85}Mg_{0.15})_5Ni_{15.75}Co_{3.25}$ [189]	297.1	69.7	100
	$La_{0.7}Zr_{0.1}Mg_{0.2}Ni_{2.75}Co_{0.65}Fe_{0.1}$ [184]	347.2	83.7	100		$(La_{0.85}Mg_{0.15})_5Ni_{13.75}Co_{5.25}$ [189]	394.4	82.3	100
	$La_{0.7}Zr_{0.1}Mg_{0.2}Ni_{2.75}Co_{0.55}Fe_{0.2}$ [184]	331.9	55.4	100		$(La_{0.85}Mg_{0.15})_5Ni_{11.75}Co_{7.25}$ [189]	384.6	85.2	100
	$La_2Mg(Ni_{1.0}Co_{0.0})_9$ [150]	400.2	60.2	100		$(La_{0.85}Mg_{0.15})_5Ni_{9.75}Co_{9.25}$ [189]	345.5	83.5	100
	$La_2Mg(Ni_{0.9}Co_{0.1})_9$ [150]	402.8	68.0	100		$(La_{0.85}Mg_{0.15})_5Ni_{7.75}Co_{11.25}$ [189]	314.8	84.0	100
	$La_2Mg(Ni_{0.8}Co_{0.2})_9$ [150]	404.5	69.3	100		$Ml_{0.8}Mg_{0.2}Ni_{3.2}Co_{0.6}Al_0$ [66]	380	56	300
	$La_2Mg(Ni_{0.7}Co_{0.3})_9$ [150]	393.5	70.5	100		$Ml_{0.8}Mg_{0.2}Ni_{3.2}Co_{0.4}Al_{0.2}$ [66]	327	89	300
Co	$La_2Mg(Ni_{0.6}Co_{0.4})_9$ [150]	349.1	74.1	100	Al	$Ml_{0.8}Mg_{0.2}Ni_{3.2}Co_{0.2}Al_{0.4}$ [66]	317	84	300
	$La_2Mg(Ni_{0.5}Co_{0.5})_9$ [150]	328.4	87.9	100		$La_{0.8}Mg_{0.2}Ni_{2.95}Co_{0.7}Al_{0.0}$ [156]	394	73.1	100
	$La_{0.67}Mg_{0.33}Ni_{3.00}Co_{0.00}$ [151]	392.2	61.6	70		$La_{0.8}Mg_{0.2}Ni_{2.95}Co_{0.65}Al_{0.05}$ [156]	389	75.2	100
	$La_{0.67}Mg_{0.33}Ni_{2.75}Co_{0.25}$ [151]	398.2	57.1	70		$La_{0.8}Mg_{0.2}Ni_{2.95}Co_{0.60}Al_{0.10}$ [156]	382	81.2	100
	$La_{0.67}Mg_{0.33}Ni_{2.50}Co_{0.50}$ [151]	404.4	57.6	70		$La_{0.8}Mg_{0.2}Ni_{2.95}Co_{0.55}Al_{0.15}$ [156]	381	86.7	100

续表 5-7

元素	合金	容量/mA·h·g⁻¹	容量保持率/%	循环次数	元素	合金	容量/mA·h·g⁻¹	容量保持率/%	循环次数
Al	$Mm_{0.75}Mg_{0.25}Ni_{3.5}Co_{0.2}Al_{0.0}$ [190]	385	52.4	100	其他	$La_{0.75}Mg_{0.25}Ni_{3.0}Zn_{0.5}$ [160]	333.8	83.5	150
	$Mm_{0.75}Mg_{0.25}Ni_{3.5}Co_{0.2}Al_{0.1}$ [190]	378	54.7	100		$La_{0.75}Mg_{0.25}Ni_{3.45}Si_{0.05}$ [160]	371.2	79.5	150
	$Mm_{0.75}Mg_{0.25}Ni_{3.5}Co_{0.2}Al_{0.2}$ [190]	337	67.3	100		$La_{0.75}Mg_{0.25}Ni_{3.4}Si_{0.1}$ [160]	352.7	79.9	150
	$Mm_{0.75}Mg_{0.25}Ni_{3.5}Co_{0.2}Al_{0.3}$ [190]	334	74.8	100		$La_{0.75}Mg_{0.25}Ni_{3.3}Si_{0.2}$ [160]	290.1	81.1	150
	$Mm_{0.75}Mg_{0.25}Ni_{3.5}Co_{0.2}Al_{0.4}$ [190]	323	84.5	100		$La_{0.75}Mg_{0.25}Ni_{3.2}Si_{0.3}$ [160]	266.1	82.8	150
	$LaY_{1.9}Ni_{10.2}Al_{0.0}Mn_{0.5}$ [191]	374.5	59.4	300		$La_{0.75}Mg_{0.25}Ni_{3.1}Si_{0.4}$ [160]	233.1	90.5	150
	$LaY_{1.9}Ni_{10.0}Al_{0.2}Mn_{0.5}$ [191]	379.3	62.0	300		$La_{0.7}Mg_{0.3}Ni_{2.55}Co_{0.45}Cu_{0.0}$ [186]	396.4	60	72
	$LaY_{1.9}Ni_{9.8}Al_{0.4}Mn_{0.5}$ [191]	375.4	62.7	300		$La_{0.7}Mg_{0.3}Ni_{2.15}Co_{0.45}Cu_{0.4}$ [186]	382.2	60	88
	$LaY_{1.9}Ni_{9.6}Al_{0.6}Mn_{0.5}$ [191]	364.2	58.2	300		$La_{0.7}Mg_{0.3}Ni_{2.45}Co_{0.75}Mn_{0.1}Al_{0.2}W_{0.0}$ [146]	355.5	51.8	150
	$La_2Mg(Ni_{0.9}Al_{0.1})_9$ [123]	260.9	68.2	100		$La_{0.7}Mg_{0.3}Ni_{2.35}Co_{0.75}Mn_{0.1}Al_{0.2}W_{0.1}$ [146]	330.8	61.5	150
	$La_2Mg(Ni_{0.85}Al_{0.15})_9$ [123]	244.6	41.6	100		La_4MgNi_{19} [187]	367.0	70.9	100
	$La_2Mg(Ni_{0.8}Al_{0.2})_9$ [123]	90.5	92.0	100		$La_4MgNi_{18}Al$ [187]	383.4	85.4	100
其他	$La_2Mg(Ni_{0.90}Zn_{0.10})_9$ [123]	265.4	94.4	100		$La_4MgNi_{18}Cu$ [187]	370.5	86.1	100
	$La_2Mg(Ni_{0.85}Zn_{0.15})_9$ [123]	227.6	67.9	100		$La_4MgNi_{18}Co$ [187]	381.2	87.8	100
	$La_2Mg(Ni_{0.80}Zn_{0.20})_9$ [123]	202.2	70.3	100		$La_2Mg(Ni_{0.85}Co_{0.15})_9Cr_{0.0}$ [188]	396.4	60	72
	$La_{0.75}Mg_{0.25}Ni_{3.5}Zn_{0.0}$ [160]	383.9	63.3	150		$La_2Mg(Ni_{0.85}Co_{0.15})_9Cr_{0.4}$ [188]	355.6	60	79
	$La_{0.75}Mg_{0.25}Ni_{3.4}Zn_{0.2}$ [160]	351.6	75.4	150		$La_2Mg(Ni_{0.85}Co_{0.15})_9B_{0.0}$ [192]	396.4	60	72
	$La_{0.75}Mg_{0.25}Ni_{3.3}Zn_{0.3}$ [160]	344.7	77.8	150		$La_2Mg(Ni_{0.85}Co_{0.15})_9B_{0.2}$ [192]	354.2	60	94
	$La_{0.75}Mg_{0.25}Ni_{3.1}Zn_{0.4}$ [160]	331.7	90.7	150					

参 考 文 献

[1] 大角泰章. 金属氢化物的性质与应用 [M]. 吴永宽, 苗艳秋, 译. 北京: 化学工业出版社, 1990.

[2] 胡子龙. 储氢材料 [M]. 北京: 化学工业出版社, 2002.

[3] Hans Wondratschek, Ulrich Müller. International table for crystallography volume A1: symmetry relations between space groups [M]. London: Kluwer Academic Publishers, 2004.

[4] 唐有根. 镍氢电池 [M]. 北京: 化学工业出版, 2007.

[5] Broom Darren P. Hydrogen storage materials: the characterisation of their storage properties [M]. London: Springer, 2011.

[6] Surinder Sharma M, Sikka S K. Pressure induced amorphization of materials [J]. Progress in Materials Science, 1996, 40 (1): 1-77.

[7] Chung U I, Lee J Y. A study on hydrogen-induced amorphization in the La-Ni system [J]. Journal of the Less Common Metals, 1989, 110 (2-3): 203-210.

[8] 余永宁. 金属学原理 [M]. 3 版. 北京: 冶金工业出版社, 2020.

[9] Yeh X L, Samwer K, Johnson W L. Formation of an amorphous metallic hydride by reaction of hydrogen with crystalline intermetallic compounds-a new method of synthesizing metallic glasses [J]. Applied Physics Letters, 1983, 42 (3): 242-243.

[10] Aoki K. Amorphous phase formation by hydrogen absorption [J]. Materials Science and Engineering A, 2001, 304-306: 45-53.

[11] Lundin C E, Lynch F E, Magee C B. A correlation between the interstitial hole sizes in intermetallic compounds and the thermodynamic properties of the hydrides formed from those compounds [J]. Journal of the Less Common Metals, 1977, 56 (1): 19-37.

[12] Aoki K, Dilixiati M, Ishikawa K. Hydrogen-induced transformations in C15 Laves phases $CeFe_2$ and $TbFe_2$ studied by pressure calorimetry up to 5MPa [J]. Journal of Alloys and Compounds, 2003, 356-357: 664-668.

[13] Kim Y G, Lee J Y. The mechanism of hydrogen-induced amorphization in intermetallic compounds [J]. Journal of Alloys and Compounds, 1992, 187 (1): 1-7.

[14] Chung U I, Kim Y G, Lee J Y. General features of hydrogen induced amorphization in RM_2 (R = rare earth, M = transition element) Laves phases [J]. Philosophical Magazine Part B, 1991, 63 (5): 1119-1130.

[15] Aoki K, Li X G, Masumoto T. Factors controlling hydrogen-induced amorphization in C15 Laves compounds [J]. Acta Metallurgica et Materialia, 1992, 40 (7): 1717-1726.

[16] Dilixiati M, Kanda K, Shikawa K I, et al. Hydrogen-induced amorphization in C15 Laves phases RFe_2 [J]. Journal of Alloys and Compounds, 2002, 337 (1-2): 128-135.

[17] Kim Y G, Lee S M, Lee J Y. Hydrogen-induced amorphization of the laves compound $CeNi_2$ and the structural and thermal characteristics of the amorphous phase [J]. Journal of Less Common Metals, 1991, 169 (2): 245-256.

[18] Aoki K, Yanagitani A, Li X G, et al. Amorphization of RFe_2 Laves phases by hydrogen

absorption [J]. Materials Science and Engineering, 1988, 97: 35-38.

[19] Aoki K, Kamachi M, Masumoto T. Thermodynamics of hydrogen absorption in amorphous Zr-Ni alloys [J]. Journal of Non-Crystalline Solids, 1984, 61-62: 679-684.

[20] Eliaz N, Eliezer D. An overview of hydrogen interaction with amorphous alloys [J]. Advanced Performance Materials, 1999, 6: 5-31.

[21] Harris J H, Curtin W A, Tenhover M A. Universal features of hydrogen absorption in amorphous transition-metal alloys [J]. Physics Review B, 1987, 36 (11): 5784-5797.

[22] Essen R H V, Buschow K H J. Hydrogen sorption characteristics of Ce-3d and Y-3d intermetallic compounds [J]. Journal of Less Common Metals, 1980, 70 (2): 189-198.

[23] Wang W, Chen Y G, Wu C L. Hydrogen-induced amorphization in $LaNi_{2.5}M_{0.5}$ (M = Ni, Fe, Mn, Si) alloys [J]. Rare Metal Materials and Engineering, 2011, 40 (12): 2080-2082.

[24] Férey A, Cuevas F, Latroche M, et al. Elaboration and characterization of magnesium-substituted La_5Ni_{19} hydride forming alloys as active materials for negative electrode in Ni-MH battery [J]. Electrochimica Acta, 2009: 54 (6): 1710-1714.

[25] Akiba E, Hayakawa H, Kohno T. Crystal structures of novel La-Mg-Ni hydrogen absorbing alloys [J]. Journal of Alloys and Compounds, 2006, 408-412: 280-283.

[26] Denys R V, Yartys V A. Effect of magnesium on the crystal structure and thermodynamics of the $La_{3-x}Mg_xNi_9$ hydrides [J]. Journal of Alloys and Compounds, 2011, 509s: S540-S548.

[27] 张法亮. La-Mg-Ni 系新型贮氢合金结构与电化学性能的研究 [D]. 兰州: 兰州理工大学, 2006.

[28] 杨丽颖, 董小平, 耿晓光, 等. 稀土镁镍系合金的循环贮氢性能与粉化特性研究 [J]. 粉末冶金工业, 2011, 21 (2): 19-24.

[29] Denys R V, Riabov B, Yartys V A, et al. Hydrogen storage properties and structure of $La_{1-x}Mg_x(Ni_{1-y}Mn_y)_3$ intermetallics and their hydrides [J]. Journal of Alloys and Compounds, 2007, 446-447: 166-172.

[30] Yartys V A, Riabov A B, Denys R V, et al. Novel intermetallic hydrides [J]. Journal of Alloys and Compounds, 2006, 408-412: 273-279.

[31] Matylda N G, BjØrn C H, Klaus Y. Hydrogen atom distribution and hydrogen induced site depopulation for the $La_{2-x}Mg_xNi_7$-H system [J]. Journal of Solid State Chemistry, 2012, 186 (1): 9-16.

[32] Gao J, Yan X L, Zhao Z Y, et al. Effect of annealed treatment on microstructure and cyclic stability for La-Mg-Ni hydrogen storage alloys [J]. Journal of Power Sources, 2012, 209: 257-261.

[33] Fang F, Chen Z L, Wu D Y, et al. Subunit volume control mechanism for dehydrogenation performance of AB_3-type superlattice intermetallics [J]. Journal of Power Sources, 2019, 427: 145-153.

[34] Reilly Jr J J, Wiswall Jr R H. Reaction of hydrogen with alloys of magnesium and copper [J]. Inorganic Chemistry, 1967, 6 (12): 2220-2223.

[35] Selvam P, Viswanathan B, Swamy C S, et al. Studies on the thermal characteristics of

hydrides of Mg, Mg_2Ni, Mg_2Cu and $Mg_2Ni_{1-x}M_x$ (M = Fe, Co, Cu or Zn; $0<x<1$) alloys [J]. International Journal of Hydrogen Energy, 1988, 13 (2): 87-94.

[36] Sun D L, Gingl F, Nakamura Y, et al. In situ X-ray diffraction study of hydrogen-induced phase decomposition in $LaMg_{12}$ and La_2Mg_{17} [J]. International Journal of Hydrogen Energy, 2002, 333 (1-2): 103-108.

[37] Bowman R C, Luo C H, Ahn C C, et al. The effect of tin on the degradation of $LaNi_{5-y}Sn_y$ metal hydrides during thermal cycling [J]. Journal of Alloys and Compounds, 1995, 217 (2): 185-192.

[38] Suzuki K, Ishikawa K, Aoki K. Degradation of $LaNi_5$ and $LaNi_{4.7}Al_{0.3}$ hydrogen-absorbing alloys by cycling [J]. Materials Transactions, 2000, 41 (5): 581-584.

[39] Rożdżyńska-Kiełbi B, Iwasieczko W, Drulis H, et al. Hydrogenation equilibria characteristics of $LaNi_{5-x}Zn_x$ intermetallics [J]. Journal of Alloys and Compounds, 2000, 298 (1-2): 237-243.

[40] Wang L B, Yuan H T, Wang Y J, et al. Effect of Zn on the hydrogen storage characteristics of multi-component AB_5-tyoe alloys [J]. Journal of Alloys and Compounds, 2001, 319 (1-2): 242-246.

[41] Borzone E M, Blanco M V, Baruj A, et al. Stability of $LaNi_{5-x}Sn_x$ cycled in hydrogen [J]. International Journal of Hydrogen Energy, 2014, 39 (16): 8791-8796.

[42] Zhang L, Han S M, Han D, et al. Phase decomposition and electrochemical properties of single phase $La_{1.6}Mg_{0.4}Ni_7$ alloy [J]. Journal of Alloys and Compounds, 2014, 268: 575-583.

[43] Xin G B, Ren H P, Kang K, et al. Investigation of the capacity degradation mechanism of La-Mg-Ca-Ni AB_3-type alloy [J]. International Journal of Hydrogen Energy, 2016, 41 (46): 21261-21267.

[44] Sakai T, Oguro K, Miyamura H, et al. Some factors affectin the cycle lives of $LaNi_5$-based alloy electrodes of hydrogen batteries [J]. Journal of Less-Common Metals, 1990, 161 (2): 193-202.

[45] Shinyama K, Magari Y, Kumagae K, et al. Deterioration mechanism of nickel metal-hydride batteries for hybrid electric vehicles [J]. Journal of Power Sources, 2005, 141 (1): 193-197.

[46] Bäuerlein P, Antonius C, Löffler J, et al. Progress in high-power nickel-metal hydride batteries [J]. Journal of Power Sources, 2008, 176 (2): 547-554.

[47] Wong D F, Young K, Nei J. Effects of Nd-addition on the structural, hydrogen storage, and electrochemical properties of C14 metal hydride alloys [J]. Journal of Alloys and Compounds, 2015, 647: 507-518.

[48] Young K, Yasuoka S. Capacity degradation mechanisms in Nickel/Metal hydride batteries [J]. Batteries, 2016, 2 (1): 3.

[49] Sun X Z, Pan H G, Gao M X, et al. Cycling stability of La-Mg-Ni-Co type hydride electrode with Al [J]. Transaction of Nonferrous Metal Society of China, 2006, 16 (1): 8-12.

[50] Zhang P, Liu Y N, Zhu J W, et al. Effect of Al and W substitution for Ni on the microstructure and electrochemical properties of $La_{1.3}CaMg_{0.7}Ni_{9-x}(Al_{0.5}W_{0.5})_x$ hydrogen storage alloys [J]. International Journal of Hydrogen Energy, 2007, 32 (13): 2488-2493.

[51] Liao B, Lei Y Q, Chen L X, et al. Effect of the La/Mg ratio on the structure and electrochemical properties of $La_xMg_{3-x}Ni_9(x=1.6-2.2)$ hydrogen storage electrode alloys for nickel-metal hydride batteries [J]. Journal of Power Sources, 2004, 129 (2): 358-367.

[52] Zhang Y H, Zhao D L, Li B W, et al. Cycle stability of $La_{0.7}Mg_{0.3}Ni_{2.55-x}Co_{0.45}Cu_x(x=0-0.4)$ electrode alloys [J]. Transaction of Nonferrous Metal Society of China, 2007, 17 (4): 816-822.

[53] Liu Y F, Pan H G, Yue Y J, et al. Cycling durability and degradation behavior of La-Mg-Ni-Co-type metal hydride electrodes [J]. Journal of Alloys and Compounds, 2005, 395 (1-2): 291-299.

[54] 董小平, 耿晓光, 杨丽颖, 等. $La_{0.75}Mg_{0.25}Ni_{3.47}Co_{0.2}Al_{0.03}$储氢合金电极失效研究 [J]. 稀有金属与硬质合金, 2011, 39 (3): 25-30, 47.

[55] Zhao Y M, Wang W F, Cao J, et al. Preparation, electrochemical properties and capacity degradation mechanism of Gd_2Co_7-type superlattice structure $La_{0.65}Gd_{0.10}Mg_{0.25}Ni_{3.50}$ metal hydride alloy [J]. Journal of The Electrochemical Society, 2017, 164 (13): 3410-3417.

[56] Chartouni D, Meli F, Züttel A, et al. The influence of cobalt on the electrochemical cycling stability of $LaNi_5$-based hydride forming alloys [J]. Journal of Alloys and Compounds, 1996, 241 (1-2): 160-166.

[57] Willems J J G, Buschow K H J. From permanent magnets to rechargeable hydride electrodes [J]. Journal of Less Common Metals, 1987, 129: 13-30.

[58] Liu Y F, Pan H G, Gao M X, et al. XRD study on the electrochemical hydriding/dehydriding behavior of the La-Mg-Ni-Co-type hydrogen storage alloys [J]. Journal of Alloys and Compounds, 2005, 403 (1): 296-304.

[59] Gao M X, Zhang S C, Miao H, et al. Pulverization mechanism of the multiphase Ti-V-based hydrogen storage electrode alloy during charge/discharge cycling [J]. Journal of Alloys and Compounds, 2010, 489 (2): 552-557.

[60] Chen M, Tan C, Jiang W B, et al. Influence of over-stoichiometry on hydrogen storage and electrochemical properties of Sm-doped low-Co AB_5-type alloys as negative electrode materials in nickel-metal hydride [J]. Journal of Alloys and Compounds, 2021, 867: 159111.

[61] Tang R, Liu Y N, Zhu C C, et al. Effect of Al substitution for Co on the hydrogen storage characteristics of $Ml_{0.8}Mg_{0.2}Ni_{3.2}Co_{0.5-x}Al_x(x=0-0.6)$ alloys [J]. Intermetallics, 2006, 14 (4): 361-366.

[62] Koch J M, Young K, Nei J, et al. Performance comparison between AB_5 and superlattice metal hydride alloys in sealed cells [J]. Batteries, 2017, 3 (4): 35.

[63] 张翰威, 李一鸣, 任慧平, 等. $La_{0.88}Mg_{0.12}Ni_{3.45}$合金与商用$AB_5$型储氢合金失效行为的对比研究 [J]. 稀土, 2016, 37 (2): 21-30.

[64] 张翰威. RE-Mg-Ni 系储氢材料失效行为研究 [D]. 包头: 内蒙古科技大学, 2015.

［65］ Denys R V, Riabov A B, Yartys V A, et al. Mg substitution effect on the hydrogenation behaviour, thermodynamic and structural properties of the La_2Ni_7-H(D)$_2$ system ［J］. Journal of Solid State Chemistry, 2008, 181 (4): 812-821.

［66］ Nakamura J, Iwase K, Hayakawa H, et al. Structural study of La_4MgNi_{19} hydride by in situ X-ray and neutron powder diffraction ［J］. The Journal of Physical Chemistry C, 2009, 113 (14): 5853-5859.

［67］ Zhang F L, Lou Y C, Chen J P, et al. La-Mg-Ni ternary hydrogen storage alloys with Ce_2Ni_7-type and Gd_2Co_7-type structure as negative electrodes for Ni/Mh batteries ［J］. Journal of Alloys and Compounds, 2007, 430 (1-2): 302-307.

［68］ 翟亭亭. La-Mg-Ni 系 AB_2 型贮氢合金的结构、贮氢性能及容量衰退机理研究 ［D］. 北京: 钢铁研究总院, 2015.

［69］ Young K, Ouchi T, Shen H, et al. Hydrogen induced amorphization of $LaMgNi_4$ phase in metal hydride alloys ［J］. International Journal of Hydrogen Energy, 2015, 40 (29): 8941-8947.

［70］ Balogun M, Wang Z M, Zhang H G, et al. Effect of high and low temperature on the electrochemical performance of $LaNi_{4.4-x}Co_{0.3}Mn_{0.3}Al_x$ hydrogen storage alloys ［J］. Journal of Alloys and Compounds, 2013, 579: 438-443.

［71］ Yao Q R, Zhou H Y, Wang Z M, et al. Electrochemical properties of the $LaNi_{4.5}Co_{0.25}Al_{0.25}$ hydrogen storage alloy in wide temperature range ［J］. Journal of Alloys and Compounds, 2014, 606: 81-85.

［72］ Lin J, Cheng Y, Liang F, et al. High temperature performance of $La_{0.6}Ce_{0.4}Ni_{3.45}Co_{0.75}Mn_{0.7}Al_{0.1}$ ［J］. International Journal of Hydrogen Energy, 2014, 39 (25): 13231-13239.

［73］ Shen X Q, Chen Y G, Tao M D, et al. The structure and high-temperature (333K) electrochemical performance of $La_{0.8-x}Ce_xMg_{0.2}Ni_{3.5}$ ($x = 0.00-0.20$) hydrogen storage alloys ［J］. International Journal of Hydrogen Energy, 2009, 34 (8): 3395-3403.

［74］ Guo P P, Lin Y F, Zhao H H, et al. Structure and high-temperature electrochemical properties of $La_{0.60}Nd_{0.15}Mg_{0.25}Ni_{3.3}Si_{0.10}$ hydrogen storage alloys ［J］. Journal of Rare Earths, 2011, 29 (6): 574-579.

［75］ Li Y M, Ren H P, Zhang Y H, et al. Hydrogen induced amorphization behaviors of multiphase $La_{0.8}Mg_{0.2}Ni_{3.5}$ alloy ［J］. International Journal of Hydrogen Energy, 2015, 40 (22): 7093-7102.

［76］ Lim K L, Liu Y N, Zhang Q A, et al. Cycle stability improvement of La-Mg-Ni based alloys via composite method ［J］. Journal of Alloys and Compounds, 2016, 661: 274-281.

［77］ Huang H X, Huang K L. Effect of AB_5 alloy on electrochemical properties of $Mm_{0.80}Mg_{0.20}Ni_{2.56}Co_{0.50}Mn_{0.14}Al_{0.12}$ hydrogen storage alloy ［J］. Powder Technology, 2012, 221: 365-370.

［78］ Li R F, Xu P Z, Zhao Y M, et al. The microstructure and electrochemical performances of $La_{0.6}Gd_{0.2}Mg_{0.2}Ni_{3.0}Co_{0.5-x}Al_x$ ($x = 0-0.5$) hydrogen storage alloys as negative electrodes for nickel/metal hydride secondary batteries ［J］. Journal of Power Sources, 2014, 270: 21-27.

［79］ 周增林，宋月清，崔舜，等. 热处理对 La-Mg-Ni 系贮氢电极合金性能的影响（Ⅱ）贮氢及电化学性能 ［J］. 稀有金属材料与工程, 2008, 37（6）: 964-969.

［80］ Liu J J, Zhu S, Cheng H H, et al. Enhanced cycling stability and high rate dischargeability of A_2B_7-type La-Mg-Ni-based alloys by in-situ formed （La, Mg）$_5Ni_{19}$ superlattice phase ［J］. Journal of Alloys and Compounds, 2019, 777: 1087-1097.

［81］ Fan Y P, Zhang L, Xue C J, et al. Superior electrochemical performances of La-Mg-Ni alloys with A_2B_7/A_5B_{19} double phase ［J］. International Journal of Hydrogen Energy, 2019, 44（14）: 7402-7413.

［82］ Zhang Y H, Chen M Y, Wang X L, et al. Effect of boron additive on the cycle life of low-Co AB_5-type electrode consisting of alloy prepared by cast and rapid quenching ［J］. Journal of Power Sources, 2004, 125（2）: 273-279.

［83］ Zhang Y H, Chen M Y, Wang X L, et al. Microstructure and electrochemical characteristics of Mm（Ni, Co, Mn, Al）$_5B_x$（$x = 0-0.4$）hydrogen storage alloys prepared by cast and rapid quenching ［J］. Electrochimica Acta, 2004, 49（7）: 1161-1168.

［84］ Zhang Y H, Wang G Q, Dong X P, et al. Effect of rapid quenching on the microstructures and electrochemical performances of Co-free AB_5-type hydrogen storage alloys ［J］. International Journal of Hydrogen Energy, 2005, 30（10）: 1091-1098.

［85］ Liu Y F, Cao Y H, Huang L, et al. Rare earth-Mg-Ni-based hydrogen storage alloys as negative electrode materials for Ni/MH batteries ［J］. Journal of Alloys and Compounds, 2011, 509（3）: 675-686.

［86］ Liu J J, Han S M, Li Y, et al. Phase structure and electrochemical properties of La-Mg-Ni-based hydrogen storage alloys with superlattice structure ［J］. International Journal of Hydrogen Energy, 2016, 41（44）: 20261-20275.

［87］ Jiang W Q, Chen Y J, Hu M R, et al. Rare earth-Mg-Ni-based alloys with superlattice structure for electrochemical hydrogen storage ［J］. Journal of Alloys and Compounds, 2021, 887: 161381.

［88］ 刘永锋，金勤伟，高明霞，等. 热处理对 $La_{0.7}Mg_{0.3}Ni_{2.8}Co_{0.5}$ 储氢合金电化学性能的影响 ［J］. 稀有金属材料与工程, 2003, 32（11）: 942-945.

［89］ Pan H G, Liu Y F, Gao M X, et al. A study on the effect of annealing treatment on the electrochemical properties of $La_{0.67}Mg_{0.33}Ni_{2.5}Co_{0.5}$ alloy electrodes ［J］. International Journal of Hydrogen Energy, 2003, 28（1）: 113-117.

［90］ Li F, Young K, Ouchi T, et al. Annealing effects on structural and electrochemical properties of （LaPrNdZr）$_{0.83}Mg_{0.17}$（NiCoAlMn）$_{3.3}$ alloy ［J］. Journal of Alloys and Compounds, 2009, 471（1-2）: 371-377.

［91］ Huang T Z, Han J T, Zhang Y H, et al. Study on the structure and hydrogen absorption-desorption characteristics of as-cast and annealed $La_{0.78}Mg_{0.22}Ni_{3.48}Co_{0.22}Cu_{0.12}$ alloys ［J］. Journal of Power Sources, 2011, 196（22）: 9585-9589.

［92］ Young K, Ouchi T, Huang B. Effects of annealing and stoichiometry to （Nd, Mg）（Ni, Al）$_{3.5}$ metal hydride alloys ［J］. Journal of Power Sources, 2012, 215: 152-159.

[93] Zhang F L, Luo Y C, Chen J P, et al. Effect of annealing treatment on structure and electrochemical properties of $La_{0.67}Mg_{0.33}Ni_{2.5}Co_{0.5}$ alloy electrodes [J]. Journal of Power Sources, 2005, 150: 247-254.

[94] Zhang Y H, Dong X P, Wang G Q, et al. Microstructures and electrochemical performances of $La_2Mg(Ni_{0.85}Co_{0.15})_9Cr_x(x=0-0.2)$ electrode alloys prepared by casting and rapid quenching [J]. Journal of Power Sources, 2005, 144 (1): 255-261.

[95] Li B W, Ren H P, Zhang Y H, et al. Microstructure and electrochemical performances of $La_{0.7}Mg_{0.3}Ni_{2.55-x}Co_{0.45}Al_x(x=0-0.4)$ hydrogen storage alloys prepared by casting and rapid quenching [J]. Journal of Alloys and Compounds, 2006, 425 (1-2): 399-405.

[96] Zhang Y H, Dong X P, Wang G Q, et al. Microstructure and electrochemical performances of $La_{0.7}Mg_{0.3}Ni_{2.55-x}Co_{0.45}Cu_x(x=0-0.4)$ hydrogen storage alloys prepared by casting and rapid quenching [J]. Journal of Alloys and Compounds, 2006, 417 (1-2): 224-229.

[97] Zhang Y H, Dong X P, Guo S H, et al. Microstructures and electrochemical performances of $La_2Mg(Ni_{0.85}Co_{0.15})_9M_x(M=B, Cr, Ti; x=0, 0.1)$ electrode alloys prepared by casting and rapid quenching [J]. International Journal of Hydrogen Energy, 2006, 31 (1): 63-69.

[98] Ren H P, Zhang Y H, Li B W, et al. Effect of substituting Ni with Cu on the cycle stability of $La_{0.7}Mg_{0.3}Ni_{2.55-x}Co_{0.45}Cu_x(x=0-0.4)$ electrode alloy prepared by casting and rapid quenching [J]. Materials Characterization, 2007, 58 (3): 289-295.

[99] Zhang Y H, Li B W, Ren H P, et al. Investigation on structures and electrochemical performances of the as-cast and quenched $La_{0.7}Mg_{0.3}Co_{0.45}Ni_{2.55-x}Fe_x(x=0-0.4)$ electrode alloys [J]. International Journal of Hydrogen Energy, 2007, 32 (18): 4627-4634.

[100] Nwakwuo C C, Holm T, Denys R V, et al. Effect of magnesium content and quenching rate on the phase structure and composition of rapidly solidified La_2MgNi_9 metal hydride battery electrode alloy [J]. Journal of Alloys and Compounds, 2013, 555: 201-208.

[101] Li Y M, Zhang Y H, Ren H P, et al. Mechanism of distinct high rate dischargeability of La_4MgNi_{19} electrode alloys prepared by casting and rapid quenching followed by annealing treatment [J]. International Journal of Hydrogen Energy, 2016, 41 (41): 18571-18581.

[102] Zhang Y H, Cai Y, Zhao C, et al. Electrochemical performances of the as-melt $La_{0.75-x}M_xMg_{0.25}Ni_{3.2}Co_{0.2}Al_{0.1}(M=Pr, Zr; x=0, 0.2)$ alloys applied to Ni/metal hydride (MH) battery [J]. International Journal of Hydrogen Energy, 2012, 37 (19): 14590-14597.

[103] 邢磊, 李一鸣, 张羊换, 等. 快淬-退火 La_4MgNi_{19} 合金的电化学储氢性能及其失效行为 [J]. 稀有金属, 2017, 41 (12): 1318-1326.

[104] 徐光宪. 稀土. [M]. 北京: 冶金工业出版社, 1995.

[105] Guo J, Huang D, Li G X, et al. Effect of La/Mg on the hydrogen storage capacities and electrochemical performances of La-Mg-Ni alloys [J]. Materials Science and Engineering B, 2006, 131 (1-3): 169-172.

[106] Liao B, Lei Y Q, Lu G L, et al. The electrochemical properties of $La_xMg_{2-x}Ni_9(x=1.0-2.0)$ hydrogen storage alloys [J]. Journal of Alloys and Compounds, 2003, 355-357:

745-749.

[107] Zhang Q A, Fang M H, Si T Z, et al. Phase stability, structural transition, and hydrogen absorption/desorption features of the polymorphic La_4MgNi_{19} compound [J]. Journal of Physical Chemistry C, 2010, 114 (26): 11685-11692.

[108] Dong Z W, Wu Y M, Ma L Q, et al. Microstructure and electrochemical hydrogen storage characteristics of $La_{0.67}Mg_{0.33-x}Ca_xNi_{2.75}Co_{0.25}(x=0-0.15)$ electrode alloys [J]. International Journal of Hydrogen Energy, 2011, 36 (4): 3050-3055.

[109] 周楠, 丁毅, 马立群, 等. 镁对 $La_{1-x}Mg_xNi_{2.5}Co_{0.5}(x=0-0.4)$ 合金循环过程中电化学性能的影响 [J]. 中国稀土学报, 2012, 30 (3): 380-384.

[110] Zhang X B, Sun D Z, Yin W Y, et al. Effect of La/Ce ratio on the structure and electrochemical characteristics of $La_{0.7-x}Ce_xMg_{0.3}Ni_{2.8}Co_{0.5}(x=0.1-0.5)$ hydrogen storage alloys [J]. Electrochimica Acta, 2005, 50 (9): 1957-1964.

[111] Dong Z W, Ma L Q, Wu Y M, et al. Microstructure and electrochemical hydrogen storage characteristics of $(La_{0.7}Mg_{0.3})_{1-x}Ce_xNi_{2.8}Co_{0.5}(x=0-0.20)$ electrode alloys [J]. International Journal of Hydrogen Energy, 2011, 36 (4): 3015-3021.

[112] Yasuoka S, Ishida J, Kishida K, et al. Effects of cerium on the hydrogen absorption-desorption properties of rare earth-Mg-Ni hydrogen-absorbing alloys [J]. Journal of Power Sources, 2017, 346: 55-62.

[113] Lv W, Yuan J G, Zhang B, et al. Influence of the substitution Ce for La on structural and electrochemical characteristics of $La_{0.75-x}Ce_xMg_{0.25}Ni_3Co_{0.5}(x=0, 0.05, 0.1, 0.15, 0.2)$ hydrogen storage alloys [J]. Journal of Alloys and Compounds, 2018, 730: 360-368.

[114] Du W K, Zhang L, Li Y, et al. Phase structure, electrochemical properties and cyclic characteristic of a rhombohedral-type single-phase Nd_2MgNi_9 hydrogen storage alloy [J]. Journal of The Electrochemical Society, 2016, 163 (7): 1474-1483.

[115] Li D K, Zhang Q A. Comparactive investigation on the hydrogen absorption-desorption characteristics of R_2MgNi_9 (R = Nd, Gd and Er) compounds [J]. Journal of Alloys and Compounds, 2021, 885: 160883.

[116] Li D K, Zhang Q A. Hydrogen absorption-desorption characteristics of R_3MgNi_{14} (R = Nd, Gd and Er) alloys [J]. Applied Physics A, 2022, 128 (2): 134.

[117] Zhang L, Jia Z R, Wang W F, et al. A new choice for the anode of nickel metal hydride batteries with long cycling life: a Ce_2Ni_7-type single-phase $Nd_{0.80}Mg_{0.20}Ni_{3.58}$ hydrogen storage alloy [J]. Journal of Power Sources, 2019, 433: 126687.

[118] Xiong W, Yan H Z, Wang L, et al. Characteristics of A_2B_7-typy La-Y-Ni-based hydrogen storage alloys modified by partially substituting Ni with Mn [J]. International Journal of Hydrogen Energy, 2017, 42 (15): 10131-10141.

[119] Yan H Z, Xiong W, Wang L, et al. Investigations on AB_3, A_2B_7 and A_5B_{19}-type La-Y-Ni system hydrogen storage alloys [J]. International Journal of Hydrogen Energy, 2017, 42 (4): 2257-2264.

[120] Gao Z J, Yang Z N, Li Y T, et al. Improving the phase stability and cycling performance of

Ce$_2$Ni$_7$-type RE-Mg-Ni alloy electrodes by high electronegativity element substitution [J]. Dalton Transactions, 2018, 47 (46): 16453-16460.

[121] 徐津, 闫慧忠, 王利, 等. La-Y-Ni 系储氢合金材料的研究进展 [J]. 稀土, 2020, 41 (5): 114-122.

[122] Guo Y L, Shi Y, Yuan R, et al. Inhibition mechanism of capacity of capacity degradation in Mg-substituted LaY$_{2-x}$Mg$_x$Ni$_9$ hydrogen storage alloys [J]. Journal of Alloys and Compounds, 2021, 873: 159826.

[123] 李一鸣. RE-Mg-Ni 合金电化学储氢性能及容量衰退机理 [D]. 上海: 上海大学, 2016.

[124] 邢磊, 李一鸣, 金自力, 等. RE$_{1.5}$Mg$_{0.5}$Ni$_7$(RE=Y, Ce, Nd) 型合金的组织结构及储氢性能 [J]. 内蒙古科技大学学报, 2017, 36 (2): 115-119.

[125] Guénée L, Favre-Nicolin V, Yvon K. Synthesis, crystal structure and hydrogenation properties of the ternary compounds LaNi$_4$Mg and NdNi$_4$Mg [J]. Journal of Alloys and Compounds, 2003, 348 (1-2): 129-137.

[126] Aoki K, Yanamoto T, Masumoto T. Hydrogen induced amorphization in RNi$_2$ Laves phases [J]. Scripta Materialia, 1987, 21 (1): 27-31.

[127] Aono K, Orimo S, Fujii H. Structure and hydriding properties of MgYNi$_4$: a new intermetallic compound with C15b-type Laves phase structure [J]. Journal of Alloys and Compounds, 2000, 309 (1-2): L1-L4.

[128] Zhao Y M, Zhang L, Ding Y Q, et al. Comparative study on the capacity degradation behavior of Pr$_5$Co$_{19}$-type single-phase Pr$_4$MgNi$_{19}$ and La$_4$MgNi$_{19}$ alloys [J]. Journal of Alloys and Compounds, 2017, 694: 1089-1097.

[129] Zhang L, Du W K, Han S M, et al. Study on solid solubility of Mg in Pr$_{3-x}$Mg$_x$Ni$_9$ and electrochemical properties of PuNi$_3$-type single-phase RE-Mg-Ni (RE = La, Pr, Nd) hydrogen storage alloys [J]. Electrochimica Acta, 2015, 173: 200-208.

[130] Zhao Y M, Zhang S, Liu X X, et al. Phase formation of Ce$_5$Co$_{19}$-type super-stacking structure and its effect on electrochemical and hydrogen storage properties of La$_{0.60}$M$_{0.20}$Mg$_{0.20}$Ni$_{3.80}$ (M=La,Pr,Nd,Gd) compounds [J]. International Journal of Hydrogen Energy, 2018, 43 (37): 17809-17820.

[131] Liu J J, Chen X Y, Xu J, et al. A new strategy for enhancing the cycling stability of superlattice hydrogen storage alloys [J]. Chemical Engineering Journal, 2021, 418: 129395.

[132] Zhang Y H, Hou Z H, Li B W, et al. An investigation on electrochemical hydrogen storage performances of the as-cast and annealed La$_{0.8-x}$Sm$_x$Mg$_{0.2}$Ni$_{3.35}$Al$_{0.1}$Si$_{0.05}$($x=0-0.4$) alloys [J]. Journal of Alloys and Compounds, 2012, 537: 175-182.

[133] Liu J J, Han S M, Li Y, et al. Cooperative effects of Sm and Mg on electrochemical performance of La-Mg-Ni-based alloys with A$_2$B$_7$ and A$_5$B$_{19}$-type super-stacking structure [J]. International Journal of Hydrogen Energy, 2015, 40 (2): 1115-1127.

[134] Guo M, Yuan H P, Liu Y R, et al. Effect of Sm on the cyclic stability of La-Y-Ni-based alloys and their comparison with RE-Mg-Ni-based hydrogen storage alloy [J]. International

Journal of Hydrogen Energy, 2021, 46 (10): 7432-7441.

[135] Sun T, Chen Y, Tang R H, et al. Effect of Sm on hydrogen storage performance of La-Sm-Mg-Ni alloys [J]. Materials Science and Technology, 2015, 31 (1): 31-36.

[136] Zhang Y H, Li P X, Yang T, et al. Effects of substituting La with M(M=Sm, Nd, Pr) on electrochemical hydrogen storage characteristics of A_2B_7-type electrode alloys [J]. Transactions of Nonferrous Metals Society of China, 2014, 24 (12): 4012-4022.

[137] Xue C J, Zhang L, Fan Y P, et al. Phase transformation and electrochemical hydrogen storage performances of La_3RMgNi_{19} (R = La, Pr, Nd, Sm, Gd, Y) alloys [J]. International Journal of Hydrogen Energy, 2017, 42 (9): 6051-6064.

[138] Liu Z P, Yang S Q, Li Y, et al. Phase structure and electrochemical performances of Co-free La-Mg-Ni-based alloys with Nd/Sm partial substitution for La [J]. Rare Metals, 2014, 33 (6): 674-680.

[139] Zhang L, Ding Y Q, Zhao Y M, et al. Phase structure and cycling stability of A_2B_7 superlattice $La_{0.60}Sm_{0.15}Mg_{0.25}Ni_{3.4}$ metal hydride alloy [J]. International Journal of Hydrogen Energy, 2016, 41 (3): 1791-1800.

[140] Li X L, Zhang Q A. Comparative investigation on electrochemical properties of $SmMgNi_4$, Sm_2MgNi_9 and $SmNi_5$ compounds [J]. International Journal of Hydrogen Energy, 2017, 42 (7): 4269-4275.

[141] Liu J J, Cheng H H, Han S M, et al. Hydrogen storage properties and cycling degradation of single-phase $La_{0.60}R_{0.15}Mg_{0.25}Ni_{3.45}$ alloys with A_2B_7-type superlattice structure [J]. Energy, 2020, 192: 116617.

[142] Liu J J, Han S M, Li Y, et al. Effect of Pr on phase structure and cycling stability with A_2B_7 and A_5B_{19}-type superlattice structure [J]. Electrochimica Acta, 2015, 184: 257-263.

[143] Pan H G, Ma S, Shen J, et al. Effect of the substitution of PR for LA on the microstructure and electrochemical properties of $La_{0.7-x}Pr_xMg_{0.3}Ni_{2.45}Co_{0.75}Mn_{0.1}Al_{0.2}$ (x = 0.0-0.3) hydrogen storage electrode alloys [J]. International Journal of Hydrogen Energy, 2007, 32 (14): 2949-2956.

[144] Ma S, Gao M X, Li R, et al. A study on the structural and electrochemical properties of $La_{0.7-x}Nd_xMg_{0.3}Ni_{2.45}Co_{0.75}Mn_{0.1}Al_{0.2}$ (x = 0.0-0.3) hydrogen storage alloys [J]. Journal of Alloys and Compounds, 2008, 457 (1): 457-464.

[145] Wang W F, Qin R Y, Wu R X, et al. A promising anode candidate for rechargeable nickel metal hydride power battery: an A_5B_{19}-type La-Sm-Nd-Mg-Ni-Al based hydrogen storage alloy [J]. Journal of Power Sources, 2020, 465: 228236.

[146] Pan H G, Wu X F, Gao M X, et al. Structure and electrochemical properties of $La_{0.7}Mg_{0.3}Ni_{2.45-x}Co_{0.75}Mn_{0.1}Al_{0.2}W_x$ (x=0-0.15) hydrogen storage alloys [J]. International Journal of Hydrogen Energy, 2006, 31 (4): 517-523.

[147] Miao H, Liu Y F, Lin Y, et al. A study on the microstructures and electrochemical properties of $La_{0.7}Mg_{0.3}Ni_{2.45-x}Cr_xCo_{0.75}Mn_{0.1}Al_{0.2}$ (x = 0.00-0.20) hydrogen storage electrode alloys [J]. International Journal of Hydrogen Energy, 2008, 33 (1): 134-140.

[148] Huang T Z, Wu Z, Han J T, et al. Study on the structure and hydrogen storage characteristics of as-cast $La_{0.7}Mg_{0.3}Ni_{3.2}Co_{0.35-x}Cu_x$ alloys [J]. International Journal of Hydrogen Energy, 2010, 35 (16): 8592-8596.

[149] Kohno T, Yoshida H, Kawashima F, et al. Hydrogen storage properties of new ternary system alloys: La_2MgNi_9, $La_5Mg_2Ni_{23}$, La_3MgNi_{14} [J]. Journal of Alloys and Compounds, 2000, 311 (2): L5-L7.

[150] Liao B, Lei Y Q, Chen L X, et al. Effect of Co substitution for Ni on the structural and electrochemical properties of $La_2Mg(Ni_{1-x}Co_x)_9$ ($x = 0.1-0.5$) hydrogen storage electrode alloys [J]. Electrochimica Acta, 2004, 50 (4): 1057-1063.

[151] Wang D H, Luo Y C, Yan R X, et al. Phase structure and electrochemical properties of $La_{0.67}Mg_{0.33}Ni_{3.0-x}Co_x$ ($x = 0.0$, 0.25, 0.5, 0.75) hydrogen storage alloys [J]. Journal of Alloys and Compounds, 2006, 413 (1-2): 193-197.

[152] Zhang F L, Luo Y C, Sun K, et al. Effect of Co content on the structure and electrochemical properties of $La_{1.5}Mg_{0.5}Ni_{7-x}Co_x$ ($x = 0$, 1.2, 1.8) hydrogen storage alloys [J]. Journal of Alloys and Compounds, 2006, 424 (1-2): 218-224.

[153] Li Y M, Liu Z C, Zhang G F, et al. Novel A_7B_{23}-type La-Mg-Ni-Co compound for application on Ni-MH battery [J]. Journal of Power Sources, 2019, 441: 126667-126673.

[154] Dong Z W, Ma L Q, Shen X D, et al. Cooperative effect of Co and Al on the microstructure and electrochemical properties of AB_3-type hydrogen storage electrode alloys for advanced MH/Ni secondary battery [J]. International Journal of Hydrogen Energy, 2011, 36 (1): 893-900.

[155] Guo J, Zhang R, Jiang W Q, et al. The effect of substitution Al for Ni on the electrochemical properties of $La_{0.7}Mg_{0.3}Ni_{2.75-x}Al_xCo_{0.75}$ hydrogen storage alloys [J]. Journal of Alloys and Compounds, 2007, 429 (1-2): 348-351.

[156] Liu J J, Han S M, Li Y, et al. Effect of Al incorporation on the degradation in discharge capacity and electrochemical kinetics of La-Mg-Ni-based alloys with A_2B_7-type super-stacking structure [J]. Journal of Alloys and Compounds, 2015, 619: 778-787.

[157] Jean-Noël C, Yaroslav F, Bernard R, et al. Isolated $[Ni_2H_7]^{-7}$ and $[Ni_4H_{12}]^{-12}$ ions in $La_2MgNi_2H_8$ [J]. Angewandte Chemie, 2006, 45 (46): 7770-7773.

[158] Ouyang L Z, Yao L, Dong H W, et al. Hydrogen storage properties of $LaMg_2Ni$ prepared by induction melting [J]. Journal of Alloys and Compounds, 2009, 458 (1-2): 507-509.

[159] Tang R, Liu Y N. Study of the structure and the electrochemical properties of $Ml(NiCoMgAl)_{5.1-x}Zn_x$ hydrogen storage alloy [J]. International Journal of Hydrogen Energy, 2002, 27 (10): 1057-1062.

[160] 罗永春, 史亮, 康龙, 等. $La_{0.75}Mg_{0.25}Ni_{3.5-x}M_x$ (M=Si, Zn; $x=0-0.5$) 储氢合金的相结构与电化学性能 [J]. 兰州理工大学学报, 2008, 34 (6): 9-14.

[161] 李一鸣, 刘卓承, 张羊换, 等. $La_2Mg(Ni_{1-x}Zn_x)_9$ ($x=0.1$, 0.15, 0.2) 合金的显微组织、储氢性能和失效特征 [J]. 中国有色金属学报, 2019, 5: 1028-1040.

[162] Rodriguez J, Chenoy L, Roobroeck A, et al. Effect of the electrolyte pH on the corrosion

mechanisms of Zn-Mg coated steel [J]. Corrosion Science, 2016, 108: 47-59.

[163] 谢娟, 孟立春, 陈江华, 等. Al-Zn-Mg-Cu 合金的局部腐蚀行为与 Zn、Mg 含量的关系 [J]. 中国有色金属学报, 2017, 27 (12): 2473-2482.

[164] Zhang J L, Gu C D, Tu J P. Potentiodynamical deposition and corrosion behavior of thin Zn-Sn coatings with layered structure and varied composition from deep eutectic solvent [J]. Surface and Coatings Technology, 2017, 320: 640-647.

[165] Pan H G, Jin Q W, Gao M X, et al. An electrochemical study of $La_{0.4}Ce_{0.3}Mg_{0.3}Ni_{2.975-x}Mn_xCo_{0.525}$ ($x=0.1-0.4$) hydrogen storage alloys [J]. Journal of Alloys and Compounds, 2004, 376 (1-2): 195-204.

[166] Zhang X B, Sun D Z, Yin W Y, et al. Effect of Mn content on the structure and electrochemical characteristics of $La_{0.7}Mg_{0.3}Ni_{2.975-x}Co_{0.525}Mn_x$ ($x=0-0.4$) hydrogen storage alloys [J]. Electrochemica Acta, 2005, 50 (14): 2911-2918.

[167] Liu Y F, Pan H G, Gao M X, et al. The effect of Mn substitution for Ni on the structural and electrochemical properties of $La_{0.7}Mg_{0.3}Ni_{2.55-x}Co_{0.45}Mn_x$ hydrogen storage electrode alloys [J]. International Journal of Hydrogen Energy, 2004, 29 (3): 297-305.

[168] Marek Nowak, Mateusz Balcerzak, Mieczyslaw Jurczyk. Effect of substitutional elements on the thermodynamic and electrochemical properties of mechanically alloyed $La_{1.5}Mg_{0.5}Ni_{7-x}M_x$ alloys (M=Al, Mn) [J]. Metals, 2020, 10 (5): 578.

[169] Wang D H, Zhong Y P, Yan R X, et al. Phase constitution and electrochemical characteristics of $La_2Mg_{0.9}Al_{0.1}Ni_{7.5-x}Co_{1.5}Mn_x$ hydrogen storage alloys [J]. Rare Metal Materials and Engineering, 2010, 39 (1): 27-31.

[170] 许剑轶, 阎汝煦, 罗永春, 等. A_2B_7 型贮氢合金相结构及电化学性能研究 [J]. 稀有金属材料与工程, 2012, 41 (8): 1395-1399.

[171] 春林, 盛丹, 熊玮, 等. Mn 含量对 $La_{0.65}Mg_{0.35}Ni_{3.1-x}Mn_x$ ($x=0.0\sim0.4$) 贮氢合金高温电化学性能的影响 [J]. 稀土, 2009, 30 (4): 1-5.

[172] 李小雷, 张世杰, 巩帅, 等. 粉末冶金法制备 $La_{0.75}Mg_{0.25}Ni_{3.5-x}Mn_x$ ($x=0\sim0.4$) 合金及其电化学贮氢性能研究 [J]. 粉末冶金技术, 2016, 34 (2): 90-96.

[173] Deng A Q, Luo Y C, Zhou J F, et al. Effect of Mn element on the structures and properties of A_2B_7-type La-Y-Ni-based hydrogen storage alloys [J]. Metals, 2022, 12 (7): 1122.

[174] Zhang Y H, Li B W, Ren H P, et al. Investigation on structures and electrochemical characteristics of the as-cast and quenched $La_{0.5}Ce_{0.2}Mg_{0.3}Co_{0.4}Ni_{2.5-x}Mn_x$ ($x=0-0.4$) electrode alloys [J]. Journal of Alloys and Compounds, 2008, 461 (1-2): 591-597.

[175] Li B W, Zhang Y H, Wu Z W, et al. Effects of the substitution of Mn for Ni on structures and electrochemical performances of the as-cast and quenched $La_{0.5}Ce_{0.2}Mg_{0.3}Co_{0.4}Ni_{2.5-x}Mn_x$ ($x=0-0.4$) electrode alloys [J]. International Journal of Hydrogen Energy, 2008, 33 (1): 141-148.

[176] Li R F, Yu R H, Liu X F, et al. Study on the phase structures and electrochemical performances of $La_{0.6}Gd_{0.2}Mg_{0.2}Ni_{3.15-x}Co_{0.25}Al_{0.1}Mn_x$ ($x=0-0.3$) alloys as negative electrode material for nickel/metal hydride batteries [J]. Electrochemica Acta, 2015, 158:

89-95.

[177] Wang W F, Xu G C, Zhang L, et al. Electrochemical features of Ce_2Ni_7-type $La_{0.65}Nd_{0.15}Mg_{0.25}Ni_{3.20}M_{0.10}$ (M=Ni, Mn and Al) hydrogen storage alloys for rechargeable nickel metal hydride battery [J]. Journal of Alloys and Compounds, 2021, 861: 158469.

[178] Liao B, Lei Y Q, Chen L X, et al. A study on the structure and electrochemical properties of $La_2Mg(Ni_{0.95}M_{0.05})_9$ (M = Co, Mn, Fe, Al, Cu, Sn) hydrogen storage electrode alloys [J]. Journal of Alloys and Compounds, 2004, 376 (1-2): 186-195.

[179] Xu G C, Han S M, Hao J S, et al. Electrochemical properties of cobalt-free $La_{0.80}Mg_{0.20}Ni_{2.85}Al_{0.11}M_{0.53}$ (M=Ni, Si, Cr, Cu, Fe) alloys [J]. Journal of Rare Earths, 2009, 27 (2): 250-254.

[180] Hao J S, Han S M, Li Y, et al. Effects of Fe-substitution for cobalt on electrochemical properties of La-Mg-Ni-based alloys [J]. Journal of Rare Earths, 2010, 28 (2): 290-294.

[181] Zhang Y H, Li B W, Ren H P, et al. Influences of the substitution of Fe for Ni on structures and electrochemical performances of the as-cast and quenched $La_{0.7}Mg_{0.3}Co_{0.45}Ni_{2.55-x}Fe_x$ (x = 0-0.4) electrode alloys [J]. Journal of Alloys and Compounds, 2008, 460 (1-2): 414-420.

[182] Wu F, Zhang M Y, Mu D. Effect of B and Fe substitution on structure of AB_3-type Co-free hydrogen storage alloy [J]. Transaction of Nonferrous Metal Society of China, 2010, 20 (10): 1885-1891.

[183] 许剑轶, 阎汝煦, 罗永春, 等. A_2B_7 型 $La_{0.75}Mg_{0.25}Ni_{3.5-x}Fe_x$ (x = 0~0.3) 贮氢合金相结构及电化学性能研究 [J]. 稀有金属, 2009, 33 (3): 323-327.

[184] 彭雯琦, 戴豪, 邓年进, 等. Fe 部分取代 Co 对 $La_{0.7}Zr_{0.1}Mg_{0.2}Ni_{2.75}Co_{0.75-x}Fe_x$ (x = 0, 0.05, 0.1, 0.15, 0.2) 合金储氢性能的影响 [J]. 材料导报 B, 2014, 28 (2): 25-33.

[185] Zhang Y H, Zhao D L, Dong X P, et al. Effects of substituting Ni with M (M=Cu, Al and Mn) on microstructures and electrochemical characteristics of La-Mg-Ni system ($PuNi_3$-type) electrode alloys [J]. Rare Metals, 2006, 25 (6): 25-32.

[186] Zhang Y H, Li B W, Ren H P, et al. Effects of substituting Ni with Cu on the microstructures and electrochemical characteristics of the as-cast and quenched $La_{0.7}Mg_{0.3}Ni_{2.55-x}Co_{0.45}Cu_x$ (x=0-0.4) electrode alloys [J]. International Journal of Hydrogen Energy, 2007, 32 (15): 3420-3426.

[187] Fan Y P, Zhang L, Xue C J, et al. Phase structure and electrochemical hydrogen storage performance of $La_4MgNi_{18}M$ (M = Ni, Al, Cu and Co) alloys [J]. Journal of Alloys and Compounds, 2017, 727: 398-409.

[188] Wang X L, Zhang Y H, Zhao D L, et al. Effects of Cr addition on the microstructures and electrochemical performances of La-Mg-Ni system ($PuNi_3$-type) hydrogen storage alloy [J]. Journal of Alloys and Compounds, 2007, 445-447: 625-629.

[189] Wei F S, Cai X, Zhou J, et al. Effect of higher cobalt on super lattice structure and electrochemical properties of $(La, Mg)_5(Ni, Co)_{19}$ hydrogen storage alloys [J]. Journal of

The Electrochemical Sciety, 2019, 166 (14): 3154-3161.

[190] Lan Z Q, Peng W Q, Fu S Y, et al. Study on the hydrogen storage and electrochemical properties of $Mm_{0.75}Mg_{0.25}Ni_{3.5}Co_{0.2}Al_x$ ($x = 0.0 - 0.4$) alloys [J]. Journal of Alloys and Compounds, 2015, 623: 311-316.

[191] Wang L, Zhang X, Zhou S J, et al. Effect of Al content on the structural and electrochemical properties of A_2B_7 type La-Y-Ni based hydrogen storage alloy [J]. International Journal of Hydrogen Energy, 2020, 45 (33): 16677-16689.

[192] Zhang Y H, Dong X P, Wang G Q, et al. Effect of boron addition on the microstructure and electrochemical performance of $La_2Mg(Ni_{0.85}Co_{0.15})_9$ hydrogen storage alloy [J]. Materials Science and Engineering A, 2006, 416 (1-2): 219-225.